令和5年版

食料・農業・農村白書

農林水産省　編

食料・農業・農村白書の刊行に当たって

農林水産大臣

野村哲郎

　食料は人間の生活に不可欠であり、食料安全保障は、生産者だけの問題ではなく、消費者を含めた国民一人一人に関わる国全体の問題です。この食料安全保障について昨年度を振り返ると、近年の世界的な人口増加等に伴う食料需要の拡大に加え、ロシアによるウクライナ侵略により、食料や生産資材の価格が高騰するなど、我が国の食をめぐる情勢は大きく変化しており、まさに、ターニングポイントであったと認識しています。

　こうした食料安全保障のリスクの高まりの中で、将来にわたって国民に食料を安定的に供給していけるようにするためには、国内市場の縮小や生産者の減少・高齢化といった課題を乗り越え、国内の生産基盤を維持・強化するとともに、安定的な輸入と適切な備蓄を組み合わせながら、国内で生産できるものはできる限り国内で生産していく必要があります。

　これらを踏まえ、今回の白書では、「食料安全保障の強化に向けて」を特集のテーマとし、現下の食料情勢や価格高騰の影響とその対応を整理するとともに、将来を展望した今後の取組等について記述しています。昨年末に決定した食料安全保障強化政策大綱に基づき、輸入する食料や生産資材への過度な依存を低減し、「今、日本にあるものを使って、日本で生産していく」、この構造転換が現場で着実に目に見えるよう各種施策を進めてまいります。

　また、トピックスにおいては、食料安全保障の強化には構造転換のみならず、それを支える国内の生産力とその前提となる強固な生産基盤が不可欠であることを踏まえ、農林水産物・食品の輸出やみどりの食料システム戦略、スマート農業・農業DXを取り上げて今後の取組の展開方向等を紹介しています。あわせて、令和4年度における特徴的な動きとして、過去に例のないほどの猛威を振るった高病原性鳥インフルエンザへの対応等についても記述しています。

　この白書が、農業や食品関連の職業に従事されている皆様はもとより、一人でも多くの国民の皆様に、食料・農業・農村の役割や重要性についての御理解を更に深めていただく一助となれば幸いです。

令和5年5月

この文書は、食料・農業・農村基本法（平成11年法律第106号）第14条第1項の規定に基づく令和4年度の食料・農業・農村の動向及び講じた施策並びに同条第2項の規定に基づく令和5年度において講じようとする食料・農業・農村施策について報告を行うものである。

令和4年度
食料・農業・農村の動向

第211回国会（常会）提出

目次

特集

トピックス

第1章

第2章

第3章

第4章

農林水産祭

用語の解説

i

特集

トピックス

第1章

第2章

第3章

第4章

農林水産祭

用語の解説

特集

トピックス

第1章

第2章

第3章

第4章

農林水産祭

用語の解説

特集

トピックス

第1章

第2章

第3章

第4章

農林水産祭

用語の解説

○本資料については、特に断りがない限り、令和5(2023)年3月末時点で把握可能な情報を基に記載しています。
○本資料に記載した数値は、原則として四捨五入しており、合計等とは一致しない場合があります。
○本資料に記載した目標値は、食料・農業・農村基本計画に則した政策評価測定指標の目標値です。
○本資料に記載した地図は、必ずしも、我が国の領土を包括的に示すものではありません。
○食料・農業・農村とSDGsの関わりを示すため、特に関連の深い目標のアイコンを付けています（用語の解説(2)を参照）。なお、関連する目標全てを付けている訳ではありません。

第1部

食料・農業・農村の動向

は じ め に

　「令和4年度食料・農業・農村の動向」(以下「本報告書」という。)は、食料、農業及び農村の動向並びに食料、農業及び農村に関して講じた施策に関する報告として、また、「令和5年度食料・農業・農村施策」は、動向を考慮して講じようとする施策を明らかにした文書として、食料・農業・農村基本法に基づき、毎年、国会に提出しているものです。

　農業は、国民生活に不可欠な食料を供給する機能等を有するとともに、農村は、農業の持続的な発展の基盤たる役割を果たしています。一方で、我が国の農業・農村は、人口減少に伴う国内市場の縮小や生産者の減少・高齢化等の課題に直面しているほか、世界的な食料情勢の変化に伴う食料安全保障上のリスクの高まりや、気候変動等の今日的課題への対応にも迫られ、大きなターニングポイントを迎えています。このため我が国は、輸入に依存している小麦や大豆、飼料作物の生産拡大等食料安全保障の強化を図りつつ、スマート農業や世界の食市場を獲得するための農林水産物・食品の輸出促進等を推進し、農業が次世代に引き継がれるよう、若者が意欲と誇りを持って活躍できる魅力がある産業とすることを目指しているところです。このような背景を踏まえ、本報告書では、冒頭の特集において、「食料安全保障の強化に向けて」と題し、現下の食料情勢や価格高騰の影響とその対応、将来にわたって国民に食料を安定的に供給していくための取組について記述しています。

　また、トピックスでは、令和4(2022)年度における特徴的な動きとして、「農林水産物・食品の輸出額が過去最高を更新」のほか、「動き出した「みどりの食料システム戦略」」、「スマート農業・農業DXによる成長産業化を推進」、「高病原性鳥インフルエンザ及び豚熱への対応」等の六つのテーマを取り上げています。

　特集、トピックスに続いては、食料、農業及び農村の動向に関し、食料自給率の動向や食品の安全確保等を内容とする「食料の安定供給の確保」、担い手の育成・確保や主要な農畜産物の生産動向等を内容とする「農業の持続的な発展」、農村人口の動向や農村における活力の創出等を内容とする「農村の振興」の三つの章立てを行い、記述しています。また、これらに続けて、「災害からの復旧・復興や防災・減災、国土強靭化等」の章を設け、東日本大震災や大規模自然災害からの復旧・復興、令和4(2022)年度に発生した災害の状況と対応等について記述しています。

　本報告書の記述分野は多岐にわたりますが、統計データの分析や解説だけでなく、全国各地で展開されている取組事例等を可能な限り紹介し、写真も交えてわかりやすい内容とすることを目指しました。また、QRコードも活用し、関連する農林水産省Webサイト等を参照できるようにしています。

　本報告書を通じて、我が国の食料・農業・農村に対する国民の関心と理解が一層深まることを期待します。

特集

食料安全保障の
強化に向けて

食料安全保障の強化に向けて

　世界的な食料需要の増加や国際情勢の不安定化等に伴う食料安全保障[1]上のリスクの高まりにより、食料の多くを海外に依存している我が国は、将来にわたって食料を安定的に供給していくためのターニングポイントを迎えています。令和4(2022)年に入り、飼料、肥料、燃油等の農業生産資材の国際価格の高騰や、輸入食料の価格高騰による国内での食料品価格の高騰等が、円安の進行もあいまって、農業経営や国民生活に大きな影響を及ぼしています。このため、今回の特集では、飼料、肥料等の農業生産資材の価格上昇が農業経営に与えた影響や、食料品の価格上昇が消費者に与えた影響とともに、これらへの対応について整理しています。

　その上で、食料安全保障の強化が国家の喫緊かつ最重要課題となる中、食料安定供給・農林水産業基盤強化本部において、令和4(2022)年12月に「食料安全保障強化政策大綱」が決定され、食料の安定供給の基盤強化に向けて、継続的に講ずべき食料安全保障強化のために必要な対策等が明らかにされました。

　以下では、その内容について紹介します。

第1節　世界的な食料情勢の変化による食料安全保障上のリスクの高まり

(1) 食料品や農業生産資材の価格高騰

(世界の食料需給等をめぐるリスクが顕在化)

　世界の食料需給については、世界的な人口増加や、新興国の経済成長等により食料需要の増加が見込まれる中、地球温暖化等の気候変動の進行による農産物の生産可能地域の変化や異常気象による大規模な不作等が食料供給に影響を及ぼす可能性があり、中長期的には逼迫が懸念されます。

　さらに、新型コロナウイルス感染症の感染拡大に伴うサプライチェーン(供給網)の混乱に加え、令和4(2022)年2月のロシアによるウクライナ侵略等により、小麦やとうもろこし等の農作物だけでなく、農業生産に必要な原油や肥料等の農業生産資材についても、価格高騰や原料供給国からの輸出の停滞等の安定供給を脅かす事態が生じるなど、我が国の食料をめぐる国内外の状況は刻々と変化しており、食料安全保障上のリスクが増大しています(**図表 特-1**)。

---

[1] 用語の解説(1)を参照

図表 特-1	令和4(2022)年の諸外国での主な動き

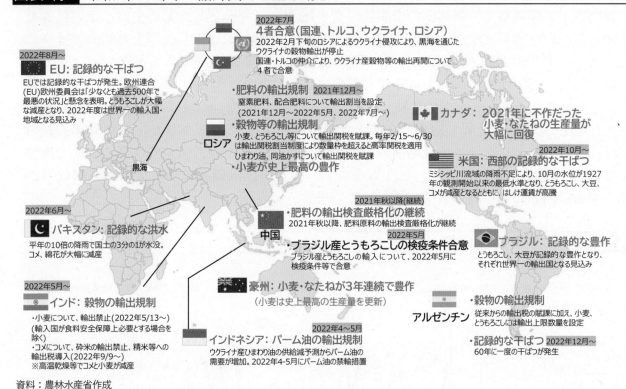

2022年7月
4者合意(国連、トルコ、ウクライナ、ロシア)
2022年2月下旬のロシアによるウクライナ侵攻により、黒海を通じた
ウクライナの穀物輸出が停止
国連・トルコの仲介により、ウクライナ産穀物等の輸出再開について
4者で合意

2022年8月〜
EU: 記録的な干ばつ
EUでは記録的な干ばつが発生。欧州連合(EU)欧州委員会は「少なくとも過去500年で最悪の状況」と懸念を表明。とうもろこしが大幅な減産となり、2022年度は世界一の輸入国・地域となる見込み

・肥料の輸出規制　2021年12月〜
窒素肥料、配合肥料について輸出割当を設定
(2021年12月〜2022年5月、2022年7月〜)

・穀物等の輸出規制
ロシア
小麦、とうもろこし等について輸出関税を賦課。毎年2/15〜6/30
は輸出関税割当制度により数量枠を超えると高率関税を適用
ひまわり油、同油かすについて輸出関税を賦課

・小麦が史上最高の豊作

カナダ: 2021年に不作だった
小麦・なたねの生産量が
大幅に回復

2022年10月〜
米国: 西部の記録的な干ばつ
ミシシッピ川流域の降雨不足により、10月の水位が1927年の観測開始以来の最低水準となり、とうもろこし、大豆、コメが減産となるともに、はしけ運賃が高騰

2022年6月〜
パキスタン: 記録的な洪水
平年の10倍の降雨で国土の3分の1が水没。コメ、綿花が大幅に減産

2021年秋以降(継続)
・肥料の輸出検査厳格化の継続
2021年秋以降、肥料原料の輸出検査厳格化が継続

中国

2022年5月
・ブラジル産とうもろこしの検疫条件合意
ブラジル産とうもろこしの輸入について、2022年5月に検疫条件等で合意

ブラジル: 記録的な豊作
とうもろこし、大豆が記録的な豊作となり、それぞれ世界一の輸出国となる見込み

2022年5月〜
インド: 穀物の輸出規制
・小麦について、輸出禁止(2022年5/13〜)
(輸入国が食料安全保障上必要とする場合を除く)
・コメについて、砕米の輸出禁止、精米等への輸出税導入(2022年9/9〜)
※高温乾燥等でコメと小麦が減産

豪州: 小麦・なたねが3年連続で豊作
(小麦は史上最高の生産量を更新)

アルゼンチン

・穀物の輸出規制
従来からの輸出税の賦課に加え、小麦、とうもろこしには輸出上限数量を設定

・記録的な干ばつ　2022年12月〜
60年に一度の干ばつが発生

2022年4〜5月
インドネシア: パーム油の輸出規制
ウクライナ産ひまわり油の供給減予測からパーム油の需要が増加。2022年4-5月にパーム油の禁輸措置

資料：農林水産省作成

(フォーカス) ウクライナの穀物生産量は、著しく減少する見通し

　令和5(2023)年3月に米国農務省(USDA)が公表した資料によれば、ウクライナの2022/23年度における小麦生産量は、ロシアによる侵略の影響を受け、前年度比36%減少の2,100万tの見通しとなっており、輸出量は前年度比28%減少の1,350万tの見通しとなっています。また、2022/23年度におけるとうもろこし生産量は前年度比36%減少の2,700万tの見通しとなっており、輸出量は前年度比13%減少の2,350万tの見通しとなっています。

　ウクライナ農業政策食料省による令和5(2023)年3月21日時点の予測によれば、冬小麦の作付けがロシアによるウクライナ侵略前であった2022/23年度と比較して減少したこと等から、2023/24年度の穀物・豆類の作付面積は、141万ha減少の1,024万haの見込みとなっています。

　さらに、同省の令和5(2023)年3月21日時点の予測によれば、2023/24年度の穀物・豆類の生産量は、4,430万t(2022/23年度5,310万t)となる見通しとなっています。

　我が国ではウクライナから穀物をほとんど輸入していませんが、今後ともウクライナ情勢が国際穀物貿易や価格に与える影響等について注視していく必要があります。

ウクライナの穀物生産量及び輸出量

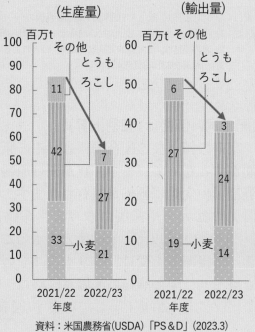

資料：米国農務省(USDA)「PS&D」(2023.3)
を基に農林水産省作成

（小麦の国際価格は高水準で推移）

　穀物等の国際価格は、新興国の畜産物消費の増加等を背景とした需要やバイオ燃料等のエネルギー向け需要[1]の増大、地球規模の気候変動の影響等により、近年上昇傾向で推移しています。令和3(2021)年以降、小麦の国際価格は、主要輸出国である米国やカナダでの高温乾燥による不作や中国における飼料需要の拡大に加え、ロシアによるウクライナ侵略が重なったことから、高水準で推移しています。令和4(2022)年3月には、前年同月の240.3ドル/tに比べ2倍以上上昇し過去最高値となる523.7ドル/tに達しました。令和5(2023)年1月以降はおおむねウクライナ侵略前の水準まで低下したものの、引き続き高い水準で推移しています（**図表 特-2**）。また、とうもろこし、大豆の国際価格については平成24(2012)年の過去最高値に迫る高い水準で推移しています。

図表 特-2　穀物等の国際価格

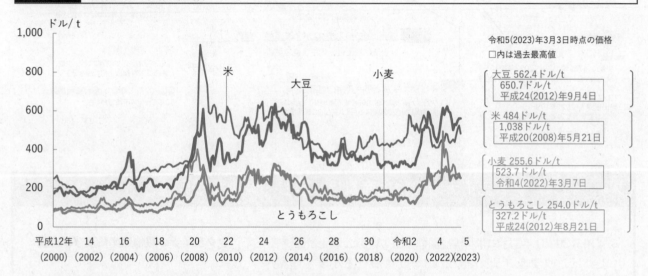

令和5(2023)年3月3日時点の価格
□内は過去最高値

大豆 562.4ドル/t
650.7ドル/t
平成24(2012)年9月4日

米 484ドル/t
1,038ドル/t
平成20(2008)年5月21日

小麦 255.6ドル/t
523.7ドル/t
令和4(2022)年3月7日

とうもろこし 254.0ドル/t
327.2ドル/t
平成24(2012)年8月21日

資料：シカゴ商品取引所、タイ国家貿易取引委員会のデータを基に農林水産省作成
注：1）小麦、とうもろこし、大豆の価格は、シカゴ商品取引所の各月第1金曜日の期近終値の価格
　　2）米の価格は、タイ国家貿易取引委員会公表による各月第1水曜日のタイうるち精米100%2等のFOB価格。FOBはFree On Boardの略
　　3）令和5(2023)年3月時点の数値

（配合飼料価格は約2割上昇）

　家畜の餌となる配合飼料は、その原料使用量のうち約5割がとうもろこし、約1割が大豆油かすとなっています。我が国は原料の大部分を輸入に頼っていることから、穀物等の国際相場の変動に価格が左右されます。とうもろこしの国際相場は、バイオエタノール向け需要の拡大や主産国における生産動向等を背景に、高い水準で推移しています。令和2(2020)年9月以降、米国産とうもろこしの中国向け輸出成約の増加や、ロシアによるウクライナ侵略等を受け、とうもろこしの国際価格は上昇しており、為替相場の影響等の要因も重なり、配合飼料の工場渡価格は、令和5(2023)年1月には10万円/tと、前年同月の8万3千円/tと比べ20%上昇しています（**図表 特-3**）。

---

[1] 第1章第2節を参照

図表 特-3 配合飼料価格

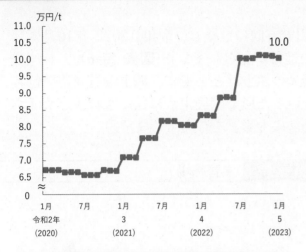

資料：公益社団法人配合飼料供給安定機構「飼料月報」を基に
　　　農林水産省作成
　注：配合飼料価格は、工場渡しの全畜種の加重平均価格

（肥料原料価格は一時過去最高に達するなど価格が大きく変動）

　肥料原料の輸入価格は、令和3(2021)年以降上昇傾向にある中で、ロシアによるウクライナ侵略や為替相場の影響等の要因も重なり、一時は過去最高に達するなど価格が大きく変動しています（**図表 特-4**）。

　こうした中、我が国においては平成20(2008)年の価格高騰時に講じた対策も参考に、化学肥料使用量の低減に向けた取組を行う農業者に対する肥料費を支援する対策を講ずるとともに、肥料原料の備蓄や国内資源の肥料利用の拡大等の肥料の安定供給に向けた対策を講ずるなど、国際情勢の変化に伴う影響への対応を図っていくことが求められています。

図表 特-4 肥料原料価格

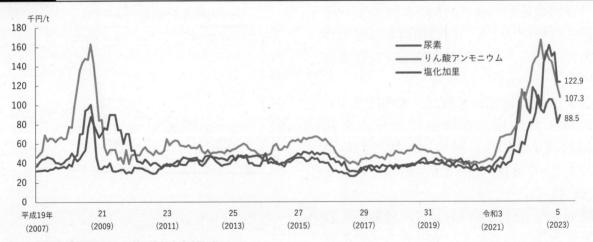

資料：財務省「貿易統計」を基に農林水産省作成
　注：月当たりの輸入量が5千t以下の月は前月の価格を表記

（原油価格の上昇や円安の進行が影響）

　原油価格は、ロシアによるウクライナ侵略直後に大きく上昇しました。令和4(2022)年3月には123.7ドル/バレルに達し、前年同月の62.4ドル/バレルと比べ98.2%上昇しました。

令和4(2022)年度は下落傾向にあるものの、高い水準で不安定に推移しています(**図表 特-5**)。

　また、為替相場は、令和3(2021)年秋以降、円安方向に推移し、令和4(2022)年10月には1ドル150円台まで下落するなど、円安の急速な進行が見られました(**図表 特-6**)。

　原油価格の上昇や円安の進行は、石油関連製品の値上げとともに、海上輸送運賃や包装資材価格の値上げによる食料品価格の値上げといった形で国民生活に様々な影響を及ぼすほか、農業生産資材価格の上昇を招き、農業経営にも影響を与えています。

図表 特-5 原油価格	**図表 特-6** 為替相場

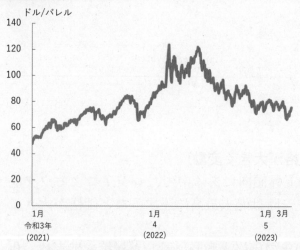

資料：米国エネルギー情報局(EIA)
　注：原油価格は、米国の代表的な指標原油であるWTI(West Texas Intermediate)原油の価格。1バレル=42ガロン≒159ℓ

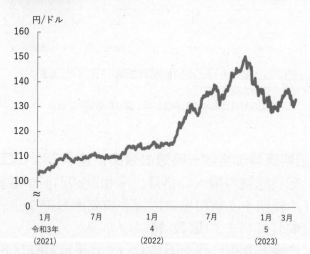

資料：日本銀行「為替相場(東京インターバンク相場)(日次)」

(国内における農業生産資材価格が上昇)

　世界的な穀物需要の増加、エネルギーや肥料原料の価格上昇、為替相場の影響等の要因が重なり、我が国の農業生産資材価格は上昇しています。

　農業生産資材価格指数は、令和3(2021)年以降上昇傾向で推移しており、令和5(2023)年2月には、前年同月比で肥料が39.5%上昇、飼料が19.8%上昇しています(**図表 特-7**)。

　農業生産資材価格の上昇は、農業経営にも影響を及ぼしており、ウクライナ情勢等も踏まえ、今後も価格動向を注視していく必要があります。

図表 特-7 農業生産資材価格指数(総合・類別)

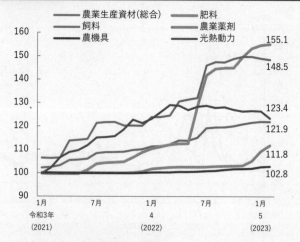

資料：農林水産省「農業物価統計調査」
　注：1) 農業生産資材(総合・類別)の令和2(2020)年の平均価格を100とした各年各月の数値
　　　2) 令和4(2022)年及び令和5(2023)年は概数値
　　　3) 光熱動力のうちガソリン及び灯油、農機具のうちパーソナルコンピュータは、総務省「消費者物価指数」の公表値を利用

（フォーカス）令和4(2022)年の農業景況DIは調査開始以来の最低値

　株式会社日本政策金融公庫(以下「公庫」という。)が令和5(2023)年1月に実施した調査によれば、令和4(2022)年における農業全体の農業景況DIは前年から9.5ポイント低下しマイナス39.1ポイントとなり、平成8(1996)年の調査開始以来の最低値となりました。

　また、株式会社東京商工リサーチが令和5(2023)年1月に公表した調査によれば、令和4(2022)年における農業分野の企業倒産は75件となり、過去10年間で2番目に高い水準となりました。

　輸入原料や肥料、飼料、燃油等の生産資材の国際価格の高騰に加え、新型コロナウイルス感染症の感染拡大による外食やインバウンドの需要減少の影響、高病原性鳥インフルエンザ*1や豚熱*2等の家畜伝染病の発生等が重なり、農業経営が厳しい状況下にあることがうかがわれます。

*1、*2 用語の解説(1)を参照

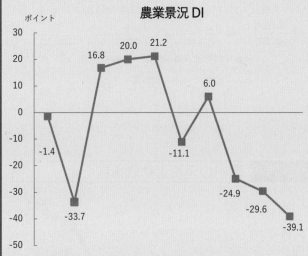

農業景況 DI

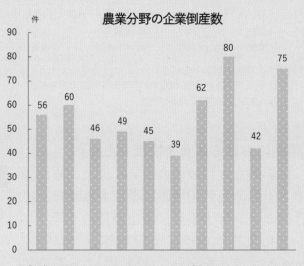

農業分野の企業倒産数

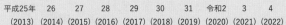
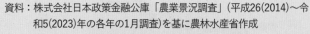

資料：株式会社日本政策金融公庫「農業景況調査」(平成26(2014)～令和5(2023)年の各年の1月調査)を基に農林水産省作成
注：1) スーパーL資金等の融資先である農業者を対象として、往復はがきによる郵送アンケート調査等により実施
　　2) 農業景況DIは、農業経営が「良くなった・良くなる」とする構成比から「悪くなった・悪くなる」とする構成比を差し引いたもの

資料：株式会社東京商工リサーチ「2022年(1-12月)「農業の倒産動向」調査」(令和5(2023)年1月公表)等を基に農林水産省作成
注：各年(1-12月、負債1千万円以上)の倒産から、日本標準産業分類の「農業」(「耕種農業」、「畜産農業」、「農業サービス業」、「園芸サービス業」)を抽出

（世界的に食料価格が上昇）

　穀物等の国際価格の上昇の影響を受け、FAO(国際連合食糧農業機関)が公表している食料価格指数[1]は、令和4(2022)年3月に食料品全体で159.7に達し、平成2(1990)年の統計公表以来最高値を記録しました(図表 特-8)。

　品目別では、穀物の価格指数については、小麦やとうもろこし等の国際価格の上昇を反映し、令和4(2022)年5月に173.5と平成2(1990)年の統計公表以来最高値を記録しました。また、乳製品の価格指数については、欧州やオセアニアにおける供給減等により、令和4(2022)年6月に150.2と前年同月比で25.2%上昇しました。

　その後価格指数は低下傾向にありますが、穀物等の国際相場は、ロシアによるウクライナ侵略等を背景に、高水準で推移しています。

---

[1] 国際市場における五つの主要食料(穀物、肉類、乳製品、植物油及び砂糖)の国際価格から計算される世界の食料価格の指標

図表 特-8 FAO の食料価格指数

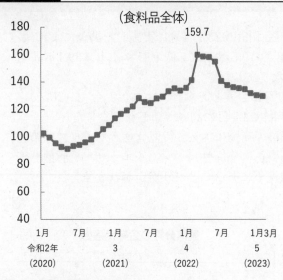

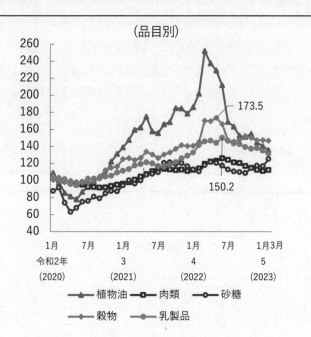

資料：FAO「Food Price Index」
注：1）平成26（2014）～28（2016）年の平均価格を100とする指数
　　2）令和5（2023）年3月時点の数値

凡例：植物油　肉類　砂糖　穀物　乳製品

（国内における消費者物価も上昇）

　世界的な食料価格の上昇に加え、原油価格の上昇や為替相場の影響、さらには、世界的なコンテナ不足、海上運賃の上昇、ロシアによるウクライナ侵略等、グローバル・サプライチェーン（供給網）の各段階における様々な要因が重なり、我が国の穀物等の輸入価格は上昇しています。

　こうした中、我が国の消費者物価指数は上昇基調で推移しており、総合の消費者物価指数は令和5（2023）年1月に104.7となっています。また、生鮮食品を除く食料の消費者物価指数は、同年2月に109.4となり、前年同月比で7.8％上昇しました（**図表 特-9**）。

図表 特-9 国内の消費者物価指数

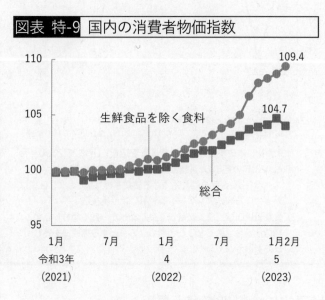

資料：総務省「消費者物価指数」（令和2（2020）年基準）

（2）食料の安定供給に影響を及ぼすリスクの高まり

（農産物の輸入額は前年に比べ3割増加）

　令和4（2022）年の我が国の農産物輸入額は、前年に比べ31.2％増加し約9兆2千億円となりました。このうち、農産品は33.2％増加し約6兆8千億円、畜産品は26.3％増加し約2兆5千億円となりました（**図表 特-10**）。

　この要因としては、世界的な価格の上昇に加え、為替相場が円安方向で推移したことにより、円ベースで輸入価格の上昇につながったことが大きいものと考えられます。特にとうもろこし、大豆、小麦の輸入量については、前年と比べ大きな変動が見られない中で、輸入額はそれぞれ47.0％、48.9％、68.4％上昇し、いずれも過去10年間で最大の値となり

ました。また、牛肉や果実類は、輸入単価が上昇する中で、輸入量は前年と比べ、それぞれ4.2%、7.5%の減少となりました。輸入農産物の単価上昇は国産農産物の需要拡大の好機ともなり得る中、国内産地の生産基盤の強化を図り、国産農産物の供給拡大を図っていくことが重要となっています。

図表 特-10 令和4(2022)年の農産物の輸入数量・輸入額の対前年増減率

（農産物全体）

品目名		輸入額	対前年増減率(%)
農産物		9兆2,402億円	31.2
	農産品	6兆7,607億円	33.2
	畜産品	2兆4,769億円	26.3

（主な品目）

品目名	輸入数量(万t)	輸入額	対前年増減率(%)		
			輸入数量	輸入額	輸入単価
とうもろこし	1,527	7,645億円	0.2	47.0	46.7
大豆	350	3,391億円	7.1	48.9	39.0
小麦	535	3,298億円	4.3	68.4	61.5
牛肉	56	4,925億円	-4.2	20.8	26.0
果実類	177	3,846億円	-7.5	7.4	16.1

資料：財務省「貿易統計」を基に農林水産省作成
注：果実類は「貿易統計」の「生鮮・乾燥果実」を指す。

（我が国の主要農産物の輸入構造は少数の特定国に依存）

令和4(2022)年の我が国の農産物輸入額を国別に見ると、米国が2兆1千億円で最も高く、次いで中国、豪州、カナダ、タイ、ブラジルの順で続いており、上位6か国が占める輸入割合は6割程度となっています（**図表 特-11**）。

品目別に見ると、とうもろこし、大豆、小麦、牛肉の輸入は、特定国への依存傾向が顕著となっており、上位2か国で8〜9割を占めています。小麦については、米国、カナダ、豪州の上位3か国に99.8%を依存している状況です。

一方、豚肉、果実類は、令和4(2022)年の上位2か国からの輸入割合が5割程度であり、平成24(2012)年と比べ、豚肉はカナダ、スペイン、メキシコ等からの輸入割合が、果実類はニュージーランド、メキシコ、豪州等からの輸入割合が上昇しています。

このように、一部の品目では輸入先の多角化が進みつつあるものの、我が国の農産物の輸入構造は、依然として米国を始めとした少数の特定国への依存度が高いという特徴があります。

海外からの輸入に依存している主要農産物の安定供給を確保するためには、輸入相手国との良好な関係の維持・強化や関連情報の収集等を通じて、輸入の安定化や多角化を更に図ることが重要です。一方、新型コロナウイルス感染症の影響の長期化や、ウクライナ情勢等を踏まえると、国内の農業生産の増大に向けた取組がますます重要となっています。

図表 特-11 我が国の主要農産物の国別輸入額

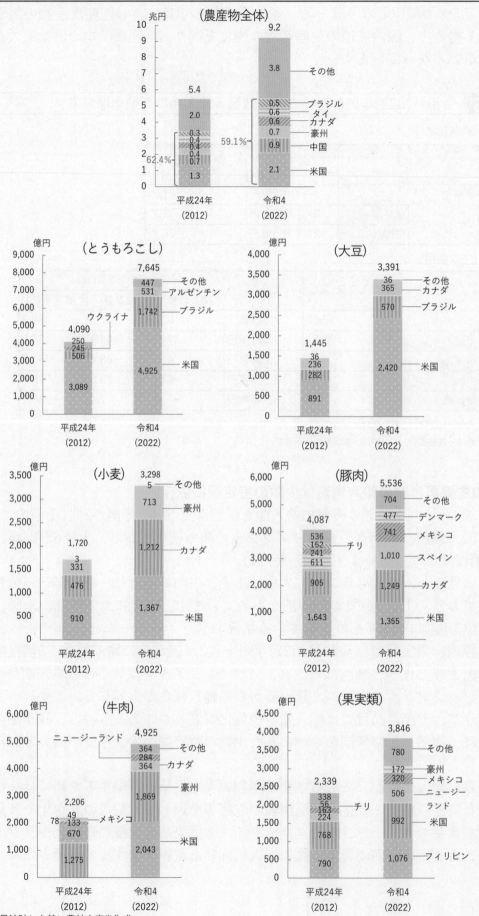

資料：財務省「貿易統計」を基に農林水産省作成

注：果実類は「貿易統計」の「生鮮・乾燥果実」を指す。

（肥料原料も輸入に大きく依存）

　我が国は、化学肥料原料の大部分を輸入に依存しています。主要な肥料原料の資源が世界的に偏在している中で、りん酸アンモニウムや塩化加里はほぼ全量を、尿素は95%を、限られた相手国から輸入しています。輸出国側の輸出制限や国際価格の影響を受けやすいことから、輸入の安定化・多角化や輸入原料から国内資源への代替を進める必要があります（**図表 特-12**）。

　令和3（2021）年秋以降、中国による肥料原料の輸出検査の厳格化や、ロシアによるウクライナ侵略の影響により、我が国の肥料原料の輸入が停滞したことを受け、りん酸アンモニウムではモロッコの割合が上昇するなど、代替国から調達する動きが見られます。

図表 特-12 我が国の肥料原料の輸入相手国

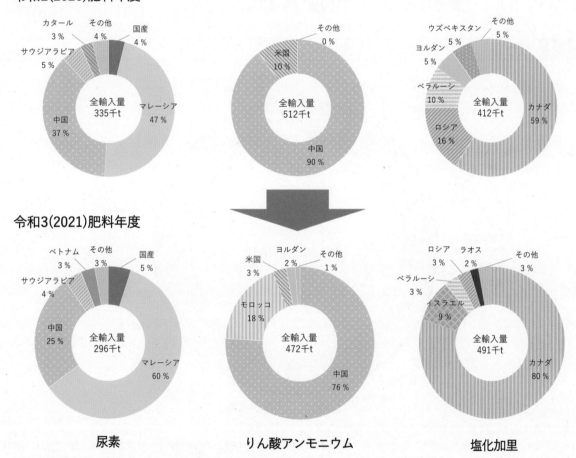

令和2（2020）肥料年度

令和3（2021）肥料年度

尿素　　　　りん酸アンモニウム　　　　塩化加里

資料：財務省「貿易統計」及び肥料関係団体からの報告を基に農林水産省作成
　注：1）肥料年度は、当該年の7月から翌年6月までの期間
　　　2）全輸入量には、国産は含まれない。

（国産と輸入先上位4か国による食料供給の割合は約8割）

　農林水産省では、令和4(2022)年2月に「食料安全保障に関する省内検討チーム」を立ち上げ、将来にわたって我が国の食料安全保障を確立するために必要な施策の検討に資するよう、食料の安定供給に影響を及ぼす可能性のある様々な要因(リスク)を洗い出し、包括的な検証を行った上で、同年6月に「食料の安定供給に関するリスク検証(2022)」を公表しました。

食料の安定供給に関するリスク検証(2022)
URL：https://www.maff.go.jp/j/zyukyu/anpo/risk_2022.html

　我が国の食料供給は、国産と輸入先上位4か国(米国、カナダ、豪州、ブラジル)で、供給熱量[1]の約8割を占めている中、今後の食料供給の安定性を維持していくためには、これらの輸入品目の国産への置換えを着実に進めるとともに、主要輸入先国との安定的な関係を維持していくことも必要となっています(**図表 特-13**)。

図表 特-13 我が国の供給熱量の国・地域別構成(試算)

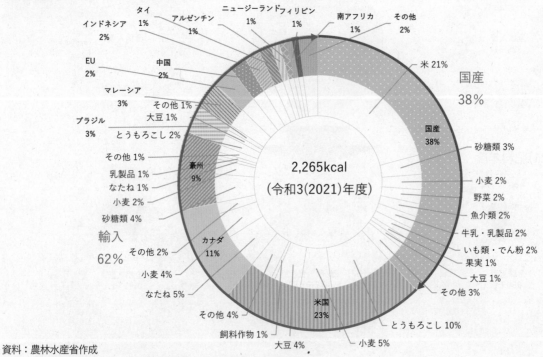

資料：農林水産省作成
注：1) 輸入熱量は供給熱量と国産熱量の差とし、輸出、在庫分を除く。
　　2) 主要品目の国・地域別の輸入熱量を、農林水産省「令和3年農林水産物輸出入概況」の各品目の国・地域ごとの輸入量で按分して試算
　　3) 輸入飼料による畜産物の生産分は輸入熱量としており、この輸入熱量については、主な輸入飼料の国・地域ごとの輸入量(可消化養分総量(TDN)換算)で按分

　また、このリスク検証では、対象品目ごとに、分析・評価の対象リスクについて、その「起こりやすさ」と「影響度」の分析を行い、その結果を基に、起こりやすさを5段階、影響度を3段階で評価し、「重要なリスク」、「注意すべきリスク」を特定しました。

　その結果、輸入については、価格高騰のリスクは、輸入割合の高い主要な品目のうち、とうもろこし等の飼料穀物等では顕在化しつつあり、「重要なリスク」と評価しました。ま

---

[1] 用語の解説(1)を参照

た、小麦、大豆、なたねでは、その起こりやすさは中程度であるが、その影響度が大きく、「重要なリスク」と評価しました。

国内生産については、労働力・後継者不足のリスクが、特に労働集約的な品目(果実、野菜、畜産物等)を中心にその起こりやすさが高まっているか、顕在化しており、「重要なリスク」と評価しました。また、関係人材・施設の減少リスクは多くの品目で顕在化しつつあり、「注意すべきリスク」と評価しました。

輸入依存度の高い生産資材のうち、燃料の価格高騰等のリスクについては、その起こりやすさが高まっており、燃料費の割合が高い品目(野菜、水産物等)では「重要なリスク」と評価しました。肥料の価格高騰等のリスクについては、肥料は農産物の生産に必須で、その影響度は大きく、ほとんどの品目で「重要なリスク」と評価しました。

温暖化や高温化のリスクは、ほとんどの品目で顕在化しつつあり、「注意すべきリスク」等と評価しました。

家畜伝染病のリスクについては、水際対策の強化を図っているものの、口蹄疫やアフリカ豚熱[1]が近隣諸国で継続的に発生しており、その起こりやすさが高まっていることに加え、発生した場合の影響度が大きいため、「重要なリスク」と評価しました。

(食品アクセスの確保に向けた課題への対応が必要)

我が国において、消費者が健康な生活を送るために必要な食品を入手できない、いわゆる「食品アクセス[2]」の問題への対応が重要な課題となっています。

人口減少・高齢化等により、小売業や物流の採算がとれない地域が発生しており、人口減少・高齢化が進行する地域を中心に、食品を簡単に購入できない、いわゆる「買い物困難者」等が発生しています。さらに、トラックを含む自動車運送業に係るいわゆる「物流の2024年問題[3]」によって物流コストの増加は不可避であり、問題はより深刻化することも考えられます。

また、我が国の経済成長が停滞する中で、個人の所得も伸び悩み、低所得者層が増加しています。家計の経済的事情や家族を取り巻く状況変化が、十分かつ健康的な食生活の実現に負の影響をもたらすといった問題も発生しています。

このため、関係省庁等と連携し、円滑な食品アクセスを確保するため、産地から消費地までの幹線物流の効率化や、消費地における地域内物流の強化等、食品流通上の課題への対応を強化していくほか、地域ごとに、様々な食品アクセスに関する課題や実態を把握するとともに食に関する関係者が連携する体制の構築を支援することが重要となっています。また、国民の健康な食生活を確保する立場から食品関連事業者やフードバンク[4]等の役割を明確にするとともに、フードバンクやこども食堂[5]等の活動の支援を強化することも必要となっています。

---

[1] 用語の解説(1)を参照
[2] トピックス6を参照
[3] 第1章第4節を参照
[4] 用語の解説(1)を参照
[5] 第1章第6節を参照

（フォーカス）食料店舗へのアクセス等が十分でない者も一定数存在

　家庭段階における食料安全保障の確保に向けては、食料店舗へのアクセスや合理的な価格での食料購入が重要となります。

　公庫が令和5(2023)年1月に実施した調査によれば、食料店舗へのアクセスについて、「公共交通手段の利用又は徒歩により、15分以内で食料店舗にアクセスすることができる」と回答した人は67.5%となっている一方、「15分以内ではできない」と回答した人は32.6%となっています。

　また、同調査によれば、健康的な食事のため、飲食料品を手頃な価格で購入できているかどうかについて、「できている」と回答した人は53.5%となっている一方、「できていない」と回答した人は46.7%となっています。我が国においては、平常時においても家庭レベルでの食品アクセスの確保に課題があることがうかがわれます。

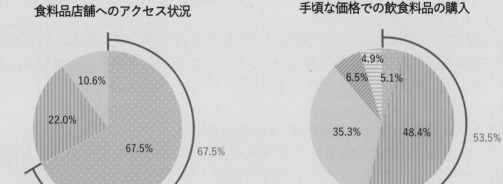

資料：株式会社日本政策金融公庫「消費者動向調査（令和5年1月）」を基に農林水産省作成
注：1）令和5(2023)年1月に、全国の20〜70歳代の男女2千人を対象として実施したインターネットによるアンケート調査
　　2）「十分にできている」、「ある程度できている」の合計を「できている」としている。

　なお、英国が令和3(2021)年に公表した食料安全保障報告書*によれば、2019年においては、イングランドの住民の少なくとも84%は公共交通手段の利用又は徒歩により、15分以内に食料店舗にアクセスすることが可能と回答しています。

　また、2019/20年度における英国の家庭世帯の92%が、健康で栄養のある食料に、入手可能である合理的な価格で十分にアクセスできると感じ、自らの世帯における食料が保障されていると回答しています。

　社会経済システム等諸条件の異なる英国と、我が国の置かれた状況を一概に比較することはできませんが、我が国においても食品アクセスの確保に向けた対応を図っていくことが求められています。

* 正式名称は「UK Food Security Report 2021」

（将来の食料輸入に不安を持つ消費者の割合は約8割）

　将来の食料輸入に対する消費者の意識について、公庫が令和5(2023)年1月に実施した調査によると、79.5%の人が日本の将来の食料輸入に「不安がある」と回答しました（**図表 特-14**）。また、日本の将来の食料輸入について「不安がある」と回答した人にその理由を聞いたところ、「国際情勢の変化により、食料や生産資材の輸入が大きく減ったり、止まったりする可能性があるため」と回答した人が61.8%と最も高くなりました（**図表 特-15**）。世界的な食料需要の増加や国際情勢の不安定化等に伴う食料安全保障上のリスクが高まる中、将来にわたって食料を安定的に確保していくことが求められています。

図表 特-14	日本の将来の食料輸入についての考え	図表 特-15	日本の将来の食料輸入について不安があると考える理由

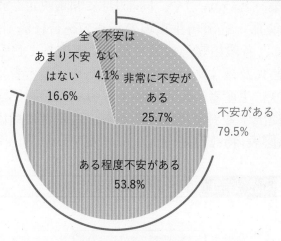

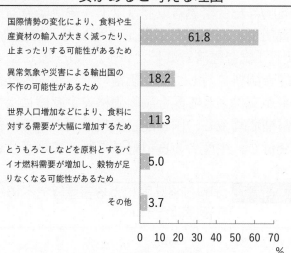

資料： 株式会社日本政策金融公庫「消費者動向調査(令和5年1月)」を基に農林水産省作成
注：1) 令和5(2023)年1月に、全国の20〜70歳代の男女2千人を対象として実施したインターネットによるアンケート調査
　　2) 「ある程度不安がある」、「非常に不安がある」の合計を「不安がある」としている。

資料：株式会社日本政策金融公庫「消費者動向調査(令和5年1月)」
注：1) 令和5(2023)年1月に、全国の20〜70歳代の男女2千人を対象として実施したインターネットによるアンケート調査
　　2) 日本の将来の食料輸入について「ある程度不安がある」、「非常に不安がある」と回答した人に対し、その理由を聞いた際の回答結果

→第1章第2節、第1章第3節及び第2章第7節を参照

第2節　足下での原油・物価高騰の影響と対応

(1) 飼料価格高騰への対応

(飼料価格の高騰に対応し、緊急対策を実施)

　我が国の畜産経営において、令和3(2021)年の経営費に占める飼料費の割合を営農類型別に見ると、約3～6割となっています。

　飼料価格高騰による畜産経営への影響については、公庫が令和4(2022)年7月に実施した調査によると、62.4%が「飼料費が前年比30%以上増加した」と回答しました(**図表　特-16**)。

　農林水産省では、とうもろこし等の飼料原料価格の上昇等により、配合飼料価格が高騰している状況を踏まえ、令和4(2022)年4月に決定した「コロナ禍における「原油価格・物価高騰等総合緊急対策」」(以下「総合緊急対策」という。)や、同年9月に閣議決定した予備費使用、同年10月に閣議決定した「物価高克服・経済再生実現のための総合経済対策」(以下「総合経済対策」という。)の一環として、各般の緊急対策を迅速に実施しました。

　配合飼料に対しては、価格の上昇が畜産経営に及ぼす影響を緩和するため、生産者に補填金が交付される配合飼料価格安定制度により、生産者、配合飼料メーカー等が拠出する通常補填基金と、国と配合飼料メーカー等が拠出する異常補填基金から、生産者に補填金を交付し、生産者の負担軽減を図っています(**図表　特-17**)。

図表　特-16	飼料価格高騰による畜産経営への影響(畜産全体)	図表　特-17	配合飼料価格安定制度

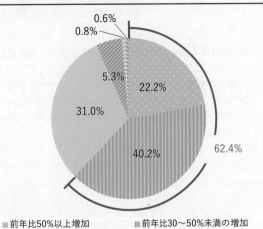

■ 前年比50%以上増加　■ 前年比30～50%未満の増加
■ 前年比10～30%未満の増加　■ 前年比10%未満の増加
■ 増加していない　■ 仕入していない

資料：株式会社日本政策金融公庫「農業景況調査(令和4年7月)」を基に農林水産省作成
注：1) スーパーL資金又は農業改良資金の融資先である農業者を対象としたアンケート調査で、有効回答数6,772のうち、畜産全体の回答数は1,684
　　2) 畜産全体には、酪農(北海道)、酪農(都府県)、肉用牛、養豚、採卵鶏、ブロイラーを含む。

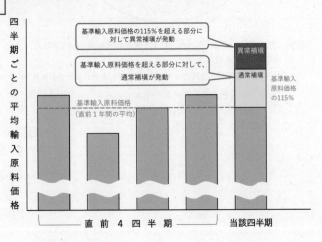

資料：農林水産省作成

　また、総合緊急対策において、異常補填基金への435億円の積み増しを措置した上で、令和4(2022)年度第1四半期(令和4(2022)年4～6月)及び第2四半期(同年7～9月)の異常補填の発動基準を特例的に引き下げました。さらに、総合経済対策において、異常補填基金への103億円の積み増しを措置しました。

　くわえて、予備費を活用し、生産コスト削減や飼料自給率の向上に取り組む生産者に対し、令和4(2022)年度第3四半期（令和4(2022)年10〜12月）の実質的な飼料コストを第2四半期と同程度の水準まで抑制する緊急対策を実施したほか、酪農経営については、購入粗飼料等の高騰の影響を受け生産コストが上昇していることから、国産飼料の利用拡大や生産コスト削減に取り組む生産者に対し、コスト上昇分の一部を補塡する対策を講じました。

　このほか、令和5(2023)年3月に閣議決定した「物価高克服に向けた追加策」としての予備費使用においては、令和4(2022)年度第4四半期（令和5(2023)年1〜3月）については、配合飼料価格が前期とほぼ同水準で推移すると見込まれること等を踏まえ、第3四半期の緊急対策を拡大することで、酪農や養鶏等、様々な畜種の飼料コストを抑制することとしました。また、配合飼料に加え購入粗飼料の高騰や需要の減少等により特に収益性が悪化している酪農経営について、引き続き消費・輸出拡大等に取り組みつつ、購入粗飼料等のコスト上昇に対する補塡等を行うこととしました。さらに、令和5(2023)年度第1四半期（令和5(2023)年4〜6月）以降については、配合飼料価格が高止まりする中、畜産経営への影響を緩和するため、配合飼料価格安定制度に新たな特例を創設することとしました。

　これらの緊急対策により飼料価格高騰の影響を受ける畜産経営への影響緩和が進められている一方、過度に輸入に依存する構造の転換を着実に進めていくことが課題となっています。

(耕畜連携への支援を強化)

　水田では、米の収穫に伴い、稲わらやもみ殻といった利用価値の高い副産物が産出されており、家畜の飼料や敷料等の有用な資源として活用されています。また、家畜の飼養に伴い排出される家畜排せつ物は堆肥にすることにより、肥料や土壌改良剤等の有用な資源として活用されています。

　生産資材価格が高騰し、耕種農家・畜産農家双方の経営に影響が見られる中、耕種農家と畜産農家が連携し、飼料作物と堆肥を循環させる「耕畜連携」の取組について、その重要性が一層高まっています。

　農林水産省では、国産稲わらの収集に必要な機械の導入等を支援しているほか、畜産サイドと耕種サイドが長期の利用・供給契約に基づき、国産飼料を供給するなど、国産飼料の利用拡大のための新たな枠組みの構築等を支援しています。

（コラム）稲わらと堆肥ペレットの広域流通実証試験を開始

全国農業協同組合連合会宮城県本部（以下「JA全農みやぎ」という。）と鹿児島県経済農業協同組合連合会（以下「JA鹿児島県経済連」という。）は、稲わらと堆肥ペレットを相互に流通させる広域流通実証試験に取り組んでいます。

JA全農みやぎの管内では、収穫後の稲わらを乾燥させやすい気候条件にあり、良質な稲わらの一大産地となっており、稲わらの供給先の拡大が可能となっています。一方、JA鹿児島県経済連の管内では、畜産が盛んであり、良質な堆肥が豊富に生産されているものの、需要期にばらつきが見られるなどの課題を抱えています。

稲わら

資料：全国農業協同組合連合会宮城県本部

このため、両者は、直線距離で約1,500km離れた地理的な制約の克服に向けて連携して取り組み、広域での需給調整を図ることにより、粗飼料の自給率向上や稲作生産者の新たな収入源確保につなげることを目指しています。

令和5（2023）年2月以降、宮城県内の農業協同組合（以下「農協」という。）が生産した稲わら140tがJA鹿児島県経済連に販売されており、鹿児島県内の牧場で使用される予定となっています。また、JA鹿児島県経済連が開発した、堆肥を粒状に成形加工した「堆肥ペレット」60tが宮城県内の3農協に出荷され、主にWCS*用稲の肥料として使用される予定となっています。

堆肥ペレット

資料：鹿児島県経済農業協同組合連合会

今後は、トラックやフェリー、鉄道を使用した場合の輸送経費の検証や堆肥ペレット利用の栽培暦の作成、直播等による生産コスト低減対策を進めていくこととしています。

* 用語の解説(2)を参照

（2）肥料価格高騰への対応

（肥料原料の調達不安定化や価格高騰に対応し、緊急対策を実施）

我が国の農業経営において、令和3（2021）年の経営費に占める肥料費の割合は営農類型により異なるものの、約4〜18%となっています。我が国は化学肥料原料の大部分を海外に依存しているため、供給量や肥料価格が国際情勢の影響を受けやすい構造となっています。

こうした中、令和3（2021）年秋以降、肥料原料の国際価格が上昇するとともに既存の輸入先国からの原料調達が困難となり、我が国の農業経営への影響が懸念される事態となったこと等を受けて、農林水産省では、令和4（2022）年4月の総合緊急対策や、同年7月の予備費を使用した対策、同年10月の総合経済対策等により、肥料供給の安定化や価格高騰の影響緩和を図るための様々な対策を講じました。

このうち、総合緊急対策においては、中国やロシア等これまで輸入してきた国からの原料調達が停滞したことから、モロッコ等の代替国からの調達に要する掛かり増しのコスト（海上輸送費等）に対し支援措置を講ずるとともに、国内の農業者に対しては、慣行の施肥体系から肥料コスト低減体系への転換を進める取組に対する支援を拡大しました。

また、予備費を使用した対策では、肥料価格高騰による農業経営への影響を緩和するため、化学肥料使用量の低減に向けた取組を行う農業者に対し、肥料費上昇分の7割を支援

する新たな対策を講じました。

　さらに、肥料原料の大部分を海外に依存している中で、調達先国からの供給途絶等により肥料原料の需給が逼迫（ひっぱく）した場合にも生産現場への肥料の供給を安定的に行うことができるよう、経済安全保障推進法[1]における特定重要物資として肥料を指定し、主要な肥料原料の備蓄を行う仕組みを創設しました。総合経済対策では、肥料原料の備蓄に要する保管経費と保管施設の整備費を支援するための基金を創設するとともに、肥料の国産化に向けて、畜産業由来の堆肥や下水汚泥資源の肥料利用を推進することとし、畜産農家や下水道事業者、肥料製造業者、耕種農家等が連携した取組や施設整備等を支援しています。

　くわえて、国内資源の肥料利用の推進については、関係事業者間の連携が重要となることから、農林水産省では、令和4(2022)年12月に、これら関連事業者に関する情報を一元的に収集し、互いに閲覧できるマッチングサイトを開設しました。また、令和5(2023)年2月には国内肥料資源の利用拡大に向けた全国推進協議会を設立し、各地域において関係事業者の連携を創出していくためのマッチング会合の開催等を進めることとしています。

　これらの対策により、現下の肥料価格高騰による影響を緩和しつつ、肥料の安定供給に向けた対応が進められています。一方、輸入の安定化・多角化や過度に輸入に依存する構造の転換を着実に進めていくことが課題となっています。

（事例）低コスト堆肥入り粒状複合肥料を開発・供給（宮崎県）

　宮崎県宮崎市（みやざきし）に本拠を置く宮崎県経済農業協同組合連合会（みやざきけん）（以下「JA宮崎経済連」という。）は、低コスト堆肥入り粒状（りゅうじょう）複合肥料を供給し、地域資源の活用と農業者の生産コスト削減を推進しています。

　JA宮崎経済連では、豚ぷんや鶏ふん等の地域資源を活用した環境に配慮した粒状複合肥料の開発を令和2(2020)年から進めてきましたが、肥料価格の高騰に対応するため早期の開発に努め、令和4(2022)年9月から供給を開始しました。その供給価格は、同年の秋肥（あきごえ）（既存銘柄）の価格と比べて約75～85%の水準に抑制されています。

　肥料の製造については、JA宮崎経済連の養豚実証農場から発生する豚ぷん堆肥や、県内の養鶏農協から供給される鶏ふん堆肥を原料として活用し、肥料メーカーでペレット化・粒状化した後、肥料供給センターで配合が行われています。

　肥料の種類としては、鶏ふん堆肥を約30%配合した園芸全般向けの製品のほか、豚ぷん堆肥入りペレットを約30%配合した露地野菜等に適した製品等が供給されており、化学肥料使用量の低減にも寄与するものとなっています。

　JA宮崎経済連では、今後も作物別の配合設計を進めるなど低コスト堆肥入り粒状複合肥料の更なる活用拡大を図ることとしています。

低コスト堆肥入り粒状複合肥料
資料：宮崎県経済農業協同組合連合会

---

[1] 正式名称は「経済施策を一体的に講ずることによる安全保障の確保の推進に関する法律」

（肥料原料の安定供給を働き掛け）

　政府は、肥料原料の代替国からの調達のため、外交面での取組を推進しています。令和4(2022)年5月には、モロッコに対しりん酸アンモニウムの安定供給に向けた働き掛けを行いました。また、令和4(2022)年6月及び令和5(2023)年1月に、カナダに対し塩化加里の安定供給に向けた働き掛けを行ったほか、令和4(2022)年7月に、マレーシアに対し尿素の安定供給について働き掛けを行いました。

モロッコにりん酸アンモニウムの
安定供給を要請する
農林水産副大臣

カナダに塩化加里の
安定供給を要請する
農林水産大臣

マレーシアに尿素の
安定供給を要請する
農林水産大臣政務官

(3) 燃料価格高騰への対応

（燃料価格の高騰に対し、施設園芸農家等向けの支援策を実施）

　我が国の施設園芸経営において、令和3(2021)年の経営費に占める燃料費の割合は約2〜3割となっています。

　重油等の燃油は、その価格が為替相場や国際的な市況等の影響で大きく変動することから、今後の価格の見通しを立てることが困難な生産資材です。また、重油価格指数は、令和3(2021)年3月以降、おおむね前年を上回って推移しています(**図表 特-18**)。

　燃油価格高騰による農業経営への影響については、公庫が令和4(2022)年7月に実施した調査によると、34.4%が「燃料動力費が前年比30%以上増加した」と回答しました(**図表 特-19**)。

　農林水産省では、燃料価格の高騰を踏まえ、令和4(2022)年3月に取りまとめた「原油価格高騰に対する緊急対策」や同年10月の総合経済対策において、燃料高騰の影響を受ける施設園芸農家等に対する支援策を講じました。

　原油価格高騰に対する緊急対策においては、計画的に省エネルギー化等に取り組む産地を対象に、農業者と国で基金を設け、A重油・灯油の価格が一定の基準を超えた場合に補塡金を交付する施設園芸等燃油価格高騰対策について、農業者が行う積立ての上限を引き上げることにより、セーフティネット機能を強化するほか、省エネ機器等の導入を支援する産地生産基盤パワーアップ事業(施設園芸エネルギー転換枠)について支援枠の拡充等を行いました。

　また、総合経済対策においては、施設園芸等燃料価格高騰対策について、LPガスやLNG(液化天然ガス)も対象に追加する拡充を行ったほか、省エネ機器等の導入支援についても引き続き行いました。

図表 特-18	重油価格指数

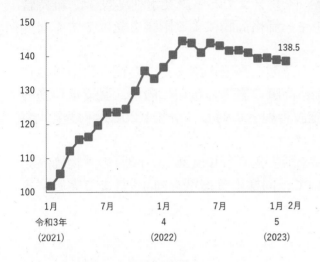

```
150

140                              138.5

130

120

110

100
      1月        7月        1月        7月        1月 2月
   令和3年                  4                  5
   (2021)              (2022)            (2023)
```

資料：農林水産省「農業物価統計調査」
注：1) 農業用A重油の令和2(2020)年の平均価格を100とした各年各月の数値
　　2) 令和4(2022)、5(2023)年は概数値

図表 特-19	燃油価格高騰による農業経営への影響(農業全体)

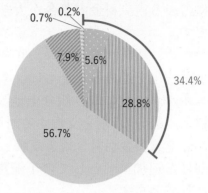

```
        0.7%   0.2%

   7.9%      5.6%
                              34.4%
          28.8%

   56.7%
```

■ 前年比50%以上増加　　　■ 前年比30〜50%未満の増加
■ 前年比10〜30%未満の増加　■ 前年比10%未満の増加
▨ 増加していない　　　　　◎ 仕入していない

資料：株式会社日本政策金融公庫「農業景況調査(令和4年7月)」を基に農林水産省作成
注：1) スーパーL資金又は農業改良資金の融資先である農業者を対象としたアンケート調査で、有効回答数は6,772
　　2) 農業全体には、稲作(北海道)、稲作(都府県)、畑作、露地野菜、施設野菜、茶、果樹、施設花き、きのこ、酪農(北海道)、酪農(都府県)、肉用牛、養豚、採卵鶏、ブロイラーを含む。

(事例) 省エネルギー技術を活用し、化石燃料の使用量を削減(千葉県)

　千葉県千葉市は、温暖な気候を背景に施設園芸が盛んに行われている一方、その生産体系の多くは冬季に加温を要し、A重油を燃料とする従来式の暖房機を活用した施設が主となっています。

　こうした中、千葉市や千葉県等を構成員とする千葉市SDGs対応型施設園芸推進協議会では、施設園芸において暖房を中心とした燃料消費によるCO_2排出量削減に資するため、電力を主体とした加温技術の体系化を目指し、技術実証を進めています。

　同協議会では、ヒートポンプによる加温エネルギー消費を電力のみとし、加温における燃油消費をゼロにする技術体系の構築に取り組んでいます。また、ヒートポンプと燃油暖房機とのハイブリッド型に、高保温性カーテンを用いた加温栽培技術を組み合わせ、省エネ型CO_2発生装置を活用することにより単収を向上させる技術体系の構築等の取組を実施しています。

　これらの取組を通じ、令和6(2024)年度までにハイブリッド型において、化石燃料使用量の40%低減、単収当たりの化石燃料使用量を52%削減することを目指しています。

電力で加温するヒートポンプ
資料：千葉県千葉市

（電気料金の高騰に対し、農業水利施設への支援を実施）

　食料の安定供給に不可欠な公共・公益性の高いインフラである農業水利施設[1]は、維持管理費に占める電気料金の割合が大きく、エネルギー価格高騰による影響を受けやすくなっています。

　このため、農林水産省では、昨今の電気料金の急激な高騰を踏まえ、農業水利施設の省エネルギー化を進めるとともに、エネルギー価格高騰の影響の緩和に向け、農業水利施設の省エネルギー化に取り組む土地改良区等の施設管理者に対し、令和4(2022)年度全体の電気料金高騰分の7割を支援する対策を講じました。

　また、電気料金が引き続き高騰している状況を踏まえ、令和5(2023)年3月の「物価高克服に向けた追加策」としての予備費使用において、同様の支援策を同年9月まで実施することとしています。

(4) 食品原材料価格高騰への対応

（食品企業では、原材料価格の高騰等が大きく影響）

　食品企業における原材料価格高騰等に伴うコストの増加について、公庫が令和5(2023)年1月に実施した調査によると、コストが前年同期と比較して2割以上増加したと回答した食品関係企業の割合は、製造業が37.7%と最も高く、次いで飲食業が31.0%となっており、食品企業の経営に大きな影響を及ぼしていることがうかがわれます（**図表 特-20**）。

図表 特-20　食品企業における原材料価格高騰等によるコストの増加割合

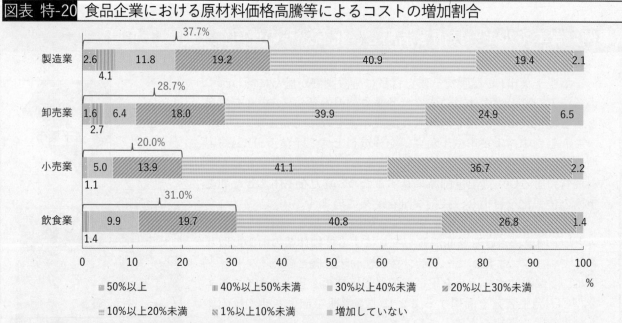

資料：株式会社日本政策金融公庫「食品産業動向調査(令和5年1月)」を基に農林水産省作成

注：令和5(2023)年1月に、全国の食品関係企業6,795社を対象として実施した郵送とインターネットによるアンケート調査(有効回答数は2,344社)

---

[1] 用語の解説(1)を参照

(輸入小麦の価格を抑制)

輸入小麦の政府売渡価格は、国際相場の変動の影響を緩和するため、4月期と10月期の年2回、価格改定を行っていますが、ロシアによるウクライナ侵略等を受け、令和4(2022)年10月期と令和5(2023)年4月期に価格高騰対策を実施しました。

令和4(2022)年10月期には、輸入小麦の買付価格が、同年3月以降、ウクライナ侵略を受けて急騰した後、同年6月以降には下落し急激に変動したことから、通常6か月間の算定期間を1年間に延長してその影響を平準化することとし、同年10月期の政府売渡価格は同年4月期の価格(5銘柄加重平均で7万2,530円/t)を適用し、実質的に据え置く緊急措置を実施しました(図表 特-21)。

また、令和5(2023)年4月期には、物価上昇全体に占める食料品価格上昇の影響が高まっていたことを受け、価格の予見可能性、小麦の国産化の方針、消費者の負担等を総合的に判断した結果、ウクライナ侵略直後の急騰による影響を受けた期間を除く直近6か月間の買付価格を反映した水準まで上昇幅を抑制し、令和4(2022)年10月期と比べて5.8%上昇となる7万6,750円/tとする激変緩和措置を実施しました。

図表 特-21 輸入小麦の政府売渡価格

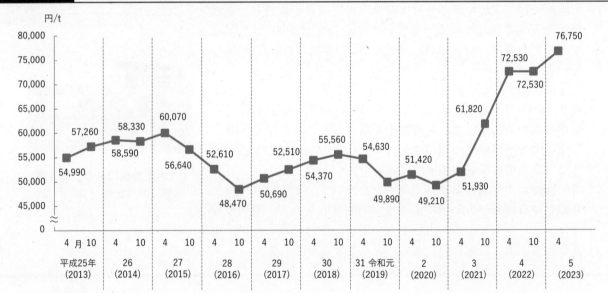

資料:農林水産省作成
注:政府売渡価格は5銘柄の加重平均、税込価格。5銘柄とは、カナダ産ウェスタン・レッド・スプリング、米国産ウェスタン・ホワイト、ダーク・ノーザン・スプリング、ハード・レッド・ウィンター及び豪州産スタンダード・ホワイト

(輸入小麦の国産小麦・米粉への原材料切替えを促進)

ロシアによるウクライナ侵略等を背景として、食品製造業者等が使用している輸入食品原材料の価格が高騰しています。このため、総合緊急対策の一環として、国産小麦・米粉等への原材料の切替え、価格転嫁に見合う付加価値の高い商品への転換や生産方法の高度化による原材料コストの抑制等の取組を緊急的に支援しました。

(国産小麦の供給体制を整備)

国際的に小麦等の供給懸念が生じ価格が高騰する中、輸入依存度が高い小麦の安定供給体制を緊急的に強化するため、総合緊急対策の一環として、生産面において作付けの団地

化、営農技術・機械の導入等を支援するとともに、流通面において一時保管等の安定供給体制の構築を支援しました。

(小麦・大豆・飼料作物の国産化を推進)

　小麦・大豆・飼料作物や加工・業務用野菜の国産化を推進するため、令和4(2022)年11月に取りまとめた「食料品等の物価高騰対応のための緊急パッケージ」に基づき、小麦・大豆等の国内生産の拡大や安定供給のための施設整備、国産原料への切替えに取り組む食品製造事業者等の新商品開発に対する支援、水田の畑地化を強力に推進するとともに、耕畜連携の取組等による国産飼料の生産・利用拡大等を支援しました。

(事例) 転作田の団地化等により効率的に小麦を増産(北海道)

　北海道南幌町の株式会社ファーム白倉は、農業機械の大型化により生産性を高めつつ、機械の共同利用により投資コストを抑え、作業効率向上と経営所得の安定を図りながら、小麦の増産に取り組んでいます。

　同社では、農地を借り受けて経営規模を拡大しながら、水稲から小麦への作付転換を行っています。令和2(2020)年に35haであった小麦の作付面積は、令和4(2022)年には50haに増加しています。

　また、転作田の団地化のほか、南幌町農業協同組合の営農支援サービスを活用した画像診断により収穫適期を把握し、作業効率を高めるとともに、先進技術を導入した排水対策や茎数、葉色値等の測定結果に基づき生育後期に重点的に施肥を行うことで、高水準の単収を確保しています。

　同社では、従前から土づくりに力を入れていますが、今後とも緑肥や有機資材の施用による地力増進に取り組み、適切な輪作体系を維持しながら、水稲から小麦への作付転換を行い、小麦の作付面積の拡大を更に進めていくこととしています。

大型機械による収穫作業
資料：株式会社ファーム白倉

---

(5) 食品アクセスの確保に向けた対応

(食品アクセスの確保に向けた対応を推進)

　食品アクセスの確保に向けた対応を推進するため、農林水産省は、食品ロス削減の取組を強化するとともに、こども食堂等へ食品の提供を行うフードバンクやこども宅食に対する支援、共食の場の提供支援等を実施し、農林水産省を中心に関係省庁が連携して生活困窮者への食品支援の取組を行っています。また、フードバンクを通じてこども食堂等に政府備蓄米を無償交付し、支援を強化しています。

(6) コスト上昇分の適切な価格転嫁に向けた対応

(農業生産資材価格の上昇と比べて農産物価格の上昇は緩やか)

農業経営体が購入する農業生産資材価格に関する指数である農業生産資材価格指数については、令和4(2022)年1月以降、飼料や肥料等が上昇したことにより上昇傾向で推移しており、令和5(2023)年2月時点では121.9となっています(**図表 特-22**)。

一方、農業経営体が販売する農産物の生産者価格に関する指数である農産物価格指数については、令和4(2022)年1月以降、鶏卵や雑穀等が上昇したことによりやや上昇傾向で推移しており、令和5(2023)年2月時点では108.3となっています(**図表 特-23**)。

両者の推移を比較すると、農産物価格指数の上昇率は、農業生産資材価格指数の上昇率と比べて緩やかな動きとなっています。飼料や肥料原料の高騰等により生産資材価格の高騰が続く一方、農産物価格への転嫁は円滑に進んでいないことがうかがわれます。

農業経営の安定化を図り、農産物が将来にわたり安定的に供給されるようにするためには、生産コストの上昇等を適切な価格に反映し、経営を継続できる環境を整備することが重要となっています。

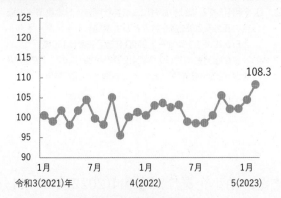

図表 特-22 農業生産資材価格指数	図表 特-23 農産物価格指数

資料：農林水産省「農業物価統計調査」
　注：1) 令和2(2020)年の平均価格を100とした各年各月の数値
　　　2) 令和4(2022)、5(2023)年は概数値

資料：農林水産省「農業物価統計調査」
　注：1) 令和2(2020)年の平均価格を100とした各年各月の数値
　　　2) 令和4(2022)、5(2023)年は概数値

(コスト高騰に伴う農産物・食品への価格転嫁が課題)

農産物の価格については、品目ごとにそれぞれの需給事情や品質に応じて形成されることが基本となっていますが、流通段階で価格競争が厳しいこと等、様々な要因で、農業生産資材等のコスト上昇分を適切に取引価格に転嫁することが難しい状況にあります。

公益社団法人日本農業法人協会が令和4(2022)年11〜12月に実施した調査によると、農業生産資材等のコスト高騰を受け「値上げ(価格転嫁)した」と回答した農業者の割合は13.5%、「改定していない(値上げできなかった)」又は「値下げした」と回答した農業者の割合は55.0%となっています(**図表 特-24**)。また、値上げ(適正な価格形成)の実現に向けた取組・努力については、「日頃から交渉相手と情報を密に共有している」の回答が最も多く、次いで「値上げ交渉において、客観的な経営上の数値やその資料を用いて具体的に交渉している」となっています(**図表 特-25**)。

図表 特-24　農業者が農産物を販売する際の価格転嫁の実現状況

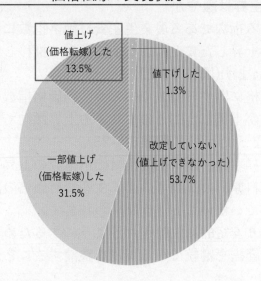

値上げ（価格転嫁）した
13.5%

値下げした
1.3%

一部値上げ（価格転嫁）した
31.5%

改定していない（値上げできなかった）
53.7%

資料：公益社団法人日本農業法人協会「第2回 農業におけるコスト高騰緊急アンケート」(令和4(2022)年12月公表)を基に農林水産省作成

注：1) 令和4(2022)年11～12月に、公益社団法人日本農業法人協会の正会員2,082者を対象として実施したインターネットとFAXによるアンケート調査(有効回答数は460者)

2) 「主な販売先に対し、令和4(2022)年10月以降、販売価格を改定(価格転嫁等)したか」の質問への回答結果

図表 特-25　農業者の値上げに向けた取組・努力

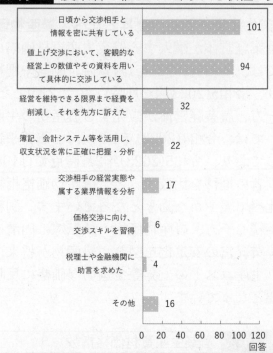

	回答
日頃から交渉相手と情報を密に共有している	101
値上げ交渉において、客観的な経営上の数値やその資料を用いて具体的に交渉している	94
経営を維持できる限界まで経費を削減し、それを先方に訴えた	32
簿記、会計システム等を活用し、収支状況を常に正確に把握・分析	22
交渉相手の経営実態や属する業界情報を分析	17
価格交渉に向け、交渉スキルを習得	6
税理士や金融機関に助言を求めた	4
その他	16

資料：公益社団法人日本農業法人協会「第2回 農業におけるコスト高騰緊急アンケート」(令和4(2022)年12月公表)を基に農林水産省作成

注：1) 令和4(2022)年11～12月に、公益社団法人日本農業法人協会の正会員2,082者を対象として実施したインターネットとFAXによるアンケート調査(有効回答数は207者)

2) 主な販売先に対し、「値上げした」、「一部値上げした」と回答した者に対する「値上げ(適正な価格形成)の実現に向けた取組・努力は何か」の質問への回答結果(複数回答)

　また、中小企業庁が令和4(2022)年9～11月に実施した調査[1]によると、食品製造業(中小企業)におけるコスト増に対する価格転嫁の割合は45.0%となっています。

　生産資材や原材料の価格高騰は、生産者・食品企業の経営コストの増加に直結し、最終商品の販売価格まで適切に転嫁できなければ、食料安定供給の基盤自体を弱体化させかねません。

　このため、飼料、肥料、燃油等の生産資材や原材料価格の高騰等による農産物・食品の生産コストの上昇等について、消費者の理解を得つつ、事業者を始めフードチェーン全体で、適切な価格転嫁のための環境整備を進めていくことが必要です。

(農業経費の動向等を適時に開示していくことも重要)

　取引先との値上げ交渉においては、飼料費や肥料費等、客観的な経営上の数値を示すなど、合理的な根拠を持って協議を行うことが重要です。

　令和2(2020)年の農業経営体数107万6千経営体のうち、青色申告を実施[2]している農業経営体数は、38万2千経営体(35.5%)となっており、適切な経営管理や価格交渉力の前提となる農業経費の正確な把握等に課題があることがうかがわれます。

---

[1] 中小企業庁「価格交渉促進月間(2022年9月)フォローアップ調査」(令和4(2022)年12月公表)
[2] 現金主義を含む。

　農業者が農産物の適切な価格転嫁を図っていくためには、生産原価を始めとした経営内容の把握を的確に行い、取引先に対して農業経費の動向等を適時に開示していくことも重要となっています。

(適切な価格転嫁のための取組を推進)

　政府は、令和3(2021)年に決定した「パートナーシップによる価値創造のための転嫁円滑化施策パッケージ」に基づき、中小企業等が賃上げの原資を確保できるよう、取引事業者全体のパートナーシップにより、労務費、原材料費、エネルギーコストの上昇分を価格に適切に転嫁できる環境整備に取り組んでいます。具体的には、公正取引委員会において、労務費、原材料費、エネルギーコスト等のコスト上昇分を取引価格に反映せず、従来どおりに取引価格を据え置く行為が疑われる事案が発生していると見込まれる業種として、食料品製造業や飲料品卸売業、飲食料品小売業を含む調査対象業種を選定し、独占禁止法[1]上の「優越的地位の濫用」に関する緊急調査を行い、具体的な懸念事項を明示した注意喚起文書を送付するなど、コスト上昇分を適正に転嫁できる環境の整備を進めています。

　農林水産省では、食品製造業者と小売業者との取引関係において、問題となり得る事例等を示した「食品製造業者・小売業者間における適正取引推進ガイドライン」を策定し、これを普及することで、取引上の法令違反の未然防止、食品製造業者や小売業者の経営努力が報われる健全な取引の推進を図っています。

　また、令和4(2022)年4月には、食品製造業者や食品小売業者に対して、コスト上昇の取引価格への適正な反映について、農林水産大臣名で「食品等の流通の合理化及び取引の適正化に関する法律」に基づく協力要請を行っています。

　さらに、食品の値上げには、消費者の理解が不可欠であるため、食料供給コストの上昇の背景等を理解してもらうための広報活動等を進めており、コストが上昇している品目(牛乳等)に着目した動画を作成し、Webサイトでの情報発信を行うとともに、店舗等で活用できるポスターを作成・公表しています。

消費者に理解を求めるための政府広報動画
資料：内閣府

消費者に理解を求めるための
小売店向けポスター・チラシ

　このほか、農業生産資材等の価格が高騰する中で、国産農畜産物の生産コスト上昇分の転嫁が課題となっていることを踏まえ、フランスの「農業及び食料分野における商業関係の均衡並びに健康で持続可能で誰もがアクセスできる食料のための法律」(以下「Egalim法[2]」という。)や、農業生産者と取引相手との適正な取引関係を強化する法律(以下「Egalim2法」という。)の内容や執行状況等の調査を行っています。

---

[1] 正式名称は「私的独占の禁止及び公正取引の確保に関する法律」
[2] 食料全体会議「États généraux de l'alimentation」での議論を基に制定されたことから、Egalim法と称されている。

（フォーカス）フランスでは農業生産者と取引相手との適正な取引関係を推進

　我が国では、農業生産資材等の価格が高騰する中で、国産農畜産物の生産コスト上昇分の転嫁が課題となっており、農業生産者と取引相手との適正な取引関係の推進を図るフランスでの取組への関心が高まっています。

　フランスのEgalim法は、平成30(2018)年11月に、農業生産者と取引相手との関係を見直し、持続可能性に配慮すること等を目的として公布されました。

　また、Egalim法の施行後、農業生産者と取引相手との適正な取引関係を更に推進する観点から見直しが行われ、Egalim法を強化するEgalim2法が令和3(2021)年10月に公布されました。

　Egalim2法では、(1)農業者と最初の購入者の間での書面契約の義務化、(2)書面契約への価格及び生産費指標を考慮した価格の自動改定方式、契約期間等の記載義務、(3)認定生産者組織が農業者の契約交渉を代行し、契約の枠組み協定を締結する場合の記載義務((2)と同様)、(4)品目ごとに生産から小売の各段階の代表組織が加盟する専門職業間組織による生産費に関する指標の公表、(5)最初の購入者以降の流通における農産物原材料価格を交渉の対象外とすること等が規定されています。

　なお、農業生産者と最初の取引者との書面契約義務の対象品目は、牛肉、豚肉、鶏肉、卵、乳・乳製品等(団体等の意見を踏まえて対象を限定)となっており、消費者への直接販売、卸売市場での取引等は適用除外となっています。

フランスのEgalim法及びEgalim2法の概要

資料：農林水産省作成

→第1章第4節、第2章第1節及び第2章第7節を参照

第3節 将来を見据えた食料安全保障の強化

(食料安定供給・農林水産業基盤強化本部への改組により体制を強化)

農林水産業・地域が将来にわたって国の活力の源となり、持続的に発展するための方策を幅広く検討するために、平成25(2013)年5月に設置された「農林水産業・地域の活力創造本部」（本部長は内閣総理大臣)については、令和4(2022)年6月に「食料安定供給・農林水産業基盤強化本部」に改組されました。

**食料安定供給・農林水産業基盤強化本部
第1回会合のまとめを行う内閣総理大臣**
資料：首相官邸ホームページ
URL：https://www.kantei.go.jp/jp/101_kishida/
actions/202212/27nourin.html

同本部では、我が国の食料の安定供給・農林水産業の基盤強化を図ることにより、スマート農林水産業の推進、農林水産物・食品の輸出促進、農林水産業のグリーン化等による農林水産業の成長産業化及び食料安全保障の強化を推進するための方策を総合的に検討することとしています。

(食料安全保障強化政策大綱を決定)

昨今、気候変動等による世界的な食料生産の不安定化や、世界的な食料需要の拡大に伴う調達競争の激化等に、ウクライナ情勢の緊迫化等も加わり、輸入する食品原材料や生産資材の価格高騰を招くとともに、産出国が偏り、食料以上に調達切替えが難しい化学肥料の輸出規制や、新型コロナウイルス感染症の感染拡大の影響に伴う国際物流の混乱等による供給の不安定化も経験するなど、食料安全保障の強化が国家の喫緊かつ最重要課題となっています。

これを受けて、政府は令和4(2022)年度に各般の対策を講じていますが、特に近年の急激な食料安定供給リスクの高まりを鑑みれば、食料安全保障の強化に向けた施策を継続的に講ずることにより、早期に食料安全保障の強化を実現していく必要があります。

このため、食料安定供給・農林水産業基盤強化本部では、令和4(2022)年12月に「食料安全保障強化政策大綱」（以下「大綱」という。)を決定し、継続的に講ずべき食料安全保障の強化のために必要な対策とその目標を明らかにしました(**図表 特-26**)。

図表 特-26 食料安全保障強化政策大綱におけるKPI

	目標
生産資材の国内代替転換等	・2030年までに化学肥料の使用量の低減 −20% ・2030年までに、堆肥・下水汚泥資源の使用量を倍増し、肥料の使用量（りんベース）に占める国内資源の利用割合を40%まで拡大(2021年：25%) ・2030年までに有機農業の取組面積 6.3万haに拡大(2020年：2.5万ha) ・2030年までに農林水産分野の温室効果ガスの排出削減・吸収量 −3.5% ・2030年までに飼料作物の生産面積拡大 ＋32% 等
輸入原材料の国産転換、海外依存の高い麦・大豆・飼料作物等の生産拡大等	・2030年までに2021年比で生産面積拡大 小麦＋9%、大豆＋16%、飼料作物＋32%、米粉用米＋188% 等
適正な価格形成と国民理解の醸成	・2030年度までに事業系食品ロスを2000年度比で半減(273万t)

資料：農林水産省作成

　また、食料安全保障の強化に向け、過度な輸入依存からの脱却に向けた構造転換とそれを支える国内の供給力の強化を実現するためには、農林水産業・食品産業の生産基盤が強固であることが前提となることから、大綱では、食料安全保障の強化のための対策に加え、スマート農林水産業等による成長産業化、農林水産物・食品の輸出促進、農林水産業のグリーン化についても、改めてその目標等を整理し、その実現に向けた主要施策を取りまとめました。

(食料・農業・農村基本法の検証・見直しに向けた検討)

　我が国農政の基本方向を示す食料・農業・農村基本法(以下「基本法」という。)は、平成11(1999)年の制定から約20年が経過し、生産者の減少・高齢化等、国内の農業・流通構造の変化に加え、世界的な食料情勢の変化や気候変動に伴い、食料安全保障上のリスクが、基本法制定時には想定されなかったレベルに達しています。

諮問文を食料・農業・農村政策審議会
会長に手交する農林水産大臣

　このため、令和4(2022)年9月に農林水産大臣から食料・農業・農村政策審議会に諮問し、新たに設置された「基本法検証部会」において、有識者からのヒアリングや施策の検証等、消費者、生産者、経済界、メディア、農業団体等の代表から成る委員による活発な議論が行われています。

(食料安全保障の強化に向けた構造転換対策を推進)

　食料安全保障については、国内の農業生産の振興を図りながら、安定的な輸入と適切な備蓄を組み合わせて強化していくこととしています。そうした中、農林水産物・食品の過度な輸入依存は、原産国の不作等による穀物価格の急騰や、化学肥料原料産出国の輸出規制による調達量の減少等が生じた場合に、思うような条件での輸入ができなくなるなど、平時でも食料の安定供給を脅かすリスクを高めることとなります。

　一方、小麦や大豆、米粉等の国産の農林水産物については、品質の向上が進む中で、海外調達の不安定化とあいまって、活用の拡大が期待されるものがあります。飼料については、牧草、稲わら等の粗飼料を中心に国内の生産や供給の余力があり、畜産農家による粗飼料生産に伴う労働負担軽減、生産する耕種農家と利用者である畜産農家との連携や広域流通の仕組み、利用者の利便を考慮した提供の在り方等を実現することにより、活用の更なる拡大が期待されています。そのほか、子実用とうもろこし等の穀物等、輸入に代わる国産飼料の開発・普及等が期待されています。

　また、肥料についても、国内には、畜産業由来の堆肥や下水汚泥資源があり、これらの有効活用が期待されるほか、化学肥料の使用量の低減や、国内で調達できない肥料原料の備蓄等の取組の重要性が高まっています。

　このため、農林水産物・生産資材ともに、過度に輸入に依存する構造を改め、生産資材の国内代替転換や備蓄、輸入食品原材料の国産転換等を進め、耕地利用率や農地集積率等も向上させつつ、更なる食料安全保障の強化を図ることとしています。

(農業生産資材の国産化を推進)

　農業生産資材について、例えば化学肥料原料は、大部分を輸入に依存しており、その安定供給に向けて肥料原料の備蓄等の重要性が増しています。一方、国内には、畜産業由来

の堆肥や下水汚泥資源が存在しており、これらの国内資源の有効活用による化学肥料の使用低減は、環境への負荷低減にも資するなど、将来にわたって持続可能な生産への転換を実現するものとなります。そのほかにも、施設園芸等で使用する燃料や、電気等のエネルギーの使用でも同様のことが言えます。

　また、飼料、特に牧草、稲わら等の粗飼料は、国内でもまだ生産余力がある中で、海外への依存を減らすことで、家畜の生産基盤を強靭（きょうじん）なものにするとともに、耕畜連携により、粗飼料の生産時に、家畜排せつ物を堆肥として土壌還元することで、環境にやさしい持続的な生産システムの確立を図ることができます。

　こうしたことを踏まえ、肥料については、国内資源の肥料利用拡大への支援、土壌診断・堆肥の活用等による化学肥料の使用低減、肥料原料の備蓄に取り組むこととしています。

　飼料については、耕種農家と畜産農家の連携への支援等、国産飼料の供給・利用拡大等を促進することとしています。

　このほか、施設園芸や畜産・酪農によるヒートポンプの省エネルギー技術等の導入を支援することとしています。

（事例）下水汚泥資源から製造した肥料の活用を推進（佐賀県）

　佐賀県佐賀市の佐賀市下水浄化センターでは、循環型社会を目指すため、バイオガス発電、CO_2による藻類培養等、下水浄化の過程で生じる様々なものを資源やエネルギーとして最大限活用する取組を進めており、その一環として、下水汚泥資源から製造した肥料を平成23（2011）年から販売しています。

　肥料の製造工程で特殊な微生物を混ぜ、90℃以上の高温発酵を45日間繰り返すことにより、雑草種子や病原菌が死滅するとされています。さらに30日間熟成させると、完熟した良質の肥料になります。

　同センターは、NPO*法人等と連携して農業勉強会を定期的に開催して地域の農業者等とコミュニケーションを図っており、そこでの意見を取り入れて食品会社のアミノ酸を多く含む発酵副産物を添加するなど、様々な改良によって肥料の品質を向上させてきました。この肥料で育てた作物を「じゅんかん育ち」と命名して販売し、農産物の差別化や汚泥肥料の普及促進を行っています。

下水汚泥資源を高温発酵し肥料化
資料：佐賀市下水浄化センター

　化学肥料の価格が上昇する中、低価格で提供される同センターの汚泥肥料は、循環型社会実現への貢献に加えて農業経営の一助となることも期待されています。

*Non Profit Organization の略で、非営利団体のこと

下水汚泥資源から製造した
肥料で育てられた農作物
資料：佐賀市下水浄化センター

（輸入原材料の国産転換や海外依存の高い農作物の生産拡大を推進）

　これまでは、価格やロット等の面で利用しやすい輸入原材料が多く使用されていましたが、近年、世界的な食料需要の増加に伴う国際的な調達競争の激化等により、平時でも思うような条件で調達できない場合が出てきています。

　一方、国内には、例えばパンや麺類等の米粉・小麦製品や、豆腐等の大豆加工品等、国産の活用・消費が見込まれるものがあります。

　こうしたことを踏まえ、持続可能な食料供給の仕組みを構築するため、小麦・大豆等の

国内生産の拡大や安定供給のための施設整備支援、水田の畑地化等を強力に推進するとともに、米粉の普及に向けた設備投資等を支援することとしています。また、食品製造事業者に対して、国産原材料への切替えを促すための対策を講ずることとしています。

（事例）国産小麦100%への切替えとともに、県産小麦の地域内流通を推進（埼玉県）

　埼玉県幸手市の製粉企業である前田食品株式会社は、県産小麦を中心とした国産小麦による小麦粉等の生産・販売を展開しています。

　同社では、小麦粉等の生産に当たり、従前は原料の約8割を国産小麦、残りの約2割を輸入小麦としていましたが、国産小麦の価値向上と自給率向上に貢献するため、平成30(2018)年から取り扱う小麦の全量を国産小麦に切り替えました。

　また、同社が中心となって、「埼玉産小麦ネットワーク」を設立し、小麦粉を利用する加工業者や生産者等、約160の会員と共に、農場見学や研修会等を通じて交流を深める取組や消費者向けイベント等を実施し、県産小麦のブランド価値の向上等に取り組んでいます。

県産小麦をテーマとしたイベント
資料：前田食品株式会社

　同社は、今後も県産小麦の地域内流通を推進していくこととしており、県の農業試験場と協力して加工業者のニーズに即した新たな品種の共同研究に取り組むほか、社内に農産部門を設立し、生産者との連携を一層強化して、有機小麦も含め、安全でおいしい粉づくりを推進していくこととしています。

生産者と連携した麦づくり
資料：前田食品株式会社

（農業生産資材等の価格高騰等の影響を緩和する対策を実施）

　輸入原材料や農業生産資材の国際価格が高騰し、予断を許さない状況が続く中、すぐには最終商品の販売価格への転嫁ができるわけではないこと等から、価格高騰の影響を受ける農林漁業者に対し、その経営への影響を緩和するため、施設園芸等燃料価格高騰対策、肥料価格高騰対策、配合飼料価格高騰対策、公庫による資金繰り支援等の措置を講じています。

　また、農業生産資材の価格高騰は生産者等の経営コストの増加に直結し、最終商品の販売価格に適切に転嫁できなければ、食料安定供給の基盤自体を弱体化させかねません。このため、国民各層の理解と支持の下、生産・流通経費等を価格に反映しやすくするための環境の整備を図ることとしています。さらに、全ての消費者が、いかなる時にも食料を物理的・社会的・経済的に入手できる環境が維持されることが重要ですが、食品価格の高騰は、これに支障を与えるおそれがあります。

　こうしたことを踏まえ、食料・農林水産業に対する国民理解の醸成を図るとともに、食品ロス削減の取組の強化、こども食堂等へ食品の提供を行うフードバンクや、こども宅食による食育の取組に対する支援や共食の場の提供支援等を実施し、農林水産省を中心に関係省庁が連携して価格高騰下で日常的に食品へのアクセスがしづらくなっている者への対策を実施することとしています。

（地域農業を支え、雇用の受け皿となる担い手の経営発展を後押し）

少子高齢化、人口減少により、農業従事者の高齢化が進行し、今後一層の担い手の減少が見込まれる中、労働力不足等の生産基盤の脆弱化が深刻な課題となっています。令和4(2022)年の基幹的農業従事者数の年齢構成を見ると、50代以下は全体の約21％(25万2千人)となっており、今後10年から20年先を見据えると、基幹的農業従事者数が大幅に減少することが見込まれ、少ない経営体で農業生産を支えていかなければならない状況となっています(**図表 特-27**)。

こうした中、農業の生産現場では、農業経営体が、地域の信頼を得て、農地を引き受けながら徐々に経営拡大・高度化を図り、雇用の受け皿となるなど地域農業・農村社会の維持・発展に欠かせない存在となっているモデル的な事例が全国各地で出てきています。

図表 特-27 基幹的農業従事者の年齢構成

資料：農林水産省「農業構造動態調査」を基に作成
注：令和4(2022)年の数値

人口減少・高齢化が更に進展する中、より少ない担い手が、農村社会を支える多様な経営体と連携して生産基盤を維持・強化していくためには、モデル的な農業経営体の創出を促進するとともに、こうした経営体をサポートしていく体制の構築が必要となっています。

（「地域計画」の策定や農地の集積・集約化を推進）

食料の安定的な供給については、安定的な輸入と適切な備蓄を組み合わせつつ、国内の農業生産の増大を図ることを基本とすることとしており、国内農業が様々な課題を抱えている中で、その力が衰退することなく将来にわたって発揮され、また、その力が増進していくように効率的に取り組んでいく必要があります。

そのためには、国内で農業を営むための基盤が確保されていることが不可欠であり、特に農地は、食料生産の基盤であり食料安全保障の根幹を成すものとして、将来にわたって持続的に確保する必要があります。

令和4(2022)年5月に成立した改正農業経営基盤強化促進法[1]では、市街化区域を除き、基本構想を策定している市町村において、これまでの人・農地プランを土台とし、農業者等による話合いを踏まえて、農業の将来の在り方や目指すべき将来の農地利用の姿を明確化した目標地図を含めた「地域計画」を策定することとしています。

策定された地域計画を実現していくため、農地中間管理機構(農地バンク)を活用した農地の集積・集約化[2]を推進していくこととしています。

食料安全保障上、国内での増産が求められる小麦、大豆、野菜、飼料等の生産に転換することが重要となっているところ、地域計画の策定に当たっては、地域でどのような農作物を生産するのかを含めて検討の上、需要に応じた生産を推進していくことが重要となっています。

---

[1] 正式名称は「農業経営基盤強化促進法等の一部を改正する法律」
[2] 用語の解説(1)を参照

（フォーカス）農地の集積・集約化等の進展に合わせて、農業構造面でも変化

担い手への農地集積は毎年着実に進んでおり、担い手の利用面積は農地全体の約6割となっていますが、農地の集積・集約化等の進展に合わせて、経営規模の拡大や大規模層における農業所得の向上といった農業構造面での変化も見られています。

農業経営体の経営耕地面積の規模を見ると、10ha未満の農業経営体が経営する面積が減少する一方で、10ha以上の経営体が経営する面積は令和4(2022)年に59.7%と増加傾向となっており、経営耕地面積の規模が拡大しています(**図表1**)。

また、経営耕地面積規模別の経営体数を見ると、10ha未満の層の経営体数は減少傾向で推移していますが、10ha以上の層の経営体数は増加傾向となっています(**図表2**)。

さらに、作付延べ面積規模別の1経営体当たりの農業所得を見ると、令和3(2021)年は、水田作、畑作いずれも作付延べ面積が大きくなるほど1経営体当たりの農業所得が増加傾向となっています(**図表3**)。

今後、農業の競争力強化を図っていくためには、担い手への農地の集積・集約化を加速化するとともに、IT、デジタル技術等を活用したスマート農業*の取組を促進するなどにより、生産性を一層向上させることが重要となっています。

* 用語の解説(1)を参照

図表1 経営耕地面積規模別の経営耕地面積（全農業経営体）

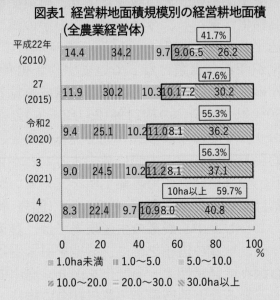

資料：農林水産省「農林業センサス」、「農業構造動態調査」を基に作成

図表2 経営耕地規模別経営体数（全農業経営体）

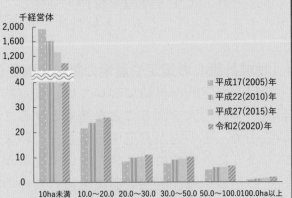

資料：農林水産省「農林業センサス」を基に作成
注：1) 各年2月1日時点の数値
2)「経営耕地なし」の経営体を除く。

図表3 作付延べ面積規模別の1経営体当たりの農業所得（全農業経営体・全国）

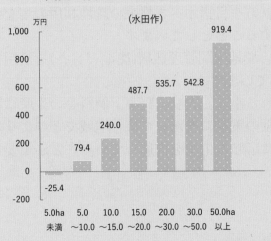
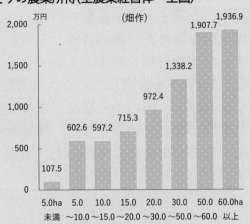

資料：農林水産省「農業経営統計調査」
注：令和3(2021)年の数値

（今後の食料安全保障の強化に向けて）

国際的な情勢の変化や食料供給の不安定化等により、我が国における食料安全保障上のリスクは高まっています。一方、我が国の人口減少は、農村部で先行して進展しており、農業従事者についても高齢化が著しく進展し、生産基盤が弱体化しています。また、人口減少と高齢化により、需要の減少が見込まれ、国内の食市場が急速に縮小しています。

世界的な食料情勢の変化に伴う食料安全保障上のリスクの高まり等により、我が国の食料・農業・農村を取り巻く情勢は大きく変化しており、国内の生産基盤を維持・強化し、将来にわたって食料を安定的に供給していく上で、ターニングポイントを迎えています。

こうした中、近年では、食料や農業生産資材の安定的な輸入に課題が生じており、食料の安定供給を実現するため、麦や大豆、飼料作物、加工・業務用野菜等の海外依存の高い品目や農業生産資材の国内生産の拡大等を効率的に進めるとともに、輸入の安定化や備蓄の有効活用等に取り組むことも必要となっています。

また、国民一人一人の食料安全保障の確立を図ることも重要です。食料を届ける力の減退が見られる中、全ての国民が健康的な食生活を送るための食品アクセスの改善に向けた取組を進めるとともに、適切な価格形成に向けたフードシステムの構築に向け、農業者等による適切なコスト把握等の経営管理と併せ、フードチェーンの各段階での事業者による取組や、消費者の理解を得ることも重要です。

さらに、農業従事者が大幅に減少することが予想される中で、今日よりも相当程度少ない農業経営体で国内の食料供給を担う必要が生じてきます。このため、農地の集積・集約化や農業経営の基盤強化、スマート農業、新品種の導入等によって、国民に対する食料供給の役割を担うとともに、経営的にも安定した農業経営体を育成し生産性の向上を図ることが必要です。

くわえて、気候変動や持続可能性に関する国際的な議論の高まりに対応しつつ、将来にわたって食料を安定的・持続的に供給できるよう、より環境負荷の低減に貢献する農業・食品産業への転換を目指す必要があります。

その上で、今後の食料安全保障の強化に向けては、不測の事態が発生した場合の対応の検討と、平時から食料安定供給に関するリスクの把握・対応を的確に行うとともに、我が国の農業・食品産業をリスクに強い構造へと転換し、食料安全保障の強化に向けた施策を着実に推進し、食料の安定供給の確保に万全を期していくことが求められています。

→第1章第2節、第2章第2節、第2章第4節、第2章第6節、第2章第7節、第2章第8節及び第2章第9節を参照

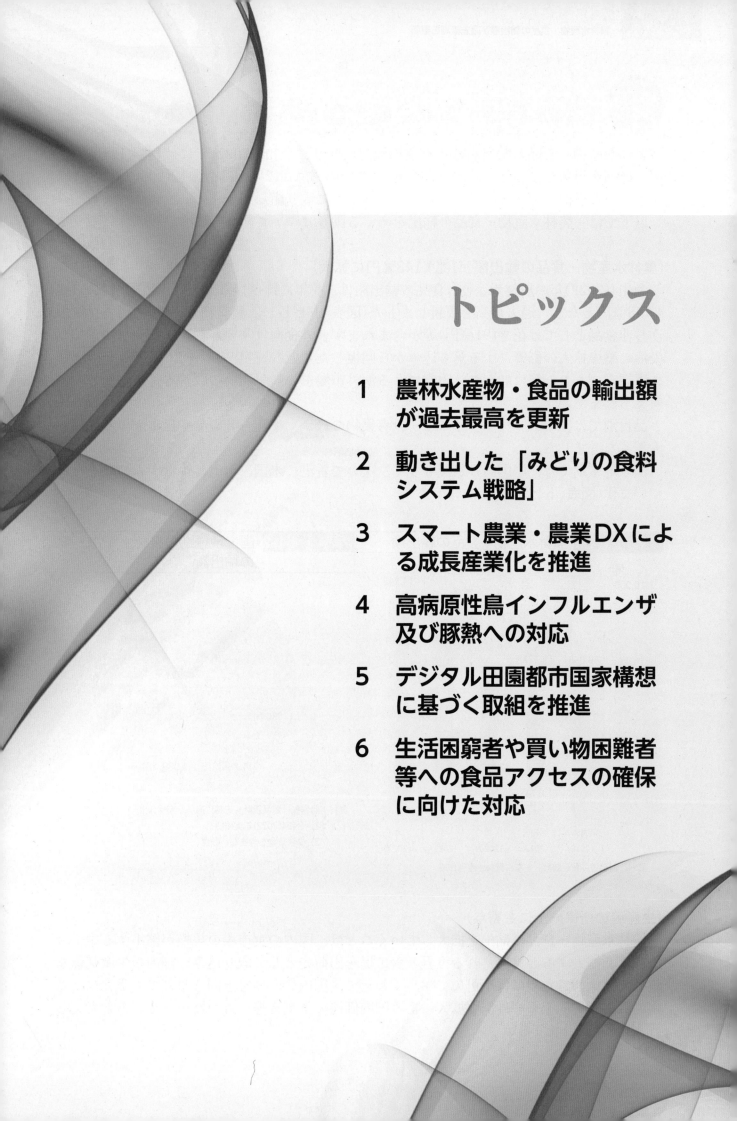

トピックス

トピックス 1　農林水産物・食品の輸出額が過去最高を更新

　農林水産物・食品の輸出額は年々増加傾向にあり、令和4(2022)年には1兆4,148億円と過去最高を更新しました。政府は、令和7(2025)年までに2兆円、令和12(2030)年までに5兆円とする目標の達成に向けて、更なる輸出拡大に取り組んでいます。

　以下では、農林水産物・食品の輸出をめぐる動きについて紹介します。

（農林水産物・食品の輸出額が1兆4,148億円に拡大）

　令和4(2022)年の農林水産物・食品の輸出額は、前年に比べ14.3%(1,766億円)増加の1兆4,148億円となり、過去最高を更新しました（**図表 トピ1-1**）。農産物は8,870億円で、このうち非食品としては花き(91億円)等が含まれます。外食向け需要が新型コロナウイルス感染症の感染拡大の影響による落ち込みから回復したこと、小売店向けやEC販売等が引き続き堅調だったこと等に加えて、円安による海外市場での競争環境の改善も寄与したものと考えられます。

　品目別では、ホタテ貝やウイスキー、青果物のほか、牛乳・乳製品や日本酒の増加額が大きくなりました。

　国・地域別では、中国向けが最も多く、次いで香港、米国、台湾、ベトナムの順となっています（**図表 トピ1-2**）。

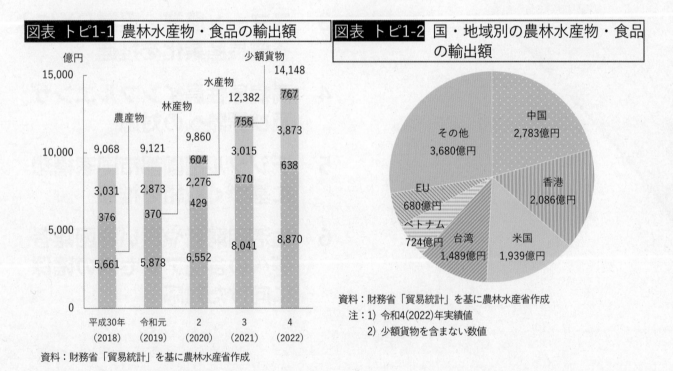

図表 トピ1-1　農林水産物・食品の輸出額

資料：財務省「貿易統計」を基に農林水産省作成

図表 トピ1-2　国・地域別の農林水産物・食品の輸出額

中国 2,783億円
香港 2,086億円
米国 1,939億円
台湾 1,489億円
ベトナム 724億円
EU 680億円
その他 3,680億円

資料：財務省「貿易統計」を基に農林水産省作成
注：1) 令和4(2022)年実績値
　　2) 少額貨物を含まない数値

（生産者の所得向上にも寄与）

　農林水産物・食品の輸出を拡大していくことは、国内の食市場の規模が縮小する中、今後大きく拡大すると見込まれる世界の食市場を出荷先として取り込み、国内の生産基盤を維持・拡大するためには不可欠です。くわえて、国内仕向けを上回る単価での販売による生産者の所得向上や海外需要拡大による国内価格の下支え等にもつながっていると考えられます（**図表 トピ1-3**）。

また、加工食品の中には、例えば日本酒のように、国産原料を使用しているものがあります。こうした国産原料の使用は、地域の生産者に安定的な販路を提供し、その所得の向上につながるものと考えられます。

さらに、輸入原料を使用する場合でも、食品製造業が輸出により収益を上げることは、国産原料の買い手としての機能が地域で維持・強化されることにつながると考えられます。

図表 トピ1-3 国内仕向けを上回る単価での販売が実現した事例	
岩手中央農業協同組合(岩手県)	なめがたしおさい農業協同組合(茨城県)
・米国、カナダ、ベトナム、タイ、香港、台湾等にりんごを輸出。令和4(2022)年度の輸出額は3,028万円。 ・同年度の輸出向け共選の農業者平均手取単価は302円/kgとなり、JA共選全体の農業者平均手取単価195円/kgとの単価の差は107円/kg。	・タイ、カナダ、香港、シンガポール、フランス、ドイツの6か国・地域にかんしょを輸出。 ・令和4(2022)年度の輸出額は3.3億円。 ・輸出向けかんしょを国内価格より高い単価で販売し、生産者の手取りを向上。

資料:農林水産省作成

(事例) 高度な衛生管理を基盤とし、米国等に向けて食肉輸出を推進(岐阜県)

岐阜県高山市の飛騨ミート農業協同組合連合会(以下「JA飛騨ミート」という。)では、高度な衛生管理により飛騨牛の輸出拡大を進め、生産者の所得向上にも寄与しています。

JA飛騨ミートが運営する飛騨食肉センターは、国内トップクラスの衛生基準を有する食肉処理施設であり、コーデックスに基づくHACCP*1システムの構築に加え、岐阜県HACCPや食品安全の国際規格であるISO*222000、GFSI*3が認める食品安全システム認証規格であるFSSC22000の認証を取得しています。令和5(2023)年3月末時点では、衛生基準の特に厳しい米国やEU*4を含めた18か国・地域の輸出食肉取扱施設の認定を受けています。

JA飛騨ミートでは、輸出拡大が農家所得の支えになっていることを踏まえ、現地バイヤーと直接対話する営業活動を増やすなど、更なる輸出拡大の取組を強化していくこととしています。

飛騨牛のステーキ用肉と部分肉
資料:飛騨ミート農業協同組合連合会

*1~2 用語の解説(2)を参照
*3 Global Food Safety Initiativeの略で、世界食品安全イニシアティブのこと
*4 European Unionの略で、欧州連合のこと

(令和7(2025)年に2兆円、令和12(2030)年に5兆円の目標達成に向け、取組を推進)

令和4(2022)年に入り、為替相場が円安傾向で推移している中、そのメリットを最大限引き出していくため、農業者の所得向上につなげつつ、農林水産物・食品の輸出拡大を強力に進めていくことが重要です。

農林水産省では、農林水産物・食品の輸出額を令和7(2025)年までに2兆円、令和12(2030)年までに5兆円とする目標の達成に向けて、品目団体を中核としたオールジャパンでの輸出促進、輸出支援プラットフォームによる海外現地での支援、大ロット輸出に向けたモデル産地の形成、知的財産の保護・活用等の取組を強力に推進しています。

→第1章第5節を参照

トピックス 2　動き出した「みどりの食料システム戦略」

　「みどりの食料システム戦略」(以下「みどり戦略」という。)の実現に向けて、令和4(2022)年7月に「環境と調和のとれた食料システムの確立のための環境負荷低減事業活動の促進等に関する法律」(以下「みどりの食料システム法」という。)が施行されました。みどりの食料システム法の下、全国各地で環境負荷の低減を図る取組が始動しています。

　以下では、みどり戦略の目指す姿とみどりの食料システム法に基づく制度の内容等について紹介します。

(食料・農林水産業の生産力向上と持続性の両立をイノベーションで実現)

　みどり戦略は、食料・農林水産業の生産力向上と持続性の両立をイノベーションで実現させるため、中長期的な観点から戦略的に取り組む政策方針です。

　みどり戦略では、令和32(2050)年までに目指す姿として、農林水産業のCO_2ゼロエミッション化の実現、化学農薬使用量(リスク換算)の50%低減、化学肥料使用量の30%低減、耕地面積に占める有機農業の取組面積の割合を25%に拡大等、14の数値目標(KPI[1])を掲げています。また、その実現のためには、調達から生産、加工・流通、消費までの各段階での課題の解決に向けた行動変容、既存技術の普及、革新的な技術・生産体系の開発と社会実装を、時間軸をもって進めていくことが重要です。みどり戦略では、従来の施策の延長ではない形で、各段階における環境負荷の低減と労働安全性・労働生産性の大幅な向上をイノベーションにより実現していくための道筋を示しています。

**みどりの食料システム戦略
トップページ**
URL：https://www.maff.go.jp/j/kanbo
/kankyo/seisaku/midori/index.html

(みどり戦略の実現に向けてKPI 2030年目標を設定)

　農林水産省は、令和4(2022)年6月に、みどり戦略に掲げる令和32(2050)年の目指す姿の実現に向けて、中間目標として新たにKPI 2030年目標を設定しました(**図表 トピ2-1**)。

　このうち、温室効果ガス[2]削減の分野では、園芸施設について、令和12(2030)年までに、加温面積に占めるハイブリッド型園芸施設等の割合を50%とすること等を目指しています。

　また、環境保全の分野では、化学肥料について、土壌診断等やデータを活用した省力・適正施肥といった施肥の効率化・スマート化の推進や、畜産業由来の堆肥や下水汚泥資源の肥料利用を推進し、令和12(2030)年までに、化学肥料使用量を20%低減すること等を目標としています。

図表 トピ2-1　中間目標として新たに設定されたKPI 2030年目標

温室効果ガス削減	農林水産業の**CO_2排出量10.6%削減**
	農林業機械・漁船の電化・水素化等技術の確立 (1)既に実用化されている化石燃料使用量削減に資する電動草刈機、自動操舵システムの普及率50%を実現 (2)林業機械の使用環境に応じた条件での技術実証又は実運転条件下でのプロトタイプ実証 (3)小型沿岸漁船による試験操業を実施
	加温面積に占めるハイブリッド型**園芸施設**等の割合50%を実現
環境保全	**化学農薬**使用量(リスク換算)10%低減
	化学肥料使用量20%低減
水産	ニホンウナギ、クロマグロ等の**養殖**において人工種苗比率13%実現 **養魚飼料**の64%を配合飼料給餌に転換

資料：農林水産省作成
注：みどり戦略のKPIと目標設定状況の詳細については図表2-9-3を参照

---

[1] Key Performance Indicatorの略であり、重要業績評価指標のこと
[2] 用語の解説(1)を参照

（みどりの食料システム法が施行）

みどり戦略を実現するための法制度である「みどりの食料システム法」が令和4(2022)年7月に施行されました。みどりの食料システム法は、みどり戦略の実現に向けた基本理念等を定めるとともに、環境負荷の低減に取り組む者の事業計画を認定し、税制特例や融資制度等の支援措置を講ずるものです。

同年9月、農林水産省は、みどりの食料システム法に基づく国の基本方針、制度の対象となる事業活動を定める告示を制定・公表し、制度の運用を開始しました。市町村及び都道府県においては、基本方針に基づき、環境負荷低減事業活動の促進に関する基本計画を作成することが可能であり、令和5(2023)年3月末までに全都道府県で基本計画が公表されました。また、環境負荷の低減に役立つ機械や資材の生産・販売、研究開発、食品製造等を行う事業者においては、基本方針に基づき、基盤確立事業実施計画を作成し、国の認定を受ける仕組みとなっており、同年3月末時点では33の事業計画が認定されています。特に化学肥料・化学農薬の使用低減に取り組む生産者等がみどりの食料システム法に基づく計画の認定を受けて設備投資を行う場合に、導入当初の所得税・法人税を軽減する措置を講ずることとしています。

農林水産省では、こうした支援措置の活用等を通じて、生産現場での環境負荷の低減を促進するとともに、みどりの食料システム法に掲げた基本理念、国が講ずべき施策に沿って、みどり戦略の実現に向けた各般の施策を進めていくこととしています。

（事例）全国に先駆けて、みどりの食料システム基本計画を作成(滋賀県)

滋賀県は、県内全19市町と共同で「滋賀県みどりの食料システム基本計画」(以下「滋賀県基本計画」という。)を作成し、令和4(2022)年10月に全国で初めて公表しました。

滋賀県基本計画は、化学肥料・化学農薬の使用低減を行い、知事の認証を受けた「環境こだわり農産物」(米)の作付面積割合を令和4(2022)年度に50%以上とすることや、オーガニック農業取組面積を令和8(2026)年度までに500haとすること等を目標に掲げました。

令和4(2022)年11月から、化学肥料・化学農薬の使用低減等、環境負荷の低減に取り組む農業者は、滋賀県基本計画に基づき知事の認定を受けることが可能となり、同年11月には有機農業の拡大に取り組む農業者2名の実施計画が全国で初めて認定されました。

同県では、滋賀県基本計画に基づき、化学肥料・化学農薬の使用の低減や琵琶湖の環境負荷に配慮した「環境こだわり農業」の拡大を図るとともに、有機農業の取組面積の拡大、スマート農業*等の活用、飲食店や事業所食堂等での活用を通じた消費拡大等を推進することとしています。

環境こだわり農産物の栽培圃場
資料：滋賀県

*　用語の解説(1)を参照

→第2章第9節のほか、第1章第4節、第1章第6節、第2章第6節、第2章第8節及び第2章第10節を参照

スマート農業・農業DXによる成長産業化を推進

　農業者の高齢化や労働力不足が続いている中、我が国の農業を成長産業としていくためには、デジタル技術を活用して、効率的な生産を行いつつ、消費者から評価される価値を生み出していくことが不可欠です。

　以下では、スマート農業や農業のデジタルトランスフォーメーション(DX[1])の実現に向けた取組について紹介します。

(スマート農業の現場実装を加速するための更なる技術開発と横展開を推進)

　農業の現場では、ロボットやAI[2]、IoT[3]等の先端技術や農業データを活用し、農業の生産性向上等を図るスマート農業の取組が広がりを見せています。スマート農業は、担い手の減少・高齢化や労働力不足に対応するとともに、化学肥料や化学農薬の削減等環境負荷低減に役立ち、みどり戦略[4]実現の鍵となるものです。また、令和4(2022)年12月に閣議決定した「デジタル田園都市国家構想総合戦略」においても、その柱の一つである「地方に仕事をつくる」の中に、スマート農業の取組を位置付けています。

　このような中、農林水産省は、スマート農業技術を実際の生産現場に導入して、その経営改善の効果を明らかにするため、令和元(2019)年度から全国205地区でスマート農業実証プロジェクト(以下「実証プロジェクト」という。)を展開しています。

　実証プロジェクトでは、農作業の自動化、情報共有の簡易化、データの活用等に取り組んでおり、令和4(2022)年度は、スマート農業の社会実装を加速するため、産地ぐるみでの先端技術の導入について現場実証等を実施しました。これまでの実証の成果として、生産者間でデータを共有することで、産地全体で収量が向上し経営の改善につながった事例が見られるほか、労働時間の削減効果等も確認されています。

　一方、生産現場では省力化技術へのニーズが高まっているものの、手間の掛かる野菜・果実の収穫作業においてはスマート農業技術の開発が不十分であることや、スマート農業機械の導入コストを回収するためには一定規模の稼働面積を確保する必要があること等の課題も明らかになっています。

　このため、令和4(2022)年6月に改訂した「スマート農業推進総合パッケージ」では、実証プロジェクトで明らかになった様々な課題を踏まえ、更なる技術の開発、導入コスト低減に向けた農業支援サービス事業体の育成・普及、実証プロジェクト参加者や産学官の有識者等から成るスマートサポートチームによる実地指導を始めとした技術対応力・人材創出の強化等に取り組んでいます。この実証においては、多数のスタートアップが参画し、収穫物の運搬ロボット、園芸施設の環境制御装置、経営管理ソフト等、様々な新技術の実証に取り組み、実証を通して把握した課題を踏まえて技術を改良し、市販化に結び付けています。

　スマート農業技術の更なる開発については、例えばみどり戦略に基づく有機農業を推進

1　Digital Transformationの略で、データやデジタル技術を駆使して、顧客や社会のニーズを基に、経営や事業・業務、政策の在り方、生活や働き方、さらには、組織風土や発想の仕方を変革すること。DXのXは、Transformation(変革)のTrans(X)に当たり、「超えて」等を意味する。

2　Artificial Intelligenceの略で、人工知能のこと。学習・推論・判断といった人間の知能の持つ機能を備えたコンピュータシステム

3　Internet of Thingsの略で、モノのインターネットのこと。世の中に存在する様々なモノがインターネットに接続され、相互に情報をやり取りして、自動認識や自動制御、遠隔操作等を行うこと

4　第2章第9節を参照

するものとして、作物と雑草を識別し機械除草を行う自律型除草AIロボットや碁盤の目のように移植することで縦横二方向の機械除草を可能にする両正条田植機を開発しています。一方、開発を要する技術については、品目や技術要素等で多岐にわたることがあるため、戦略的に開発を支援していく必要があります。令和4(2022)年11〜12月に実施したアンケート調査[1]では、省力化に直結する機械開発のニーズが高いことを踏まえ、ニーズの高い技術の開発を重点化して支援するなど、生産現場で必要とされる技術がより速やかに開発・改良されるよう取り組むこととしています。

また、導入コスト低減に向けた農業支援サービス事業体の育成・普及については、ドローンやIoT等の最新技術を活用し、農薬散布作業を代行するサービスや、データを駆使したコンサルティング等、次世代型の農業支援サービスの定着を促進することとしています。

さらに、技術対応力・人材創出の強化については、スマート農業技術を積極的に取り入れる産地に対して、令和4(2022)年度に11地区でスマートサポートチームが実地指導を開始し、そこで得られた知見を基に、技術を横展開するための手引書の作成を進めています。実地指導の中では、実証プロジェクトに参画した民間企業、農協、県が連携し、他産地の生産者や農協等に、データを活用した追肥方法や営農支援アプリの活用方法を指導するなどの取組が行われています。

これらの取組を総合的に行うことにより、スマート農業の現場実装を加速化していくこととしています。

(事例) ドローンのシェアリング体系の実証を推進(三重県)

三重県津市大里地区の農業生産法人である株式会社つじ農園では、令和3(2021)年度スマート農業実証プロジェクトに採択された農業者として、ドローンのシェアリング体系の実証に取り組んでいます。

同地区では、中小規模の農業者が多いため、高額なドローンを購入しても稼働面積が小さく、費用対効果の低さが技術導入の妨げとなっていました。

このため、同社では、約150haの実証面積において、地域の農業者とドローンを共有する「ドローンシェアリング」の体制を構築し、1生産者当たりの導入負担の軽減等を図りました。技術実証では、ドローンで得た生育データの解析と普及センター等の技術知見を組み合わせることにより、肥料の要否判断や適切な時期の防除等の作業をきめ細かく行えるなどの効果も見られています。

今後は、ドローンとオペレーターのシェアリングシステムを普及できる形で提供することで、他の地域でもドローン購入コストや労働時間の削減を可能とする体制の構築が進むことを目指しています。

地域内で共有されているドローンの飛行

資料:株式会社つじ農園

(消費者ニーズに的確に対応した価値を創造・提供する「FaaS」への変革を推進)

農業従事者の高齢化や労働力不足等の課題に対応しながら、農業の成長産業化を進めるためには、発展著しいデジタル技術等の活用を強力に進め、データ駆動型の農業経営によ

---

[1] 令和4(2022)年11〜12月に、現場で必要とされるスマート農業技術を把握するため、広く農業関係者(農業者、研究者、企業等)を対象に農林水産省Webサイト上で実施したアンケート調査(回答総数は1,095件)

り消費者ニーズに的確に対応した価値を創造・提供する農業である「FaaS(Farming as a Service)」への変革を進めていくことが不可欠となっています。その際、従来の営農体系に単にデジタル技術を導入するのではなく、デジタル技術を前提とした新たな農業への変革(デジタルトランスフォーメーション(DX))を実現することが重要となっています。

(事例) AI技術を活用し、ブロッコリー栽培の生産性向上を推進(静岡県)

　静岡県浜松市の農業生産法人である株式会社アイファームでは、AI技術を活用し、ブロッコリー栽培の生産性を向上させる取組を展開しています。

　同社では、年間延べ140ha(秋冬ブロッコリー80ha、春ブロッコリー60ha)の栽培面積でブロッコリーを生産していますが、カメラを搭載したドローンを導入することで、画像処理解析による収穫適期の判断や植物重量の推定が可能となり、圃場へ収穫に行く回数や圃場間の移動コストを削減しました。

　また、ドローンで撮影した画像を利用し、全ての圃場における収穫日の予測を可能とする収穫量予測システムを開発し、30日先までの収穫量を予測することで、業務契約上の欠品リスクを軽減しています。

　今後とも、デジタル技術の活用等によって削減した作業時間や人件費を作業員に還元する取組を進め、農業収入の増加や農作業の負担軽減、休日の充実等を図ることを目指しています。

収穫量予測システム
に基づく収穫作業

資料：株式会社アイファーム

(事例) データ利活用型スマート栽培による持続可能な産地づくりを推進(京都府)

　京都府舞鶴市では、舞鶴市、京都丹の国農業協同組合万願寺甘とう部会協議会(以下「甘とう部会」という。)、KDDI株式会社、普及センター等が連携し、IoT機器を用いたデータ利活用型のスマート栽培を実装することにより、ブランド京野菜でありGIにも登録されている「万願寺甘とう」の生産量の安定化・収量向上を実現するとともに、伝統野菜を核とした産地づくりを推進しています。

　万願寺甘とうの高収益化に向け、甘とう部会では、令和2(2020)年度からデータ取得を開始し、高収量、高品質化に必要な適正栽培環境の「見える化」を進めています。

　各生産者が用いるセンサーを統一することで、同一規格でのデータ収集が可能となり、温度、湿度、土壌水分量等が異なる環境下での生育状況が容易に比較できるほか、高収量生産者の栽培環境データや圃場の生育状況を常時確認することが可能となっています。

万願寺甘とう栽培の
モニタリングシステム

　同市では、将来的に、産地全体の収穫量予測を実現し、予測を活かした流通量の適正管理により価格の安定化につなげるとともに、デジタル技術とアナログの知見を活用した「栽培モデル」を確立し、持続可能な産地づくりを目指すこととしています。

（農業DX構想に基づく多様なプロジェクトを推進）

　農業や食関連産業の分野におけるDXの方向性や取り組むべき課題を示し、食や農に携わる人々の参考となるよう取りまとめた「農業DX構想」では、農業・食関連産業におけるDXの実現に向けて、農業・食関連産業の「現場」、農林水産省の「行政実務」、そして現場と農林水産省をつなぐ「基盤」の整備を併せて進めていくこととしています。同構想の下で、データを活用したスマート農業の現場実装、「農林水産省共通申請サービス（eMAFF）」による行政手続のオンライン化等、多様なプロジェクトを推進しています。

（eMAFF・eMAFF地図の取組を推進）

　農林水産省では、行政手続の申請に係る書類や申請項目等の抜本的な見直しを進めながら、農林漁業者等が自身のパソコンやスマートフォン、タブレットから補助金等の申請を行えるeMAFFの機能を拡充し、令和5(2023)年3月末時点で、約3,300の手続についてオンラインで申請できるようにしました。

　eMAFFの活用により、農林漁業者等は時間にとらわれることなく、遠隔地からでも自身のパソコンやスマートフォン、タブレットを使って非対面で申請することが可能となっています。また、書類の受付・印刷・押印・郵送といった紙申請特有の手間が解消されるほか、申請・審査されたデータはeMAFFに保存されるため、一度申請した内容を再度申請する必要がなくなること、書類の保存や管理の手間が解消されること等の利点もあることから、今後、幅広く活用されることが期待されています。

　また、eMAFFの取組を進めながら、デジタル地図を活用して、農地関連業務の抜本的な効率化・省力化等を図るため「農林水産省地理情報共通管理システム（eMAFF地図）」の開発・運用を進めています。令和4(2022)年4月からは、農地台帳、水田台帳等の現場の農地情報の紐付け作業を進めるとともに、農地の利用状況等の現地確認業務を効率化できる現地確認アプリ等の運用を開始しています。

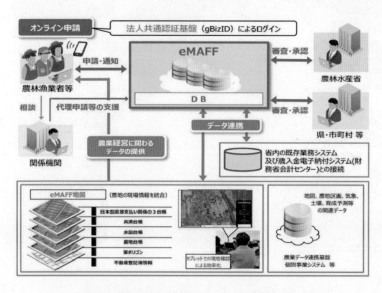

農林水産省共通申請サービス(eMAFF)と
農林水産省地理情報共通管理システム(eMAFF地図)
資料：農林水産省作成

農林水産省共通申請サービス(eMAFF)

URL：https://www.maff.go.jp/j/kanbo/dx/emaff.html

→第2章第8節を参照

トピックス 4 高病原性鳥インフルエンザ及び豚熱への対応

高病原性鳥インフルエンザ[1]や豚熱（ぶたねつ）[2]等の家畜伝染病については、家畜伝染病予防法に基づき、発生の予防やまん延の防止に関する措置を講じています。

以下では、令和4(2022)年シーズンに高頻度で発生している高病原性鳥インフルエンザや、継続的に発生している豚熱の防疫措置の強化を図る取組等について紹介します。

（高病原性鳥インフルエンザが高頻度で発生）

高病原性鳥インフルエンザウイルスは、その伝播力（でんぱりょく）の強さや高致死性から、一旦発生すれば、地域の養鶏産業に及ぼす影響が甚大であるほか、国民への鶏肉及び鶏卵の安定供給を脅かしかねず、また、鶏肉・鶏卵の輸出が一時的に停止することから、今後も引き続き、清浄性を維持していく必要があります。

令和4(2022)年シーズンにおいては、欧米を始め、世界各地で高病原性鳥インフルエンザが流行しています（図表 トピ4-1）。

こうした中、我が国においても、高病原性鳥インフルエンザの発生が史上初めて10月に確認されて以降、過去に一度も発生がなかった地域を含めて令和5(2023)年3月末時点で26道県82事例が確認されており、これまでに過去最大となるおよそ1,701万羽が殺処分の対象となっています（図表 トピ4-2）。

図表 トピ4-1 世界における高病原性鳥インフルエンザの発生状況

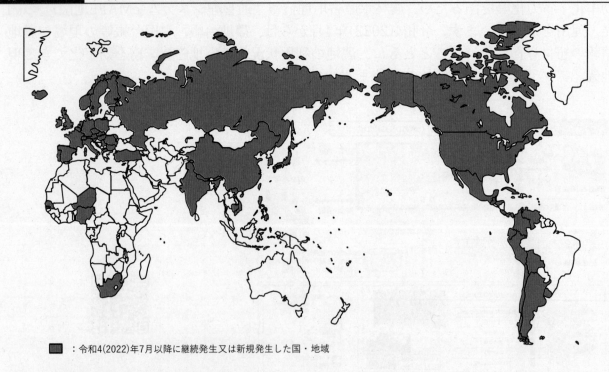

■：令和4(2022)年7月以降に継続発生又は新規発生した国・地域

資料：OIE(国際獣疫事務局)の資料を基に農林水産省作成
注：1) 令和5(2023)年3月末時点
　　2) 本図は発生の有無を示したもので、その後の清浄性確認については記載していない。
　　3) 白色の国・地域であっても継続発生で報告されていない可能性もある。

---

[1] 用語の解説(1)を参照
[2] 用語の解説(1)を参照

図表トピ4-2　令和4(2022)年シーズンにおける我が国の高病原性鳥インフルエンザの発生状況

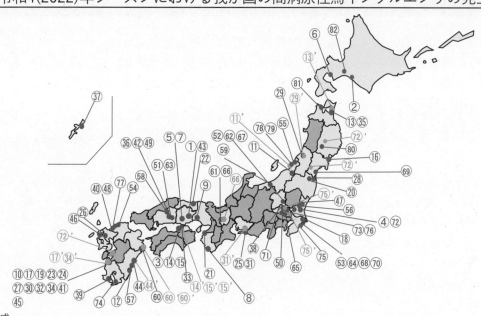

資料：農林水産省作成

注：1）令和5(2023)年3月末時点

2）数字は発生の順を示す。赤字数字は令和4(2022)年シーズンにおける家きんでの発生農場。青字数字は赤字数字と同じ発生農場からの家きんの移動等から疑似患畜と判定し殺処分を行った農場等

（高病原性鳥インフルエンザの対策を強化）

　高病原性鳥インフルエンザの発生を受け、農林水産省では、都道府県に対し、高病原性鳥インフルエンザの早期発見や早期通報、飼養衛生管理の徹底を改めて通知し、家きん農場における監視体制の強化を実施したほか、経営支援対策の周知を実施しました。また、令和4(2022)年12月の鳥インフルエンザ関係閣僚会議を踏まえ、鶏舎周辺の敷地等、家きん農場における緊急消毒を支援しました。

消石灰による緊急消毒が
行われた家きん農場

　さらに、農林水産大臣等による都道府県知事との意見交換を実施するとともに、疫学や野鳥等の専門家から成る疫学調査チームを派遣しました。

　くわえて、発生農場等の飼養家きんの殺処分や焼埋却、移動制限区域[1]・搬出制限区域[2]の設定、消毒ポイントの設置等、都道府県が実施する防疫措置について、関係省庁と連携し、職員の派遣等、必要に応じた支援を実施するとともに、高病原性鳥インフルエンザが発生した養鶏農家の経営再開や、移動制限区域・搬出制限区域内の養鶏農家の経営継続に対する支援等を実施しました。

　このほか、消費者、流通業者、製造業者等に対し、鶏肉・鶏卵の安全性の周知、発生道県産の鶏肉・鶏卵の適切な取扱いの呼び掛け等、高病原性鳥インフルエンザに関する正しい知識の普及等を実施しました。

　なお、我が国の現状において、家きんの肉や卵を食べることにより、ヒトが鳥インフルエンザウイルスに感染する可能性はないと考えています。

---

[1] 発生農場から半径3km以内の区域
[2] 発生農場から半径3〜10km以内の区域

（事例）鳥インフルエンザの発生防止のため、ため池周辺の消毒を徹底（香川県）

　農場の周囲にため池や水場等の野鳥が多数存在するところでは、特に環境中に鳥インフルエンザウイルスが存在するリスクが高いことから、発生農場周囲のため池周辺等の消毒、ため池の水抜き等の野鳥対策等について地域の関係者が一体となった取組を徹底して行うことが重要です。

　このため、香川県では、令和4(2022)年11月に、高病原性鳥インフルエンザが発生した養鶏場から半径3km以内で、養鶏場が近くにあるため池を対象として、2週間程度の期間で13か所の消毒作業を各2回ずつ実施しました。消毒に当たっては、水生生物への影響等を考慮し、ため池の外側の法面に消毒液を散布しています。

　これらの措置により、ため池に飛来した野鳥によって持ち込まれた鳥インフルエンザウイルスを、圏内に生息する小動物・野鳥が他の場所に持っていく可能性が少しでも低減することが期待されています。

ため池周辺の消毒作業
資料：香川県

（鶏卵の価格高騰や欠品に対し、供給拡大の取組を実施）

　高病原性鳥インフルエンザによる採卵鶏の殺処分羽数が過去最多となり、国内全体の飼養羽数の約1割まで拡大しました。また、飼料価格の高騰等による生産コストの増加もあり、鶏卵の卸売価格は、令和5(2023)年3月に343円/kg（平年比175%）となっています（**図表 トピ4-3**）。長期安定契約の比率が比較的高い家庭消費向け鶏卵については、地域によっては購入制限を設ける事例や、夕方に品薄になるといった事例も生じていますが、加工向けと比較すれば不足感は小さく、小売価格は同年3月に288円/1パック（平年比135%）となっています（**図表 トピ4-4**）。一方、加工向け鶏卵においては不足が見られ、一部の食品企業では、卵の使用量の削減や卵を使用した商品の販売中止を行うなど、食品産業への影響が見られています。

　こうした状況を踏まえ、生産者団体は生産者に鶏卵の安定供給を緊急に呼び掛け、生産者は採卵鶏の飼養期間延長等の供給拡大の取組を実施しました。

図表 トピ4-3	鶏卵の卸売価格

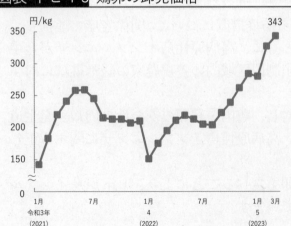

資料：農林水産省「鶏卵市況情報」を基に作成
　注：各月の卸売価格は、東京都所在の全農系の鶏卵荷受事業所を
　　　対象とした日別の卸売価格（M規格・中値）を平均したもの

図表 トピ4-4	鶏卵の小売価格

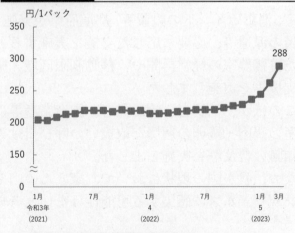

資料：農林水産省「食品価格動向調査」
　注：鶏卵の1パックはサイズ混合・10個入り

（豚熱に対して飼養衛生管理の徹底や野生イノシシ対策等を推進）

平成30(2018)年に26年ぶりに国内で豚熱が確認されてから、令和5(2023)年3月末時点で18都県の豚又はイノシシの飼養農場等において86例の発生が確認されています。令和4(2022)年度は、4都県の豚又はイノシシの飼養農場等で9例が発生しました（**図表　トピ4-5**）。

図表 トピ4-5　豚熱の発生場所

飼養豚等の陽性が確認された都道府県：赤色（ただし、斜線 ▨ は、令和4(2022)年度以降発生なし）
【18都県】（飼養頭数 2,662,550頭(全国の29.8%)）
野生イノシシの陽性が確認された都道府県：赤色(沖縄を除く。)、橙色
【34都府県】（飼養頭数 4,028,930頭(全国の45.0%)）
飼養豚等へのワクチン接種推奨地域：赤色　橙色　黄色
【39都府県】（飼養頭数 5,421,130頭(全国の60.6%)）

資料：農林水産省作成
注：飼養頭数は、農林水産省「令和4年畜産統計」を基に計算した数値

豚熱対策として、野生動物の侵入防止柵の設置や飼養衛生管理の徹底に加え、ワクチン接種推奨地域では予防的なワクチン接種を実施しています。

令和4(2022)年12月には、豚熱に関する特定家畜伝染病防疫指針を改正し、適時・適切な接種及びワクチンの厳格な管理を担保した上で、認定された農場において、研修を修了するなどして都道府県知事が登録した飼養衛生管理者が豚熱ワクチンを接種できるようにしました。これにより、ワクチン接種体制の強化とともに、家畜防疫員による飼養衛生管理の指導等の取組が強化されることが期待されます。

また、野生イノシシの対策として、経口ワクチンの散布を行うとともに、同年4月にWebサイト上で生産者自ら農場周辺の検査状況を確認可能な新たな地図情報システムを提供するなど、サーベイランスの強化を図っています。

豚熱の流行は、野生イノシシによる感染拡大が大きな要因の一つと考えられていることから、野生イノシシの捕獲の強化による密度低下により感染拡大を抑制し、感染イノシシの絶対数を抑制することで、農場への感染拡大リスクを低下させることが期待されています。

このほか、豚熱の感染拡大防止のための取組として、登山者等や狩猟関係者向けのポスターの作成・周知を行っています。

感染拡大防止のための
周知ポスター
資料：公益社団法人中央畜産会

→第1章第8節のほか、第1章第3節、第2章第1節を参照

51

デジタル田園都市国家構想に基づく取組を推進

　政府は、地方からデジタルの実装を進め、新たな変革の波を起こし、地方と都市の差を縮めていくことで、世界とつながる「デジタル田園都市国家構想」の実現に向けた取組を推進しています。

　以下では、デジタル田園都市国家構想に基づく取組について紹介します。

（地方が抱える課題についてデジタル実装を通じて解決）

　デジタル田園都市国家構想は、人口減少、過疎化等の様々な社会課題に直面する地方において、デジタル技術の活用によって地域の個性を活かしながら地方の社会課題の解決や、魅力あふれる地域づくりを進め、地方活性化を加速することを目的としています。

　同構想の実現により、地方における仕事や暮らしの向上に資する新たなサービスの創出、持続可能性の向上、Well-being（満足度）の増大等を通じて、デジタル化の恩恵を国民や事業者が享受できる社会を目指しています。これにより、東京圏への一極集中の是正を図り、地方から全国へとボトムアップの成長を推進することとしています。

　特に農林水産業が基幹産業である中山間地域等においては、「しごと」、「くらし」、「活力」面での課題をデジタル活用により解決するため、関係府省庁が連携して、地域の実情に合った施策を一体的に展開することとしています。

（事例）テレワーク研修交流施設を整備し、ワーケーションの取組を推進（新潟県）

　新潟県妙高市は、コワーキングスペース、シェアオフィス、コミュニティスペース等を備えたテレワーク研修交流施設を整備し、企業等をターゲットとしたワーケーションの取組を推進しています。

　妙高山麓に位置し、温泉、リゾート、アクティビティが豊富な同市は、テレワーク環境の整備や、森林ツーリズム等の各種プログラムを推進しており、ワーケーション体験ができる先進地として注目を集めています。

　こうした取組の一環として、同市は、令和4（2022）年7月に、妙高戸隠連山国立公園地内に、時間や場所にとらわれない柔軟な働き方を提供する施設として、妙高市テレワーク研修交流施設「MYOKO BASE CAMP」を開設しました。

　同施設は、「働く、観光する、遊ぶ、交流する」など多様な役割を担う施設であり、企業やフリーランス、起業を考えている人等が快適に働ける環境として、オンライン会議システムを運営しているZVC JAPAN株式会社と国内で初めて連携してデザインされたコワーキングスペース等を備えるとともに、ワーケーションや、都市部企業と市内企業のビジネスマッチング等の各種事業を行っています。

　今後とも、同施設の活用により、首都圏等から新たな人の流れを加速させ、関係人口を創出しながら、地域課題の解決やローカルイノベーションの創出等、新たな価値の創造を目指すこととしています。

テレワークや研修等に活用されるコワーキングスペース
資料：新潟県妙高市

　政府は、令和4（2022）年12月に、令和5（2023）年度を初年度とする5か年の「デジタル田園都市国家構想総合戦略」（以下「総合戦略」という。）を策定しました。総合戦略は、デジタル田園都市国家構想が目指すべき中長期的な方向について示すとともに、構想の実現

に必要な施策の内容等を示すものです。総合戦略に基づき、国・地方公共団体・企業・大学等、多様な主体が、地域外の主体も巻き込みながら、連携して取組を推進していくことが期待されています。

　農林水産省では、農的関係人口[1]の創出・拡大等により、将来的な農村への移住者や潜在的な農業・農村の担い手を拡大するとともに、デジタルを活用した農林水産業・食品産業の成長産業化と地域の活性化等を推進することとしています。

（コラム）農山漁村で、デジタル技術を活用し地域課題の解決を図る取組が進展

　デジタル田園都市国家構想の実現に向けて、地方公共団体や民間企業等、様々な主体の意欲や国民の関心を高めるため、内閣官房では「Digi田甲子園」を実施しています。企業や団体等を対象にした「冬のDigi田甲子園」に応募された取組においても、デジタルの力を活用して地方の社会課題の解決を図る事例が数多く見られます。

　例えば京都府福知山市毛原地区では、過疎化・高齢化が進む山間集落において、移住促進だけに頼らずに美しい棚田での暮らしを持続可能にするため、住民と関係人口を交えたコミュニティを構築し、デジタルツールを用いて交流・共助・協働活動を容易に行う取組が進められています。

　また、和歌山県すさみ町では、すさみスマートシティ推進コンソーシアムの実証実験として、ベル・データ株式会社、ソフトバンク株式会社、株式会社ウフルが主体となり、災害時に備えて食品等の備蓄品の個数、賞味期限、アレルギー対応の有無、在庫充当率をデジタル化により管理するとともに、スマートフォンによる発注システムとも連動し運用する取組が進められています。

スマートスピーカーを活用した集落住民間の交流
資料：毛原の棚田ワンダービレッジプロジェクト

　今後とも全国各地で、デジタル技術の活用により地域の様々な課題を解決する取組が進展し、住民の暮らしの利便性や豊かさの向上等につながっていくことが期待されています。

（「デジ活」中山間地域の取組を支援）

　中山間地域等では、少子高齢化や人口減少が進行しており、AI、ICT[2]等のデジタル技術を活用し、農林水産業や生活サービス等の省力化・効率化を図ることが急務となっています。このため、中山間地域等においては、基幹産業である農林水産業の「仕事づくり」を軸として、教育・文化、医療・福祉、物流等、様々な分野と連携しながら、地域資源やデジタル技術を活用しつつ、社会課題解決・地域活性化に取り組むことが重要となっています。また、集落生活圏においては、複数集落を対象に農用地の保全管理や地域資源の活用、生活支援を担う農村型地域運営組織(農村RMO[3])が、デジタル技術の活用を通じて「小さな拠点」の持つ機能を効率的・効果的に利用することも期待されています。

　こうした取組に意欲的な地域を「デジ活」中山間地域として登録し、令和5(2023)年度から登録地域を公表するとともに、「デジ活」中山間地域に対する優遇措置や現地派遣等を通じて関係府省が連携して支援を実施することとしています。令和9(2027)年度までに150地域以上の「デジ活」中山間地域を登録することを目指しています。

→第3章第2節を参照

---

1 第3章第7節を参照
2 Information and Communication Technologyの略。情報や通信に関する技術の総称
3 第3章第5節を参照

トピックス6　生活困窮者や買い物困難者等への食品アクセスの確保に向けた対応

　新型コロナウイルス感染症による影響の長期化に加え、食料品等の価格高騰の影響により、生活困窮者への影響が深刻化しています。また、食料品等の買い物が困難になっている人が増えてきており、「食品アクセス問題」として社会的な課題になっています。

　以下では、フードバンク[1]活動を始めとした、食品アクセスの確保に向けた対応について紹介します。

(低所得者層ほど食料の価格上昇による負担が増加)

　我が国においては、新型コロナウイルス感染症の影響が長期化する中、原材料価格の上昇や為替相場の影響等による食料品・エネルギー等の価格上昇が国民生活や事業活動に大きな影響を及ぼしています。

　厚生労働省の調査によれば、所得金額階層別に世帯数の相対度数分布について、平成9(1997)年と令和2(2020)年を比較すると、高所得世帯の減少のほか、「400～500万円」以下の世帯割合の増加が見られ、相対的貧困者の増加がうかがわれます(**図表　トピ6-1**)。

　また、内閣府の資料によれば、食料の価格上昇による家計負担の増加額が収入に占める割合を見ると、令和5(2023)年1月における食料負担増の収入比は、低所得者層ほど負担が増加しており、家計へのしわ寄せが生じている状況がうかがわれます(**図表　トピ6-2**)。

　このような状況の中、全ての国民が良質かつ多様で十分な食品にアクセスできる状態を可能とするためには、生活困窮者等へ食品を届きやすくする取組の支援等、食品アクセスの確保に向けた対応を図ることが重要となっています。

図表　トピ6-1	所得金額階級別世帯数の相対度数分布の変化

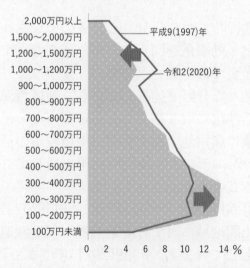

資料：厚生労働省「国民生活基礎調査」を基に農林水産省作成

図表　トピ6-2	収入階層別に見た、令和元(2019)年平均からの食料負担増の対収入比 (令和5(2023)年1月、年換算)

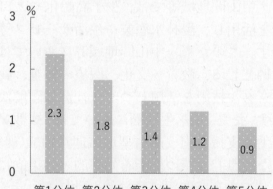

資料：内閣府「物価の動向について」(物価・賃金・生活総合対策本部(第8回)内閣府提出資料、令和5(2023)年3月公表)を基に農林水産省作成

注：各分位は二人以上の世帯。平均年間収入は、第1分位256万円、第2分位387万円、第3分位532万円、第4分位721万円、第5分位1,193万円

---

[1] 用語の解説(1)を参照

(フードバンクの役割が拡大)

　生産・流通・消費等の過程で発生する未利用食品を食品企業や農家等からの寄附を受けて、福祉施設や生活困窮者等に無償で提供する「フードバンク」と呼ばれる団体の役割が大きくなっています。フードバンク活動は、未利用食品を必要とする者に届ける流通の一形態であり、食品ロスの削減に直結するほか、生活困窮者への支援等の観点からも意義のある取組であり、国民に対してフードバンク活動への理解を促進することが重要となっています。

　我が国では、令和5(2023)年3月末時点で、全国で約234団体がフードバンク活動を行っています。公益財団法人流通経済研究所の調査によれば、フードバンクの運営主体は、約6割がNPO法人、約1割が社会福祉法人となっています。

　また、フードバンクからの食品受取先は、「子ども食堂」が84%で最も多く、次いで「個人支援」が78%となっています(**図表 トピ6-3**)。さらに、フードバンクの運営上の課題については、「予算(活動費)の不足」や「人員の不足」のほか、「食品を保管する倉庫や冷蔵・冷凍庫、運搬する車の不足」といった回答が多くなっています。

| 図表 トピ6-3 | フードバンクにおける食品受取先と運営上の課題 |

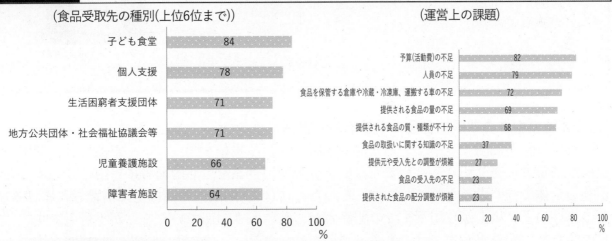

（食品受取先の種別(上位6位まで)）

子ども食堂	84
個人支援	78
生活困窮者支援団体	71
地方公共団体・社会福祉協議会等	71
児童養護施設	66
障害者施設	64

（運営上の課題）

予算(活動費)の不足	82
人員の不足	79
食品を保管する倉庫や冷蔵・冷凍庫、運搬する車の不足	72
提供される食品の量の不足	69
提供される食品の質・種類が不十分	68
食品の取扱いに関する知識の不足	37
提供元や受入先との調整が煩雑	27
食品の受入先の不足	23
提供された食品の配分調整が煩雑	23

資料：公益財団法人流通経済研究所「フードバンク実態調査事業 報告書」(令和2(2020)年3月公表)
注：1) 令和元(2019)年6~7月にかけ、同法人が活動実態があることを把握した全国のフードバンク(特定非営利活動法人、認定特定非営利活動法人、任意団体、生協、社会福祉法人等)142団体を対象として実施したアンケート調査(有効回答数116団体)
　　2) 「食品受取先の種別」(回答数116団体)、「運営上の課題」(回答数94団体)の質問への回答結果(複数回答)

(フードバンク活動への支援を強化)

　食品の流通を所管する農林水産省では、食品ロス削減のみならず、生活困窮者支援の観点からも、その役割の重要性が高まっているフードバンクに対し、活動開始から間もない団体への支援に加え、運営基盤の強化、食品取扱量の拡大等の課題に対応するため、フードバンクにおける広域連携等の食品の受入・提供能力の強化に向けた先進的な取組の支援を行っています。

　また、フードバンクの活動強化に向け、食品供給元の確保等の課題解決に資する専門家派遣等を推進するとともに、フードバンクがこども食堂等向けの食品の受入れ・提供を拡大するために必要となる経費の支援を行っています。

　さらに、賞味期限内食品のフードバンク等への寄附が進むよう、官民協働でネットワークを形成する取組を推進しています。

（事例）海外の手法を取り入れてフードバンク活動を実践（岡山県）

　岡山県吉備中央町の株式会社ケンジャミン・フランクリンは、飲食店と移動スーパーを経営しながら、フードバンク活動に取り組んでいます。

　同社は、冷蔵設備のある移動販売車を利用して、欧州で学んだ倉庫を持たないフードバンク活動を実践しており、中山間地域で生じる余剰農産物や、市街地の小売事業者等から提供を受けた「まだ食べられるけれど販売はできない食品」を、児童養護施設やこども食堂、困窮世帯等に届ける活動を行っています。また、英国等で盛んなコミュニティフリッジ*の普及にも取り組んでいます。

　さらに、令和4(2022)年には、豪州の慈善団体と連携協定を締結し、NPO法人ジャパンハーベストとして、世界をリードする取組を我が国で展開することも目指しています。今後は、食育や料理等を通じた食品ロス削減の啓発にも力を入れていくこととしています。

*　公共施設等に設置された冷蔵庫から、寄附された食品を必要とする人が自由に受け取れる仕組み

冷蔵設備のある移動販売車
資料：株式会社ケンジャミン・フランクリン

フードバンク活動
資料：NPO法人ジャパンハーベスト

（物価高騰の中での期限内食品の有効活用を推進）

　原材料価格が高騰する中、コスト削減と値上げ幅の緩和を図っていくためには、期限内食品を消費者に売り切り、それでも発生する未利用食品を生活困窮者に寄附していくことが社会全体で強く求められています。そのためには、「期限内食品は全て消費者に届ける」との思いの下、川上から川下までの関係者が、共に取り組んでいくことが不可欠です。

　このため、農林水産省では、生産・製造された食品がそれを必要とする者に適確に渡っていくよう、フードバンク全国団体等や食品企業の関係者間での意識と課題の共有を図るため、令和4(2022)年9月に「物価高騰の中での期限内食品の有効活用に関する意見交換会」を開催し、食品製造流通事業者に向けて、納品期限の見直しや、期限内にもかかわらず消費者への販売に至らない食品をフードバンクに寄附すること等を求める、農林水産大臣からのメッセージを発出しました。

「物価高騰の中での期限内食品の
有効活用に関する意見交換会」にて
挨拶する農林水産大臣

（約9割の市区町村が「食品アクセス問題」への対策が必要と認識）

　我が国では、高齢化や地元小売業の廃業、既存商店街の衰退等により、過疎地域のみならず都市部においても、高齢者等を中心に食料品の購入や飲食に不便や苦労を感じる人（いわゆる「買い物困難者」）が増えてきており、「食品アクセス問題」として社会的な課題になっています。

　令和4(2022)年4月に公表した調査によれば、回答した市区町村の86.4%が食品アクセス問題への対策が必要と認識しています。

　また、対策を必要とする背景としては、都市の規模にかかわらず「住民の高齢化」が最も多く、次いで「地元小売業の廃業」となっています（**図表　トピ6-4**）。このほか、行政が実施している対策では「コミュニティバス、乗合タクシーの運行等に対する支援」が最も多く、民間事業者が実施している対策では「移動販売車の導入・運営」が最も多くなっています。

図表　トピ6-4　対策を必要とする背景

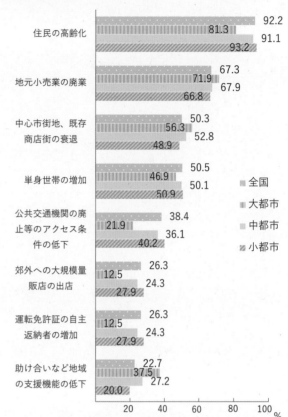

資料：農林水産省「「食料品アクセス問題」に関する全国市町村アンケート調査結果」（令和4(2022)年4月公表）
注：1) 令和3(2021)年10〜12月に、全国の1,741市町村（東京都特別区を含む。）を対象として実施した調査（回答率69.6%）
　　2) 「大都市」とは政令指定都市及び東京23区、「中都市」とは人口5万人以上の都市（大都市を除く。）、「小都市」とは人口5万人未満の都市
　　3) 「対策を必要とする背景」の質問への回答結果（複数回答）

（食品アクセス問題の解決に向け、取組方法等の情報を発信）

　食品アクセス問題は、商店街や地域交通、介護・福祉等、様々な分野が関係する問題であり、関係府省、地方公共団体の関係部局が横断的に連携し、民間企業やNPO法人、地域住民等の多様な関係者と連携・協力しながら継続的に取り組んでいくことが重要です。

　農林水産省では、地方公共団体や民間事業者等が食品アクセス問題の解決に向けた取組に役立てられるよう、食品アクセス問題への取組方法や支援施策、先進事例、調査結果等の情報を積極的に発信しています。

食品アクセス（買い物弱者・買い物難民等）問題ポータルサイト
URL：https://www.maff.go.jp/j/shokusan/eat/syoku_akusesu.html

→第1章第3節、第4節、第3章第2節を参照

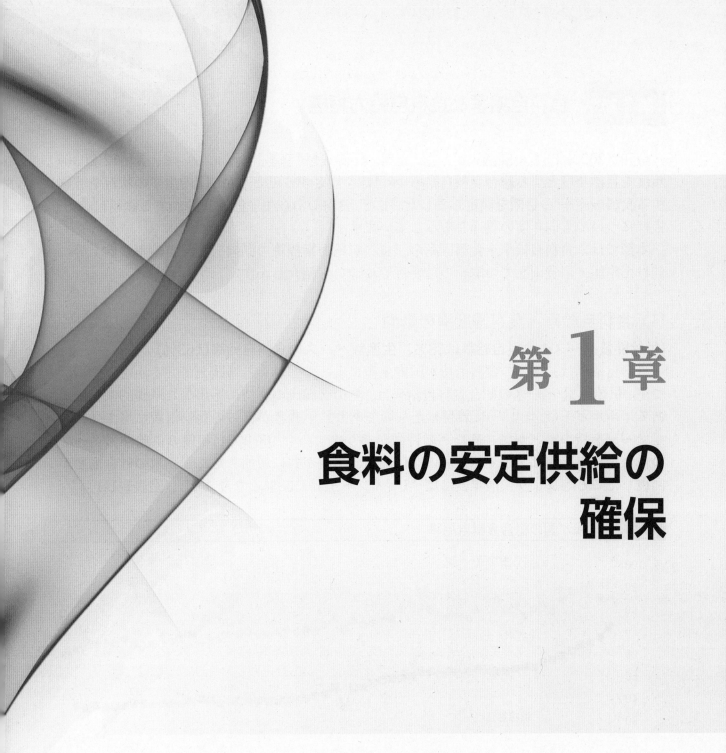

第1章

食料の安定供給の確保

第 1 節　食料自給率と食料自給力指標

　令和2(2020)年3月に閣議決定した「食料・農業・農村基本計画」において、令和12(2030)年度を目標年度とする総合食料自給率[1]の目標を設定するとともに、国内生産の状況を評価する食料国産率[2]の目標を設定しました。また、食料の潜在生産能力を評価する食料自給力[3]指標についても同年度の見通しを示しています。

　本節では、食料自給率・食料国産率、食料自給力指標等の動向、食料自給率の向上等に向けた生産・消費両面での取組の重要性等について紹介します。

(1) 食料自給率・食料国産率の動向

(供給熱量ベースの食料自給率は38%、生産額ベースの食料自給率は63%)

　食料自給率は、国内の食料消費が国内生産によってどれくらい賄えているかを示す指標です。供給熱量[4]ベースの総合食料自給率は、生命と健康の維持に不可欠な基礎的栄養価であるエネルギー(カロリー)に着目したものであり、消費者が自らの食料消費に当てはめてイメージを持つことができるなどの特徴があります。令和3(2021)年度の供給熱量ベースの総合食料自給率は、小麦、大豆の作付面積、単収が共に増加したこと、米の外食需要が回復したこと等により、前年度に比べ1ポイント上昇し38%となりました(**図表1-1-1**)。

図表 1-1-1　我が国の総合食料自給率

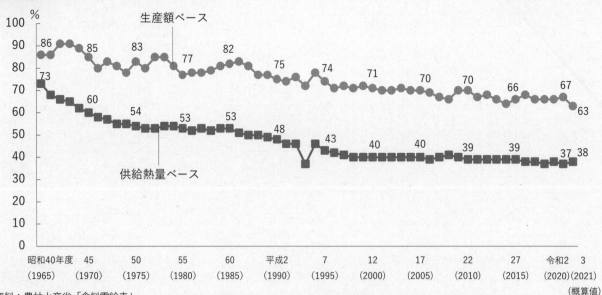

資料：農林水産省「食料需給表」
注：平成30(2018)年度以降の食料自給率は、イン(アウト)バウンドによる食料消費増減分を補正した数値

（概算値）

---

[1] 用語の解説(1)を参照
[2] 用語の解説(1)を参照
[3] 用語の解説(1)を参照
[4] 用語の解説(1)を参照

一方、生産額ベースの総合食料自給率は、食料の経済的価値に着目したものであり、畜産物、野菜、果実等のエネルギーが比較的少ないものの高い付加価値を有する品目の生産活動をより適切に反映させることができます。令和3(2021)年度の生産額ベースの総合食料自給率は、国際的な穀物価格や海上運賃の上昇等により、畜産物の飼料輸入額や油脂類・でん粉等の原料輸入額が増加したこと、肉類や魚介類の輸入単価が上昇したこと、米や野菜の国産単価が低下したこと等により、前年度に比べ4ポイント低下し63%となりました。

我が国の食料自給率は、長期的には低下傾向にあり、供給熱量ベースの総合食料自給率は平成10(1998)年度に40%まで低下し、以降はおおむね40%程度で推移しています。長期的に食料自給率が低下してきた主な要因としては、食生活の多様化が進み、国産で需要量を満たすことのできる米の消費が減少した一方、飼料や原料の多くを海外に依存している畜産物や油脂類等の消費が増加したことによるものです(**図表1-1-2**)。

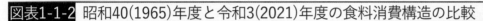

図表1-1-2 昭和40(1965)年度と令和3(2021)年度の食料消費構造の比較

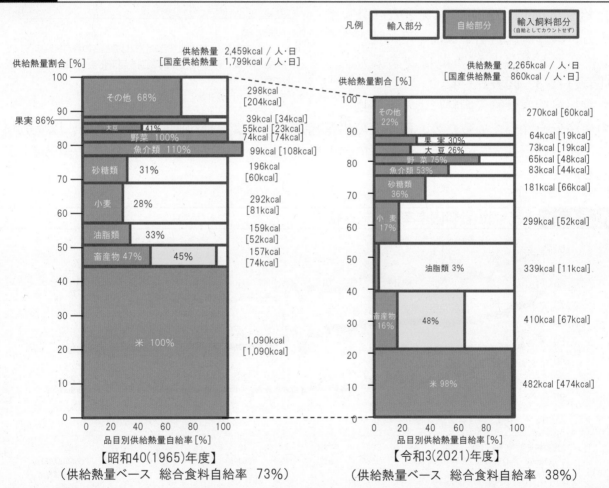

資料：農林水産省作成

（供給熱量ベースの食料国産率は47％、飼料自給率は25％）

　食料国産率は、飼料が国産か輸入かにかかわらず、畜産業の活動を反映し、国内生産の状況を評価するものです。需要に応じて増頭・増産を図る畜産農家の努力が反映され、また、国産畜産物を購入する消費者の実感に合うという特徴があります。

　令和3(2021)年度の供給熱量ベースの食料国産率は、前年度に比べ1ポイント上昇し47％となりました。また、飼料自給率は、前年度と同じ25％となりました。その内訳を見ると、粗飼料自給率は前年度と同じ76％となった一方、濃厚飼料自給率は前年度に比べ1ポイント上昇し13％となりました（**図表1-1-3、図表1-1-4**）。

図表1-1-3　令和3(2021)年度の食料国産率と飼料自給率

（単位：％）

		供給熱量ベース	生産額ベース
食料国産率		47 (38)	69 (63)
畜産物の食料国産率		64 (16)	69 (53)
	牛肉	45 (12)	64 (53)
	豚肉	49 (6)	57 (40)
	鶏肉	65 (8)	70 (52)
	鶏卵	96 (13)	98 (61)
	牛乳乳製品	63 (27)	78 (67)
飼料自給率			25
	粗飼料自給率		76
	濃厚飼料自給率		13

資料：農林水産省作成
注：1）（　）内の数値は、総合食料自給率又は各品目の食料自給率
　　2）飼料自給率は、粗飼料及び濃厚飼料を可消化養分総量(TDN)に換算して算出

　食料自給率は輸入飼料による畜産物の生産分を除いているため、畜産業の生産基盤強化による食料国産率の向上と、国産飼料の生産・利用拡大による飼料自給率の向上を共に図っていくことで、食料自給率の向上が図られます。

図表1-1-4　我が国の食料国産率と飼料自給率

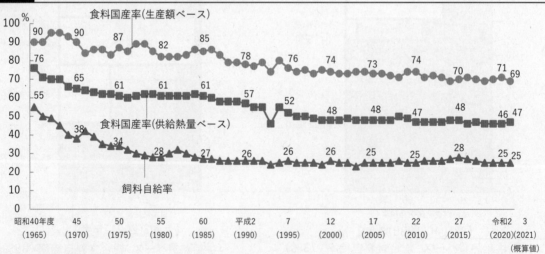

資料：農林水産省「食料需給表」
　　注：飼料自給率は、粗飼料及び濃厚飼料を可消化養分総量(TDN)に換算して算出

（コラム）我が国の食料自給率は先進国の中でも低い水準

　諸外国の食料自給率を比較すると、供給熱量ベースについては、国内の消費人口の規模が小さく、供給熱量の高い穀物や油糧種子等の生産量が多いカナダ、豪州等の国が上位に位置付けられています。一方、生産額ベースについては、国内の消費人口や生産量のほかに価格も重要な要素となることから、豪州、カナダの他に価格の高い野菜、果実等の生産量が多い国が上位に位置付けられています。我が国の食料自給率は諸外国と比較すると供給熱量ベース、生産額ベース共に低い水準となっています。

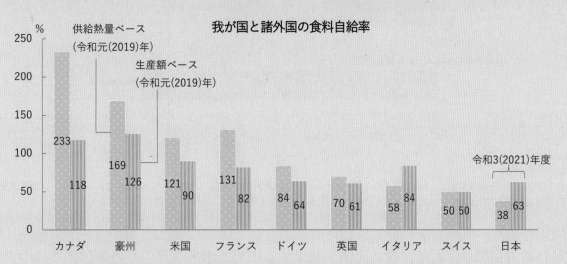

我が国と諸外国の食料自給率

資料：農林水産省「食料需給表」、FAO（国際連合食糧農業機関）「Food Balance Sheets」等を基に農林水産省作成
注：1）数値は暦年（日本のみ年度）。スイス（供給熱量ベース）及び英国（生産額ベース）については、各政府の公表値を掲載
　　2）畜産物及び加工品については、輸入飼料及び輸入原料を考慮して計算
　　3）アルコール類等は含まない。

（2）食料自給力指標の動向

（いも類中心の作付けでは推定エネルギー必要量を上回る）

　食料自給力指標は、食料の潜在生産能力を評価する指標であり、栄養バランスを一定程度考慮した上で、農地等を最大限活用し、熱量効率が最大化された場合の1人1日当たりの供給可能熱量を試算したものです。

　令和3（2021）年度の食料自給力指標は、私たちの食生活に比較的近い「米・小麦中心の作付け」で試算した場合、農地面積が減少した一方、小麦の平均単収が増加したこと等により、前年度と同じ1,755kcal/人・日となり、日本人の平均的な推定エネルギー必要量2,169kcal/人・日を下回ります（**図表1-1-5**）。

　一方、供給熱量を重視した「いも類中心の作付け」で試算した場合は、労働力（延べ労働時間）の減少、かんしょの平均単収の低下、農地面積の減少等により、前年度を72kcal/人・日下回る2,418kcal/人・日となり、日本人の平均的な推定エネルギー必要量を上回ります。

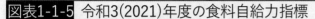

図表1-1-5 令和3(2021)年度の食料自給力指標

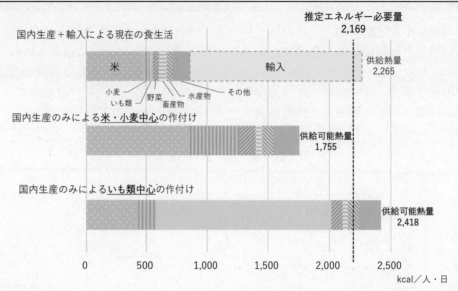

資料：農林水産省作成
注：1）推定エネルギー必要量とは、1人1日当たりの「そのときの体重を保つ(増加も減少もしない)ために適当なエネルギー」の推定値をいう。
　　2）農地面積434.9万ha(令和3(2021)年)に加え、再生利用可能な荒廃農地面積9.0万ha(令和2(2020)年)の活用を含めて推計

　食料自給力指標は、近年、農地面積が減少する中で、米・小麦中心の作付けでは小麦等の単収向上等により横ばい傾向となっている一方、より労働力を要するいも類中心の作付けでは、労働力(延べ労働時間)の減少、かんしょの単収低下等により、減少傾向となっています(**図表 1-1-6**)。

図表1-1-6 我が国の食料自給力指標

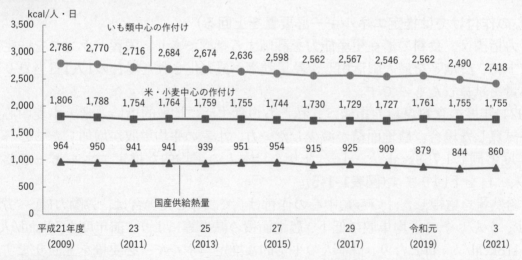

資料：農林水産省作成

（3）食料自給率の向上と食料自給力の維持向上に向けて

（食料自給率の向上等に向けて生産・消費両面での取組を推進）

　将来にわたって食料を安定的に供給するためには、安定的な輸入と適切な備蓄を組み合わせつつ、国内で生産できるものは、できる限り国内で生産することが重要です。「食料・農業・農村基本計画」においては、総合食料自給率について、令和12(2030)年度を目標年度として、供給熱量ベースで45%、生産額ベースで75%に向上させる目標を定めています。

　この目標の達成に向け、担い手の育成・確保や農地の集積・集約化[1]、農地の大区画化、畑地化・汎用化、スマート農業[2]の導入、国産飼料の生産・利用拡大による飼料自給率の向上等、国内農業の生産基盤強化を図るとともに、今後も拡大が見込まれる加工・業務用需要や海外需要に対応した生産を進めています。

　このような生産面での取組に加え、ニッポンフードシフト[3]を始めとする官民協働による国民運動の展開により、国産農産物が消費者から積極的に選択される状況を創り出すことを目的として、食育や地産地消[4]等、消費面での取組も進めています。

　食料自給力についても、その維持向上に向け、食料の生産基盤である農地を確保し、農業生産を担う人材を育成・確保するとともに、限られた農地と労働力を最大限活用するため、農業技術による単収・生産性向上を図っていくこととしています。

食料自給率・食料自給力について
URL：https://www.maff.go.jp/j/zyukyu/zikyu_ritu/011_2.html

---

[1] 用語の解説(1)を参照
[2] 用語の解説(1)を参照
[3] 第1章第6節を参照
[4] 用語の解説(1)を参照

食料は人間の生活に不可欠であり、食料安全保障[1]は、国民一人一人に関わる国全体の問題です。しかしながら、近年の世界的な人口増加等に伴う食料需要の拡大に加え、ロシアによるウクライナ侵略により、食料品や農業生産資材の価格が高騰するなど、我が国の食料をめぐる国内外の状況は刻々と変化しており、食料安全保障の強化への関心が一層高まっています。

本節では、国際的な食料需給の動向や不測時に備えた食料安全保障の取組等について紹介します。

(1) 国際的な食料需給の動向

(2022/23年度における穀物の生産量、消費量は前年度に比べて減少)

令和5(2023)年3月に米国農務省(USDA)が発表した穀物等需給報告によると、2022/23年度における世界の穀物全体の生産量は、前年度に比べて0.6億t(2.0%)減少の27.4億tとなる見込みです(図表1-2-1)。

また、消費量は、開発途上国の人口増加、所得水準の向上等に伴い、増加していましたが、2022/23年度は前年度に比べて0.4億t(1.5%)減少の27.6億tとなる見込みです。

この結果、期末在庫量は前年度に比べて3.2%の減少となり、期末在庫率は27.6%と前年度(28.1%)を下回る見込みです。

図表1-2-1　世界全体の穀物生産量、消費量、期末在庫率

資料：米国農務省「PS&D」、「World Agricultural Supply and Demand Estimates」を基に農林水産省作成
注：1) 穀物は、小麦、粗粒穀物(とうもろこし、大麦等)、米(精米)の合計
　　2) 期末在庫率＝期末在庫量÷消費量×100
　　3) 令和5(2023)年3月時点の数値

---

[1] 用語の解説(1)を参照

2022/23年度における世界の穀物等の生産量を品目別に見ると、小麦は、ウクライナ、アルゼンチン等で減少するものの、ロシア、カナダ等で増加することから、前年度に比べて1.2%増加し7.9億tとなる見込みです(**図表1-2-2**)。

とうもろこしは、ブラジル、中国等で増加するものの、米国、EU、ウクライナ等で減少することから、前年度に比べて5.6%減少し11.5億tとなる見込みです。

米は、インド等で増加するものの、中国、パキスタン等で減少することから、前年度に比べて0.8%減少し5.1億tとなる見込みです。

大豆は、アルゼンチン、米国等で減少するものの、ブラジル、パラグアイ等で増加することから、前年度に比べて4.7%増加し3.8億tとなる見込みです。

期末在庫率については、小麦、米、大豆は前年度に比べて低下する一方、とうもろこしは前年度に比べて上昇する見込みです。

図表1-2-2 世界全体の穀物等の生産量、消費量、期末在庫率(2022/23年度)

品目	生産量(百万t)	対前年度増減率(%)	消費量(百万t)	対前年度増減率(%)	期末在庫量(百万t)	対前年度増減率(%)	期末在庫率(%)	対前年度増減率(%)
小麦	788.94	1.2	793.19	0.1	267.20	-1.6	33.7	-0.6
とうもろこし	1147.52	-5.6	1156.75	-3.9	296.46	-3.0	25.6	0.2
米	509.83	-0.8	519.95	0.1	173.32	-5.5	33.3	-2.0
大豆	375.15	4.7	371.13	2.4	100.01	1.0	26.9	-0.4

資料：米国農務省「PS&D」、「World Agricultural Supply and Demand Estimates」を基に農林水産省作成
注：令和5(2023)年3月時点の数値

(中長期的には感染症の世界的流行等により世界の穀物等の需要の伸びは鈍化の見込み)

世界の人口は、令和4(2022)年においては80億人と推計されていますが、今後も開発途上国を中心に増加し、令和32(2050)年には97億人になると見通されています[1]。

このような中、令和13(2031)年における世界の穀物等の需給について、需要面においては、アジア・アフリカ等の総人口が継続的に増加するものの、新型コロナウイルス感染症の世界的流行等の影響も受けて、中期的に多くの国で経済成長が鈍化し、所得水準の向上等に伴う途上国を中心とした食用・飼料用需要の増加がより緩やかになることから、需要の伸びはこれまでに比べて鈍化する見込みです。供給面においては、多くの穀物で収穫面積の伸びがやや低下する一方、単収の上昇によって需要の増加分を補う見込み[2]です。

世界の食料需給は、農業生産が地域や年ごとに異なる自然条件の影響を強く受け、生産量が変動しやすいことや、世界全体の生産量に比べて貿易量が少なく、輸出国の動向に影響を受けやすいこと等から、不安定な要素を有しています。

また、気候変動や大規模自然災害、豚熱[3]等の動物疾病、新型コロナウイルス感染症等の流行、ロシアによるウクライナ侵略等、多様化するリスクを踏まえると、平素から食料の安定供給の確保に万全を期する必要があります。

---

[1] 国際連合「World Population Prospects 2022」
[2] 農林水産政策研究所「2031年における世界の食料需給見通し」(令和4(2022)年3月公表)
[3] 用語の解説(1)を参照

（コラム）世界的な食料安全保障の危機への懸念が高まり

　私たちが毎日食べている食料は、生命を維持するために欠かすことができないものであり、健康で充実した生活を送るための基礎として重要なものです。

　新型コロナウイルス感染症の世界的な拡大の影響が長期化する中、令和3(2021)年から続く穀物や燃料、肥料等の価格の上昇に加え、令和4(2022)年2月に始まったロシアによるウクライナ侵略の影響を受け、これらの価格が更に高騰するなど、国際社会においても食料安全保障上の懸念が高まっています。

　FAO(国際連合食糧農業機関)等の五つの国連機関が同年7月に公表した報告書によると、令和3(2021)年には、7億200万～8億2,800万人が飢餓の影響下にあると推計されており、前年から4,600万人増加しています。また、飢餓に直面する人々のうち、4億2,450万人がアジア、2億7,800万人がアフリカ、5,650万人がラテンアメリカ・カリブ地域となっています。

　SDGs(持続可能な開発目標)*の目標として掲げられた「飢餓の終焉、食料安全保障と栄養改善の実現、持続可能な農業の促進」を令和12(2030)年までに達成するためには、更なる努力が不可欠な状況です。

　　*　用語の解説(2)を参照

世界の栄養不足人口とその割合

資料：FAO(国際連合食糧農業機関)、IFAD(国際農業開発基金)、WFP(国連世界食糧計画)、UNICEF(国連児童基金)、WHO(世界保健機関)
　　　「The State of Food Security and Nutrition in the World 2022」を基に農林水産省作成
注：1) 令和3(2021)年の予測値を点線で示している。
　　2) 網掛け部分は、推定範囲の下限と上限を示している。

（世界のバイオ燃料用農産物の需要は増加の見通し）

　近年、米国、EU等の国・地域において、化石燃料への依存の改善や温室効果ガス[1]排出量の削減、農業・農村開発等の目的から、バイオ燃料の導入・普及が進展しており、とうもろこしやさとうきび、なたね等のバイオ燃料用に供される農産物の需要が増大しています。

　令和4(2022)年6月にOECD(経済協力開発機構)とFAOが公表した予測によれば、令和3(2021)年から令和13(2031)年までに、バイオエタノールの消費量は約1億2,600万kLから約1億4,100万kLへ、バイオディーゼルの消費量は約5,500万kLから約5,600万kLへとそれぞれ増加する見通しとなっています（図表1-2-3）。

---

[1] 用語の解説(1)を参照

図表1-2-3 世界のバイオ燃料の消費量と見通し

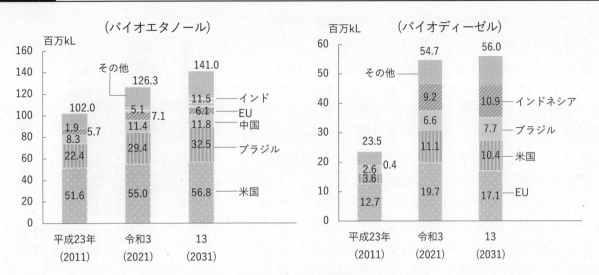

資料：OECD、FAO「OECD-FAO Agricultural Outlook 2022-2031」を基に農林水産省作成

(2) 不測時に備えた平素からの取組

(緊急事態食料安全保障指針に基づくシミュレーション演習を実施)

　農林水産省では、不測の要因により食料供給に影響が及ぶ可能性のある事態に的確に対処するため、緊急事態食料安全保障指針[1]を定めています。また、平素から、不測の事態を具体的に想定した上で、同指針に基づく対応やその実施手順の実効性の検証を行うため、シミュレーション演習を行っています。令和4(2022)年度は、ウクライナ情勢等を踏まえた新たなリスクに対応するため、これまで実施してきた食料の供給減少を想定したシナリオに加え、農業生産資材(肥料、農薬、種子・種苗)の供給減少を想定したシナリオに基づいて実施しました。

　また、輸入食料の安定的確保に向け、国際協調を通じた輸出規制措置の透明性向上と規律の明確化を推進するとともに、諸外国等との情報交換や国際機関との協力を通じた国際的な食料需給状況、資材の流通状況の分析の強化を推進しました。

　さらに、政府は国内の米の生産量の減少によりその供給が不足する事態に備え、政府米を100万t程度[2]備蓄しています。あわせて、海外における不測の事態の発生による供給途絶等に備えるため、食糧用小麦については国全体として外国産食糧用小麦の需要量の2.3か月分を、飼料穀物についてはとうもろこし等100万t程度をそれぞれ民間で備蓄しています。

食料安全保障について
URL：https://www.maff.go.jp/j/zyukyu/anpo/index.html

---

[1] 平成24(2012)年に策定した、不測の要因により食料供給に影響が及ぶおそれのある事態に的確に対処するため、政府として講ずべき対策の内容等を示した指針
[2] 10年に1度の不作や、通常程度の不作が2年連続した事態にも国産米をもって対処し得る水準

(3) 国際協力の推進

(ウクライナへの食料・農業分野での支援を実施)

　農林水産省を始めとする関係省庁では、ウクライナ政府からの要請及びG7臨時農業大臣会合でのウクライナ支援に係る各国間の合意も踏まえ、食料品等の支援物資をウクライナ政府に提供しました。支援物資としては、パックご飯、魚の缶詰、全粉乳、缶詰パンの合計15tに加え、在日ウクライナ大使館に寄贈された医薬品等が併せて輸送されました。

ポーランド日本大使公邸にて行われたウクライナへの支援物資の引渡式

　また、ウクライナ国内の農業生産の回復のための種子の配布や、同国の穀物輸出を促進する観点からの穀物貯蔵能力の拡大やルーマニア国境に面した検疫所の能力構築支援等を、FAO等の国際機関を通じて実施しました。また、WFPとの連携により、ウクライナ政府から無償で提供された同国産小麦をソマリアに供与する事業を実施しました。

　さらに、令和4(2022)年6月に開催された第12回WTO[1](世界貿易機関)閣僚会議[2]では、農業、食料安全保障等について議論され、新型コロナウイルス感染症の感染拡大によるサプライチェーンの混乱やロシアによるウクライナ侵略を背景に、食料安全保障が脅かされる中、食料安全保障宣言及びWFP決定が合意されました。

(アフリカへの農業協力を推進)

　農業は、アフリカにおいて最大の雇用を擁する産業である一方、人口の急激な増加等に起因して食料の輸入依存度が高い国が多くなっており、新型コロナウイルス感染症の影響の長期化やウクライナ情勢等により、その脆弱性が露呈しました。アフリカ各国が食料安全保障を強化し、経済発展を達成するためには、各国の農業生産の増加や所得の向上が不可欠となっています。このため、我が国は、アフリカに対して農業生産性の向上や持続可能な食料システム構築等の様々な支援を通じ、アフリカ農業の発展への貢献を行っています。

　これに加え、近年、気候変動の議論において、農業に起因する森林伐採や過放牧等の環境負荷が課題となっており、環境に調和した農業の確立が求められています。

　令和4(2022)年8月にチュニジアで開催された第8回アフリカ開発会議(TICAD8)において採択された「チュニス宣言」においても食料安全保障の確保が重視され、我が国は、アフリカ開発銀行との協調融資で3億ドルの食料生産支援や20万人の農業人材育成を行うことを発表しました。

　今後ともアフリカ各国や関連する国際機関等との連携を図りつつ、農業分野の課題解決に取り組むこととしています。また、各国の投資環境や消費者のニーズを捉え、我が国の食産業の海外展開や農林水産物・食品輸出に取り組む企業を支援していくこととしています。

---

[1] 用語の解説(2)を参照
[2] 第1章第9節を参照

第3節	新型コロナウイルス感染症の影響と 食料消費の動向

　我が国においては、高齢化や人口減少により食市場が縮小すると見込まれる一方、社会構造やライフスタイルの変化に伴い、食の外部化が進展すること等が見込まれています。こうした中、令和2(2020)年3月以降、新型コロナウイルス感染症の感染拡大により、食料消費の動向に大きな変化がもたらされており、令和4(2022)年においてもその影響は継続しています。

　本節では、新型コロナウイルス感染症の影響のほか、食料消費や農産物・食品価格の動向、国産農林水産物の消費拡大の取組について紹介します。

(1) 新型コロナウイルス感染症の影響

(外食支出の減少が長期化)

　家計における食料支出の状況を見ると、外食への支出は、令和2(2020)年3月以降、新型コロナウイルス感染症の感染拡大の下で大きく減少しました。その後、感染の状況等に応じて回復と減少を繰り返し、令和4(2022)年においてもその影響が終息していないことがうかがわれます(図表1-3-1)。

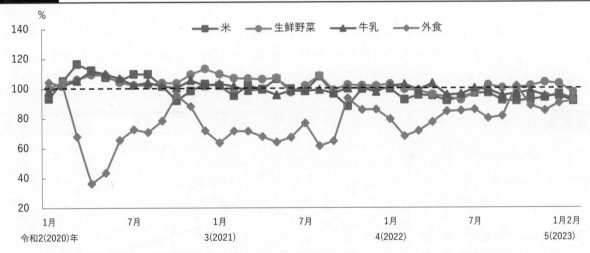

図表1-3-1　1人当たり1か月間の食料支出(令和元(2019)年同月比)

資料：総務省「家計調査」(全国・用途分類・二人以上の世帯)を基に農林水産省作成
　注：1) 算出方法は、当月金額÷令和元(2019)年同月金額×100
　　　2) 1)の「金額」は消費者物価指数(令和2(2020)年基準)を用いて物価の上昇・下落の影響を取り除き、世帯員数で除した1人当たりのもの

(パブレストラン・居酒屋の売上回復に遅れ)

　一般社団法人日本フードサービス協会の調査によれば、令和4(2022)年の外食産業全体の売上高は回復傾向にあり、令和元(2019)年同月比で見ると、90%前後で推移しました。一方、一部の業態、特にパブレストラン・居酒屋の売上高は、令和元(2019)年同月比で他の業態の売上高を大きく下回って推移しています(図表1-3-2)。新型コロナウイルス感染症の影響が長期化し、生活様式に変化が見られる中で、夜間に酒類を提供する業態においては、十分な宴会需要が戻っていないことがうかがわれます。

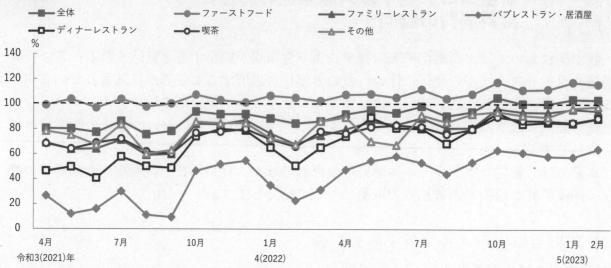

図表1-3-2　外食産業における業態別売上高(令和元(2019)年同月比)

資料：一般社団法人日本フードサービス協会「外食産業市場動向調査」を基に農林水産省作成
注：1) 協会会員社を対象とした調査
　　2) 「その他」は総合飲食、宅配ピザ、給食等を含む。

(一部の業務用需要の回復に遅れ)

　新型コロナウイルス感染症の影響については社会的に落ち着きを取り戻しつつあるものの、夜の会食を控える傾向が依然として継続していることもあり、一部の農林水産物の需要回復が遅れています。

　業務用仕向けの取扱いが多い東京都中央卸売市場豊洲市場の取引状況を見ると、令和4(2022)年の青果部門及び水産部門の卸売数量は新型コロナウイルス感染症の感染拡大以前の水準を下回って推移しています(**図表1-3-3**)。

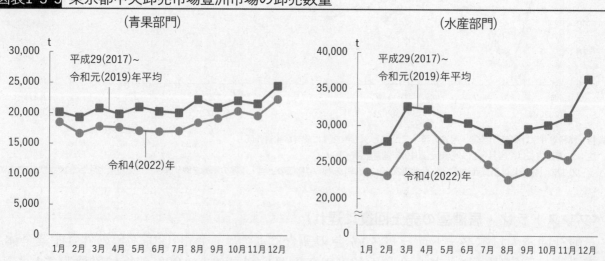

図表1-3-3　東京都中央卸売市場豊洲市場の卸売数量

(青果部門)　　　　　　　　　　　　　　(水産部門)

資料：東京都中央卸売市場「市場統計情報(月報)」を基に農林水産省作成
注：平成30(2018)年9月までは築地市場の卸売数量

(新型コロナウイルス感染症の影響を受ける事業者への支援を実施)

　新型コロナウイルス感染症による影響が継続している中、農林水産省では、これらの影響を受ける農林漁業者や食品事業者に対し、各般の支援措置を実施しました。

　令和4(2022)年度においては、外食やインバウンドの需要減少の影響を受け、販路が減少した農林漁業者や加工業者等に対し、国産農林水産物等の新たな販路開拓の取組を支援したほか、学校給食やこども食堂等への食材として提供する際の食材調達費や輸送費等を支援しました。

　また、新型コロナウイルス感染症の感染状況等を踏まえながら、感染拡大により甚大な影響を受けている飲食店の需要喚起に向けて、都道府県ごとのプレミアム付食事券の発行等を実施しました。

　このほか、農林水産省では新型コロナウイルス感染症に関する特設ページにおいて、政府の感染防止対策、関係団体の感染防止に係るガイドライン、各種相談窓口・支援情報等の発信を行っています。

新型コロナウイルス感染症
について(農林水産省)
URL：https://www.maff.go.jp/j/saigai
/n_coronavirus/index.html

(2) 食料消費の動向

(消費者世帯の食料消費支出は名目で増加、実質で減少)

　消費者世帯(二人以上の世帯)における1人当たり1か月間の「食料」の支出額(以下「食料消費支出」という。)について、令和4(2022)年の名目での年間平均値は約2万7千円となり、前年に比べ3.0%上昇しました。一方、物価変動の影響を除いた実質[1]での年間平均値は約2万5千円となり、前年に比べ1.4%減少しました。

　また、同年における食料消費支出を前年同月比で見ると、実質ではおおむね前年を下回る状況が続いた一方、名目では前年を上回る状況が続きました(**図表1-3-4**)。食料価格の上昇により、食料消費支出が増加し、家計の負担感の増加につながっていることがうかがえます。

図表1-3-4　令和4(2022)年における名目と実質の1人当たり1か月間の食料消費支出の前年同月比

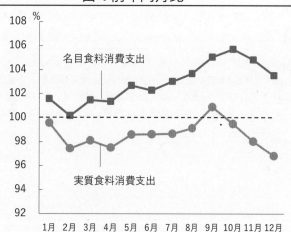

資料：総務省「家計調査」(全国・用途分類・二人以上の世帯)を基に農林水産省作成

注：1) 算出方法は、令和4(2022)年当月金額÷令和3(2021)年同月金額×100

　　2) 1)の「金額」について、名目は世帯員数で除した1人当たりのもの。実質は消費者物価指数(令和2(2020)年基準)を用いて物価の上昇・下落の影響を取り除き、世帯員数で除した1人当たりのもの

---

[1] 令和4(2022)年各月の食料消費支出について、消費者物価指数(令和2(2020)年基準)を用いて物価の上昇・下落の影響を取り除き、年間の平均値を算出したもの

（食料品の価格上昇に直面する消費者の購買行動に変化）

　生鮮食品を除く食料の消費者物価指数は、令和3(2021)年7月以降上昇傾向で推移し、令和5(2023)年2月には109.4まで上昇しました[1]。

　食料品は、購入頻度の高い品目が多く、消費者が生活の中でその価格変化に直面しやすい商品であることから、食料品の価格高騰が食料消費に大きな影響を及ぼすことが懸念されています。

　公庫が令和4(2022)年7月に実施した調査によると、値上げを感じる生鮮・加工食品を購入する際の消費行動の変化について、「今まで通り購入」は、野菜(46.6%)、パン(43.4%)、調味料(42.2%) の順で高くなりました。一方、「購入量を減らす」は、菓子(35.1%)、果物(32.1%)の順で高くなりました（**図表1-3-5**）。

図表1-3-5　値上げを感じる生鮮・加工食品を購入する際の消費行動の変化

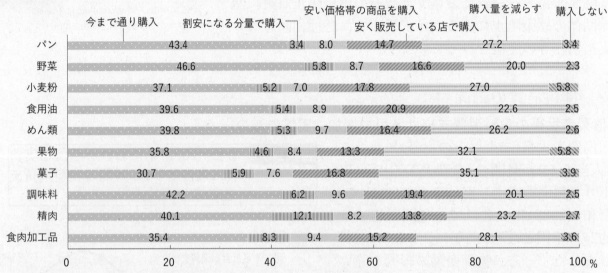

資料：株式会社日本政策金融公庫「消費者動向調査(令和4年7月)」を基に農林水産省作成
注：1) 令和4(2022)年7月に、全国20～70歳代の男女2千人を対象として実施したインターネット調査(回答総数は2千人)
　　2) 項目は「最近1か月以内に購入した生鮮・加工食品のうち、昨年の同時期と比較して値上げを感じる品目」のうち、上位10品目を抽出したもの

---

[1] 特集第1節を参照

（コラム）エシカル消費の関心が高まり

　近年、地域の活性化や雇用等を含む、人、社会、地域、環境に配慮した消費行動である「エシカル消費」への関心が高まっています。

　エシカル消費の主な取組としては、フェアトレードや寄附付きの食品、有機食品等の環境に配慮した農林水産物・食品、被災地産品等を購入することや、地産地消※を実践するといった消費活動を行うこと等が挙げられます。

　消費者庁が令和4(2022)年度に実施した調査によると、エシカル消費について45.5%が「興味がある」（「非常に興味がある」又は「ある程度興味がある」）と回答し、半数近くがエシカル消費に興味を持っていることがうかがわれます。

　また、エシカル消費に関連するマークのうち、食に関する認証マークの認知度については、「有機JASマーク」が36.2%、「フェアトレード」が19.8%となっています。今後は、環境に配慮した農林水産物・食品等の判断材料となる認証マークを活用した普及啓発等、エシカル消費を実践する人を増やすための一層の働き掛けが重要となっています。

※ 用語の解説(1)を参照

エシカル消費についての興味

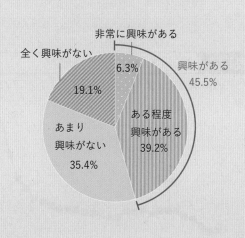

エシカル消費に関するマークの認知度

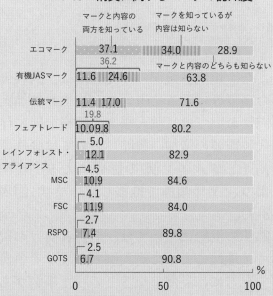

資料：消費者庁「令和4年度第3回消費生活意識調査」（令和4(2022)年12月公表）を基に農林水産省作成

注：1) 全国の15歳以上の男女5千人を対象として実施したインターネットによるアンケート調査(回答総数は5千)

　　2) 伝統マークは、伝統的工芸品の表示、その他の宣伝について統一イメージで消費者にアピールするために定められた、伝統工芸品のシンボルマーク

　　3) MSCはMarine Stewardship Councilの略

　　4) FSCはForest Stewardship Councilの略

　　5) RSPOはRoundtable on Sustainable Palm Oilの略

　　6) GOTSはGlobal Organic Textile Standardの略

(3) 農産物・食品価格の動向

（国産牛肉・豚肉の小売価格はやや上昇、鶏肉・鶏卵の小売価格は上昇傾向で推移）

　令和4(2022)年度における国産牛肉、豚肉の小売価格は、飼料価格やエネルギー価格の高騰等に伴い、やや上昇傾向で推移している一方、生産コストの上昇分が十分に価格転嫁できていない状況も見られています（**図表1-3-6**）。

　また、輸入牛肉の小売価格は、豪州の干ばつや新型コロナウイルス感染症の感染拡大の影響等による生産量の減少から国際相場が上昇したことに加え、令和4(2022)年以降の円

安の影響もあいまって、上昇傾向で推移しています。

図表1-3-6　牛肉・豚肉の小売価格

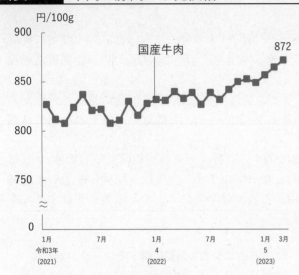
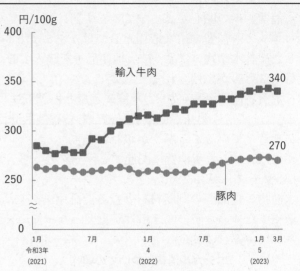

資料：農林水産省「食品価格動向調査」

　また、鶏肉、鶏卵の小売価格は、飼料価格の高騰等による生産コストの上昇に加え、鶏肉においては、輸入鶏肉の価格上昇に伴う代替需要の増加、鶏卵においては高病原性鳥インフルエンザ[1]の影響による生産減により、上昇傾向で推移しています（図表1-3-7）。

　鶏卵の供給については、消費者向けの鶏卵で、地域によって購入制限を設ける事例や、夕方には品薄になるといった事例があるほか、加工向けの鶏卵に不足が見られ、一部の食品企業では、卵の使用量の削減や卵を使用した商品の販売中止を行うなど、高病原性鳥インフルエンザの高頻度での発生が食料消費の動向にも影響を及ぼしています。

図表1-3-7　鶏卵・鶏肉の小売価格

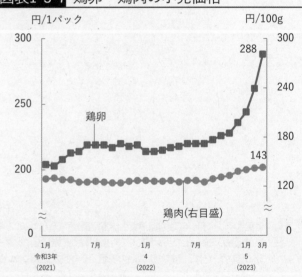

資料：農林水産省「食品価格動向調査」
注：鶏卵の1パックはサイズ混合・10個入り

（米の相対取引価格は前年産より上昇、野菜の小売価格は品目ごとの供給動向に応じ変動）
　令和4（2022）年産米の令和5（2023）年3月までの相対取引価格は、民間在庫が減少したこと等から年産平均で60kg当たり1万3,865円となり、前年産に比べ8.3%上昇しました（図表1-3-8）。
　また、野菜は天候によって作柄が変動しやすく、短期的には価格が大幅に変動する傾向

---

[1] トピックス4を参照

があります。令和4(2022)年においては、にんじんは主産地における8月の降雨の影響により出荷量が減少し、9～11月に小売価格は平年と比べて上昇しました（**図表1-3-9**）。一方、キャベツは主産地における7月以降の適温・適雨により出荷量が増加し、8～9月にかけて小売価格は平年と比べて低下しました。たまねぎについては、令和3(2021)年夏季の北海道における干ばつの影響により出荷量が減少し、同年9月以降小売価格は平年と比べて上昇し、令和4(2022)年5月にピークを迎えましたが、供給が回復するにつれて、徐々に落ち着きを取り戻しました。

図表1-3-8	米の相対取引価格

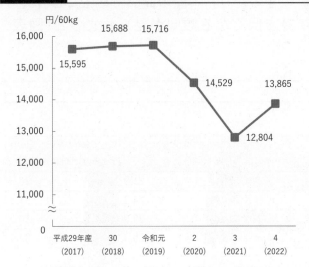

資料：農林水産省作成
　注：1) 相対取引価格とは、出荷団体(事業者)・卸売業者間で取引
　　　　されている価格
　　　2) 出回り～翌年10月(令和4(2022)年産は令和5(2023)年3月
　　　　まで)の全銘柄平均の通年平均価格

図表1-3-9	主な野菜の小売価格の平年比

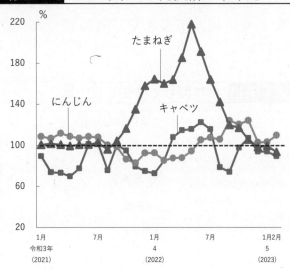

資料：総務省「小売物価統計調査」(東京都区部)を基に農林水産省作成
　注：1) 直近5か年における同月の小売価格の平均との比
　　　2) 1)の直近5か年における同月の小売価格の平均とは、令和
　　　　3(2021)年1月の場合、平成28(2016)～令和2(2020)年の1月の
　　　　小売価格の平均

（食パン・食用油の小売価格は上昇傾向で推移）

穀物等の国際価格の上昇により、輸入原料を用いた加工食品の小売価格は上昇傾向で推移しています（**図表1-3-10**）。

食パンの小売価格は、原材料やエネルギーの価格等が上昇したことから、令和4(2022)年1月以降上昇傾向で推移し、同年12月には521円/kgとなり、前年同月比で14.0%上昇しました。また、食用油(サラダ油)の小売価格は、世界的に旺盛な食用油需要や原料主産国の天候不順等による需給逼迫に加え、ウクライナ情勢等による油脂原料等の供給不安を背景として令和3(2021)年以降上昇傾向で推移し、令和4(2022)年12月には502円/kgとなり、前年同月比で32.1%上昇しました。このほか、豆腐の小売価格は、原料大豆や包材、燃料等

図表1-3-10	加工食品の小売価格

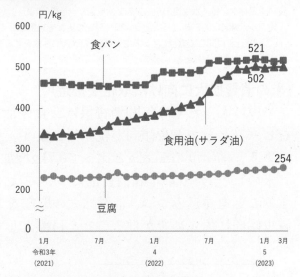

資料：農林水産省「食品価格動向調査」

の価格上昇を受け、一部の小売事業者において価格転嫁が進んだことから、令和3(2021)年以降微増傾向で推移し、令和5(2023)年3月には254円/kgとなり、前年同月比で8.1%上昇しました。

(4) 国産農林水産物の消費拡大

(食に関して「できるだけ日本産の商品であること」を重視する消費者の割合が高い)

　令和5(2023)年3月に公表した調査によれば、食に関して重視していることは、「できるだけ日本産の商品であること」と回答した人が約4割で最も高く、「同じような商品であればできるだけ価格が安いこと」を上回りました。「できるだけ日本産の商品であること」は、男女とも年代差が大きく、高齢層で高く若年層で低くなる傾向が見られました(**図表1-3-11**)。

図表1-3-11　食に関して重視していること

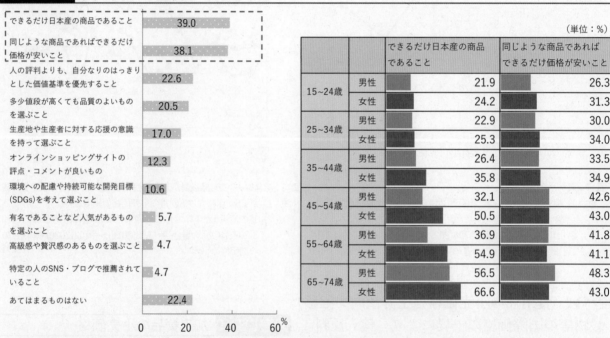

（単位：%）

		できるだけ日本産の商品であること	同じような商品であればできるだけ価格が安いこと
15~24歳	男性	21.9	26.3
	女性	24.2	31.3
25~34歳	男性	22.9	30.0
	女性	25.3	34.0
35~44歳	男性	26.4	33.5
	女性	35.8	34.9
45~54歳	男性	32.1	42.6
	女性	50.5	43.0
55~64歳	男性	36.9	41.8
	女性	54.9	41.1
65~74歳	男性	56.5	48.3
	女性	66.6	43.0

資料：農林水産省「食生活・ライフスタイル調査〜令和4年度〜」(令和5(2023)年3月公表)
注：1) 令和4(2022)年11月に全国の15〜74歳の男女を対象として実施したインターネット調査(回答総数は4千人)
　　2) 「食に関して重視していること(食品の購入や外食をする際に重視していること)」の質問への回答結果(複数回答)

(米の消費拡大に向けた取組を推進)

　米[1]の1人当たりの年間消費量は、食生活の変化等により、昭和37(1962)年度の118.3kgをピークとして減少傾向が続いています。令和3(2021)年度は、中食[2]・外食需要の回復等により、前年度の50.8kgと比べて0.7kg増加し51.5kgとなりました(**図表1-3-12**)。

　米の1人当たりの年間消費量については、平成30(2018)年度以降も毎年度一定程度減少することを見込みつつ、消費拡大の取組を通じて令和12(2030)年度には51.0kgと消費量の減少傾向に歯止めをかけることを目標としています。

---

[1] 主食用米のほか、菓子用・米粉用の米
[2] 用語の解説(1)を参照

農林水産省では、消費拡大のため、Webサイト「やっぱりごはんでしょ！」運動や、農林水産省の職員がYouTuberとして情報発信する「BUZZ MAFF」における農林水産大臣や芸能人が出演する動画の投稿等、米消費を喚起する取組を実施しています。さらに、「米と健康」に着目した「ごはんで健康シンポジウム」を令和4(2022)年12月に開催するなどの取組を行っています。

また、米の消費の形態については、パックご飯や米粉等の、これまでと異なる形態での消費が進んでいます。

図表1-3-12 米の1人当たりの年間消費量

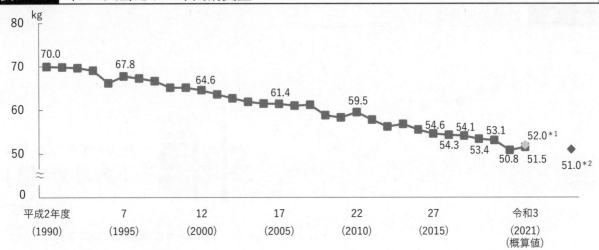

資料：農林水産省「食料需給表」を基に作成
注：1）＊1は政策評価の測定指標における令和3(2021)年度の目標値
　　2）＊2は食料・農業・農村基本計画(令和2(2020)年3月閣議決定)における、食料消費に関する課題が解決された場合の令和12(2030)年度における食料消費の見通し(菓子用、米粉用を含む米)

(野菜の消費拡大に向け「野菜を食べようプロジェクト」を展開)

野菜の1人当たりの年間消費量は、食生活の変化等により減少傾向で推移しており、令和3(2021)年度は85.7kgとなりました(**図表1-3-13**)。農林水産省では、野菜の消費拡大を推進する「野菜を食べようプロジェクト」を展開しており、1日当たりの摂取目標(350g)を示したポスターとロゴマークを作成・公表するとともに、栄養価の高い旬の時期等の野菜に関する情報発信や、賛同企業・団体等の「野菜サポーター」と共に野菜の消費拡大に取り組んでいます。

図表1-3-13 野菜の1人当たりの年間消費量

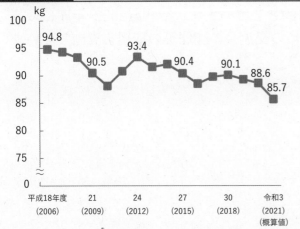

資料：農林水産省「食料需給表」

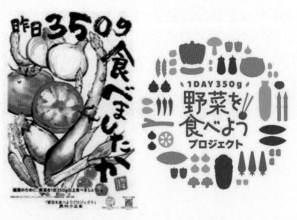

「野菜を食べようプロジェクト」
ポスター(左)　ロゴマーク(右)

（砂糖の需要拡大に向け「ありが糖運動」を展開）

　砂糖の消費量は、近年減少傾向で推移していましたが、経済活動の回復等もあり、令和3(2021)砂糖年度は前砂糖年度に比べ3万6千t増加し174万6千tとなりました（**図表1-3-14**）。農林水産省では、加糖調製品から国内で製造された砂糖への置換えを促すための商品開発等への支援を行うとともに、砂糖関連業界等による取組と連携しながら、砂糖の需要、消費の拡大を図る「ありが糖運動」を展開しており、WebサイトやSNSも活用しながら、情報発信を行っています。

図表1-3-14　砂糖の消費量

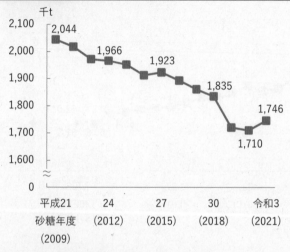

「ありが糖運動」ロゴマーク

資料：農林水産省「砂糖及び異性化糖の需給見通し」
注：1）分蜜糖の消費量
　　2）砂糖年度とは、当該年の10月1日から翌年の9月30日までの期間

（「牛乳でスマイルプロジェクト」を開始）

　牛乳乳製品の1人当たりの年間消費量は、チーズの消費量増加に伴い過去10年で約7％増加していますが、令和3(2021)年度は前年度と同じ94.4kgとなりました（**図表1-3-15**）。

　令和4(2022)年6月、農林水産省は、一般社団法人Jミルクと共に、「牛乳でスマイルプロジェクト」を立ち上げました。同プロジェクトは、酪農・乳業関係者のみならず、企業・団体や地方公共団体等の幅広い参加者と共に、共通ロゴマークにより一体感を持って、更なる牛乳乳製品の消費拡大に取り組むことを目的としています。令和4(2022)年度においては、参加者同士のコラボレーションを促すための交流会の開催等の取組を実施しています。

図表1-3-15 牛乳乳製品の１人当たりの年間消費量

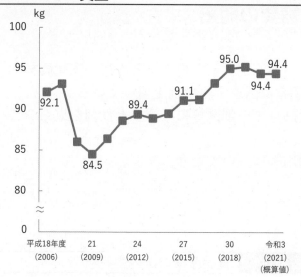

資料：農林水産省「食料需給表」

Twitterを活用した酪農家による
牛乳消費喚起の取組
「#牛乳でスマイルクリスマス」

（花きの利用拡大に向け「花いっぱいプロジェクト」を展開）

　切り花の1世帯当たりの年間購入額は減少傾向で推移していましたが、令和4(2022)年は前年より93円上昇し7,992円となりました（**図表1-3-16**）。農林水産省では、新型コロナウイルス感染症の感染拡大によるイベントの中止・縮小等により、業務用を中心に需要が減少した花きの利用拡大や、令和9(2027)年に神奈川県横浜市で開催される2027年国際園芸博覧会を契機とした需要拡大を図るため、「花いっぱいプロジェクト」を展開しています。同プロジェクトでは、花きの暮らしへの取り入れ方や同博覧会に関する情報発信等、花や観葉植物をより身近に感じてもらうための広報活動等を進めています。

図表1-3-16 1世帯当たりの切り花年間購入額

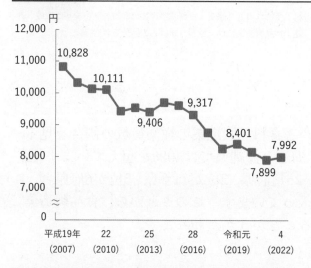

花いっぱいプロジェクト
URL：https://www.maff.go.jp/j/seisan/
kaki/flower/hanaippai2022/

資料：総務省「家計調査」（全国・品目分類・二人以上の世帯）
注：平成30(2018)年1月から調査世帯の半数において記載様式を改正した家計簿を用い、平成31(2019)年1月からは、全調査世帯において記載様式を改正した家計簿を用いて調査しているため、これらの改正による影響が結果に含まれている。

81

第4節　新たな価値の創出による需要の開拓

　食品産業は、農業と消費者の間に位置し、食料の安定供給を担うとともに、国産農林水産物の主要な仕向先として、消費者ニーズを生産者に伝達する役割を担っています。また、多くの雇用・付加価値を生み出すとともに、食品ロスの削減等にも重要な役割を果たしています。

　本節では、食品産業の動向や規格・認証の活用等について紹介します。

(1) 食品産業の競争力の強化

（食品産業の国内生産額は92.1兆円）

　食品産業の国内生産額は、近年増加傾向で推移していましたが、令和2(2020)年は新型コロナウイルス感染症の感染拡大により外食産業が大きな影響を受けたことから、前年に比べ9兆2千億円減少し92兆1千億円となりました（**図表1-4-1**）。食品製造業では清涼飲料や酒類の工場出荷額が減少したこと等から前年に比べ2.8%減少し36兆6千億円となり、関連流通業はほぼ前年並の34兆9千億円となりました。また、全経済活動に占める食品産業の割合は前年と比べ0.3ポイント減少し9.4%となりました。

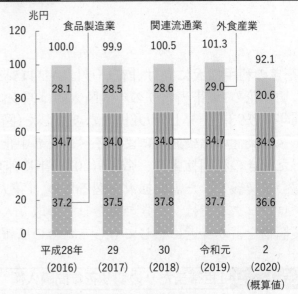

図表1-4-1　食品産業の国内生産額

資料：農林水産省「農業・食料関連産業の経済計算」を基に作成
注：食品製造業には、飲料、たばこの区分を含む。

（食品製造業は地域の雇用において重要な役割）

　各都道府県における全製造業の従業員数に占める食料品製造業の従業員数の割合を見ると、多くの都道府県で1割を超えており、特に北海道と沖縄県では40%を超えています（**図表1-4-2**）。また、同割合の順位については、1位が25道府県、2位が11都県、3位が6府県と、ほとんどの都道府県において1位から3位までに入っています。このことから、食品製造業が地域の雇用において重要な役割を果たしていることがうかがわれます。

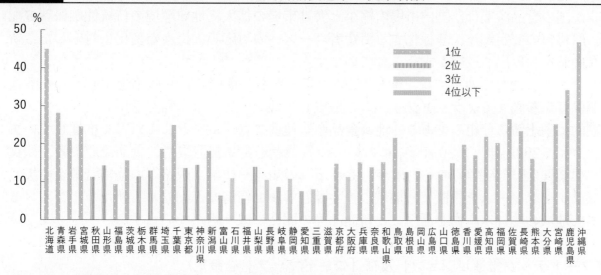

図表1-4-2 全製造業の従業員数に占める食料品製造業の従業者数

資料：総務省・経済産業省「令和3年経済センサス - 活動調査」を基に農林水産省作成
注：1) 産業別集計（製造業）「地域編」のうち、従業者4人以上の事業所に関する統計表の数値
　　2) 食料品製造業には、飲料・たばこ・飼料製造業を含まない。

（飲食料品製造業分野では外国人材の技能実習から特定技能への移行が拡大）

令和4（2022）年10月末時点での飲食料品製造分野[1]における外国人材の総数は約14万9千人、外食分野[2]における外国人材の総数は約18万5千人となっています。

このうち、特定技能[3]外国人については、令和4（2022）年12月末時点での飲食料品製造業分野の受入数は、全12分野（130,923人）で最多となる42,505人となっています（**図表1-4-3**）。飲食料品製造業分野における技能実習2号修了者[4]からの移行は33,042人で、全体の約78%を占めています。

農林水産省では、食品産業の現場で特定技能制度による外国人材を円滑に受け入れるため、試験の実施や外国人が働きやすい環境の整備に取り組むなど、食品産業特定技能協議会等を活用し、地域の労働力不足克服に向けた有用な情報を発信しています。

図表1-4-3 分野別特定技能在留外国人数

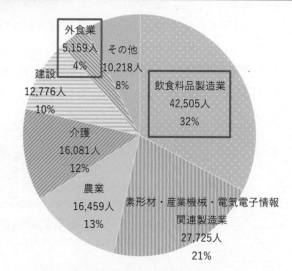

資料：法務省「外国人材の受入れ及び共生社会実現に向けた取組」を基に農林水産省作成
注：1) 「特定技能2号」の許可を受けて在留する人を含む。
　　2) 令和4（2022）年12月末時点の数値

---

[1] 飲食料品製造分野は、「日本標準産業分類（平成25年10月改定）」の「中分類 09 食料品製造業」及び「中分類 10 飲料・たばこ・飼料製造業」に該当する事業所で就労する外国人労働者数を集計
[2] 外食分野は、「日本標準産業分類（平成25年10月改定）」の「中分類 76 飲食店」及び「中分類 77 持ち帰り・配達飲食サービス業」に該当する事業所で就労する外国人労働者数を集計
[3] 特定技能制度は、人手不足が続いている中で、外国人材の受入れのために平成31（2019）年に創設された制度で、飲食料品製造業を含む12の特定産業分野が受入対象となり、「特定技能」の在留資格で一定の専門性・技能を有し即戦力となる外国人を受け入れる制度
[4] 在留資格「技能実習1号」で最長1年間技能等を要する業務に従事した後、所定の技能検定等に合格し、在留資格「技能実習2号」で最長2年間技能等を要する業務に従事した者

第1章

（地域の農産物等を活用した新たなビジネスを継続的に創出する仕組みを構築）

　我が国の食品産業は、国内市場の縮小と海外市場の拡大、地球環境の持続性確保への配慮、原材料の安定調達、多様化する消費者ニーズへの対応等、様々な変化に対応した、新たな価値を生み出す取組が求められています。

　このため、農林水産省では、令和3(2021)年度から、地域の食品産業を中心とした多様な関係者が参画するプラットフォームを形成し、地域の農林水産物を活用したビジネスを継続的に創出する仕組みである「地域食品産業連携プロジェクト」(LFP[1])を推進しています。令和4(2022)年度は20道府県において、農業者や食品製造業者、食品流通業者、飲食店、異業種（観光業者等）の各主体が、それぞれの知見や技術、販路等の経営資源を結集したプラットフォームを設置し、地域の社会課題解決と経済性が両立する新たなビジネスとして、地域の農林水産物を活用した新商品等の開発に取り組んでいます。

（「フードテック推進ビジョン」及び「ロードマップ」を策定）

　健康志向や環境志向等、消費者の食に関する価値観が多様化していること等を背景に、フードテック[2]を活用した新たなビジネスの創出への関心が世界的に高まっています。このような中、農林水産省が令和2(2020)年10月に立ち上げた「フードテック官民協議会」において、令和5(2023)年2月に「フードテック推進ビジョン」及び「ロードマップ」が策定されました。

　同ビジョンでは、今後のフードテックの推進に当たり、目指す姿や必要な取組等を整理し、ロードマップでは、フードテックの6分野[3]について、具体的な課題を工程表として整理しています。農林水産省では、これらに沿って、オープンイノベーションとスタートアップの創業を促進するとともに、新たな市場を創り出すための環境整備を進め、フードテックの積極的な推進に取り組んでいくこととしています。

新事業創出(フードテック等)
URL：https://www.maff.go.jp/j/shokusan/sosyutu/index.html

---

[1] Local Food Projectの略
[2] 生産から流通・加工、外食、消費等へとつながる食分野の新しい技術及びその技術を活用したビジネスモデルのことで、我が国における取組事例としては、大豆ミートや、健康・栄養に配慮した食品、人手不足に対応する調理ロボット、昆虫を活用した環境負荷の低減に資する飼料・肥料の生産等の分野で、スタートアップ等が事業展開、研究開発を実施
[3] 6分野は、植物由来の代替たんぱく質源、昆虫食・昆虫飼料、スマート育種のうちゲノム編集、細胞性食品、食品産業の自動化・省力化、情報技術による人の健康実現

（コラム）フードテックの市場規模が拡大

　世界の食料需要は、令和32(2050)年に平成22(2010)年比で1.7倍になると想定されており、増大するたんぱく質源の需要に対応するためには、国内の畜産業等の生産基盤を強化することに加え、食に関する先端技術(フードテック)を活用したたんぱく質の供給源の多様化を図ること等により、食料を効率良く持続可能な方式で生産する方法を模索することが重要です。

　令和4(2022)年3月に公表したフードテックの市場規模の推計によると、令和32(2050)年に最も市場規模が大きい分野は、プラントベースドフードのうち植物由来乳製品と見込まれています。この中には、豆乳やアーモンドミルク、オーツミルク等が含まれ、これらを使用した加工食品が我が国でも開発されています。植物由来原料を使用した商品としては、豆乳・アーモンドペーストから作られたプリンや、もち米から作られたチーズ代替食品等があります。

　こうした製品は、乳糖不耐症や乳製品アレルギーの人でも食べることができます。今後、フードテックの研究開発が進展することで、たんぱく質の供給源の多様化が図られ、持続可能な食料供給に貢献するだけでなく、より多くの人が美味しく、豊かな食事を楽しめるようになることが期待されています。

フードテックの市場規模推計結果

（単位：億円）

フードテック		世界市場		国内市場	
		足下	2050年	足下	2050年
細胞性食品	培養肉	0	7,000	0	90
	培養魚肉	0	2,000	0	20
昆虫食	代替たんぱく質となる昆虫食	100	3,000	4	40
昆虫飼料	畜産・養殖向けの動物性たんぱく質飼料となる昆虫飼料	1,000	3,000	30	40
プラントベースドフード	植物肉	5,000	45,000	200	500
	植物由来乳製品	23,000	83,000	800	1,000
	植物由来卵	60	12,000	2	150
	植物由来魚介類	0	11,000	0	140

資料：農林水産省「令和3年度細胞培養食品等の法制度等・フードテック市場規模に関する調査委託事業」

注：足下は、平成30(2018)〜令和3(2021)年の数値。フードテックの種類により時点は異なる。

卵・乳不使用のプリン
資料：江崎グリコ株式会社

もち米から作られたチーズ代替食品
資料：株式会社神明

(2) 食品流通の合理化等

（物流の標準化等、食品流通合理化の具体化が進展）

　トラックドライバー等の人手不足が深刻化する中で、国民生活や経済活動に必要不可欠な物流の安定を確保するためには、サプライチェーン全体で食品流通の合理化に取り組む必要があります。そのような中、トラックドライバーにも時間外労働の上限規制が適用されることに伴う、いわゆる「物流の2024年問題」により、一層の物流への影響が懸念されています。

　このため、農林水産省では、トラックドライバーの拘束時間を縮減できるよう、ドライバーの荷役を前提とした従来のばら積みから、パレットでの輸送に切り替えていくとともに、パレットサイズや段ボール等の標準化による荷積みの効率化を進めるほか、ICTやAIを活用した検品作業等の省力化・自動化等、複数企業でトラック等をシェアする配送システムであるフィジカルインターネットの実現も見据えた効率的な食品流通モデルの構築を推進することとしています。また、共同物流施設の整備を推進するとともに、トラック輸送から鉄道や海運への輸送切替(モーダルシフト)を推進することとしています。

（卸売市場の物流機能を強化）

　卸売市場は、野菜、果物、魚、肉、花き等日々の食卓に欠かすことのできない生鮮品等を、国民に円滑かつ安定的に供給するための基幹的なインフラです。多種・大量の物品の効率的かつ継続的な集分荷、公正で透明性の高い価格形成等、重要な機能を担っています。

　食料安全保障[1]の強化が求められる中、持続的に生鮮食料品等の安定供給を確保していくため、単に老朽化に伴う施設の更新のみならず、物流施策全体の方向性と調和し、標準化・デジタル化に対応した卸売市場の物流機能を強化することが必要となっています。

　農林水産省では、卸売市場の活性化に向け、卸売市場のハブ機能の強化やコールドチェーンの確保、パレット等の標準化、デジタル化・データ連携による業務の効率化等を推進することとしています。

（事例）共同物流拠点施設を整備し、輸送効率化とモーダルシフトを推進（福岡県）

　福岡県北九州市の北九州青果株式会社は、北九州市中央卸売市場の構内に共同物流拠点施設（荷捌き場施設及び冷蔵庫施設）を整備し、出荷車両の積載率向上やフェリーを活用した大規模なモーダルシフトを実現することを目指しています。

　九州の各産地で生産されている青果物の関東・関西方面への輸送は、各産地が個別に対応している状況ですが、トラックの積載効率が低くなることや輸送費が高額になること等の問題を抱えています。また、令和6(2024)年度からはトラックドライバーに時間外労働の上限規制が適用されるため、トラックでの長距離輸送が一層困難になることが見込まれています。

　これらの問題への対処が求められる中、同社では共同物流拠点施設の整備による輸送効率化を進めていくこととしており、令和5(2023)年8月頃に竣工し、準備が整い次第供用を開始する予定です。

　同施設が九州の玄関口の物流拠点として重要な役割を果たし、流通合理化が一層進展することが期待されています。

共同物流拠点施設の
完成予定イメージ
資料：北九州青果株式会社

（3）規格・認証の活用

（輸出拡大に向けてJAS法を改正）

　近年、輸出の拡大や市場ニーズの多様化が進んでいることから、農林水産省では、日本農林規格等に関する法律（以下「JAS法」という。）に基づき、農林水産物・食品の品質だけでなく、事業者による農林物資の取扱方法、生産方法、試験方法等について認証する新たなJAS[2]制度を推進しています。令和4(2022)年度には、ベジタリアン又はヴィーガンに適した加工食品、廃食用油のリサイクル工程管理のJAS等、5規格を制定しました（**図表1-4-4**）。これらのJASによって、事業者や産地の創意工夫により生み出された多様な価値・特色を戦略的に活用でき、我が国の食品・農林水産分野の競争力の強化につながることが期待されています。

---

1 用語の解説(1)を参照
2 用語の解説(2)を参照

また、同年10月に施行された改正JAS法[1]において、JAS規格の制定の対象に有機酒類が追加されるとともに、登録認証機関の有する事業者の認証に係る情報が他の登録認証機関に提供される仕組みの導入等が行われました。これを受け、有機農産物加工食品について既に同等性を相互承認している米国やEU等と有機酒類の同等性交渉を進めることとしています。

　このほか、農林水産省では、輸出促進に向け海外との取引を円滑に進めるための環境整備として、産官学の連携により、ISO[2]規格等の国際規格の制定・活用を進めています。

図表1-4-4　令和4(2022)年度に制定されたJAS

	規格	活用における利点
1	ベジタリアン又はヴィーガンに適した加工食品の日本農林規格	ベジタリアン又はヴィーガンに適した加工食品を求める消費者にアピールすることが可能
2	ベジタリアン又はヴィーガン料理を提供する飲食店等の管理方法の日本農林規格	訪日客を始めとしたベジタリアン又はヴィーガンに適した飲食店を求める消費者にアピールすることが可能
3	低たん白加工処理玄米の包装米飯の日本農林規格	低たん白で玄米の機能性成分が一定以上含まれている包装米飯であることを健康志向の消費者にアピールすることが可能
4	廃食用油のリサイクル工程管理の日本農林規格	トレーサビリティが確保された廃食用油を適切にリサイクルして再生油脂を提供できる事業者であることをアピールすることが可能
5	フードチェーン情報公表農産物の日本農林規格	流通過程において、その履歴や品質維持のために適切な基準で管理された農産物であることをアピールすることが可能

資料：農林水産省作成

(日本発の食品安全管理に関する認証規格である「JFS規格」の取得件数は増加)

　食品の民間取引において、安全管理の適正化・標準化が求められるようになりつつあり、食品安全マネジメント規格(以下「FSM規格[3]」という。)への関心が高まっています。FSM規格の認証取得により、食品製造事業者がHACCP[4]に基づく衛生管理や食品防御[5]を適切に実施していることを、取引先等に客観的に立証することが容易となるほか、国内外の商談に有効となるなどの利点が挙げられています。

　FSM規格は、欧米で先行して作られていたため、国内の食品事業者も海外の規格の認証を受けていましたが、我が国の食品製造の特性にも適していて、日本語で書かれた規格を望む声が高まり、平成28(2016)年に一般財団法人食品安全マネジメント協会によって日本発のFSM規格であるJFS[6]規格が設けられました。その特徴として、我が国特有の食文化である生食や発酵食等の食品製造においても導入しやすいということがあります。くわえて、JFS規格の各製造セクターでは、HACCPの考え方を取り入れた衛生管理を包含するJFS-A規格や、HACCPに基づく衛生管理を包含するJFS-B規格、国際取引にも通用する高水準のJFS-C規格[7]が設けられており、経営規模等に応じて段階的に取り組みやすい仕組み

---

[1] 正式名称は「農林水産物及び食品の輸出の促進に関する法律等の一部を改正する法律」
[2] 用語の解説(2)を参照
[3] FSM規格は、安全な食品を消費者に提供することを目的として、食品製造事業者が、安全レベルを維持・向上する仕組み(システム)を構築し、安全を脅かす危害要因を適切に管理していることを客観的に説明できるようにした認証規格。一般的に、国際的に認められているFSM規格は、適正製造規範(GMP(Good Manufacturing Practice))、HACCP、食品安全マネジメント(FSM(Food Safety Management))の3事項で構成され、これらを統合する食品安全マネジメントシステムとしての運用が要求されている。
[4] 用語の解説(2)を参照
[5] 意図的な異物混入等から食品を守ること
[6] 用語の解説(2)を参照
[7] 平成30(2018)年10月にGFSI(世界食品安全イニシアティブ)により国際規格として承認

となっています。

JFS-A/B/C規格の国内取得件数は、運用開始以降、年々増加してきており、令和5(2023)年3月末時点で2,275件[1]となりました（**図表1-4-5**）。

今後、JFS規格の更なる普及により、我が国の食品安全レベルの向上や食品の輸出力強化が期待されます。

農林水産省では、JFS規格の認証取得の前提となるHACCPに沿った衛生管理の円滑な実施を図るための研修や海外における認知度向上のための周知、取得ノウハウ等を情報発信して横展開する取組等を支援しています。

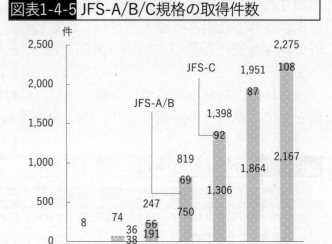

図表1-4-5　JFS-A/B/C規格の取得件数

資料：一般財団法人食品安全マネジメント協会資料を基に農林水産省作成

注：1）集計基準は適合証明書発行日
　　2）各年3月末時点の数値
　　3）平成29(2017)年の8件は全てJFS-C規格

（4）食品産業における環境問題等への対応

（厳しい納品期限等の商慣習の見直しを食品業界に要請）

食品ロスの削減に向けて、農林水産省は令和4(2022)年10月30日の「全国一斉商慣習見直しの日[2]」に、食品小売事業者が賞味期間の3分の1を経過した商品の納品を受け付けない「3分の1ルール」の緩和や、食品製造事業者における賞味期限表示の大括り化(年月表示、日まとめ表示)の取組を呼び掛けました。

また、農林水産省では、食品ロスの削減を図るため、厳しい納品期限等の商慣習の見直しを食品業界に要請するなどの取組を抜本的に強化しています。

（事業系食品ロス削減の取組を推進）

農林水産省は、みどり戦略[3]の実現に向け、食品ロスの削減を進めており、商慣習の見直しのほか、食品製造事業者等による出荷量、気象等のデータやAIを活用した需給予測システム等の構築を推進しています。

また、国の災害用備蓄食品について、食品ロス削減や生活困窮者支援等の観点から有効に活用するため、更新により災害用備蓄食品としての役割を終えたものを、原則としてフードバンク[4]団体等に提供することとしました。農林水産省が「国の災害用備蓄食品の提供ポータルサイト」を設け、各府省庁の情報を取りまとめて公表を行っています。

消費者への啓発については、食品ロス削減推進アンバサダーを起用した啓発ポスターの作成のほか、小売店舗が消費者に対して、商品棚の手前にある商品を選ぶ「てまえどり」

---

[1] 製造セクター以外の規格を含めた国内取得総件数は2,363件
[2] 令和元(2019)年10月に施行された「食品ロスの削減の推進に関する法律」において、10月が「食品ロス削減月間」、10月30日が「食品ロス削減の日」と定められている。
[3] 第2章第9節を参照
[4] 用語の解説(1)を参照

を呼び掛ける取組を促進しています。「てまえどり」を行うことで、販売期限が過ぎて廃棄されることによる食品ロスを削減する効果が期待されます。

さらに、令和4(2022)年10月の「食品ロス削減月間」には、農林水産省公式YouTubeチャンネル「BUZZ MAFF」において、「てまえどり」を呼び掛ける動画を公開しました。同年12月には、「てまえどり」が「「現代用語の基礎知識」選 2022ユーキャン新語・流行語大賞」のトップ10に選出され、生活協同組合コープこうべ、神戸市、一般社団法人日本フランチャイズチェーン協会、消費者庁・環境省・農林水産省、農林水産省BUZZ MAFF撮影メンバーが受賞者となりました。

このほか、食品の売れ残りや食べ残しのほか、食品の製造過程において発生している食品廃棄物について、発生抑制と減量により最終的に処分される量を減少させるとともに、飼料や肥料等の原材料として再生利用するため、食品リサイクルの取組を促進しています。

食品ロス削減を呼び掛けるポスター

「てまえどり」を呼び掛ける店頭掲示
資料：生活協同組合コープこうべ

新語・流行語大賞表彰式
資料：現代用語の基礎知識 選
「ユーキャン新語・流行語大賞」
事務局

（事例）原料野菜の未利用部を飼料化する取組を推進（神奈川県）

神奈川県大和市の株式会社グリーンメッセージでは、業務用向けカット野菜を製造する過程で生じる野菜の端材を「産業廃棄物」ではなく「未利用部」と位置付け、乳牛用飼料として再生利用する取組を進めています。

同社では、乳牛の飼料として使用できる野菜の未利用部が1日約1～2t発生しており、これらを分別収集し、粉砕・脱水した後、フレキシブルコンテナバッグの中で乳酸発酵を促し、長期保管可能な状態にして酪農家へ出荷しています。

同社では、主に国産野菜を使用しているため、飼料自給率の向上に寄与するとともに、未利用資源の有効活用や、酪農家への安価での安定供給といった面でも効果が見られています。

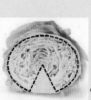

野菜の未利用部
（点線の外）

未利用部を分別収集

飼料へ加工した後、
酪農家へ出荷

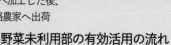

野菜未利用部の有効活用の流れ
資料：株式会社グリーンメッセージ

（プラスチックに係る資源循環の促進等に関する法律が施行）

　令和4(2022)年4月に施行された「プラスチックに係る資源循環の促進等に関する法律」に基づき、製品の設計からプラスチック廃棄物の処理までに関わるあらゆる主体におけるプラスチック資源循環等の取組を促進することとしています。製造事業者等においては環境配慮型の製品設計に努めること、フォーク、スプーン等の使い捨てプラスチック製品の提供事業者においては使用の合理化のための取組を行うこと、排出事業者においては可能な限りプラスチック使用製品産業廃棄物等の排出抑制と再資源化を実施すること等が求められています。

バイオマスプラスチックを
原料としたカトラリー
資料：株式会社モスフードサービス

（食品産業の持続的な発展に向けた取組を推進）

　食品産業の持続的な発展のため、環境負荷を低減するとともに、人手不足に対応していく必要があり、サプライチェーン全体での持続可能性の確保や効率化・省力化が課題となっています。

　また、環境、人権への関心が世界的に高まる中、機関投資家等は既に、ESG[1]に積極的に取り組む企業に対する投資を優先しており、今後、我が国の食品産業が持続的な発展を図っていくためには、情報開示等を進め、ESG投資による資金を食品企業に円滑に引き込んでいくことが不可欠となっています。

　農林水産省では、令和5(2023)年3月に「食品企業のためのサステナブル経営に関するガイダンス」を策定し、地域の中堅食品企業や中小企業も含めたサプライチェーン全体としてのESG課題への取組を推進しています。

---

[1] 用語の解説(2)を参照

第5節　グローバルマーケットの戦略的な開拓

　我が国の農林水産物・食品の輸出額は着実に増加しており、令和4(2022)年には過去最高を更新しました。高齢化や人口減少により農林水産物・食品の国内消費の減少が見込まれる中で、農業・農村の持続性を確保し、農業の生産基盤を維持していくためには、今後大きく拡大すると見込まれる世界の食市場を出荷先として取り込んでいくことが重要です。

　本節では、政府一体となっての輸出環境の整備、輸出に向けた海外への商流構築やオールジャパンでのプロモーション、食産業の海外展開の促進、知的財産の保護・活用について紹介します。

(1) 農林水産物・食品の輸出促進に向けた環境の整備

(輸出促進法の改正等を踏まえた輸出戦略を着実に推進)

　政府は、輸出促進法[1]の改正等を踏まえ、令和4(2022)年5月及び12月に「農林水産物・食品の輸出拡大実行戦略」(以下「輸出戦略」という。)を改訂し、先進的な大規模輸出産地の形成、育成者権者に代わり知的財産権を管理する育成者権管理機関の設立、都道府県による海外プロモーションの効果的な実施を図る都道府県・輸出支援プラットフォーム連携フォーラムの設置等、新たな輸出促進施策の方向性を決定しました。

(日本の強みを最大限に発揮するための取組を推進)

　輸出戦略に基づき、農林水産省は、海外で評価される日本の強みを有し、輸出拡大の余地が大きく、関係者が一体となった輸出促進活動が効果的な29品目を輸出重点品目に選定しています。

　輸出重点品目ごとに、輸出に向けたターゲット国・地域を特定し、ターゲット国・地域ごとの輸出目標を設定するとともに、目標達成に向けた課題と対応を明確化しています。

　また、主要な輸出先国・地域に、在外公館や独立行政法人日本貿易振興機構(JETRO)の海外事務所、日本食品海外プロモーションセンター(JFOODO)等を主な構成員とする「輸出支援プラットフォーム」を設立し、輸出先国・地域において輸出事業者を包括的・専門的・継続的に支援しています。

　さらに、改正輸出促進法[2]に基づき、輸出重点品目について、生産から販売に至る関係者が連携し、オールジャパンによる輸出促進活動を行う体制を備えた団体を農林水産物・食品輸出促進団体(以下「品目団体」という。)として認定する制度を創設しました。令和4(2022)年度においては、コメ等17品目9団体を品目団体として認定しています。

(マーケットインの発想で輸出にチャレンジする事業者を支援)

　輸出産地・事業者の育成や支援を行うGFP[3](農林水産物・食品輸出プロジェクト)は、令和5(2023)年3月末時点で会員数が7,400を超えていますが、輸出の熟度・規模が多様化しており、輸出事業者のレベルに応じたサポートを行う必要があるほか、新たに輸出に取り

---

[1] 正式名称は「農林水産物及び食品の輸出の促進に関する法律」
[2] 正式名称は「農林水産物及び食品の輸出の促進に関する法律等の一部を改正する法律」
[3] Global Farmers/Fishermen/Foresters/Food Manufacturers Projectの略

組む輸出スタートアップを増やしていく必要があります。このため、地方農政局等や都道府県段階で、現場に密着したサポート体制を強化することとしています。

また、新たな制度資金(農林水産物・食品輸出基盤強化資金)や公庫による債務保証(スタンドバイ・クレジット)の積極的な活用により、輸出にチャレンジする事業者を資金面から強力に後押しすることとしています。

さらに、輸出産地・事業者をリスト化し、輸出促進法に基づく輸出事業計画を策定した者に対し、輸出産地の形成に必要な施設整備等を重点的に支援するとともに、リスト化された輸出産地・事業者をサポートするため、食品事業者や商社OB等の民間人材を「輸出産地サポーター」として地方農政局等に配置し、輸出事業計画の策定と実行を支援しています。

(事例) GFPの伴走支援を受け、「木桶仕込み醤油」の輸出拡大を推進(香川県)

香川県小豆島町に拠点を置く一般社団法人木桶仕込み醤油輸出促進コンソーシアムでは、醸造元ごとに特色のある「木桶仕込み醤油」をプレミアム醤油として海外へ提案し、和食価値の底上げを図る取組を積極的に展開しています。

同コンソーシアムは、令和3(2021)年3月に木桶仕込み醤油のメーカー25社が参画し、GFPの伴走支援を受け、木桶仕込み醤油の輸出拡大を実現するために設立されました。

木桶仕込み醤油は、蔵元ごとに複雑な味や香りに特徴があることに加え、木桶製造の歴史や生産ストーリーを有していることから、和食文化や醤油の魅力発信と合わせて、ブランディングを実施するとともに、その魅力を伝えるための多言語に対応したWebサイトを製作し、醤油の醸造過程を伝えるなど、発酵調味料としての木桶仕込み醤油の認知度向上を図っています。

「FOODEX JAPAN 2022」へ出展
資料：一般社団法人木桶仕込み醤油
　　　輸出促進コンソーシアム

また、同コンソーシアムは、GFPと連携したオンライン商談会や欧米でのPRイベントの開催等を通じて現地の卸売事業者等のファンを増やし、レストランへの納入や小売店でのプライベートブランドとしての採用等、販路の拡大に努めています。

こうした取組を重ねることで、令和3(2021)年の輸出額は、2年前と比べて、ほぼ倍増となる1億2,470万円に拡大しています。今後は、「世界の醤油市場の1%(金額ベース)の獲得」を目指し、更なる輸出促進を図っていくこととしています。

伝統的製法で木桶醤油を醸造
資料：一般社団法人木桶仕込み醤油
　　　輸出促進コンソーシアム

(政府一体となって輸出の障害の克服を推進)

東京電力福島第一原子力発電所の事故に伴い、55か国・地域において、日本産農林水産物・食品の輸入停止や放射性物質の検査証明書等の要求、検査の強化といった輸入規制措置が講じられていました。これらの国・地域に対し、政府一体となってあらゆる機会を捉えて規制の撤廃に向けた粘り強い働き掛けを行ってきた結果、令和4(2022)年度においては、輸入規制措置が英国、インドネシアで撤廃され、規制を維持する国・地域は12にまで減少しました。

動植物検疫協議については、農林水産業・食品産業の持続的な発展に寄与する可能性が

高い輸出先国・地域や品目から優先的に協議を進めています。同年度は、メキシコ向け精米の輸出が解禁されました。また、国内では各地で高病原性鳥インフルエンザ[1]や豚熱[2]が発生していますが、発生等がない地域から鶏卵・鶏肉や豚肉の輸出が継続できるよう主な輸出先国・地域との間で協議を行い、これが認められました。

さらに、農林水産物・食品の輸出に際して輸出先国・地域から求められる輸出証明書の申請・発給をワンストップで行えるオンラインシステムを整備し、令和4(2022)年4月には、原則全ての種類の輸出証明書のシステム運用を開始しました。

このほか、令和12(2030)年までに5兆円とする目標のうち2兆円を占める加工食品の輸出促進に向け、輸出先国・地域の食品添加物規制等に対応した加工食品の製造を促進するため、地域の中小事業者等が連携して輸出に取り組む加工食品クラスターの形成を支援しています。

(2) 主な輸出重点品目の取組状況

(果実の輸出額はりんご、ぶどうを中心に増加)

果実の輸出額は、我が国の高品質な果実がアジアを始めとする諸外国・地域で評価され、りんご、ぶどうを中心に増加傾向にあります。令和4(2022)年は、台湾においてりんごの贈答用や家庭内需要が増加したこと等から、前年に比べ増加し316億円となりました(**図表1-5-1**)。

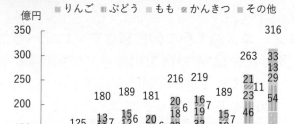

図表1-5-1 果実の輸出額

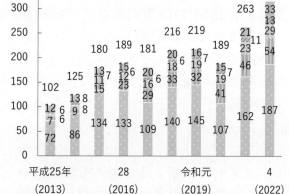

資料：財務省「貿易統計」を基に農林水産省作成
注：1) 「その他」には、なし、かき等を含む。
　　2) 令和4(2022)年は干し柿を含む。

(茶の輸出額は海外の日本食ブームにより増加)

茶の輸出額は、海外の日本食ブームや健康志向の高まりにより近年増加傾向にあります。令和4(2022)年の茶の輸出額は、前年に比べ7.2%増加の219億円となっており、平成25(2013)年と比べると約3倍に増加しています(**図表1-5-2**)。

また、有機栽培による茶は海外でのニーズも高く、有機同等性[3]の仕組みを利用した輸出量は増加傾向にあり、令和3(2021)年は前年に比べ28%増加し過去最高の1,312tとなりました(**図表1-5-3**)。特にEU・英国や米国が大きな割合を占めています。

---

[1] 用語の解説(1)を参照
[2] 用語の解説(1)を参照
[3] 相手国・地域の有機認証を自国・地域の有機認証と同等のものとして取り扱うこと

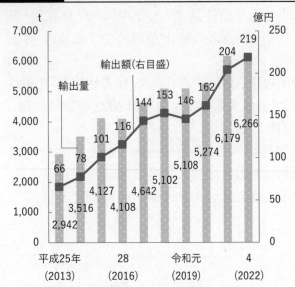

図表1-5-2　緑茶の輸出量と輸出額

資料：財務省「貿易統計」を基に農林水産省作成

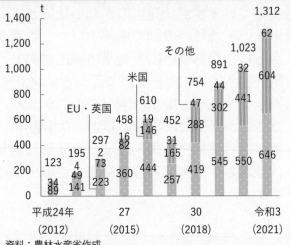

図表1-5-3　有機同等性の仕組みを利用した有機栽培茶の輸出量

資料：農林水産省作成

注：1) 米国向けの輸出量は、平成25(2013)年までは、レコグニションアグリーメントに基づき、農林水産省が認定した認証機関が取りまとめた輸出実績のみを集計

　　2)「その他」は、カナダ、スイス、台湾の合計

（コメ・コメ加工品の輸出額は前年に比べ増加）

　令和4(2022)年の商業用のコメの輸出額は、前年に比べ24％増加し73億8千万円となり（**図表1-5-4**）、パックご飯・米粉及び米粉製品を含めた輸出額は、前年に比べ26％増加し82億7千万円となりました。今後とも輸出ターゲット国・地域として設定している香港、シンガポール、米国、中国を中心に、コメ・コメ加工品の海外市場開拓や大ロットでの輸出用米の生産に取り組む産地の育成を進めていくこととしています。

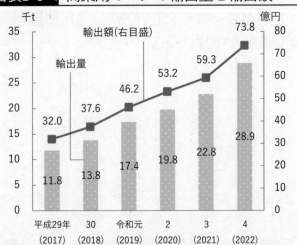

図表1-5-4　商業用のコメの輸出量と輸出額

資料：財務省「貿易統計」を基に農林水産省作成

注：政府による食糧援助分を除く。

(牛肉の輸出額は前年に比べ減少)

　令和4(2022)年の牛肉の輸出額は、カンボジア向け輸出の減少や、米国での物価高騰等による消費減退の影響で、前年に比べ減少し520億円となりました(**図表1-5-5**)。

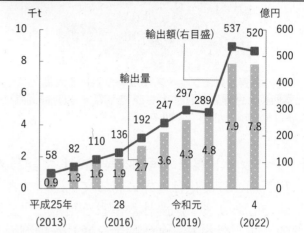

図表1-5-5　牛肉の輸出量と輸出額

資料：財務省「貿易統計」を基に農林水産省作成
注：令和4(2022)年は、くず肉、加工品を含む。

(3) 海外への商流構築、プロモーションの促進

(JETRO・JFOODOによる海外での販路開拓支援を実施)

　JETROでは、輸出セミナーの開催、輸出関連制度・マーケット情報の提供、相談対応等の輸出事業者等へのサポートを行っています。また、海外見本市への出展支援、国内・海外での商談会開催、サンプル展示ショールームの設置等によるリアルとオンライン双方のビジネスマッチング支援等、輸出に取り組む国内事業者への総合的な支援を実施しています。

　JFOODOでは、「日本産が欲しい」という現地の需要・市場を作り出すため、品目団体等とも連携の上、新聞・雑誌や屋外、デジタルでの広告展開、PRイベントの開催等、現地での消費者向けプロモーションを戦略的に実施しています。

(海外における日本食レストランの店舗数が拡大)

　令和3(2021)年の海外における日本食レストランの店舗数については、約15万9千店と、平成25(2013)年の3倍近くに増加しており、海外での日本食・食文化への関心が高まっていることがうかがわれます。

　また、日本産食材を積極的に使用する海外の飲食店や小売店を民間団体等が主体となって認定する「日本産食材サポーター店」については、令和4(2022)年度末時点で約8千店が認定されています。JETROでは、世界各地の日本産食材サポーター店等と連携して、日本産食材等の魅力を訴求するプロモーションを実施しています。

(訪日外国人旅行者の日本滞在時の食に関する体験を推進)

　農林水産省が平成30(2018)年から実施している「食かけるプロジェクト」では、食と芸術や歴史等異分野の活動を掛け合わせた体験を通じて、訪日外国人旅行者の日本食への関心を高めるとともに、帰国後も我が国の食を再体験できる環境の整備を推進しています。

　同プロジェクトの一環として、食と異分野を掛け合わせた食体験を募集・表彰する「食かけるプライズ」を実施し、令和4(2022)年9月に大賞等10件を決定しました。

「食かけるプライズ2022」食かける大賞
景観美と世界農業遺産"わさび"を満喫する旅(静岡県)
資料：和とモダンが織りなす里山の古民家 白壁

食かけるプロジェクト
URL：https://www.maff.go.jp/j/shokusan/
eat/eatmeet/syokukakeru.html

(インバウンド観光の再開を契機として訪日外国人への日本食の理解・普及を推進)

　我が国の食文化は世界に誇る文化遺産であり、農業、食、地域、多様な食産業を支える基盤でもあります。農林水産省を始めとする関係省庁は、海外の消費者への日本の食品の調理方法、食べ方、食体験等を通じた地域の文化とのつながりの発信等を進め、インバウンド観光の再開を契機とした訪日外国人への日本の食や食文化の理解・普及を図ることにより、我が国の農林水産物・食品の輸出市場とインバウンド消費を拡大する取組を支援することとしています。

　これを受けて、JETRO・JFOODOと日本政府観光局[1](JNTO)は、デジタルマーケティングや海外でのプロモーションイベント等で連携し、日本の農林水産物・食品の輸出市場とインバウンド消費を相乗的に拡大することを目指しています。

(4) 食産業の海外展開の促進

(輸出を後押しする事業者の海外展開を支援)

　輸出先国・地域において、輸出事業者を包括的・専門的・継続的に支援するため、現地発の情報発信や新たな商流の開拓等を行う輸出支援プラットフォームを整備しています。令和4(2022)年度は、米国(ロサンゼルス、ニューヨーク)、タイ(バンコク)、シンガポール(シンガポール)、EU(パリ)、ベトナム(ホーチミン)、香港(香港)において輸出支援プラットフォームを設立しました[2]。

　また、海外現地法人を設立し、設備投資等を行う場合の資金供給を促進するとともに、投資円滑化法[3]に基づき、民間の投資主体による輸出に取り組む事業者への資金供給の促進に取り組むこととしています。

輸出支援プラットフォームの立上げ式
(タイ(バンコク))

ごはんフェス×JAPAN Fesでのおにぎり体験
(米国(ニューヨーク))
資料：在ニューヨーク日本国総領事館

---

[1] 正式名称は「独立行政法人国際観光振興機構」
[2] ( )内は事務局設置都市
[3] 正式名称は「農林漁業法人等に対する投資の円滑化に関する特別措置法」

（5）知的財産の保護・活用

（輸出拡大や所得・地域の活力向上に向けてGI保護制度を見直し）

　地理的表示（GI[1]）保護制度は、その地域ならではの自然的、人文的、社会的な要因の中で育まれてきた品質、社会的評価等の特性を有する産品の名称を、地域の知的財産として保護する制度です。同制度は、国による登録によりそのGI産品の名称使用の独占が可能となり、模倣品が排除されるほか、産品の持つ品質、製法、評判、ものがたり等の潜在的な魅力や強みを「見える化」

GI登録証の授与式

し、GIマークとあいまって、効果的・効率的なアピール、取引における説明や証明、需要者の信頼の獲得を容易にするツールとして機能するものです。

　令和4(2022)年度は新たに11産品が登録され、これまでに登録された国内産品は、同年度末時点で42都道府県の計128産品となりました（**図表1-5-6**）。

　このほか、日EU・EPA[2]により、日本側GI 95産品、EU側GI 106産品が相互に保護され、日英EPAにより、日本側GI 47産品、英国側GI 3産品が相互に保護されています。

　農林水産省では、農林水産物・食品の輸出拡大に資するよう、令和4(2022)年11月にGI保護制度の運用を見直し、知名度の高い加工品を幅広く登録できるよう審査基準を改正しました。今後、GIの持つ機能を戦略的に活用した取組が全国各地に広がるよう、同制度の活用を推進することとしています。

---

[1]　Geographical Indicationの略
[2]　用語の解説(2)を参照

第1章

図表1-5-6　令和4(2022)年度のGI登録産品

女山大根(佐賀県多久市西多久町)

・アントシアニンを含む、美しい赤紫色をした赤首大根。成長すると4～5kgになり、大きいものは10kgを超える。肉質は緻密で「鬆」が入りにくい。

・一般の青首大根に比べ糖度が高く、特徴的な色と煮崩れしにくい特徴から、煮物のほか、汁物や和え物等の料理の具材として珍重されている。

**近江日野産日野菜
(滋賀県蒲生郡日野町)**

・ほっそりとした形と酢のみで安定的にさくら色を発色するほど根の上部まで濃い赤紫の色調を呈している。

伊達のあんぽ柿(福島県伊達市ほか*1)

・色艶の良い鮮やかなオレンジ色の果肉で、柔らかい触感と口当たりの良い食感に加え、上品な甘みを有する。

・暖簾のように柿を干すオレンジ色のカーテンを連想させる乾燥風景は「柿ばせ」と呼ばれ、生産地における冬の風物詩となっている。

サヌキ白みそ(香川県)

・なめらかで透き通るようなクリーム色の外観を有する低塩多糖の白みそ。

・古くから香川県の多くの郷土料理に欠かせない食材で、関西圏の白みそ雑煮の原料としても好評を博している。

たむらのエゴマ油(福島県田村市)

・エゴマ本来の香りが強く、酸化による雑味が少ないことから、生絞り、焙煎ともに食味に優れている。

飛騨牛(岐阜県)

・「全国和牛能力共進会」で2大会連続最優秀枝肉賞を受賞するなど、その優れた脂肪交雑を含め品質が高い。東京都中央卸売市場食肉市場の和牛去勢平均価格と比較し5・4等級で約2割、3等級で約1割近く高値で取引。

*1 福島県伊達市、国見町、桑折町、福島市の立子山・飯坂・宮代・岡部・大笹生・大波、川俣町の飯坂、宮城県白石市の越河・大平

図表1-5-6 令和4(2022)年度のGI登録産品(続き)

阿波尾鶏(徳島県)

・肉色は赤みを帯び、適度な歯ごたえがあり、低脂肪でうま味成分を豊富に含む「地鶏肉」。

・徳島県では、一般家庭から外食店まで広く使用され、地元の食文化に深く浸透しており、全国の実需者からも高い支持を受け、平成10(1998)年度から20年間に渡り、地鶏肉出荷量全国第1位となっている。

十勝ラクレット(北海道帯広市ほか*²)

・ナッツや干し草のような熟れた芳醇な香りとさわやかなミルクの香りが感じられる。刺激臭が少なく、日本人の嗜好に合うさっぱりした食味として需要者から高く評価されている。

徳島すだち(徳島県)

・全国のすだち出荷量の98%を占め、徳島すだちは、果皮が濃い緑色の時期に収穫され、さわやかな香りと酸味を有するため、需要者から高く評価されている。

・徳島県の家庭では、様々な料理の添え物として使われ、飲食店等の需要も高い。

深蒸し菊川茶(静岡県)

・お茶を淹れると濃厚な黄緑色で、まろやかな味わいを持つ。

・需要者からは、これらの特性に加え、深みのある豊潤な香りやうま味とコクが高く評価されている。

行方かんしょ(茨城県行方市ほか*³)

・糖度が高く甘みが強い良食味の「青果用かんしょ」。

・市場関係者からその品質と供給体制が高く評価されており、東京市場内の出荷場単位では取扱量第1位となっている。

*2 北海道帯広市、河東郡音更町、士幌町、上士幌町、鹿追町、上川郡新得町、清水町、河西郡芽室町、中札内村、更別村、広尾郡大樹町、広尾町、中川郡幕別町、池田町、豊頃町、本別町、足寄郡足寄町、陸別町及び十勝郡浦幌町

*3 行方市、潮来市、鹿嶋市、鉾田市、小美玉市、かすみがうら市

（植物新品種の海外流出防止に向けた取組を推進）

　近年、我が国の登録品種[1]が海外に流出する事例が見られたことも踏まえ、植物品種の育成者権の保護を強化するための改正種苗法[2]に基づき、令和4（2022）年4月から、登録品種の増殖は農業者による自家増殖も含め育成者権者の許諾が必要となり、無断増殖等が把握しやすくなるとともに、育成者権侵害に対しての立証を容易にする措置が講じられています。

　また、登録品種のうち、国立研究開発法人農業・食品産業技術総合研究機構（以下「農研機構」という。）や都道府県等の公的機関が開発したほとんどの品種について、海外への持出しが制限されています。

　こうした措置を活用することで、育成者権の保護・活用に取り組みやすくなりましたが、公的機関や中小の種苗会社等では、登録品種の国内外での適切な管理や侵害対策の徹底が難しい現状もあります。このため、育成者権者に代わって、海外への品種登録や戦略的なライセンスによる管理された海外生産を通じて品種保護をより実効的に行うとともに、ライセンス収入を品種開発投資に還元するサイクルを実現するため、育成者権管理機関の取組を推進することとしています。植物の新品種は、我が国農業の今後の発展を支える重要な要素となっている中で、育成者権者による登録品種の管理の徹底や海外流出の防止を図り、新品種の開発や、それらを活用した輸出促進を図ることとしています。

（和牛遺伝資源の適正な流通管理を推進）

　和牛は関係者が長い年月をかけて改良してきた我が国固有の貴重な財産であり、国内の生産基盤を強化するとともに、和牛肉の輸出拡大につなげていくためにも、精液等の遺伝資源の流通管理の徹底や知的財産としての価値の保護が重要です。

　このため、家畜改良増殖法に基づき、牛の家畜人工授精用精液等を取り扱う全国の家畜人工授精所4,270か所を対象に法令遵守状況の調査を実施するとともに、令和3（2021）年度末までに615か所の立入検査を行いました。

　その結果概要を令和4（2022）年6月に公表するとともに、これを踏まえて、引き続き立入検査等により法令遵守を徹底し、和牛遺伝資源の管理・保護の更なる推進を図っています。

（営業秘密の管理方法等を整理したガイドラインの導入・活用を促進）

　近年、我が国農業分野の知的財産の重要性への認識が高まり、関連する制度の整備が行われていますが、農業現場における優れた栽培・飼養技術やその他のノウハウ等の知的財産を保護する仕組みについては、その知見が十分に行き渡っておらず、農業分野の知的財産保護における残された課題となっています。このため、農林水産省では、農業分野における技術・ノウハウ等の知的財産について、不正競争防止法の営業秘密を保護する枠組みを活用できるよう、農業分野固有の取引慣行等を踏まえた営業秘密の管理方法等を整理した「農業分野における営業秘密の保護ガイドライン」の現場での導入・活用を促進しています。

農業分野における営業秘密の保護ガイドライン
URL：https://pvp-conso.org/842/

---

[1] 種苗法に基づき品種登録を受けている品種
[2] 正式名称は「種苗法の一部を改正する法律」

第6節　消費者と食・農とのつながりの深化

　国産農林水産物が消費者や食品関連事業者に積極的に選択されるようにするためには、消費者と農業者・食品関連事業者との交流を進め、消費者が我が国の食や農を知り、触れる機会の拡大を図ることが重要です。また、次世代への和食文化の継承や、海外での和食の評価を更に高めるための取組等も重要です。

　本節では、食育や地産地消¹の推進等、消費者と食・農とのつながりの深化を図るための様々な取組を紹介します。

(1) 食育の推進

(「第4次食育推進基本計画」の実現に向けた取組を推進)

　食育の推進に当たっては、国民一人一人が自然の恩恵や「食」に関わる人々の様々な活動への感謝の念や理解を深めつつ、「食」に関して信頼できる情報に基づく適切な判断を行う能力を身に付けることによって、心身の健康を増進する健全な食生活を実践することが重要とされています。令和3(2021)年度からおおむね5年間を計画期間とする「第4次食育推進基本計画」では、基本的な方針や目標値を掲げるとともに、食育の総合的な促進に関する事項として取り組むべき施策等が定められています。

　目標の達成に向けて、農林水産省は、デジタル化に対応した食育を推進するため、令和4(2022)年4月に、デジタル技術を活用した食育を行う際のヒントを盛り込んだデジタル食育ガイドブックを作成し、普及を進めています。また、農林水産省、愛知県と第17回食育推進全国大会愛知県実行委員会は、同年6月に「第17回食育推進全国大会inあいち」を開催しました。

　さらに、農林水産省では、「新たな日常」に対応した食育等、最新の食育活動の方法や知見を食育関係者間で情報共有するとともに、異業種間のマッチングによる新たな食育活動の創出や、食育の推進に向けた研修を実施できる人材の育成等に取り組むため、全国食育推進ネットワークを活用した取組を推進しています。

　くわえて、農林水産省では、食育の一環として、栄養バランスに優れた「日本型食生活²」の実践等を推進するため、地域の実情に応じた食育活動に対する支援を行っています。

　このほか、農林水産省では、みどり戦略³の実現に向け、環境にやさしい持続可能な食育の推進に取り組むこととしています。

デジタル食育ガイドブック
URL：https://www.maff.go.jp/j/syokuiku/
network/movie/

全国食育推進ネットワーク「みんなの食育」
URL：https://www.maff.go.jp/j/syokuiku/network/index.html

---

¹ 用語の解説(1)を参照
² ごはん(主食)を中心に、魚、肉、牛乳・乳製品、野菜、海藻、豆類、果物、お茶等の多様な副食(主菜・副菜)等を組み合わせた、栄養バランスに優れた食生活のこと
³ 第2章第9節を参照

　沖縄県宮古島市の農業生産法人である株式会社オルタナティブファーム宮古は、さとうきび等の生産や黒糖製品の製造を行うとともに、体験型の食育プログラムを提供しています。

　食育活動においては、さとうきびの収穫や黒糖づくり等の実体験を通じた取組のほか、オンラインでの体験型の食育学習も展開しています。

　オンラインによる学習では、距離が離れていても、現地開催と同様に食育プログラムとしての価値を提供できるように、事前送付されるさとうきび苗の栽培体験キットを活用し、五感を使って楽しめる工夫を施しています。

　また、一般向けには科学・歴史・生物・地理・経済等、様々な切り口でさとうきび栽培や製糖の話題を提供するとともに、双方向でのコミュニケーションや現地の紀行・文化の紹介等の工夫を行っています。

　同社では、距離や参加人数、会場確保等の制約を受けずに、幅広く取組を行うことができるオンラインのメリットを活かしながら、島内の複数事業者が連携したプログラムの提供等も視野に入れ、体験型食育活動を推進していくこととしています。

さとうきびの栽培体験キット
資料：株式会社オルタナティブファーム宮古

（こども食堂等の地域における共食の場の提供を推進）

　高齢者の一人暮らしや一人親世帯等が増えるなど、家庭環境や生活の多様化により、家族との共食が難しい場合があることから、地域において様々な世代と共食する機会を持つことは、食の楽しさを実感するだけでなく、食や生活に関する基礎を伝え習得する上で重要となっています。

　このため、農林水産省では、食育を推進する観点から、こども食堂等地域での様々な共食の場を提供する取組を支援するとともに、政府備蓄米を無償交付するなどの支援を行っています。地域での共食の場によって、食育の推進、孤独・孤立対策、生活困窮者への支援等、様々な効果が期待されています。

資料：株式会社日本海開発

資料：わいわい子ども食堂プロジェクト

共食の場を提供するこども食堂

(2) 地産地消の推進

(産地や生産者を意識して農林水産物・食品を選ぶ国民の割合は約7割)

　地域で生産された農林水産物をその地域内で消費する地産地消の取組は、国産農林水産物の消費拡大につながるほか、地域活性化や食品の流通経費の削減等にもつながります。

　少子・高齢化やライフスタイルの変化等により国内マーケットの構造が変化している中、消費者の視点を重視し、地産地消等を通じた新規需要の掘り起こしを行うことが重要です。消費者や食品関連事業者に積極的に国産農林水産物を選択してもらえるよう取組を進めていくため、農林水産省は令和7(2025)年度までに産地や生産者を意識して農林水産物・食品を選ぶ国民の割合を80%以上とすることを目標としています。令和4(2022)年度の同割合は前年度に比べ5ポイント減少し69.8%となっています(**図表1-6-1**)。

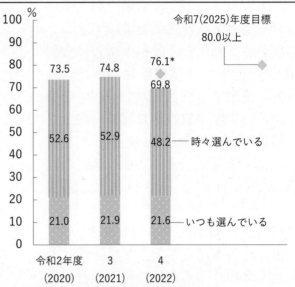

図表1-6-1 産地や生産者を意識して農林水産物・食品を選ぶ国民の割合

資料：農林水産省「食育に関する意識調査」を基に作成
注：1) 全国20歳以上の者を対象として実施した郵送及びインターネットによるアンケート調査
　　2) 「産地や生産者を意識して農林水産物を選んでいるか」についての質問への回答結果
　　3) 「いつも選んでいる」、「時々選んでいる」の合計を「選んでいる」としている。
　　4) *は政策評価の測定指標による令和4(2022)年度の目標値

(約3万校で学校給食が実施)

　学校給食は、栄養バランスの取れた食事を提供することにより、子供の健康の保持・増進を図ること等を目的に、学校の設置者により実施されています。文部科学省の調査によると、令和3(2021)年5月時点で、小学校では18,923校(全小学校数の99.0%)、中学校では9,107校(全中学校数の91.5%)、特別支援学校等も含め全体で29,614校において行われており、約930万人の子供を対象に給食が提供されています。また、学校給食費の平均月額は、小学校で4,477円、中学校で5,121円となっており、学校給食法に基づき、給食施設費等は学校の設置者が負担し、食材費は保護者が負担しています。なお、経済状況が厳しい保護者に対しては、生活保護による教育扶助や就学援助を通じて、支援が行われています。

　学校給食の現場においては、地方公共団体ごとに献立や年間実施回数が異なるなどの理由により、学校給食費は地域で異なる状況も見られています。

（学校給食における地場産物の使用を推進）

　学校等施設給食において地場産農林水産物を使用することは、地産地消を推進するに当たって有効な手段であり、地域の関係者の協力の下、未来を担う子供たちが持続可能な食生活を実践することにつながることから、農林水産省は令和7(2025)年度までに学校給食における地場産物を使用する割合(金額ベース)を令和元(2019)年度の数値から維持・向上した都道府県割合を90％とすることを目標としています。令和4(2022)年度の同割合は76.6％となっています（**図表1-6-2**）。

　また、文部科学省が令和4(2022)年度に実施した調査によると、学校給食における地場産物、国産食材の使用割合を都道府県別に見ると、地場産物の使用割合にばらつきが見られる一方、国産食材の使用割合はほとんどの都道府県で80％以上となっており、全国的に使用割合が高い状況となっています（**図表1-6-3**）。都道府県ごとに農業生産の条件が異なる中、学校給食における地場産物及び国産食材の活用に向けた取組が全国各地で進められています。

　地場産農林水産物の利用については、一定の規格等を満たし、数量面で不足なく納入する必要があるなど多くの課題があるため、農林水産省では、学校等の現場と生産現場の双方のニーズや課題の調整役となる「地産地消コーディネーター[1]」を全国の学校等施設給食の現場に派遣しています。

　このほか、農林水産省では、地産地消の中核的施設である農産物直売所について、観光需要向けの商品開発や農林水産物の加工・販売のための機械・施設等の整備を支援しています。

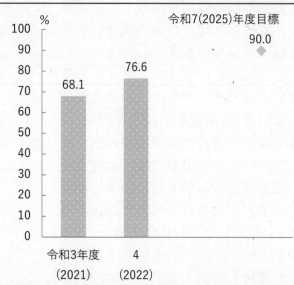

図表1-6-2　学校給食における地場産物を使用する割合(金額ベース)を令和元(2019)年度の数値から維持・向上した都道府県割合

資料：文部科学省「学校給食における地場産物・国産食材の使用状況調査」を基に農林水産省作成

図表1-6-3　都道府県別に見た、学校給食における地場産物及び国産食材の使用割合

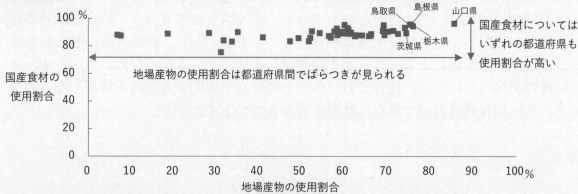

資料：文部科学省「令和4年度学校給食における地場産物・国産食材の使用状況調査」を基に農林水産省作成
　注：1）令和4(2022)年度の数値
　　　2）金額ベースの数値

---

[1] 栄養教諭、栄養管理士、栄養士等の給食実務経験者、生産者組織代表、行政担当者等

図表1-6-3 都道府県別に見た、学校給食における地場産物及び国産食材の使用割合(続き)

(単位：%)

都道府県	地場産物	国産食材	都道府県	地場産物	国産食材	都道府県	地場産物	国産食材	都道府県	地場産物	国産食材
北海道	71.4	91.0	東京都	7.7	87.5	滋賀県	52.6	90.7	香川県	52.2	86.0
青森県	70.2	90.5	神奈川県	31.8	84.1	京都府	18.6	89.0	愛媛県	74.1	93.4
岩手県	60.9	93.0	新潟県	61.4	89.0	大阪府	6.9	88.1	高知県	60.2	95.3
宮城県	56.5	87.3	富山県	57.0	86.2	兵庫県	49.5	85.8	福岡県	51.9	83.4
秋田県	47.5	83.4	石川県	58.4	92.7	奈良県	33.8	83.2	佐賀県	58.5	87.8
山形県	59.6	90.4	福井県	35.2	90.1	和歌山県	28.4	89.4	長崎県	72.5	88.9
福島県	62.9	87.9	山梨県	65.8	87.3	鳥取県	75.3	95.7	熊本県	64.2	87.7
茨城県	74.4	89.4	長野県	69.2	95.1	島根県	75.5	95.8	大分県	69.0	90.9
栃木県	76.0	94.5	岐阜県	60.3	89.2	岡山県	61.7	89.8	宮崎県	66.3	88.7
群馬県	62.6	87.2	静岡県	61.1	91.7	広島県	60.3	89.4	鹿児島県	66.2	87.6
埼玉県	41.1	86.3	愛知県	59.1	89.1	山口県	85.6	96.3	沖縄県	31.2	75.5
千葉県	54.4	89.4	三重県	57.8	90.7	徳島県	69.4	88.0	全国平均	56.5	89.2

資料：文部科学省「令和4年度学校給食における地場産物・国産食材の使用状況調査」を基に農林水産省作成

注：1) 令和4(2022)年度の数値
　　 2) 金額ベースの数値

(3) 和食文化の保護・継承

(和食文化の保護・継承に向けた取組を推進)

　食の多様化や家庭環境の変化等を背景に、和食[1]や地域の郷土料理、伝統料理に触れる機会が少なくなってきており、和食文化の保護・継承に向けて、郷土料理等を受け継ぎ、次世代に伝えることが課題となっています。このため、輸出促進や食文化を保護・継承することを目的として、地域の食文化の多角的な価値のある情報[2]を一元的・体系的に整理し、多言語化を含め、国内外に分かりやすく情報発信を行っており、郷土料理の情報を集約した「うちの郷土料理」の海外向けWebサイト「Our Regional Cuisines」、及び伝統的な加工食品の情報を発信するWebサイト「にっぽん伝統食図鑑」を開設しました。

にっぽん伝統食図鑑
URL：https://traditional-foods.maff.go.jp

　また、身近で手軽に健康的な和食を食べる機会を増やしてもらい、将来にわたって和食文化を受け継いでいくことを目指し、平成30(2018)年度に発足した官民協働の取組である「Let's！和ごはんプロジェクト」では、メンバーが令和5(2023)年3月時点で約190企業・団体に達しました。11月24日が「和食の日」とされているところ、令和4(2022)年11月24日・25日の2日間にわたり、同プロジェクトとして初となる消費者向けイベントを大阪で実施し、和ごはん訴求の取組を発信しました。

　さらに、子供や子育て世代に対して和食文化の普及活動を行う中核的な人材である「和食文化継承リーダー」を育成するため、栄養士や保育士等向けに研修会で使用する教材の作成や、モデル事業、和食文化に対する理解を深めるための研修会の開催等を行っていま

---

[1] 「和食；日本の伝統的な食文化」が平成25(2013)年12月にユネスコ無形文化遺産に登録。用語の解説(1)を参照
[2] 歴史、文化、製造方法等の伝統や特徴、健康有用性、持続可能性等

す。

このほか、文化庁では、我が国の豊かな風土や人びとの精神性、歴史に根差した多様な食文化を次の世代へ継承するために、文化財保護法に基づく保護を進めるとともに、各地の食文化振興の取組に対する支援や、食文化振興の機運醸成に向けた情報発信等を行っています。

(4) 消費者と生産者の関係強化

(消費者と生産者の交流の促進に向けた取組を推進)

消費者と生産者の交流を促進することにより、農村の活性化や、農業・農村に対する消費者の理解増進が図られるなどの効果が期待されています。また、国民の食生活が自然の恩恵の上に成り立っていることや食に関わる人々の様々な活動に支えられていること等に関する理解を深めるために、農業者が生産現場に消費者を招き、教育ファーム等の農業体験の機会を提供する取組等も行われています。

このほか、苗の植付け、収穫体験を通じて食材を身近に感じてもらい、自ら調理し、おいしく食べられることを実感してもらう取組や、生産現場の見学会、産地との交流会等も行われています。

こうした取組を通じ、消費者が自然の恩恵を感じるとともに、食に関わる人々の活動の重要性と地域の農林水産物に対する理解の向上や、健全な食生活への意識の向上が図られるなど、様々な効果が期待されています。

農林水産省は、これらの取組を広く普及するため、教育ファーム等の農林漁業体験活動への支援や、どこでどのような体験ができるか等についての情報発信を行っています。

(事例) 米づくりを起点とした食と農を近づけるための取組を展開(栃木県)

栃木県那須町（なすまち）の株式会社FARM1739とTINTS株式会社が共同で立ち上げたブランドである「稲作本店（いなさくほんてん）」では、米の生産・販売と共に、米づくりを起点とした食と農を近づけるための取組を展開しています。

同店では、SNSやクラウドファンディングの手法も活用しながら、都市住民や近隣の非農家が田んぼに気軽に立ち寄ってコーヒー等を楽しめる「田んぼでカフェ」の開催や、お米が育った場所で、その地域の薪（まき）を使って釜でご飯を炊く経験をする「田んぼでキャンプ」の開催等に取り組んでいます。

また、近隣のホテルと連携した農業体験プログラムの企画運営のほか、地元小学生の職業体験の受入れや、田んぼに関わる循環型農業について教える出前授業の開催等にも取り組んでいます。

同店は、第9回ディスカバー農山漁村（むら）の宝で優良事例としても選定されており、今後とも、「つくるとたべるがつながるイナサク」をコンセプトに、田んぼを使った様々な取組を通じて、生産者と消費者が互いに交流を深める活動を推進していくこととしています。

田んぼでカフェの様子
資料：稲作本店

稲作本店を立ち上げた井上夫婦
資料：稲作本店

（新たな国民運動「ニッポンフードシフト」を通じ、食と農の魅力を発信）

　食料の持続的な確保が世界的な共通課題となる中で、食と農の距離が拡大し、農業や農村に対する国民の意識・関心は薄れています。

　このような中、農林水産省は、令和3(2021)年度から、食と農のつながりの深化に着目した、官民協働で行う新たな国民運動「食から日本を考える。ニッポンフードシフト」（以下「ニッポンフードシフト」という。）を開始しました。

　ニッポンフードシフトは、未来を担う1990年代後半から2000年代生まれの「Z世代」を重点ターゲットとして、食と環境を支える農林水産業・農山漁村への国民の理解と共感・支持を得つつ、国産の農林水産物の積極的な選択に結び付けるために、全国各地の農林漁業者の取組や地域の食、農山漁村の魅力を発信しています。令和4(2022)年度には、宮城県、石川県、東京都、山梨県、兵庫県、福岡県、沖縄県等全国各地で、食について考えるきっかけとなるトークセッションやマルシェ等のイベントを開催しました。また、ニッポンフードシフトの趣旨に賛同した「推進パートナー」等と連携した取組の展開や、テレビ、新聞、雑誌、Webサイト、SNS等のメディアを通じた官民協働による情報発信を実施しました。

食から日本を考える。アニメーション動画
URL： https://nippon-food-shift.maff.go.jp/movie/

食から日本を考える。NIPPON FOOD
SHIFT FES.東京 2022

（消費者と農林水産業関係者等を結ぶ広報を推進）

　新型コロナウイルス感染症の影響が長期化する中、デジタル技術の活用等、生活様式の変化により、消費者はSNS等のインターネット上の情報を基に購買行動を決定し、生産者もこれに合わせて積極的にSNS上で情報発信をするようになりつつあります。これを踏まえ、農林水産省は、職員がYouTuberとなって、我が国の農林水産物や農山漁村の魅力等を伝える省公式YouTubeチャンネル「BUZZ MAFF」や、農林水産業関連の情報や施策を消費者目線で発信する省公式Twitter、食卓や消費の現状、暮らしに役立つ情報等を毎週発信するWebマガジン「aff(あふ)」等を通じて、消費者と農林水産業関係者、農林水産省を結ぶための情報発信を強化しています。

　特に令和元(2019)年度から開始したBUZZ MAFFは、令和4(2022)年度末時点で動画の総再生回数は3,800万回を超え、チャンネル登録者数は16万9千人を超えています。

　また、令和4(2022)年度の「こども霞が関見学デー」の一環として、食や農林水産業について学べる夏の特設Webサイト「マフ塾 〜いのちを支える食の学び舎〜」を開設し、小学生から大人まで楽しめる学習ドリル等、全国どこからでも農業・林業・水産業を学べるコンテンツを公開しました。

第7節　国際的な動向等に対応した食品の安全確保と消費者の信頼の確保

　食品の安全性を向上させるためには、食品を通じて人の健康に悪影響を及ぼすおそれのある有害化学物質・有害微生物について、科学的根拠に基づいたリスク管理[1]等に取り組むとともに、農畜水産物・食品に関する適正な情報提供を通じて消費者の食品に対する信頼確保を図ることが重要です。

　本節では、国際的な動向等に対応した食品の安全確保と消費者の信頼の確保のための取組を紹介します。

(1) 科学的知見等を踏まえた食品の安全確保の取組の強化

（食中毒発生件数は新型コロナウイルス感染症の感染拡大前の水準に迫る962件）

　食中毒の発生は、消費者に健康被害が出るばかりでなく、原因と疑われる食品の消費の減少にもつながることから、農林水産業や食品産業にも経済的な影響が及ぶおそれがあります。このような中、農林水産省は、食品の安全や、消費者の信頼を確保するため、「後始末より未然防止」の考え方を基本とし、科学的根拠に基づき、生産から消費に至るまでの必要な段階で有害化学物質・有害微生物の汚染の防止や低減を図る措置の策定・普及に取り組んでいます。

　令和4(2022)年の食中毒の発生件数は、新型コロナウイルス感染症の感染拡大前の水準に迫る962件となりました（**図表1-7-1**）。

　一方、患者数が2人以上の食中毒の発生件数を病因物質別に見ると、カンピロバクター[2]が174件と最も多く、次いでノロウイルス[3]が63件となっています（**図表1-7-2**）。

図表1-7-1　食中毒発生件数

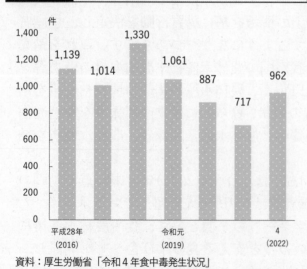

資料：厚生労働省「令和4年食中毒発生状況」

図表1-7-2　主な病因物質別の食中毒発生件数（2人以上の事件数）

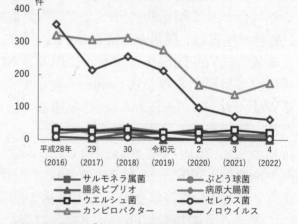

資料：厚生労働省「令和4年食中毒発生状況」
注：病原大腸菌は、腸管出血性大腸菌を含む。

---

[1] 全ての関係者と協議しながら、リスク低減のための政策・措置について技術的な実行可能性、費用対効果等を検討し、適切な政策・措置の決定、実施、検証、見直しを行うこと
[2] 食中毒の原因細菌の一つ。加熱不足の鶏肉が主な原因
[3] 食中毒の原因ウイルスの一つ。加熱不足の二枚貝や、ウイルスに汚染された食品が主な原因

(最新の科学的知見・動向を踏まえリスク管理を実施)

　農林水産省は、食中毒の発生件数の増減等の最新の科学的知見や、消費者・食品関連事業者等関係者の関心、国際的な動向を考慮して、食品の安全確保に取り組んでいます。

　農林水産省では、優先的にリスク管理の対象とする有害化学物質・有害微生物を選定した上で、5年間の中期計画及び年度ごとの年次計画を策定し、サーベイランス[1]やモニタリング[2]を実施しています。また、汚染低減のための指針等の導入・普及や衛生管理の推進等の安全性向上対策を食品関連事業者と連携して実施し、その効果の検証のための調査を実施し、最新の情報に基づいて指針等を更新しています。くわえて、食品安全に関する国際基準・国内基準や規範の策定、リスク評価に貢献するため、これらの取組により得た科学的知見やデータをコーデックス委員会[3]や関連の国際機関、関係府省へ提供しています。

　令和4(2022)年度は、有害化学物質20件、有害微生物10件の調査を実施しました。また、国産麦類のかび毒やアミノ酸液を原材料に含むしょうゆ中のクロロプロパノール類[4]の実態調査結果を公表するとともに、関係者に低減対策の徹底を要請しました。その他の調査結果についても解析した上で、当省のWebサイトや学術誌、学会等で発表したほか、令和5(2023)年2月には、平成29(2017)年度と平成30(2018)年度に実施した食品中の有害化学物質の含有実態調査の結果等をまとめた「有害化学物質含有実態調査結果データ集(平成29〜30年度)」を公表しました。

　さらに、これまで実施してきた有害化学物質・有害微生物の汚染の防止、低減のための措置の取組状況や効果について検証・評価し、見直しの必要性等の検討を進めています。

　このほか、消費者向けの食品安全に関する情報の発信にも積極的に取り組んでおり、毒キノコ、山菜、ノロウイルス等による食中毒の防止について、Webサイトに掲載するとともに、SNS、動画等を活用して注意喚起を行っています。令和4(2022)年度は、子供にも出演してもらうなど、子育て世代を含む幅広い層に親しみやすいものとなるよう、新たにカレーの調理やお弁当づくりの際に注意したいポイントをまとめた動画を公開しました。

安全で健やかな食生活を送るために
URL：https://www.maff.go.jp/j/fs/index.html

(薬剤耐性菌の増加を防ぐ対策を推進)

　近年、抗菌剤の不適切な使用を原因とした薬剤耐性菌の発生により、人や動物の健康への影響が懸念されています。このため、「薬剤耐性(AMR)対策アクションプラン」に基づき、薬剤耐性対策に取り組んでいます。薬剤耐性対策は、人と動物の健康と環境の保全を担う関係者が緊密な協力関係を構築し、分野横断的な課題の解決のために活動していこうというワンヘルス・アプローチの観点からも重要です。

　食用動物に用いる抗菌剤のうち、飼料中の栄養成分の有効利用の促進を目的とした抗菌性飼料添加物については、食用動物への使用により選択される薬剤耐性菌の人の健康への影響評価が令和3(2021)年度で完了し、人の健康に悪影響を及ぼすおそれがあると評価されていた5成分の指定を取り消しました。また、動物用医薬品についても、食品安全委員

---

[1] 問題の程度又は実態を知るための調査のこと
[2] 矯正的措置をとる必要があるかどうかを決定するために、傾向を知るための調査のこと
[3] 消費者の健康の保護、食品の公正な貿易の確保等を目的として、昭和38(1963)年にFAO(国際連合食糧農業機関)及びWHO(世界保健機関)により設置された国際的な政府間機関
[4] プロパノールに塩素が結合した物質の総称であり、食品の製造工程で原料に含まれる脂質から意図せず生じてしまう物質の一つ

会と連携して、順次リスク評価を進めています。

　このほか、令和4(2022)年度に海外における動物用医薬品の使用規制や畜水産物中の残留基準値について調査を実施し、Webサイトで公表しています。

（肥料制度に基づく取組を推進）

　農林水産省では、生産資材の適正使用を推進するとともに、科学的データに基づく生産資材の使用基準の設定・見直し等を行い、安全な農畜水産物の安定供給を確保することとしています。

　肥料については、農業者が安心して利用できる有機・副産物肥料の活用拡大が重要となっているところ、令和2(2020)年12月から、肥料の配合に関する規制の見直しによって、化学肥料と堆肥を配合した肥料等が届出で生産・輸入できるようになりました。こうした肥料の生産・輸入に係る農林水産大臣への届出について、令和4(2022)年度は269件となっています。農林水産省は、引き続き肥料制度に基づく取組を推進していくこととしています。

（国内使用量の多い農薬を優先して順次再評価を実施）

　農林水産省は、農薬の安全性の一層の向上を図るため、平成30(2018)年に改正された農薬取締法に基づき、令和3(2021)年度から再評価を開始しました。

　再評価は、最新の科学的知見に基づき、全ての農薬についておおむね15年ごとに実施することとしており、国内での使用量が多い農薬を優先して順次再評価を進めています。

(2) 食品に対する消費者の信頼の確保

（加工食品の原料原産地表示が義務化）

　全ての加工食品[1]を対象に、重量割合1位の原材料の原産地を原則として国別重量順で表示する原料原産地表示制度が、令和4(2022)年4月から義務化されました。これを受け、消費者が加工食品を購入する際に表示を確認し、国産原材料を使用したものを選択することができるようになっています。

[1] 外食、容器包装に入れずに販売する場合、作ったその場で販売する場合、輸入品等は対象外

（コラム）インターネット販売における食品表示の情報提供方法等を提示

近年、インターネットを介した電子商取引サイト(以下「ECサイト」という。)における食品購買が増加し、新型コロナウイルス感染症の感染拡大がその傾向に大きな拍車をかけています。

一方、食品の義務表示事項や表示方法を定めた食品表示基準は食品の容器包装への表示を適用範囲としており、ECサイトにおける食品表示情報の掲載については適用範囲外となっています。そのため、容器包装上の食品表示と、ECサイト上に掲載されている食品表示情報に大きな差が生じています。

こうした状況を踏まえ、消費者庁では、令和4(2022)年6月に「インターネット販売における食品表示の情報提供に関するガイドブック」を公表しました。

本ガイドブックでは、ECサイト上でどのような食品表示情報をどのような方法でどの程度提供すればよいか、その考え方や効用を説明するとともに、具体的な提供例や、それを支えるための情報入手方法・管理方法についても提示しています。ECサイトで食品表示情報を掲載する上での事業者等向けの参考ツールとして活用されることが期待されています。

インターネット販売における
食品表示の情報提供に関する
ガイドブック
資料：消費者庁

（食品トレーサビリティの普及啓発を推進）

食品トレーサビリティは、食品の移動を把握できることを意味しています。各事業者が食品を取り扱った際の記録を作成・保存しておくことで、食中毒等の健康に影響を与える事故等が発生した際に、問題のある食品がどこから来たのかを遡及して調べ、どこに行ったかを追跡することができます。

令和5(2023)年3月に公表した調査によれば、農畜産物の「出荷日、出荷先、種別、数量」等が記載された出荷の記録の保存については、「全て又は一部のみ「出荷の記録」を保存している」と回答した農業者の割合が84.8%、「「出荷の記録」を保存していない」と回答した農業者の割合が15.2%となっています(図表1-7-3)。

図表1-7-3 農業者による出荷の記録の保存

資料：農林水産省「生産者及び流通加工業者の食品トレーサビリティに関する意識・意向調査結果」(令和5(2023)年3月公表)を基に作成
注：令和4(2022)年10～11月に実施したアンケート調査

一方、食品の製造工程における内部トレーサビリティは、記録の整理・保存に手間が掛かることや、取組の必要性や具体的な取組内容が分からないなどの理由から、特に中小零細企業での取組率が低いことが課題となっています。

このため、農林水産省では、令和4(2022)年11月に、食品トレーサビリティに関し、事業者が自主的に取り組む際のポイントを解説するテキスト等を策定し、更なる取組の普及啓発を推進しています。

第8節　動植物防疫措置の強化

　食料の安定供給や農畜産業の振興を図るため、高病原性鳥インフルエンザ[1]や豚熱[2]等の家畜伝染病や植物の病害虫に対し、侵入・まん延を防ぐための対応を行っています。また、近年、アフリカ豚熱[3]や口蹄疫等の畜産業に甚大な影響を与える越境性動物疾病が近隣のアジア諸国において継続的に発生しています。これら疾病の海外からの侵入を防ぐためには、関係者が一丸となって取組を強化することが重要です。

　さらに、国内で継続的に発生が見られるヨーネ病等の慢性疾病や腐蛆病等の蜜蜂の疾病への対策のほか、改正植物防疫法[4]に基づく対策も重要となっています。

　本節では、動植物防疫措置の強化に関わる様々な取組について紹介します。

(高病原性鳥インフルエンザや豚熱等の家畜伝染病が発生)

　令和4(2022)年の主な家畜伝染病の発生状況を見ると、高病原性鳥インフルエンザが66戸、豚熱が9戸、ヨーネ病(牛)が519戸、腐蛆病が26戸となっています(図表1-8-1)。

図表1-8-1　令和4(2022)年における主要な家畜伝染病の発生状況

病名	発生戸数	病名	発生戸数
口蹄疫	0	馬伝染性貧血	0
ブルセラ症(牛)	0	豚熱	9
結核(牛)	0	アフリカ豚熱	0
ヨーネ病(牛)	519	高病原性鳥インフルエンザ	66
牛海綿状脳症(BSE)	0	低病原性鳥インフルエンザ	0
スクレイピー(羊)	0	腐蛆病	26

資料：農林水産省「家畜伝染病発生年報」
注：家畜伝染病予防法の規定による患畜届出戸数

(越境性動物疾病の侵入・まん延リスク増加に対応した水際対策を強化)

　海外からアフリカ豚熱や口蹄疫等の越境性動物疾病の国内侵入を防ぐために、空港及び海港において入国者の靴底消毒・車両消毒、旅客への注意喚起、検疫探知犬を活用した手荷物検査等、水際対策を徹底して実施しています。令和2(2020)年7月に改正家畜伝染病予防法[5]が施行され、輸入禁止品の廃棄等の水際検疫における家畜防疫官の権限を強化したほか、検疫体制も強化し、令和4(2022)年度末時点で、家畜防疫官が526人、検疫探知犬が140頭となっています。

動植物検疫探知犬

---

[1] 用語の解説(1)及びトピックス4を参照
[2] 用語の解説(1)及びトピックス4を参照
[3] 用語の解説(1)を参照
[4] 正式名称は「植物防疫法の一部を改正する法律」
[5] 正式名称は「家畜伝染病予防法の一部を改正する法律」

また、越境性動物疾病対策は、国際的な協力が不可欠であるという共通認識の下、国際機関、G7の枠組み、獣医当局間及び研究所間で連携して活動を行っています。さらに、越境性動物疾病が継続的に発生している近隣諸国との連携を強化し、疾病情報の共有、防疫対策等の向上を強力に推進することにより、アジア諸国・地域における疾病の発生拡大を防止し、疾病の侵入リスクを低減しています。

(飼養衛生管理向上に向けた取組を推進)

高病原性鳥インフルエンザや豚熱だけでなく、ヨーネ病や牛伝染性リンパ腫等の慢性疾病を含めた伝染性疾病への対策の基本は、病原体を農場に入れないこと及び農場から出さないことであり、農場における適切な飼養管理、消毒等による感染リスクの低減等、日頃からの取組が極めて重要になります。このため、生産農場における飼養衛生管理の向上や家畜の伝染性疾病のまん延防止・清浄化に向け、農場指導、検査、ワクチン接種や淘汰等の取組を推進しており、農場、都道府県の家畜保健衛生所、臨床獣医師や関係団体が連携した取組を支援しています。

なお、牛のブルセラ症及び結核については、平成30(2018)年度から3年間にわたる清浄性確認サーベイランスの結果、国内の清浄性が確認されました。我が国の清浄性を維持するための対策を引き続き推進していくこととしています。

また、蜂の幼虫が病原体を含む餌を摂取したときに発症し死亡する家畜伝染病である腐蛆病のまん延防止を推進しています。

(農場段階におけるHACCP方式を活用した衛生管理の取組が進展)

畜産物の安全性を向上させるためには、個々の畜産農場における衛生管理を向上させ、農場から消費までの一貫した衛生管理を行うことが重要です。

農場HACCPは、畜産農場における衛生管理を向上させるため、農場にHACCP[1]の考え方を取り入れ、危害要因(微生物、化学物質、異物等)を防止するための管理ポイントを設定し、継続的に監視・記録を行うことにより、農場段階で危害要因をコントロールする手法です。農林水産省では、消費者に安全な畜産物を供給するために農場HACCPの取組を推進しており、農場指導員[2]の養成や、生産から加工・流通、消費まで連携した取組の支援を実施しています。

農場HACCP認証取得農場数は年々増加しており、令和4(2022)年度は461件となりました(図表1-8-2)。

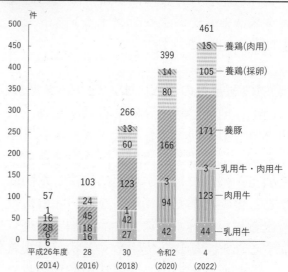

図表1-8-2 農場HACCP認証取得農場数

資料:農林水産省作成
注:各年度末時点の数値

---

[1] 用語の解説(2)を参照
[2] 家畜保健衛生所の職員等の獣医師を始めとした、農場HACCPの導入・実施や認証取得を促す指導員

（事例）養豚経営において農場HACCPを活用した衛生管理の取組を推進（青森県）

　青森県横浜町の有限会社飯田養豚場では、農場HACCPを活用した衛生管理の取組を推進し、消費者の求める安全な畜産物の生産に取り組んでいます。

　同農場は、繁殖母豚300頭規模の一貫生産を家族労働で実践する優良経営農場で、衛生管理を重視する観点から、令和2(2020)年に農場を新築し、繁殖母豚を自家生産から多産系母豚の外部導入に切り替えました。

　平成31(2019)年には農場HACCP認証の取得により、病原体の持込み防止対策等の飼養衛生管理の強化とともに、作業の文書化により従業員の理解度が向上するなどの効果が見られています。

　また、同農場では、地元産の酒かす粉末を添加した飼料給餌によって肥育したブランド豚「あおもりほろよい豚」を生産し、優れた生産性・収益性を実現しており、将来的には、繁殖母豚500頭規模の一貫養豚生産を目指しています。

衛生的に管理された豚舎
資料：有限会社飯田養豚場

（植物の病害虫の侵入・まん延を防止）

　令和4(2022)年10月に静岡県で、さつまいもの重要病害虫であるアリモドキゾウムシが本州で初めて確認されました。これを受けて農林水産省は県と連携し、寄主植物の除去等の初動防除を行うとともに、発生範囲を特定するための調査を実施しました。さらに、アリモドキゾウムシの根絶に向け、令和5(2023)年3月に植物防疫法に基づく緊急防除を開始しました。

アリモドキゾウムシ

　農林水産省は、このほかにも国内で確認されたジャガイモシロシストセンチュウやテンサイシストセンチュウについても緊急防除を実施し、まん延防止に取り組んでいます。

（植物の病害虫の侵入・まん延リスク増加に対応した改正植物防疫法が公布）

　近年、地球温暖化等による気候変動、人やモノの国境を越えた移動の増加等に伴い、植物の病害虫の侵入・まん延リスクが高まっています。

　また、化学農薬の使用に伴う環境負荷を低減することが国際的な課題となっていることに加え、国内では化学農薬に依存した防除により薬剤抵抗性が発達した病害虫が発生するなど、化学農薬だけに頼らない防除の普及等を図っていくことが急務となっています。

　さらに、農林水産物・食品の輸出促進に取り組む中で、植物防疫官の輸出検査業務も増加するなど、植物防疫をめぐる状況は複雑化しています。

　こうした状況の中、令和4(2022)年5月に公布された改正植物防疫法においては、法律に基づく病害虫の侵入調査事業の実施、緊急防除の迅速化、発生予防を中心とした総合防除を推進する仕組みの構築、検疫対象への物品の追加、植物防疫官の権限の拡充、農林水産大臣の登録を受けた登録検査機関による輸出検査の一部の実施等の措置を講ずることとしています。

植物防疫法の改正について
URL：https://www.maff.go.jp/j/
syouan/shokukaisei.html

第9節 国際交渉への対応

　国際交渉においては、我が国の農林水産業が「国の 基（もとい）」として発展し、将来にわたってその重要な役割を果たしていけるよう交渉を行うとともに、我が国の農林水産物・食品の輸出拡大につながる交渉結果の獲得を目指しています。

　本節では、経済連携交渉等の国際交渉への対応状況等について紹介します。

(複数の国とのEPA/FTAの交渉を実施)

　特定の国・地域で貿易ルールを取り決めるEPA/FTA[1]等の締結が世界的に進み、令和4(2022)年6月時点では380件に達しています。

　我が国においても、令和4(2022)年度末時点で、21のEPA/FTA等が発効済・署名済です（図表1-9-1）。これらの協定により、我が国は世界経済の約8割を占める巨大な市場を構築することになります。輸出先国の関税撤廃等の成果を最大限活用し、我が国の強みを活かした品目の輸出を拡大していくため、我が国農林水産業の生産基盤を強化していくとともに、新市場開拓の推進等の取組を進めることとしています。

　令和4(2022)年11月にはイスラエル、12月にはバングラデシュとの間で共同研究の立上げを決定しました。

EPA/FTA 等に関する情報
URL：https://www.maff.go.jp/j/
kokusai/renkei/fta_kanren/

図表1-9-1 我が国における EPA/FTA 等の状況

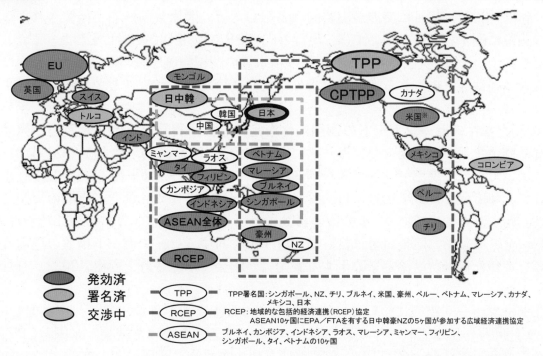

資料：農林水産省作成

---

[1] 用語の解説(2)を参照

　また、世界共通の貿易ルールづくり等が行われるWTO[1]においても、これまで数次にわたる貿易自由化交渉が行われてきました。平成13(2001)年に開始されたドーハ・ラウンド交渉においては、依然として、開発途上国と先進国の溝が埋まっていないなど、農業分野等の交渉の今後の見通しは不透明ですが、我が国としては、世界有数の食料輸入国としての立場から公平な貿易ルールの確立を目指し交渉に臨んでおり、我が国の主張が最大限反映されるよう取り組んでいます。

（コラム）IPEF の交渉開始を決定

　令和4(2022)年9月に、インド太平洋経済枠組み（IPEF[*1]）の閣僚級会合が開催され、貿易、サプライチェーン、クリーン経済及び公正な経済の四つの分野についての閣僚声明が採択されるとともに、米国、日本、豪州等14か国が参加する形で正式に交渉開始が決定されました。

　農業分野においては、各国による食料及び農産物の不当な輸出規制措置の回避や、輸入制限措置の改善等に関する文言が閣僚声明に含まれました。今後の議論の進展に応じて、食料安全保障[*2]の確保、農林水産物の輸出拡大、持続可能な農業生産の推進等の課題解決を目指し、我が国の立場を主張していくこととしています。

IPEFの閣僚級会合
資料：外務省

*1 Indo-Pacific Economic Framework の略
*2 用語の解説(1)を参照

（CPTPPへの英国の加入交渉が実質的に妥結）

　平成30(2018)年12月に発効した環太平洋パートナーシップに関する包括的及び先進的な協定(CPTPP)への英国の加入手続について、CPTPP参加国及び英国の間での協議が進められ、令和5(2023)年3月に交渉が実質的に妥結した旨の閣僚共同声明が発表されました。日本側の関税に関する措置については、現行のCPTPPの範囲内で妥結しました。また、英国側の関税については、英国から短・中粒種の精米等の関税撤廃を獲得しました。今後は、英国の加入の条件等を規定する加入議定書の作成作業等が行われることとなっています。

（日米間の新たな牛肉セーフガードの適用条件を定める日米貿易協定改正議定書が発効）

　日米貿易協定に基づく牛肉セーフガードに関する協議については、令和3(2021)年3月に我が国において日米貿易協定に基づき米国産牛肉に対するセーフガード措置がとられたことを受けて、令和元(2019)年10月に日米貿易協定に関連して作成された二国間の交換公文に基づき開始されたものであり、その後の累次にわたる協議を経て、令和4(2022)年3月に、実質合意に至りました。同年11月には、米国産牛肉に対するセーフガード措置の適用条件の修正等を定めた日米貿易協定を改正する議定書が国会で承認され、令和5(2023)年1月に発効しました。

　新たなセーフガード措置については、発動水準の大幅な引上げを求める米国に対して、「TPP[2]の範囲内」との基本方針の下、約1年にわたり交渉を続けた結果、米国とCPTPP締約国からの合計輸入量がCPTPPの発動水準を超えた場合に米国に対して発動する仕組みで合意に至りました。これは、米国とCPTPP締約国からの合計輸入数量を発動水準とす

[1] 用語の解説(2)を参照
[2] 用語の解説(2)を参照

る、米国も含めて合意した当初のTPP協定の枠組みに則したものであり、牛肉の国内生産への影響という観点も踏まえた措置です。

（G7農業大臣会合においてコミュニケを採択）

令和4（2022）年5月にドイツで開催されたG7農業大臣会合では、ウクライナ情勢が及ぼす世界の食料安全保障への影響や持続可能な農業・食料システムの構築について議論が行われました。我が国は、ウクライナの食料生産・流通の復興、肥料の世界的な需給の安定確保等に向け取り組む必要があること、また、持続可能な食料システムの推進には、万能の解決策はなく、各国・地域の農業形態や気候条件を考慮しながら取り組む必要があること等を訴え、G7農業大臣コミュニケ（「危機時における持続可能な食料システムに向けた道筋」）の採択に積極的に関与しました。

また、同年9月にインドネシアで開催されたG20農業大臣会合では、持続可能な農業・食料システム等の農業政策について議論が行われました。会合では、多くの国が、ロシアによるウクライナ侵略を、世界の食料安全保障を脅かすものとして非難するとともに、持続可能な食料システムに向けた中・長期的な取組を強化すべきと主張しました。我が国からは、これに加え、食料・農業のサプライチェーンを強靱化し、環境負荷を低減させつつ必要な食料を増産するために、各国がそれぞれの農業資源を持続可能な形で活用していくことの重要性について主張しました。

G7 農業大臣会合で議論する農林水産副大臣

G20 農業大臣会合で発言する農林水産大臣政務官

（第12回WTO閣僚会議において閣僚宣言を採択）

令和4（2022）年6月にスイスで開催された第12回WTO閣僚会議では、全加盟国のコンセンサスにより、前回のWTO閣僚会議では発出できなかった閣僚宣言が採択されました。また、漁業補助金協定が採択され、食料安全保障に関する閣僚宣言、WFP（国連世界食糧計画）に関する閣僚決定が作成されるとともに、衛生植物検疫措置の適用に関する協定（SPS協定[1]）の閣僚宣言が発出されました。食料安全保障に関する閣僚宣言では、新型コロナウイルス感染症の感染拡大によるサプライチェーンの混乱やロシアによるウクライナ侵略を背景に、食料安全保障が脅かされる中、国内生産と並んで貿易が世界の食料安全保障のために非常に重要であること、WTO協定の規定に整合的ではない輸出禁止・規制を行わないこと等が盛り込まれました。一方、農業交渉の「今後の作業計画」については、各国の隔たりが埋まらなかったため合意に至らず、議論を継続することとなりました。

---

[1] WTO 協定に含まれる協定（附属書）の一つであり、「Sanitary and Phytosanitary Measures（衛生と植物防疫のための措置）」の頭文字をとって、一般的にSPS 協定と呼ばれている。

第2章

農業の持続的な発展

第1節　農業生産の動向

　我が国の農業総産出額は長期的に減少し、近年はおおむね横ばい傾向で推移しています。こうした中、足下では、原油価格・物価高騰等の影響や新型コロナウイルス感染症の影響の長期化により、我が国の農業生産にも変化が見られています。

　本節では、このような農業生産の動向について紹介します。

(1) 農業総産出額の動向

（農業総産出額は前年に比べ1.1%減少の8.8兆円）

　農業総産出額は、近年、米、野菜、肉用牛等における需要に応じた生産の取組が進められてきたこと等により9兆円前後で推移してきましたが、令和3(2021)年は畜産の産出額が3.4兆円を超えて過去最高となった一方、主食用米や野菜等の価格が低下したこと等から、前年に比べ1.1%減少し8兆8,384億円となりました（**図表2-1-1**）。

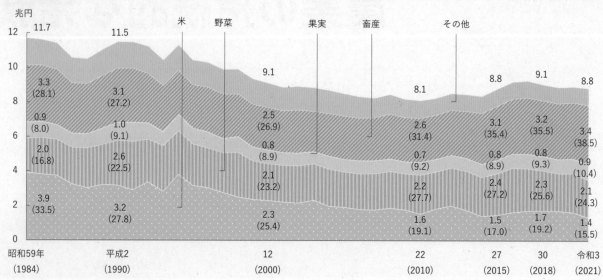

図表2-1-1　農業総産出額

資料：農林水産省「生産農業所得統計」
　注：1）農業総産出額とは、当該年に生産された農産物の生産量（自家消費分を含む。）から農業に再投入される種子、飼料等の中間生産物を
　　　　控除した品目別生産量に、品目別農家庭先販売価格を乗じて推計したもの
　　　2）「その他」は、麦類、雑穀、豆類、いも類、花き、工芸農作物、その他作物、加工農産物の合計
　　　3）（　）内は、産出額に占める割合(%)

　部門別の産出額を見ると、米の産出額は、前年に比べ16.6%減少し1兆3,699億円となりました。これは、作付面積の削減により生産量が減少したものの、前年産までの作付転換が十分進まなかったことを受けて、民間在庫量が比較的高い水準で推移したことから、主食用米の取引価格が低下したこと等によるものと考えられます。

　野菜の産出額は、前年に比べ4.7%減少し2兆1,467億円となりました。これは、北海道における夏季の干ばつの影響によりたまねぎの出荷量が減少し価格が上昇した一方、秋季から冬季にかけての高温等により多くの品目の出荷量が増加し前年よりも安値となったこと

等が影響したものと考えられます。

　果実の産出額は、前年に比べ4.8%増加し9,159億円となりました。これは、主としてりんごにおける春先の凍霜害による被害や夏の高温乾燥による小玉傾向、みかんにおける隔年結果の影響等により生産量が減少し価格が上昇したこと、ぶどう等において比較的高価格で取引される優良品種への転換が進んだこと等が寄与したものと考えられます。

　畜産の産出額は、前年に比べ5.2%増加し3兆4,048億円となり、引き続き全ての部門の中で最も大きい値となりました(**図表2-1-2**)。このうち肉用牛は、生産基盤の強化に伴い和牛の生産頭数が増加したことや、新型コロナウイルス感染症の感染拡大の影響を大きく受けた前年から需要が回復し、価格が上昇したこと等により、産出額が増加したものと考えられます。生乳については、生産基盤強化の取組の進展を背景に生産量が増加したこと等により、産出額が増加したものと考えられます。豚については、大規模化の進展により生産頭数は増加したものの、新型コロナウイルス感染症の影響に伴う巣ごもり需要で価格が高く推移した前年より価格が下回ったこと等が影響し、産出額が減少したものと考えられます。

| 図表2-1-2 | 令和3(2021)年の農業総産出額 |

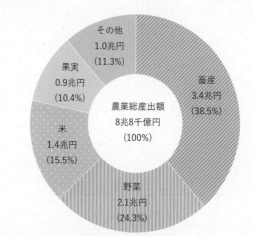

資料：農林水産省「令和3年生産農業所得統計」
注：「その他」は、麦類、雑穀、豆類、いも類、花き、工芸農作物、その他作物、加工農産物の合計

(都道府県別の農業産出額は、北海道が1.3兆円で1位)

　令和3(2021)年の都道府県別の農業産出額を見ると、1位は北海道で1兆3,108億円、2位は鹿児島県で4,997億円、3位は茨城県で4,263億円、4位は宮崎県で3,478億円、5位は熊本県で3,477億円となっています(**図表2-1-3**)。

　農業産出額上位5位の道県で、産出額の1位の部門を見ると、北海道、鹿児島県、宮崎県、熊本県では畜産、茨城県では野菜となっています。

図表2-1-3 都道府県別の農業産出額

（単位：億円）

	農業産出額	順位		1位部門		2位部門		3位部門	
北海道	13,108	1	(1)	畜産	7,652	野菜	2,094	米	1,041
青森県	3,277	7	(7)	果実	1,094	畜産	947	野菜	753
岩手県	2,651	10	(10)	畜産	1,701	米	460	野菜	245
宮城県	1,755	18	(17)	畜産	753	米	634	野菜	271
秋田県	1,658	19	(18)	米	876	畜産	356	野菜	285
山形県	2,337	13	(13)	米	701	果実	694	野菜	455
福島県	1,913	17	(15)	米	574	畜産	475	野菜	431
茨城県	4,263	3	(3)	野菜	1,530	畜産	1,311	米	596
栃木県	2,693	9	(9)	畜産	1,287	野菜	707	米	453
群馬県	2,404	12	(14)	畜産	1,158	野菜	891	米	110
埼玉県	1,528	21	(20)	野菜	743	畜産	264	米	248
千葉県	3,471	6	(4)	野菜	1,280	畜産	1,094	米	466
東京都	196	47	(47)	野菜	100	花き	36	果実	28
神奈川県	660	38	(37)	野菜	332	畜産	150	果実	73
新潟県	2,269	14	(12)	米	1,252	畜産	504	野菜	309
富山県	545	42	(39)	米	353	畜産	83	野菜	52
石川県	480	43	(43)	米	226	野菜	98	畜産	94
福井県	394	44	(44)	米	226	野菜	81	畜産	49
山梨県	1,113	29	(32)	果実	789	野菜	119	畜産	78
長野県	2,624	11	(11)	果実	870	野菜	866	米	371
岐阜県	1,104	30	(30)	畜産	424	野菜	353	米	179
静岡県	2,084	15	(19)	野菜	591	畜産	544	果実	282
愛知県	2,922	8	(8)	野菜	1,031	畜産	840	花き	542
三重県	1,067	32	(31)	畜産	466	米	228	野菜	150
滋賀県	585	41	(41)	米	305	畜産	114	野菜	102
京都府	663	37	(38)	野菜	248	米	151	畜産	148
大阪府	296	46	(46)	野菜	137	果実	64	米	56
兵庫県	1,501	22	(22)	畜産	635	米	391	野菜	366
奈良県	391	45	(45)	野菜	109	米	87	果実	80
和歌山県	1,135	28	(29)	果実	790	野菜	136	米	74
鳥取県	727	36	(36)	畜産	289	野菜	205	米	123
島根県	611	40	(40)	畜産	270	米	164	野菜	99
岡山県	1,457	23	(23)	畜産	689	果実	284	米	228
広島県	1,213	26	(27)	畜産	545	野菜	242	米	222
山口県	643	39	(42)	畜産	209	米	176	野菜	149
徳島県	930	33	(33)	野菜	343	畜産	281	米	91
香川県	792	35	(35)	畜産	336	野菜	236	米	102
愛媛県	1,244	24	(24)	果実	553	畜産	278	野菜	187
高知県	1,069	31	(28)	野菜	676	果実	110	米	101
福岡県	1,968	16	(16)	野菜	668	畜産	397	米	327
佐賀県	1,206	27	(25)	畜産	356	野菜	309	米	223
長崎県	1,551	20	(21)	畜産	579	野菜	439	いも類	154
熊本県	3,477	5	(5)	畜産	1,318	野菜	1,186	果実	362
大分県	1,228	25	(26)	畜産	465	野菜	332	米	178
宮崎県	3,478	4	(6)	畜産	2,308	野菜	661	米	159
鹿児島県	4,997	2	(2)	畜産	3,329	野菜	545	工芸農作物	305
沖縄県	922	34	(34)	畜産	420	工芸農作物	232	野菜	119

資料：農林水産省「生産農業所得統計」
注：1) 令和3(2021)年の数値。( )内は、令和2(2020)年の順位
　　2) 農業産出額には、自都道府県で生産され農業へ再投入した中間生産物(種子、子豚等)は含まない。

(2) 主要畜産物の生産動向

(繁殖雌牛の飼養頭数は前年に比べ増加)

令和4(2022)年の繁殖雌牛の飼養頭数は、前年に比べ0.6%増加し63万7千頭となりました(**図表2-1-4**)。

また、令和4(2022)年の肥育牛(肉用種)の飼養頭数は、前年に比べ1千頭減少し79万8千頭となりました(**図表2-1-5**)。

図表2-1-4 繁殖雌牛の飼養頭数

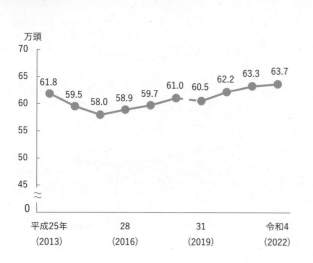

資料：農林水産省「畜産統計」
注：1) 各年2月1日時点の数値
　　2) 平成31(2019)年以降の数値は、牛個体識別全国データベース等の行政記録情報等により集計した数値
　　3) 平成30(2018)年以前と平成31(2019)年以降では、算出方法が異なるため、破線でつなげている。

図表2-1-5 肥育牛の飼養頭数

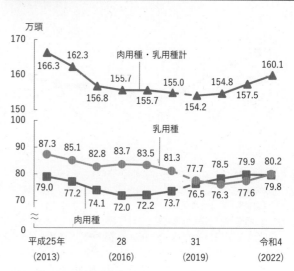

資料：農林水産省「畜産統計」
注：1) 各年2月1日時点の数値
　　2) 平成31(2019)年以降の数値は、牛個体識別全国データベース等の行政記録情報等により集計した数値
　　3) 平成30(2018)年以前と平成31(2019)年以降では、算出方法が異なるため、破線でつなげている。

(牛肉の生産量は前年度並)

令和3(2021)年度の牛肉の生産量は、肉専用種や交雑種で増加した一方、ホルスタイン種等で減少したことから、前年度並の33万6千tとなりました(**図表2-1-6**)。

食料自給率[1]の向上に向けて、国内生産の維持・増大が求められているところ、農林水産省では、牛肉の生産量については、繁殖雌牛の増頭推進、和牛受精卵の増産・利用推進、公共牧場等のフル活用による増頭等の克服すべき課題に対応し、令和12(2030)年度までに40万tとすることを目標としています。

図表2-1-6 牛肉の生産量

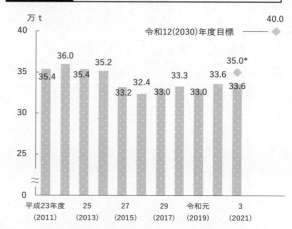

資料：農林水産省「畜産物流通統計」を基に作成
注：1) 部分肉ベースの数値
　　2) ＊は政策評価の測定指標における令和3(2021)年度の目標値

---

[1] 用語の解説(1)を参照

第2章

（乳用牛の飼養頭数は前年に比べ増加、生乳の生産量は前年度に比べ増加）

　令和4(2022)年の乳用牛の飼養頭数は、前年に比べ1.1%増加し137万1千頭となりました（**図表2-1-7**）。

　また、令和3(2021)年度の生乳の生産量は、都府県では前年度に比べ1.8%増加し333万5千t、北海道では前年度に比べ3.7%増加し431万1千tとなりました。その結果、全国では前年度に比べ2.9%増加し764万7千tとなりました（**図表2-1-8**）。

| 図表2-1-7　乳用牛の飼養頭数 | 図表2-1-8　生乳の生産量 |

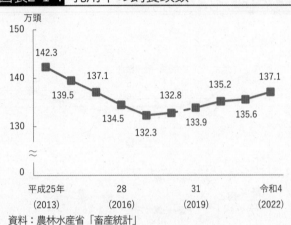

資料：農林水産省「畜産統計」
注：1) 各年2月1日時点の数値
　　2) 平成31(2019)年以降の数値は、牛個体識別全国データベース
　　　等の行政記録情報等により集計した数値
　　3) 平成30(2018)年以前と平成31(2019)年以降では、算出方法
　　　が異なるため、破線でつなげている。

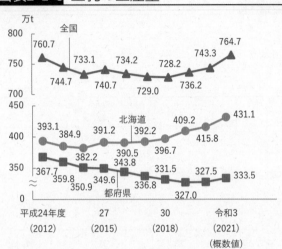

資料：農林水産省「牛乳乳製品統計」

（豚肉、鶏肉の生産量は前年度に比べ増加、鶏卵の生産量は減少）

　令和3(2021)年度の豚肉の生産量は、畜産クラスター[1]事業の推進を通じ生産基盤の強化が図られたこと等により、前年度に比べ0.7%増加し令和12(2030)年度目標(92万t)を上回る92万3千tとなりました（**図表2-1-9**）。

　また、令和3(2021)年度の鶏肉の生産量は、巣ごもり需要の継続等により需要が堅調に推移したこと等から、前年度に比べ1.5%増加し167万8千tとなりました。農林水産省では、鶏肉の生産量については、家畜疾病に対する防疫対策の徹底等の克服すべき課題に対応し、令和12(2030)年度までに170万tとすることを目標としています。

　このほか、令和3(2021)年度の鶏卵の生産量は、高病原性鳥インフルエンザ[2]の影響等により、前年度に比べ0.8%減少し258万2千tとなりました（**図表2-1-10**）。

---

[1] 第2章第7節を参照
[2] 用語の解説(1)を参照

図表2-1-9 豚肉、鶏肉の生産量	図表2-1-10 鶏卵の生産量

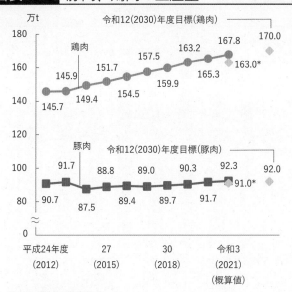

資料：農林水産省作成

注：1）豚肉の生産量は農林水産省「畜産物流通統計」、鶏肉の生産量は
農林水産省「食料需給表」の数値
2）豚肉の生産量は部分肉ベースの数値
3）＊は政策評価の測定指標における令和3(2021)年度の目標値

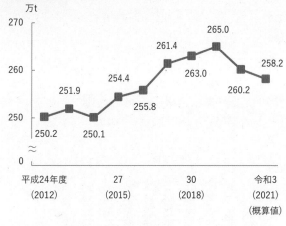

資料：農林水産省「食料需給表」

（飼料作物の収穫量は前年産に比べ僅かに増加）

令和3(2021)年産の飼料作物の収穫量(飼料用米を除く。)は、単収の高い青刈りとうもろこし等の飼料作物の作付けが拡大したことから、前年産に比べ7千t(TDN[1]ベース)増加し332万4千TDNtとなりました(**図表2-1-11**)。

また、令和4(2022)年産の飼料作物の作付面積は、前年産に比べ2.5%増加し102万6千haとなりました。農林水産省では、飼料作物の生産量については、優良品種の普及による単収向上等の克服すべき課題に対応し、令和12(2030)年度までに519万TDNtとすることを目標としています。

さらに、令和3(2021)年度のエコフィード[2]の製造数量は、前年度に比べ0.9%増加し110万TDNtとなりました。これは、濃厚飼料全体の約5.4%に当たります(**図表2-1-12**)。農林水産省では、過度な輸入依存から脱却し、国産飼料生産基盤に立脚した畜産物生産を効率的に推進するため、飼料用とうもろこし等の国産飼料の生産・利用拡大や、コントラクター等の飼料生産組織の運営強化、牧草地の整備、地域の未利用資源を新たに飼料として活用するためのエコフィードの生産・利用を推進しています。

---

[1] Total Digestible Nutrientsの略で、家畜が消化できる養分の総量
[2] 食品残さ等を有効活用した飼料のこと。環境にやさしい(ecological)や節約する(economical)等を意味するエコ(eco)と飼料を意味するフィード(feed)を併せた造語

図表2-1-11	飼料作物の作付面積と収穫量

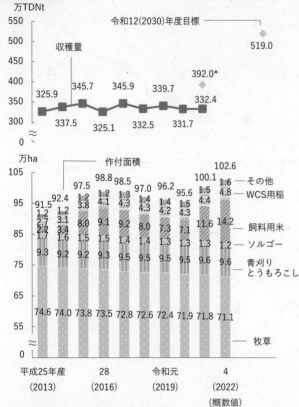

図表2-1-12	エコフィードの製造数量と濃厚飼料に占める割合

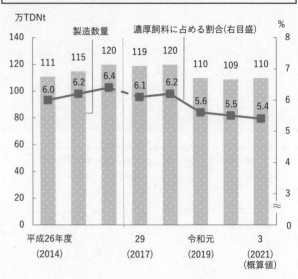

資料：農林水産省作成

注：平成29(2017)年度の集計から対象品目が減少したため、平成28(2016)年度以前とは連続しない。

資料：農林水産省「耕地及び作付面積統計」、「作物統計」、「新規需要米の取組計画認定状況」を基に作成

注：1) 収穫量は農林水産省「作物統計」等を基にした推計値

2) 飼料用米及びWCS用稲の作付面積は、農林水産省「新規需要米の取組計画認定状況」の数値

3) 収穫量には飼料用米を含まない。

4) ＊は政策評価の測定指標における令和3(2021)年度の目標値

（コラム）飼料増産に向け、子実とうもろこしの大規模実証試験を実施

　全国農業協同組合連合会(以下「JA全農」という。)は、古川農業協同組合(以下「JA古川」という。)と連携し、水田の転作作物として子実とうもろこしの生産・乾燥調製・飼料原料利用を一貫して実施する大規模実証試験に取り組んでいます。

　令和4(2022)年度は、JA古川管内の大豆生産組合を中心とした31経営体が参加して91.5haの作付けを行いました。その後収穫した子実とうもろこしは、宮城県内の飼料工場で配合飼料の原料としたほか、一部は単味飼料として肥育和牛への給与試験を行い、嗜好性や栄養価の確認を行いました。実証試験は同年度から3年程度継続する計画です。

　将来的には、単位面積当たりの労働時間が短い省力転作作物として大豆との輪作体系に組み込み、作付面積を拡大して、主食用米の需給環境改善と米価の安定、食料自給率の向上、耕畜連携による地域資源の循環を目指すこととしています。

子実とうもろこし収穫作業に係る現地見学会

資料：JA全農

(3) 園芸作物等の生産動向

（野菜の国内生産量は前年度に比べ減少）

　令和3(2021)年度の野菜の国内生産量は、前年度に比べ3.7%減少し1,102万tとなりました（**図表2-1-13**）。

　農林水産省では、産地の収益力強化に必要な基幹施設の整備、実需者ニーズに対応した園芸作物の生産・供給を拡大するための園芸産地の育成、農業者等が行う高性能機械・施設の導入等に対して総合的に支援し、野菜の生産振興に取り組んでいます。

図表2-1-13　野菜の国内生産量

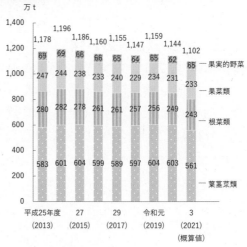

万t

資料：農林水産省「食料需給表」
注：1) 根菜類は、根部又は地下茎を食用に供するもので、だいこん、かぶ、にんじん、ごぼう、れんこん、さといも、やまのいも等
　　2) 葉茎菜類は、葉茎を食用に供するもので、はくさい、キャベツ、ほうれんそう、ねぎ、たまねぎ等
　　3) 果菜類は、果実を食用に供するもので、なす、トマト、きゅうり、かぼちゃ、ピーマン等
　　4) 果実的野菜は、果菜類のうち、市場等で果実として扱われている、いちご、すいか、メロン等

（事例）農業従事者が働きやすい作業環境を整え、高品質の野菜栽培を展開（福井県）

　福井県坂井市の三つ星株式会社は、「普段使いの上質野菜」を栽培する農業生産法人であり、50aのハウスでトマトの高度環境制御栽培を行うとともに、8haの水田及び砂丘地で白ネギの生産等も行っています。

　同社では、トマトの栽培施設において、有機培地を使用し、地下100mからくみ上げる清浄な水で栽培するとともに、気化熱冷房システムを導入し、旨味成分を多く含むトマトを4～12月まで継続して出荷しています。

　また、同社では、従業員の誰もが同一の作業を担当することがきるよう、農作業をマニュアル化するとともに、クラウド型の農業支援システムを活用し作業記録の管理を行っています。ハウス内には音楽や時報、作業終了5分前のアナウンスが流れ、作業に集中しやすい環境も整えられています。

　夫婦で共同代表取締役を努める冨田美和さんは、農業女子プロジェクトのメンバーとしても活動を行っており、今後とも、高品質のトマト栽培に加え、障害者が働きやすい農作業環境の整備等、地域を大切にし、農地や自然環境の保全に最善を尽くすことを目指した農業経営を進めていくこととしています。

農作業環境の整備に取り組む経営者

トマトの高度環境制御栽培

資料：三つ星株式会社

(果実の国内生産量は前年度に比べ減少)

　令和3(2021)年度の果実の生産量は、りんごが春先の凍霜害、うんしゅうみかんが隔年結果の影響等により生産量が減少したことから、前年度に比べ2.8%減少し259万9千tとなりました(**図表2-1-14**)。

　農林水産省では、果実の生産量については、省力樹形や機械作業体系の導入、担い手や労働力の確保等の克服すべき課題に対応し、令和12(2030)年度までに308万tとすることを目標としています。

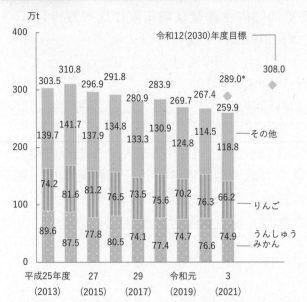

図表2-1-14　果実の国内生産量

万t

令和12(2030)年度目標

308.0

289.0*

303.5　310.8　296.9　291.8　280.9　283.9　269.7　267.4　259.9

139.7　141.7　137.9　134.8　133.3　130.9　124.8　114.5　118.8　その他

74.2　81.6　81.2　76.5　73.5　75.6　70.2　76.3　66.2　りんご

89.6　87.5　77.8　80.5　74.1　77.4　74.7　76.6　74.9　うんしゅうみかん

平成25年度(2013)　27(2015)　29(2017)　令和元(2019)　3(2021)

資料:農林水産省「食料需給表」を基に作成　(概算値)
注:*は政策評価の測定指標における令和3(2021)年度の目標値

(事例) 広島県産レモンのブランド化と生産拡大を推進(広島県)

　広島県東広島市の広島県果実農業協同組合連合会(以下「JA広島果実連」という。)は、広島県産レモンのブランド価値の向上や生産拡大に取り組んでいます。

　国産レモンの約6割を同県産が占めていますが、その認知度が県内外で低かったため、同県による観光キャンペーンと連携して認知度を向上させるとともに、県内の小売店等で年間を通じて売場を確保し、販売の促進を図りました。

　また、一年を通じて供給できるよう、ベースとなる露地栽培に加え、冷蔵貯蔵、ハウス栽培、鮮度保持フィルムで個包装した商品の開発により周年供給体制の確立を進めました。

　くわえて、更なる生産拡大に向け、改植・新植後の早期成園化と生産者の未収益期間短縮のため、JA広島果実連が育てた2年生大苗を生産者に供給しています。

　令和4(2022)年5月に開催された日米首脳会談の夕食会では、同県産レモンの果汁を使った「広島レモンサイダー」が使われ、米国大統領との乾杯の際に、広島の味として脚光を浴びました。

　JA広島果実連では、令和5(2023)年5月のG7広島サミットを好機と捉え、同県産レモンの販売促進と生産振興に取り組んでいくこととしています。

広島県産レモン
資料:広島県果実農業協同組合連合会

広島レモンサイダー
資料:広島県果実農業協同組合連合会

（花きの産出額は前年産に比べ減少）

　令和2(2020)年産の花きの産出額は、前年産に比べ5.4%減少し3,296億円となりました。また、作付面積は前年産に比べ3.2%減少し2万5千haとなりました（**図表2-1-15**）。

　農林水産省では、需要に応じた花き品目の安定供給、生産性の向上や流通の効率化に資する技術導入、日常生活における花き消費の拡大、国際園芸博覧会を通じた日本産花き・花き文化のPR等を進めることとしています。

図表2-1-15　花きの産出額と作付面積

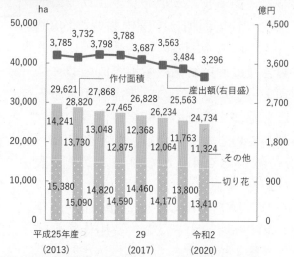

資料：農林水産省「花き生産出荷統計」、「花木等生産状況調査」
注：「その他」は、球根類、鉢もの類、花壇用苗もの類、花木類、芝、地被植物類の合計

（茶の栽培面積は前年産に比べ減少）

　令和4(2022)年産の茶の栽培面積は、前年産に比べ2.9%減少し3万7千haとなりました（**図表2-1-16**）。また、荒茶の生産量は、前年産に比べ1.2%減少し7万7千tとなりました。

　農林水産省では、園地の老園化や機械化の遅れ等の課題の克服に向けて、茶樹の改植・新植等の支援を行うとともに、スマート農業[1]技術の研究・開発や実証・導入の推進を行っています。

図表2-1-16　茶の栽培面積と荒茶生産量

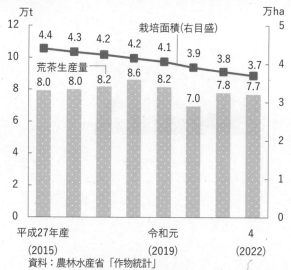

資料：農林水産省「作物統計」
注：1）平成27(2015)～令和元(2019)年産、令和3(2021)年産、令和4(2022)年産の荒茶生産量は、主産県を対象とした調査結果から推計した数値。令和2(2020)年産の荒茶生産量は、全国を対象とした調査結果の数値
　　2）令和4(2022)年産の荒茶生産量は概数値

第2章

---

[1]　用語の解説(1)を参照

（薬用作物の栽培面積は前年産に比べ減少）

　令和2（2020）年産の漢方製剤等の原料となるミシマサイコやセンキュウ等の薬用作物の栽培面積は、国内需要の約8割を占めている中国産の価格高騰等により、製薬会社において国内産地育成のニーズが高まっているものの、実需者が求める品質を確保するための栽培技術等の確立が遅れていること等から、前年産に比べ5.5％減少し494haとなりました（**図表2-1-17**）。

　一方、漢方製剤の生産金額は直近5年間で30.0％増加するなど、薬用作物の需要は今後も増加することが見込まれています。

　農林水産省では、薬用作物の栽培面積については、実需者主導の産地づくり等を進め、令和7（2025）年度までに630haとすることを目標としています。

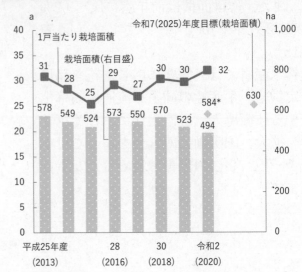

図表2-1-17　薬用作物の栽培面積と1戸当たり栽培面積

資料：農林水産省作成

注：＊は政策評価の測定指標における令和2（2020）年度の実績に対する令和3（2021）年度の目標値

ミシマサイコの圃場

ミシマサイコ
（生薬名：柴胡（さいこ））

センキュウ
（生薬名：川芎（せんきゅう））

（てんさいの収穫量は前年産に比べ減少）

令和4(2022)年産のてんさいの作付面積は、前年産に比べ4.0%減少し5万5千haとなりました（**図表2-1-18**）。また、収穫量は、前年産に比べ12.7%減少し354万5千tとなりました。このほか、糖度は前年産と比べ0.1ポイント減少し16.1度となりました。

てんさいは、労働時間が長く省力化が課題となっていることを踏まえ、農林水産省では、労働時間縮減に向け、省力化や作業の共同化、労働力の外部化や直播栽培[1]体系の確立・普及等を推進しています。

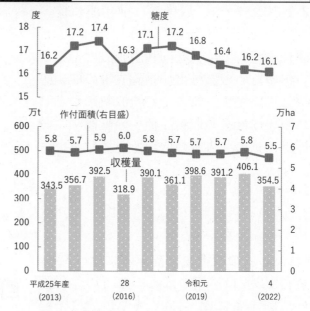

図表2-1-18 てんさいの作付面積、収穫量、糖度

資料：農林水産省作成
注：作付面積及び収穫量は農林水産省「作物統計」、糖度は北海道「てん菜生産実績」の数値

（さとうきびの収穫量は前年産に比べ減少）

令和3(2021)年産のさとうきびの収穫面積は、前年産に比べ3.6%増加し2万3千haとなりました（**図表2-1-19**）。また、収穫量は前年産に比べ1.7%増加し135万9千tとなりました。このほか、糖度は前年産に比べ0.8ポイント上昇し15.1度となりました。

令和4(2022)年産の収穫面積は、前年産に比べ0.5%増加し2万3千ha、収穫量は前年産に比べ5.2%減少し128万9千tを見込んでいます。

さとうきびは、規模拡大が進んでいるものの、人手不足等により適期に作業ができないこと等から単収が低迷していることを踏まえ、農林水産省では、通年雇用による作業受託組織の強化等の地域の生産体制強化、機械収穫や株出し栽培[2]に適した新品種「はるのおうぎ」の普及等に取り組んでいます。

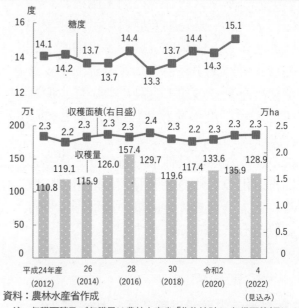

図表2-1-19 さとうきびの収穫面積、収穫量、糖度

資料：農林水産省作成 （見込み）
注：収穫面積及び収穫量は農林水産省「作物統計」、収穫面積（見込み）及び収穫量（見込み）は「令和4砂糖年度における砂糖及び異性化糖の需給見通し（第3回）」、糖度は鹿児島県・沖縄県「さとうきび及び甘しゃ糖生産実績」を基に作成

---

[1] 圃場に直接種をまく方法で、作業の省力化や経費節減のために有効な栽培方法
[2] さとうきび収穫後に萌芽する茎を肥培管理し、1年後のさとうきび収穫時期に再度収穫する栽培方法

（かんしょの収穫量は前年産に比べ増加）

令和4(2022)年産のかんしょの作付面積は、前年産並の3万2千haとなりました（**図表2-1-20**）。一方、収穫量は前年産に比べ5.8%増加し71万1千tとなりました。

農林水産省では、共同利用施設の整備や省力化のための機械化体系確立等の取組を支援しています。特にでん粉原料用かんしょについては、多収新品種への転換や生分解性マルチの導入等の取組を支援しています。

図表2-1-20　かんしょの作付面積と収穫量

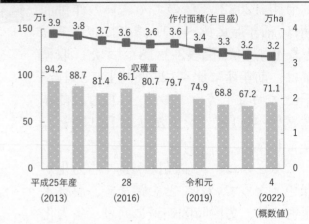

資料：農林水産省「作物統計」

（ばれいしょの収穫量は前年産に比べ減少）

令和3(2021)年産のばれいしょの作付面積は、前年産に比べ1.4%減少し7万1千haとなりました（**図表2-1-21**）。また、収穫量は前年産に比べ1.4%減少し217万5千tとなりました。

令和4(2022)年産の春植えばれいしょの作付面積は6万9千ha、収穫量は224万5千tとなりました。

ポテトチップス向け等の加工用ばれいしょは、メーカーから国産原料の供給要望が強いことから、国産ばれいしょの増産が課題となっています。さらに、ポテトチップスを含めた全ての加工食品について、原料原産地表示制度が義務化[1]されたことにより、国産志向が高まっています。

このような中、農林水産省では、増産に向け省力化のための機械導入の取組や、収穫時の機上選別を倉庫前集中選別等に移行する取組を支援しています。

図表2-1-21　ばれいしょの作付面積と収穫量

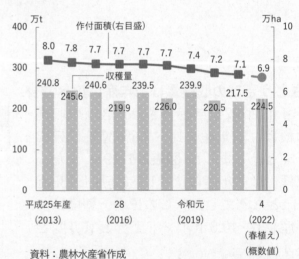

資料：農林水産省作成

注：1) 令和3(2021)年産までの作付面積及び収穫量は、農林水産省「野菜生産出荷統計」の数値

2) 令和4(2022)年産は、「令和4年産春植えばれいしょの作付面積、収穫量及び出荷量」（令和5(2023)年2月公表）の数値

3) 令和4(2022)年産の春植えばれいしょの主たる出荷期間は、都府県が令和4(2022)年4～8月、北海道が令和4(2022)年9～10月

（4）米の生産動向

（主食用米の生産量は前年産に比べ減少）

令和4(2022)年産の主食用米の作付面積は、需要量の減少や他作物への作付転換が進んだこと等から、前年産に比べ4.0%減少し125万1千haとなりました。また、生産量は、前年産に比べ4.4%減少し670万1千tとなりました（**図表2-1-22**）。

---

[1] 第1章第7節を参照

図表2-1-22 主食用米の生産量と需要量

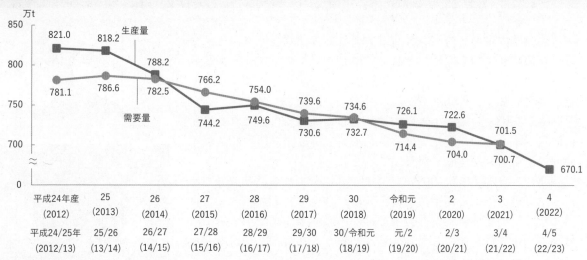

資料：農林水産省作成

注：1）生産量は農林水産省「作物統計」、需要量は農林水産省「米穀の需給及び価格の安定に関する基本指針」の数値

　　2）需要量は、前年7月～当年6月の1年間の実績値であり、その期間については「平成24/25年(2012/13)」等と記載

（米粉用米の生産量は前年度に比べ増加）

　令和3(2021)年度の米粉用米の生産量は、主食用米からの作付転換が進んだことから前年度に比べ24.6%増加し4万2千tとなりました（**図表2-1-23**）。

　令和3(2021)年度の米粉用米の需要量は、新型コロナウイルス感染症の感染拡大の影響から業務用需要が減少した前年度に比べ13.9%増加し4万1千tとなりました。

　農林水産省では、引き続き米粉用米の需要拡大を推進するとともに、海外のグルテンフリー市場に向けて輸出拡大を図ることとしており、さらに、令和5(2023)年度からは専用品種の栽培や加工適性の実証を支援することとしています。

　米粉用米の生産量については、大規模製造ラインに適した技術やアルファ化米粉等新たな加工法を用いた米粉製品の開発による加工コストの低減等の克服すべき課題に対応し、令和12(2030)年度までに13万tとすることを目標としています。

図表2-1-23 米粉用米の生産量と需要量

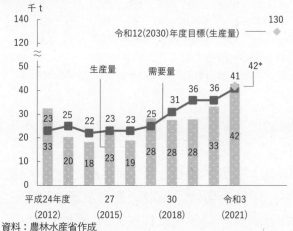

広がる！米粉の世界
URL: https://www.maff.go.jp/j/seisan/keikaku/komeko/

資料：農林水産省作成

注：＊は政策評価の測定指標における令和3(2021)年度の目標値

（事例）アレルギーの心配が少ない国産米粉パンを開発・販売（新潟県）

新潟県胎内市の米粉パン製造事業者である株式会社タイナイでは、新潟県産米粉を原材料として使用し、グルテンフリーやアレルギーの心配が少ないといった米粉の強みを活かした製品づくりを進めています。

価格が高騰する輸入小麦の代替品として国内で自給できる米粉に注目が集まる中、同社では、アレルゲン特定原材料等28品目不使用の米粉パンを製造・販売しています。

開発された国産米粉100%のパンは、米に含まれる粘り成分であるアミロペクチンの作用により、きめが細かく、もちっとした食感になっています。また、粒子の細かい微細米粉を使用することにより、小麦粉を使用しなくともふんわりさせることが可能となっています。

同社では、米粉パンが主食として定着するよう、地元サッカーチームとも連携して米粉パンの販売促進を積極的に進めており、将来的にはグルテンフリー需要の高い欧米市場も視野に入れながら、事業拡大を図っていくこととしています。

国産米粉100%の食パンと丸パン
資料：株式会社タイナイ

（飼料用米の作付面積は前年産に比べ増加）

令和4（2022）年産の飼料用米の作付面積は、既存の農機具等が活用できるといった取り組みやすさから、主食用米からの作付転換が大幅に進み、前年産に比べ22.7%増加し14万2千haとなりました（図表2-1-24）。また、生産量についても、前年産に比べ14.9%増加し令和12（2030）年度目標（70万t）を上回る76万1千tとなりました。

今後は、より定着性が高く、安定した供給につながる多収品種への切替えを進めていく観点から、令和6（2024）年産以降、一般品種に対する飼料用米の支援単価を段階的に引き下げていくこととしています。

図表2-1-24　飼料用米の作付面積と生産量

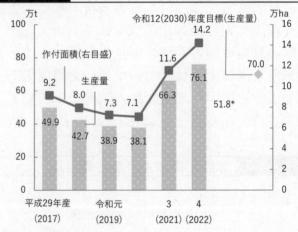

資料：農林水産省作成
注：＊は政策評価の測定指標における令和4（2022）年度の目標値

（5）麦・大豆の生産動向

（小麦の作付面積は前年産に比べ増加）

令和4（2022）年産の小麦の収穫量は、北海道における天候不順により、前年産に比べ9.4%減少し99万4千tとなりました（図表2-1-25）。一方、作付面積は、単収の高い品種の開発・普及や、排水対策等の栽培技術の導入が進んだことから、前年産に比べ3.3%増加し22万7千haとなりました。

令和4（2022）年産の大麦・はだか麦の作付面積、収穫量はそれぞれほぼ前年産並みの6万3千ha、23万3千tとなりました（図表2-1-26）。

農林水産省では、小麦の生産量については、国内産小麦の需要拡大に向けた品質向上と安定供給、畑地化の推進、団地化・ブロックローテーションの推進、排水対策の更なる強化やスマート農業技術の活用による生産性の向上等の克服すべき課題に対応し、令和12(2030)年度までに小麦の生産量を108万tとすることを目標としています。

図表2-1-25 小麦の作付面積と収穫量

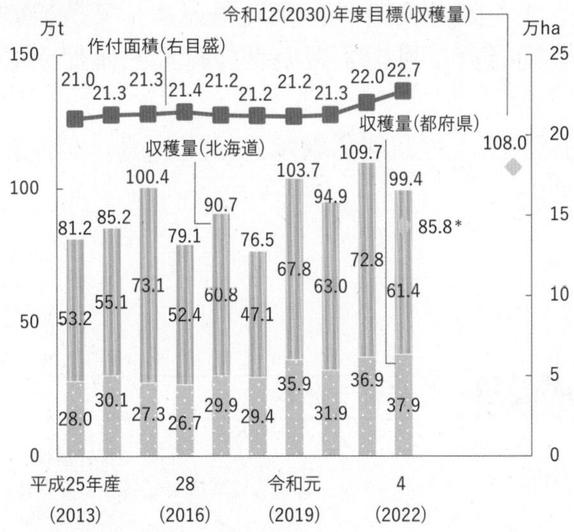

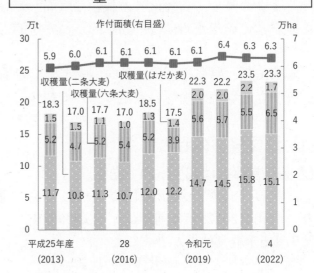

資料：農林水産省「作物統計」を基に作成
注：＊は政策評価の測定指標における令和4(2022)年度の目標値

図表2-1-26 大麦・はだか麦の作付面積と収穫量

資料：農林水産省「作物統計」
注：作付面積は、二条大麦、六条大麦、はだか麦の合計値

(大豆の作付面積は前年産に比べ増加)

令和4(2022)年産の大豆の収穫量は、東北や北陸において、開花期以降の大雨や日照不足により、着さや数の減少や粒の肥大抑制があったことから、前年産に比べ1.5%減少し24万3千tとなりました(図表2-1-27)。一方、令和4(2022)年産の作付面積は前年産に比べ3.7%増加し15万2千haとなりました。

農林水産省では、大豆の生産量については、国産原料を使用した大豆製品の需要拡大に向けた生産量・品質・価格の安定供給、畑地化の推進、耐病性・加工適性等に優れた新品種の開発・導入の推進等の克服すべき課題に対応し、令和12(2030)年度までに34万tとすることを目標としています。

図表2-1-27 大豆の作付面積と収穫量

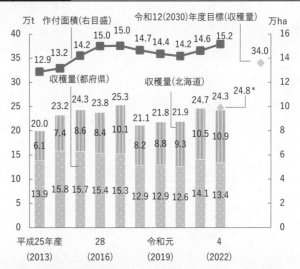

資料：農林水産省「作物統計」を基に作成
注：＊は政策評価の測定指標における令和4(2022)年度の目標値

| 第2節 | 力強く持続可能な農業構造の実現に向けた担い手の育成・確保 |

農業者の減少・高齢化等の課題に直面している我が国の農業が、成長産業として持続的に発展していくためには、効率的かつ安定的な農業経営を目指す担い手の育成・確保が必要です。

本節では、農業経営体の動向、認定農業者[1]制度や法人化、経営継承・新規就農、女性が活躍できる環境整備等の取組について紹介します。

(1) 農業経営体等の動向

(農業経営体数は減少傾向で推移)

農業経営体数は減少傾向で推移しており、令和4(2022)年は前年に比べ5.4%減少し97万5千経営体となりました。

個人経営体と団体経営体との比較では、全体の96%を占める個人経営体が前年に比べ5.7%減少し93万5千経営体となった一方、4%を占める団体経営体は前年に比べ1.5%増加し4万経営体となっています。

なお、個人経営体のうち、主業経営体は20万5千経営体、準主業経営体は12万6千経営体、副業的経営体は60万4千経営体となっています(図表2-2-1)。

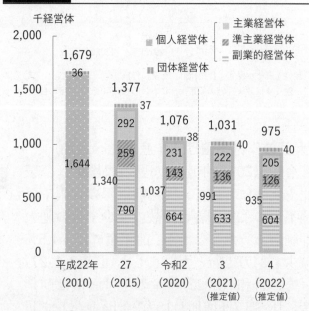

図表2-2-1　農業経営体数

資料：農林水産省「農林業センサス」、「農業構造動態調査」
注：1）各年2月1日時点の数値
　　2）主業経営体…65歳未満の世帯員(年60日以上自営農業に従事)がいる農業所得が主の個人経営体
　　　　準主業経営体…65歳未満の世帯員(同上)がいる農外所得が主の個人経営体
　　　　副業的経営体…65歳未満の世帯員(同上)がいない個人経営体
　　3）令和3(2021)、4(2022)年の数値は、農業構造動態調査の結果であり、標本調査により把握した推定値

---

[1] 用語の解説(1)を参照

（基幹的農業従事者の高齢化が進行）

　基幹的農業従事者数は減少傾向で推移しており、令和4(2022)年は50～64歳層、65～74歳層が前年に比べそれぞれ9.3％、7.8％減少するなどにより、全体としては前年に比べ5.9％減少し122万6千人となりました。

　このうち、65歳以上の基幹的農業従事者数が86万人と全体の約7割を占めています。また、令和4(2022)年の基幹的農業従事者の平均年齢は68.4歳となっており、高齢化が進行しています（**図表2-2-2**）。

　なお、同年の団体経営体の役員・構成員数（農業従事60日以上）は前年に比べ4.0％増加し12万1千人、個人経営体及び団体経営体が雇用する常雇いは前年に比べ2.8％増加し15万2千人となりました。

　また、基幹的農業従事者に占める49歳以下の割合は11.4％（14万人）であるのに対して、常雇いの同割合は52.8％（8万人）となり、雇用就農者に占める若年層の割合が高くなっています。

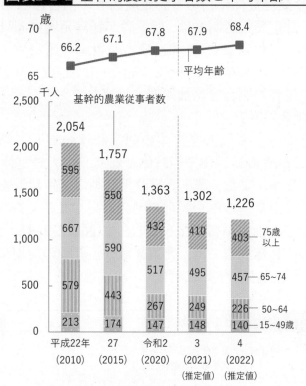

図表2-2-2　基幹的農業従事者数と平均年齢

資料：農林水産省「2010年世界農林業センサス」（組替集計）、「2015年農林業センサス」（組替集計）、「2020年農林業センサス」、「農業構造動態調査」

注：1) 各年2月1日時点の数値
　　2) 令和3(2021)、4(2022)年の数値は、農業構造動態調査の結果であり、標本調査により把握した推定値

第2章

137

(2) 認定農業者制度や法人化等を通じた経営発展の後押し

（農業経営体に占める認定農業者の割合は22.8％に増加）

　認定農業者制度は、農業者が経営発展に向けて作成した農業経営改善計画を市町村等が認定する制度です。農業経営改善計画の認定数（認定農業者数）については、令和3(2021)年度末時点で前年度に比べ2.2％減少し22万2千経営体となりましたが、農業経営体に占める認定農業者の割合は増加傾向で推移しており、令和3(2021)年度末時点で22.8％となっています（**図表2-2-3**）。

　このうち法人経営体の認定数は一貫して増加しており、同年度末時点で前年度に比べ3.2％増加し2万8千経営体となり、法人経営体に占める認定農業者の割合は86.9％となっています。また、農業経営改善計画の認定状況を営農類型別に見ると、年齢が低い階層ほど野菜作や畜産の単一経営の割合が高くなる一方、年齢が高い階層ほど、稲作の単一経営や複合経営の割合が高くなっています（**図表2-2-4**）。

　農林水産省では、農業経営改善計画の実現に向け、認定農業者に対し、農地の集積・集約化[1]や経営所得安定対策等の支援措置を講じています。

図表2-2-3　認定農業者数

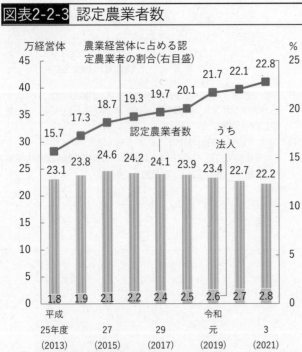

資料：農林水産省「認定農業者の認定状況」、「農林業センサス」、「農業構造動態調査」を基に作成
注：1）認定農業者数は各年度末時点の数値
　　2）特定農業法人で認定農業者とみなされている法人を含む。

図表2-2-4　農業経営改善計画の認定数の営農類型別の割合

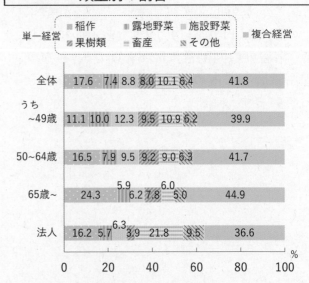

資料：農林水産省「農業経営改善計画の営農類型別等の認定状況(令和4年3月末現在)」（令和5(2023)年3月公表）を基に作成
注：1）令和3(2021)年度末時点の数値
　　2）特定農業法人で認定農業者とみなされている法人を除く。
　　3）「~49歳」、「50~64歳」、「65歳~」は法人、共同申請を除く。
　　4）「単一経営」とは、経営体ごとの農産物販売金額1位の部門の販売金額が農産物総販売金額の80％以上を占める経営
　　5）「複合経営」とは、経営体ごとの農産物販売金額1位の部門の販売金額が農産物総販売金額の80％未満の経営
　　6）「畜産」は酪農、肉用牛、養豚、養鶏、養蚕、その他の畜産の単一経営を合計、「その他」は麦類作、雑穀・いも類・豆類、工芸農作物、花き・花木、その他の作物の単一経営を合計した割合

---

[1] 用語の解説(1)を参照

(法人経営体は3万2千経営体に増加)

農業経営の法人化には、経営管理の高度化や安定的な雇用、円滑な経営継承、雇用による就農機会の拡大等の利点があります。農林水産省は、効率的かつ安定的な農業経営を育成・確保する観点から、法人経営体数を令和5(2023)年度までに5万法人にする目標を設定しており、令和4(2022)年は前年から1.9%増加し3万2千経営体となりました(**図表2-2-5**)。

また、法人経営体では農業経営体全体よりも経営耕地面積の大きい層の割合が高いこともあり、農業経営体数に占める法人の割合は3.3%ですが、販売金額3,000万円以上の農業経営体数に占める法人の割合は34.7%、経営耕地面積に占める法人が経営する面積の割合は24.9%と高くなっています(**図表2-2-6**)。

農林水産省では、農業経営の法人化を進めるため、都道府県が整備している就農・経営サポートを行う拠点による経営相談や、専門家による助言等を通じた支援を行っています。

図表2-2-5 法人経営体数	図表2-2-6 法人経営体の占める割合

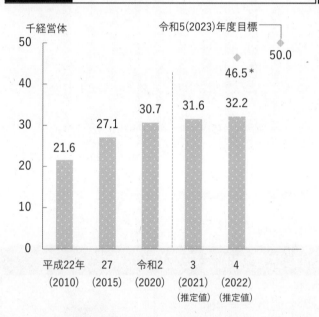

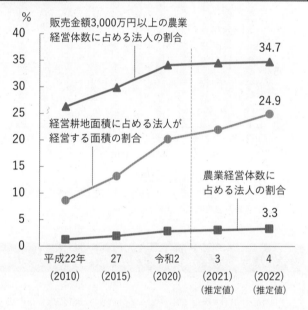

資料:農林水産省「農林業センサス」、「農業構造動態調査」を基に作成
注:1) 各年2月1日時点の数値
2) 令和3(2021)、4(2022)年の数値は、農業構造動態調査の結果であり、標本調査により把握した推定値
3) *は政策評価の測定指標における令和4(2022)年2月1日時点の実績に対する令和4(2022)年度の目標値

資料:農林水産省「農林業センサス」、「農業構造動態調査」を基に作成
注:1) 各年2月1日時点の数値
2) 令和3(2021)、4(2022)年の数値は、農業構造動態調査の結果であり、標本調査により把握した推定値

(法人化した集落営農組織数は5,694組織に増加)

集落営農[1]組織は、地域農業の担い手として農地の利用、農業生産基盤の維持に貢献しています。令和4(2022)年の集落営農組織数は前年に比べ126組織減少し1万4,364組織となりました(**図表2-2-7**)。水稲やそば、野菜、農産加工品を生産・販売する組織が増加しています。

一方、法人化した集落営農組織数は、年々増加しており、令和4(2022)年は前年に比べ130組織増加し5,694組織となりました。また、令和4(2022)年の集落営農組織による現況集積面積[2]は前年に比べ3千ha増加し46万7千haとなり、このうち法人によるものは23万5千

---

[1] 用語の解説(1)を参照
[2] 経営耕地面積と農作業受託面積を合計した面積

ha(50.4%)と初めて非法人によるものを上回りました。

　農林水産省では、集落営農組織に対し、法人化のほか、機械の共同利用や人材の確保につながる広域化、高収益作物の導入等、それぞれの状況に応じた取組を促進し、人材の確保や収益力向上、組織体制の強化、効率的な生産体制の確立を支援していくこととしています。

図表2-2-7　集落営農組織数と現況集積面積

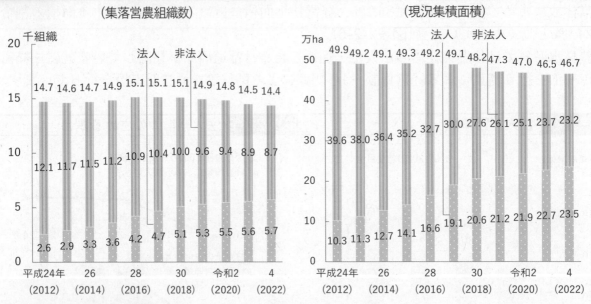

資料：農林水産省「集落営農実態調査」
注：1）東日本大震災の影響で営農活動を休止している宮城県と福島県の集落営農については調査結果に含まない。
　　2）各年2月1日時点の数値

（事例）集落営農組織の広域化により効率的な生産体制を確立（福井県）

　福井県小浜市宮川地区の「株式会社若狭の恵」は、集落営農組織の広域化により効率的な生産体制の確立と人材確保に取り組み、地域の農業を牽引しています。

　同地区では平成27（2015）年に四つの集落営農組織を統合し、広域の集落営農法人である同社を設立しました。

　同社は、農地の集積・集約化や集落営農組織の広域化により農業機械の所有を減らすなど効率的な生産体制を確立するとともに、柔軟に休暇を取得できる制度の導入等により、地区内外の若年農業者を多数雇用することが可能となりました。

　一方、地区内の農業者の減少により、共同活動の継続が懸念されたことから、地区の全住民が構成員となる「一般社団法人宮川グリーンネットワーク」が設立され、畔畔の草刈りや水路掃除等の共同活動を実施しています。同社は活動に対して対価を支払うなどにより、地区住民全体で同社の営農を支える体制を確立しています。

　同社は、特別栽培米「ひまわり米」の作付けや高収益作物の栽培のほか、スマート農業等にも取り組んでおり、今後も積極的な農業経営により、地域農業の発展に注力していくこととしています。

スマート農機による
効率的な田植え
資料：株式会社若狭の恵

(3) 経営継承や新規就農、人材育成・確保等

(49歳以下の新規就農者数は2万人前後で推移)

　令和3(2021)年の新規就農者数は前年に比べ2.7%減少し5万2,290人となりました(**図表2-2-8**)。その内訳を見ると、新規自営農業就農者が全体の約7割となる3万6,890人となっています。新規雇用就農者は、平成27(2015)年以降は1万人前後で推移しており、令和3(2021)年は前年に比べ15.1%増加し1万1,570人となりました。

　また、将来の担い手として期待される49歳以下の新規就農者は、近年2万人前後で推移しています。令和3(2021)年は前年と同水準の1万8,420人となっており、調査を開始した平成18(2006)年以降、初めて新規雇用就農者数(8,540人)が新規自営農業就農者数(7,190人)を上回りました。

図表2-2-8 新規就農者数

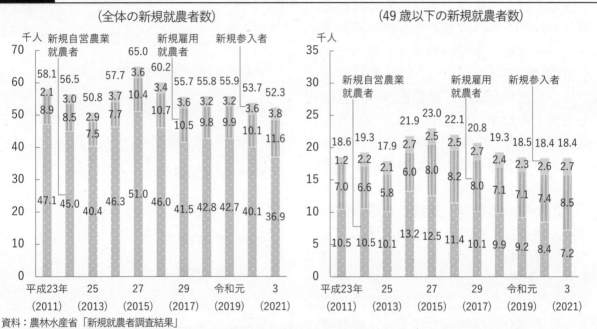

資料：農林水産省「新規就農者調査結果」
注：1) 平成26(2014)年以降については、新規参入者は従来の「経営の責任者」に加え、新たに「共同経営者」が含まれる。
　　2) 平成26(2014)年以前は当該年の4月1日〜翌年の3月31日、平成27(2015)年以降は当該年の2月1日〜翌年の1月31日の1年間に新規就農した者の数

　また、令和3(2021)年の49歳以下の新規雇用者[1]数は10,720人であり、雇用直前の就業状態別に見ると、農業以外に勤務が51%、学生が21%、農業法人等に勤務が15%を占めています(**図表2-2-9**)。

図表2-2-9 49歳以下の新規雇用者の雇用直前の就業状態

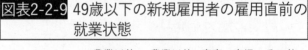
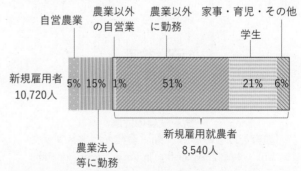

資料：農林水産省「令和3年新規就農者調査結果」(令和4(2022)年9月公表)を基に作成

---

[1] 新たに法人等に常雇いとして雇用され、農作業に従事することとなった「新規雇用就農者」のほか、雇用直前の就業状態が自営農業又は農業法人等に勤務の者も含む。ただし、農作業以外のみに従事した者は除く。

（次世代を担う農業者への経営継承や新規就農を後押し）

　農業者等の高齢化と減少が進む中、地域農業を持続的に発展させていくためには、世代間のバランスのとれた農業構造を実現していくことが必要です。このため、農地はもとより、農地以外の施設等の経営資源や、技術・ノウハウ等を次世代の経営者に引き継ぎ、計画的な経営継承を促進するとともに、農業の内外からの若年層の新規就農を促進する必要があります。

　農林水産省は、将来にわたって地域の農地利用等を担う経営体を確保するため、農業経営基盤強化促進法に基づく地域計画[1]に位置付けられた経営体等の経営発展に向けた取組を市町村と一体となって支援するとともに、都道府県が整備している就農・経営サポートを行う拠点において相談対応や専門家による経営継承計画の策定支援、就農希望者と経営移譲希望者とのマッチング等を行うなど、円滑な経営継承を進めています。

　一方、新規就農者の就農時の課題としては、農地・資金の確保、営農技術の習得等が挙げられており、就農しても経営不振等の理由から定着できないケースも見られています（**図表2-2-10**）。このため、農林水産省では、就農準備段階・就農直後の経営確立を支援する資金の交付や、地方と連携した機械・施設等の取得の支援、就農・経営サポートを行う拠点による相談対応や専門家による助言、雇用就農促進のための資金交付、市町村や農協等と連携した研修農場の整備、農業技術の向上や販路確保に対しての支援等を行っています。

　また、「農業をはじめる.JP」、「新・農業人ハンドブック」により新規就農に係る支援策等の情報を提供するとともに、複数の民間企業による「農業の魅力発信コンソーシアム」では、ロールモデルとなる農業者の情報発信を通じて、若年層等が職業としての農業の魅力を発見する機会を提供しています。

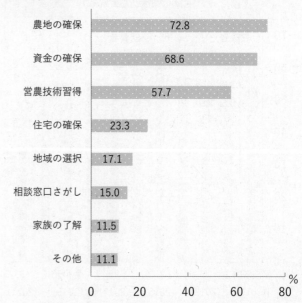

図表2-2-10　新規就農者が就農時に苦労した点

項目	%
農地の確保	72.8
資金の確保	68.6
営農技術習得	57.7
住宅の確保	23.3
地域の選択	17.1
相談窓口さがし	15.0
家族の了解	11.5
その他	11.1

資料：一般社団法人全国農業会議所「令和3年度新規就農者の就農実態に関する調査結果」（令和4(2022)年3月公表）を基に農林水産省作成
注：1) 就農しておおむね10年以内の、非農家出身で新たに農業経営を開始した新規就農者に対するアンケート調査
　　2) 「就農に際して苦労した点を3位まで選択」の質問への回答結果（有効回答数2,322に占める各回答の割合）

新規就農の促進
（農業をはじめる.JP、新・農業人ハンドブック）
URL：https://www.maff.go.jp/j/new_farmer/index.html

農業の魅力発信コンソーシアム
URL：https://yuime.jp/nmhconsortium/

---

[1] 第2章第4節を参照

（事例）きゅうりタウン構想に基づき、地域ぐるみで新規就農者を育成（徳島県）

徳島県の海部次世代園芸産地創生推進協議会は、移住による新規就農者の募集により産地拡大を図る「きゅうりタウン構想」に基づき、地域ぐるみで新規就農者を育成する取組を推進しています。

きゅうり産地である海部郡は、農業者の減少、高齢化により産地の規模が縮小しつつあったことから、美波町、牟岐町、海陽町、かいふ農業協同組合、県が同協議会を設立し、平成27(2015)年に「きゅうりタウン構想」を策定しました。

同協議会は、同構想に基づき、新規就農者を育成するために開講した「海部きゅうり塾」において養液栽培技術や営農計画等の研修を行うほか、研修期間中の収入や住宅の確保、就農に必要なレンタルハウスの整備等について、地域ぐるみで就農を支援する体制を構築しています。

また、海部きゅうり塾の塾生の募集に当たっては、修了生の1年目の農業所得の実績を提示しているほか、きゅうり栽培の魅力の発信にも注力しています。

こうした取組の結果、若年層の農業者が増加し、同地域できゅうり栽培を行う農業者の平均年齢は、平成26(2014)年の66.9歳から、令和3(2021)年には55.2歳と若返りが図られています。

移住就農者は、農業だけではなくサーフィンや釣り等も楽しめる暮らし方を発信しており、海部地域ならではの魅力ある農業の提案によって、定住人口の増加を通じた地域の活性化につながることが期待されています。

海部きゅうり塾の栽培実習
資料：かいふ農業協同組合

年齢階層別きゅうり栽培農業従事者数

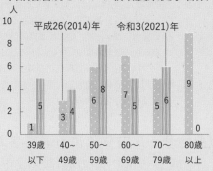

資料：かいふ農業協同組合資料を基に農林水産省作成

（農業高校・農業大学校による意欲的な取組が進展）

農業高校は全ての都道府県、農業大学校は41道府県において設置されています。農林水産省では、若年層に農業の魅力を伝え、将来的に農業を職業として選択する人材を育成するため、スマート農業[1]や経営管理、環境配慮型農業等の教育カリキュラムの強化のほか、地域の先進的な農業経営者による出前授業等の活動を支援しています。

また、近年、GAP[2]に取り組む農業高校・農業大学校も増加しており、令和4(2022)年2月末時点で111の農業高校及び31の農業大学校が第三者機関によるGAP認証を取得しています。GAPの学習・実践を通じて、農業生産技術の習得に加えて、経営感覚・国際感覚を兼ね備えた人材の育成に資することが期待されています。

一方、農業経営の担い手を養成する農業大学校の卒業生数は、平成25(2013)年度以降はほぼ横ばいで推移しており、令和3(2021)年度の卒業生数は1,737人、卒業後に就農した者は942人と卒業生全体の54.2%となっています（**図表2-2-11**）。また、同年度の卒業生全体に占める自営就農の割合は16.5%、雇用就農の割合は33.2%となりました。

---

[1] 農業大学校については、令和3(2021)年度末までに全ての学校においてスマート農業がカリキュラム化。農業高校については、スマート農業に関する内容が盛り込まれた新たな高等学校学習指導要領が令和4(2022)年度の1年生から年次進行で実施（第2章第8節参照）
[2] 用語の解説(2)を参照

図表2-2-11　農業大学校卒業生数と卒業生の就農率

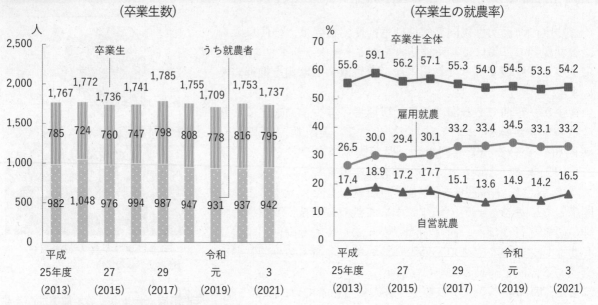

（卒業生数）　　　　　　　　　　　　　　　　　　（卒業生の就農率）

資料：全国農業大学校協議会資料を基に農林水産省作成
注：1）卒業生数は、養成課程の卒業生数を指す。
　　2）就農者には、一度、他の仕事に就いた後に就農した者は含まない。
　　3）卒業生の就農率については以下のとおり。
　　　　ア 卒業生全体＝就農者÷卒業生×100　イ 雇用就農＝雇用就農者÷卒業生×100　ウ 自営就農＝自営就農者÷卒業生×100
　　4）雇用就農とは、農業法人等へ就農した者を示す。卒業生全体の就農者には雇用就農、自営就農以外にも農家で継続的に研修を行っている者等が含まれる。

（農地リース方式による農業参入は3,867法人に増加）

　平成21（2009）年の農地法改正により、リース方式による参入が全面解禁されて以降、農業に参入する法人数は年々増加しており、令和2（2020）年12月末時点で3,867法人、農地リース法人の借入面積の合計は12,260haとなっています（**図表2-2-12**）。参入した法人格別の割合は、株式会社が64.5％、NPO法人等が23.9％、特例有限会社が11.6％となっています。

図表2-2-12　農地リース法人による農業参入の動向

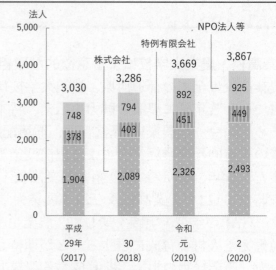

資料：農林水産省作成
注：各年12月末時点の数値

（農業者年金の政策支援を実施）

　農業者年金は、農業従事者のうち厚生年金に加入していない自営農業に従事する個人が任意で加入できる年金制度です。同制度は平成13(2001)年に抜本的に見直され、農業者の減少・高齢化等に対応した積立方式・確定拠出型を採用しており、青色申告を行っている認定農業者等やその者と家族経営協定を結び経営参画している配偶者・後継者等一定の要件を満たす対象者の保険料負担を軽減するための政策支援を実施し、農業者の老後生活の安定と農業者の確保を図っています。

(4) 女性が活躍できる環境整備

（49歳以下の女性の新規就農者数は前年に比べ2%増加し5,540人）

　令和4(2022)年における女性の基幹的農業従事者数は、前年に比べ6.3%減少し48万人になりました（**図表2-2-13**）。女性の基幹的農業従事者は全体の39.2%を占めており、重要な担い手となっています。年齢階層別に女性の割合を見ると、50〜64歳層で43.4%を占める一方、49歳以下層では29.6%となりました。

　令和3(2021)年における女性の新規就農者数は、前年に比べ14.7%減少し1万2,750人となりました。また、新規就農者に占める女性の割合は3.4ポイント低下し24.4%となった一方、49歳以下の女性の新規就農者数は前年に比べ2.0%増加し5,540人となりました（**図表2-2-14**）。就農形態別の内訳は、新規自営農業就農者が8,030人、新規雇用就農者が4,020人、新規参入者が700人となりました。新規雇用就農者に占める女性の割合は34.7%と比較的高く、女性の新規雇用就農者の約8割が49歳以下となっています。

図表2-2-13　女性の基幹的農業従事者数

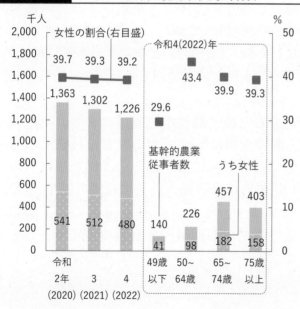

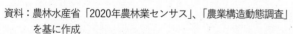

資料：農林水産省「2020年農林業センサス」、「農業構造動態調査」
　　　を基に作成
　注：1）各年2月1日時点の数値
　　　2）令和3(2021)、4(2022)年の数値は、農業構造動態調査の
　　　　結果であり、標本調査により把握した推定値

図表2-2-14　女性の新規就農者数

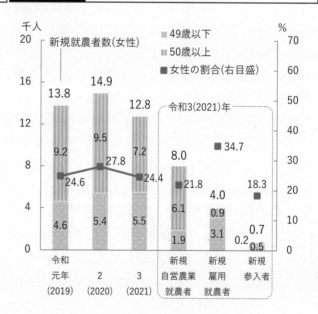

資料：農林水産省「新規就農者調査結果」を基に作成
　注：各年2月1日〜翌年1月31日までの数値

（認定農業者に占める女性の割合は前年度と同水準の5.1%）

女性の認定農業者数は、令和3（2021）年度末時点で前年度から164人減少し1万1,440人となりました（**図表2-2-15**）。一方、全体の認定農業者数に占める女性の割合は、令和3（2021）年度は前年度と同水準の5.1%となりました。

また、認定農業者制度には、家族経営協定[1]等を締結している夫婦による共同申請が認められており、その認定数は5,764経営体となっています。

農業や地域に人材を呼び込み、また、農業を発展させていく上で、農業経営における女性参画は重要な役割を果たしているところ、農林水産省は、女性の農業経営への主体的な関与をより一層推進するため、認定農業者に占める女性の割合を令和7（2025）年度までに5.5%にする目標を設定しています。

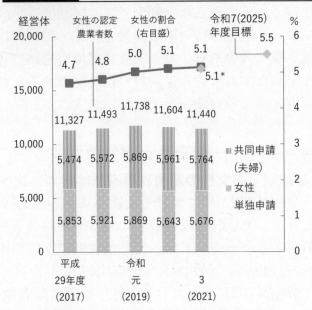

図表2-2-15　女性の認定農業者の割合

資料：農林水産省「農業経営改善計画の営農類型別等の認定状況」を基に作成

注：1）各年度末時点の数値
　　2）＊は政策評価の測定指標における令和3（2021）年度末時点の実績に対する令和4（2022）年度の目標値

（農業委員、農協役員に占める女性の割合は年々増加）

農業委員会等に関する法律及び農業協同組合法においては、農業委員や農協理事等の年齢や性別に著しい偏りが生じないように配慮しなければならないことが規定されています。農業委員や農協役員に占める女性の割合は増加傾向で推移しており、令和3（2021）年度の農業委員に占める女性の割合は、前年度に比べ0.1ポイント増加し12.4%に、令和4（2022）年度の農協役員に占める女性の割合は前年度に比べ0.4ポイント増加し9.7%になりました（**図表2-2-16**）。

地域農業に関する方針策定への女性参画を推進するため、農林水産省は、女性の割合について令和7（2025）年度までに農業委員は30%、農協役員は15%にすることを目標としています。この目標の達成に向けて、各組織に対して女性登用に取り組むよう働き掛けており、女性の参画拡大に向けては、令和3（2021）年度末時点で農業委員会では98.7%[2]、農協では81.5%[3]が女性登用に関する目標を設定しています。また、農林水産省では、令和4（2022）年3月に、「農業協同組合・農業委員会 女性登用の取組事例と推進のポイント」を公表し、女性登用の更なる推進に取り組んでいます。

---

[1] 第2章第3節を参照
[2] 令和3（2021）年度末時点は設定予定で、令和4（2022）年9月16日時点で設定済みの農業委員会を含む。
[3] 令和3（2021）年度末時点で設定予定の農協を含む。

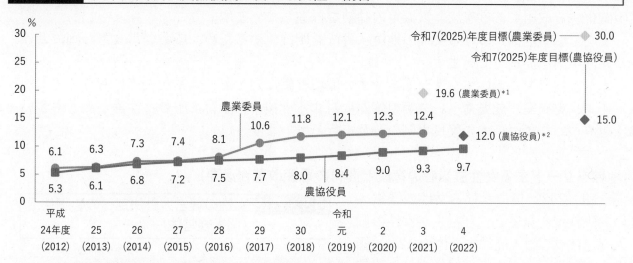

図表2-2-16 農業委員及び農協役員に占める女性の割合

令和7(2025)年度目標(農業委員) ━━◆ 30.0
令和7(2025)年度目標(農協役員)

◆ 19.6 (農業委員)*1
◆ 15.0

農業委員
10.6　11.8　12.1　12.3　12.4
8.1
6.1　6.3　7.3　7.4
◆ 12.0 (農協役員)*2
7.7　8.0　8.4　9.0　9.3　9.7
5.3　6.1　6.8　7.2　7.5
農協役員

平成　　　　　　　　　　　　　　令和
24年度　25　26　27　28　29　30　元　2　3　4
(2012)(2013)(2014)(2015)(2016)(2017)(2018)(2019)(2020)(2021)(2022)

資料：農林水産省「農業委員への女性の参画状況」、「総合農協統計表」を基に作成
注：1) 農業委員は各年度10月1日時点、農協役員は各事業年度末の数値
　　2) 令和4(2022)年度の農協役員は、全国農業協同組合中央会が調査した数値
　　3) *1は政策評価の測定指標における令和3(2021)年度の目標値
　　　*2は政策評価の測定指標における令和4(2022)年度末時点の実績に対する令和5(2023)年度の目標値

　また、土地改良区等(土地改良区連合を含む。)の理事に占める女性の割合は、令和7(2025)年度までに10%以上とする目標を定めているところ、令和3(2021)年度末時点で0.6%にとどまっています。このため、農林水産省は、令和4(2022)年度に、土地改良団体における男女共同参画の手引きを活用して全国26府県において土地改良区役職員を対象とした研修を実施するなど、土地改良区関係者の男女共同参画に対する理解の促進や意識改革を進めながら、比較的組織運営体制の整った土地改良区等から女性理事の登用等の取組を進めることとしています。

(女性が働きやすく、暮らしやすい環境を整備する必要)

　農村においては、依然として、家事や育児は女性の仕事であると認識され、男性に比べて負担が重い傾向が残っています。総務省の調査によると、令和3(2021)年における女性の農林漁業従事者の1日(週全体平均)の家事と育児の合計時間は2時間57分で、男性の26分に比べて家事・育児の時間は長くなっています(図表2-2-17)。

　男性・女性が家事、育児、介護等と農業への従事を分担できるような環境を整備することは、女性がより働きやすく、暮らしやすい農業・農村をつくるために不可欠です。そのためには、家事や育児、介護は女性の仕事であるという意識を改革し、女性の活躍に関する周囲の理解を促進する必要があります。このため、労働に見合った報

図表2-2-17 男女別仕事・家事・育児時間の比較(週全体平均)

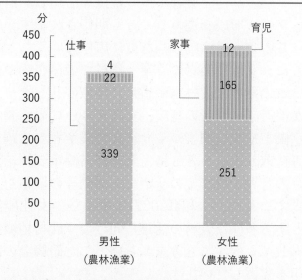

資料：総務省「令和3年社会生活基本調査結果」(令和4(2022)年8月公表)を基に農林水産省作成

酬や収益の配分、仕事や家事、育児、介護等の役割分担、休日等について家族で話し合い、明確化する取組である家族経営協定の締結を推進しています。

また、農業経営における女性の地位・責任を明確化するため、農業経営改善計画における共同申請を促進しています。

さらに、農業において女性が働きやすい環境整備に向けて、農業法人等における男女別トイレ、更衣室、託児スペース等の確保に対する支援や、子育て中の女性等が働きやすい仕組みづくりについての優良事例の普及を行っています。

(地域をリードする女性農業者の育成と農村の意識改革が必要)

令和4(2022)年における女性の経営への参画状況を見ると、経営主が女性の個人経営体は、個人経営体全体の6.2%、経営主が男性だが、女性が経営方針の決定に参画している割合は25.9%となっており、女性が経営に関与する個人経営体は全体の32.1%となっています(図表2-2-18)。

今後の農業の発展、地域経済の活性化のためには、女性の農業経営への参画を推進し、地域農業の方針策定にも参画する女性リーダーを育成していくことが必要です。併せて、女性活躍の意義について、男性も含めた地域での意識改革を行うことにより、女性農業者の活躍を後押ししていくことが重要です。

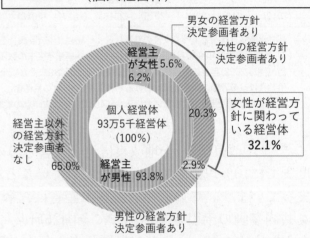

図表2-2-18　女性の経営方針決定への参画状況（個人経営体）

- 男女の経営方針決定参画者あり
- 女性の経営方針決定参画者あり
- 経営主が女性 5.6%
- 経営主が女性 6.2%
- 女性が経営方針に関わっている経営体 32.1%
- 個人経営体 93万5千経営体（100%）
- 20.3%
- 経営主以外の経営方針決定参画者なし 65.0%
- 経営主が男性 93.8%
- 2.9%
- 男性の経営方針決定参画者あり

資料：農林水産省「令和4年農業構造動態調査結果」（令和4(2022)年12月公表）を基に作成
注：令和4(2022)年2月1日時点の数値

これまで農村を支えてきた女性農業者が直面してきた、生活面や経営面での悩みと解決策等、過去の知見や経験を新しい世代に伝えることや、学びの場となるグループを作り、グループ同士のネットワークをつなげることは女性農業者の更なる育成に有効と言えます。

また、女性農業者が持つ視点を活用し、消費者や教育機関等、農業者の枠を超えたネットワーク形成を進めることも期待されます。

このように活動の幅を更に広げていくことは、農業・農村に新しい視点をもたらすとともに、女性農業者の農業・農村での存在感の向上にもつながると考えられます。

このため、農林水産省は、地域のリーダーとなり得る女性農業経営者の育成、女性グループの活動支援、女性が働きやすい環境づくり、女性農業者の活躍事例の普及等に取り組むとともに、家族経営協定の締結、地域における育児と農作業のサポート活動等の取組を支援しています。また、令和4(2022)年度から、女性農業者を始めとする多様な人材の活躍に向けて、農村地域の男性の意識改革を促すこと等をねらいとした研修会の開催等の取組を支援しています。

チャレンジする女性農林漁業者のための支援策
URL：https://www.maff.go.jp/j/keiei/jyosei/gaido.html

（コラム）　「農業女子プロジェクト」の活動等、女性農業者の取組が更に展開

　平成25(2013)年に設立された「農業女子プロジェクト」は、社会全体での女性農業者の存在感を高め、女性農業者自らの意識改革や経営力発展を促すとともに、職業としての農業を選択する若手女性の増加を図ることを目指し、多様な活動を展開しています。

　同プロジェクトのメンバーは、令和5(2023)年3月末時点で、農業女子メンバー944人、参画企業35社、教育機関8校にまで拡大しており、農業女子同士のネットワークづくりも進められています。同プロジェクトでは、参画企業と協同し、女性の希望を取り入れた農機具や農作業着の開発等を行う取組や、高校・大学等の教育機関と連携して「チーム"はぐくみ"」を結成し、農業女子による出前授業等を実施する活動が行われています。

　また、結婚就農した女性が農産物の加工等6次産業化*で活躍する事例や、女性農業者が地域単位でグループを結成し、農産物の販売促進を行う取組も見られます。

　令和5(2023)年2月には、女性農業者及び若者のビジネスアイデアや個性を活かした農業経営を行う家族・法人等を「農業女子アワード2022」として表彰しました。

　今後とも、女性農業者が日々の生活や仕事、自然との関わりの中で培った知恵を様々な企業の技術・ノウハウ・アイデア等と結び付け、新たな商品やサービス、情報を生み出すとともに、社会に広く発信し、農業で活躍する女性の姿を広く周知していくこととしています。

＊　用語の解説(1)を参照

農業女子プロジェクトのメンバー数

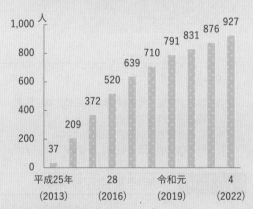

資料：農林水産省作成
注：各年11月時点の数値

「農業女子アワード2022」最優秀賞受賞者

第2章

149

第3節　農業現場を支える多様な人材や主体の活躍

　地域農業を維持し、持続可能なものとしていくためには、担い手の育成・確保の取組と併せて、中小・家族経営等多様な人材や主体の活躍を促進することも重要です。

　本節では、家族経営協定[1]の締結や外国人材の受入れ等の農業現場を支える多様な人材や主体の活躍に向けた取組等について紹介します。

（農業経営体に占める経営耕地面積1.0ha未満層の割合は約5割）

　令和4(2022)年の農業経営体に占める個人経営体の割合は95.9%、経営耕地面積1.0ha未満の農業経営体の割合は52.0%となっており、中小・家族経営等の経営体が農業経営体の大きな割合を占めています（図表2-3-1）。

　また、生産現場では中小・家族経営等多様な経営体が産地単位で連携・協働して、農業生産や共同販売を行っており、地域社会の維持に重要な役割を果たしている実態に鑑み、生産基盤の強化に取り組むこととしています。

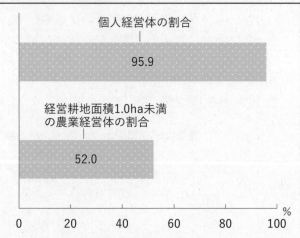

図表2-3-1　農業経営体に占める個人経営体等の割合

資料：農林水産省「令和4年農業構造動態調査結果」（令和4(2022)年12月公表）を基に作成
注：1) 令和4(2022)年2月1日時点の数値
　　2) 標本調査により把握した推定値

（家族経営協定締結数は6万戸）

　家族経営に携わる世帯員が意欲とやりがいを持って農業経営に参画するとともに、仕事と生活のバランスに配慮した働き方を実現していく環境を整えるため、農林水産省は、経営方針や労働時間・休日、役割分担について、家族間の十分な話合いを通じて家族経営協定を締結することを普及・推進しています。協定の中で役割分担や就業条件等を明確にすることにより、仕事と家事・育児を両立しやすくなるほか、それぞれが研修会等に気兼ねなく参加しやすくなるなどの効果があります。

　家族経営協定の締結数は増加傾向で推移しており、令和3(2021)年度末時点で前年

図表2-3-2　家族経営協定締結数

資料：農林水産省「家族経営協定に関する実態調査」を基に作成
注：1) 各年度末時点の数値
　　2) ＊は政策評価の測定指標における令和3(2021)年度末時点の実績に対する令和4(2022)年度の目標値

---

[1] 用語の解説(1)を参照

度に比べ353戸増加し5万9,515戸となりました(**図表2-3-2**)。これは、令和4(2022)年の主業経営体数(20万4,700経営体)の約3割に相当する経営体が締結していることになります。令和3(2021)年度に締結した協定において取り決められた内容を見ると、農業経営の方針決定(94.4%)、労働時間・休日(94.0%)、農業面の役割分担(88.4%)、労働報酬(74.1%)が多くなっています。また、締結した主な理由は、親世代からの経営継承(27.9%)、新規就農(18.3%)、定期的な見直し(15.6%)が多くなっています。

農業の現場においても誰もがやりがいを持て、働きやすい環境を整えることが求められているところ、農林水産省は、家族経営協定締結数を令和7(2025)年度までに7万戸とすることを目標としています。

(農業支援サービス事業体の育成・普及を促進)

農林水産省は、生産現場における人手不足を解決するため、農作業の受託や、機械・機具のシェアリング、人材派遣、データ分析等様々な農業支援サービス事業体の育成・普及を促進するとともに、農業者がそれらのサービスを活用できる環境を整備しています。

農業支援サービスについては、その活用により経営の継続や効率化を図ることが重要であるところ、農林水産省は、令和7(2025)年までに農業支援サービスの利用を希望する農業の担い手のうち8割以上が実際に利用できていることを目標としており、令和4(2022)年度に実施した調査によると、利用を希望する農業の担い手のうち実際に利用している割合は59.6%となりました(**図表2-3-3**)。

農業者等が各種支援サービスを比較・選択できる環境整備の一環として、令和3(2021)年から、「農業支援サービス提供事業者が提供する情報の表示の共通化に関するガイドライン」に沿って情報表示を行う事業者について、Webサイトにリストを公開しています。

また、近年は、ドローンや収穫ロボット等のスマート農業[1]技術を活用した次世代型の農業支援サービスを展開する事業体も見られており、そうしたサービスについても育成・普及を図っています。

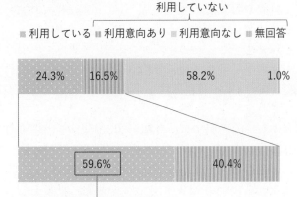

図表2-3-3 農業支援サービスの利用割合

利用していない

■利用している ■利用意向あり ■利用意向なし ■無回答

| 24.3% | 16.5% | 58.2% | 1.0% |

| 59.6% | 40.4% |

利用を希望する農業の担い手の
うち実際に利用している割合

資料:農林水産省「農業支援サービスに関する意識・意向調査結果」
(令和4(2022)年12月公表)を基に作成
注:1) 2020年農林業センサス結果を基に認定農業者等がいる個人経営体の世帯主及び団体経営体の代表者である農業者2万人を対象として、令和4(2022)年8~9月に実施した郵送とインターネットによるアンケート調査(有効回答数1万793人)
2)「有償の農業支援サービスを利用しているか」及び「(利用していない農業者に対して)今後利用する意向があるか」の質問への回答結果(回答総数1万793人)

**ガイドラインに沿ってサービスを提供する
農業支援サービス事業者リスト**
URL: https://www.maff.go.jp/j/seisan/sien/sizai/service.html#gl

---

1 用語の解説(1)を参照

(生産現場における短期労働力の確保に向けた取組を展開)

　生産現場では多くの産地で人手不足が生じていることから、特に農繁期における労働力の確保が重要な課題となっています。

　このため、農林水産省では、農繁期等における産地の短期労働力の確保に当たり、他産地・他産業との連携や労働力募集アプリの活用によるマッチング等を行う産地の取組を支援しています。

　このほか、全国の生産現場では、高齢者、障害者等の多様な人材を確保し、それぞれの持つ能力を活かす取組が広がっているほか、近年、地方公共団体や農協で農業を副業として認める地域や地方公共団体独自の支援策を設けて「半農半X[1]」を推進する地域も見られます。

(コラム) 農業分野で地方公共団体職員の副業・兼業を認める動きが進展

　果実や野菜等の生産現場では、収穫期等において慢性的な労働力不足が課題となっています。こうした状況に対応するため、近年、農業分野における地方公共団体職員の副業・兼業を認める動きが見られます。

　青森県弘前市では、令和3(2021)年から、主要作物であるりんごの生産活動(摘果・着色管理・収穫等)に限り、同市職員の副業・兼業を認めています。

　また、山形県では、令和4(2022)年から、主要作物であるさくらんぼの収穫作業等について、収穫時期(6〜7月)に限り同県職員の副業・兼業を認める「やまがたチェリサポ職員制度」の運用を開始しています。

　これらの地方公共団体では、副業・兼業を認めるに当たって、本来の職務遂行に支障を来さないよう、生産活動等に従事可能な時間の上限を設定することで、職員が生産活動等に参加する環境整備を図っています。

　職員の副業・兼業を認める制度を導入した地方公共団体においては、産地の短期労働力の確保に加え、生産活動等に従事することにより、職員の能力向上や行政サービスの品質向上等につながることも期待されています。

副業としてりんごの生産現場で
農作業を行う弘前市職員

資料：青森県弘前市

(農業分野の外国人材の総数は前年に比べ増加)

　農村における高齢化・人口減少が進行する中、外国人材を含め生産現場における労働力確保が重要となっています。

　令和4(2022)年における農業分野の外国人材の総数は、新型コロナウイルス感染症に関する水際措置の緩和により新規入国が可能となったこと等から、前年に比べ約5千人増加し4万3,562人となっています(図表2-3-4)。

---

[1] 第3章第7節を参照

図表2-3-4 農業分野における外国人材の受入状況

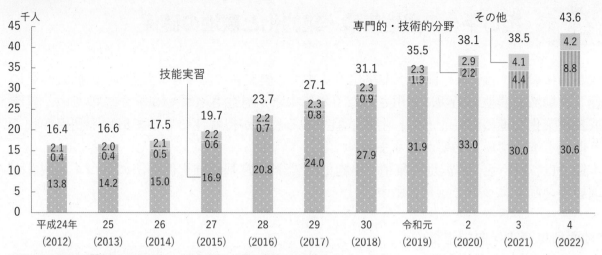

資料：厚生労働省「「外国人雇用状況」の届出状況」を基に農林水産省作成

注：1）各年10月末時点の数値

2）「専門的・技術的分野」の令和元（2019）年以降の数値には、「特定技能在留外国人」の人数も含まれる。

3）「外国人雇用状況」の届出は、雇入れ・離職時に義務付けており、「技能実習」から「特定技能」へ移行する場合等、離職を伴わない場合は届出義務がないため、他の調査と一致した数値とはならない。

このうち、特定技能制度は、人手不足が続いている中で、外国人材の受入れのために平成31(2019)年に運用が開始された制度で、農業を含む12の特定産業分野が受入対象となり、「特定技能」の在留資格で一定の専門性・技能を有し即戦力となる外国人を受け入れています。法務省の調査によると、令和4(2022)年12月末時点で、農業分野では16,459人の外国人材が同制度の下で働いており、前年同月末に比べ10,227人増加しました。

農林水産省では、特定技能制度の適切な運用を図るため、受入機関、業界団体、関係省庁で構成する農業特定技能協議会及び運営委員会を設置し、本制度の状況や課題の共有、その解決に向けた意見交換等を行っています。

（外国人技能実習生は前年に比べ1.8％増加）

外国人技能実習制度は、外国人技能実習生への技能等の移転を図り、その国の経済発展を担う人材育成を目的とした制度であり、我が国の国際協力・国際貢献の重要な一翼を担っています。農業分野においても全国の農業生産現場で多くの外国人技能実習生が受け入れられており、令和4(2022)年は、前年に比べ545人(1.8％)増加し3万575人となっています。

我が国においては、人口減少が本格化する中で、農業者の減少や荒廃農地[1]の拡大が更に加速し、地域の農地が適切に利用されなくなることが懸念されています。このため、農業の成長産業化を進めていく上で、生産基盤である農地が持続性をもって最大限利用されるよう取組を進めていく必要があります。

　本節では、担い手への農地の集積・集約化[2]や農業経営基盤強化促進法に基づく地域計画の取組等の動きについて紹介します。

（農地面積は減少傾向で推移）

　令和4(2022)年の農地面積[3]は、荒廃農地からの再生等による増加があったものの、耕地の荒廃、転用等による減少を受け、前年に比べ2万4千ha減少し433万haとなりました（**図表2-4-1**）。作付(栽培)延べ面積も減少傾向が続いており、この結果、令和3(2021)年の耕地利用率は91.4%となっており、耕地利用率の向上が課題となっています。

図表2-4-1　農地面積、作付(栽培)延べ面積、耕地利用率

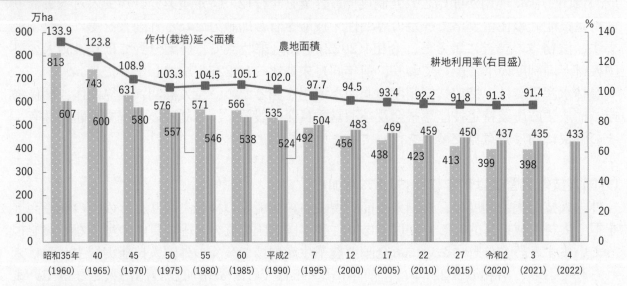

資料：農林水産省「耕地及び作付面積統計」
　注：耕地利用率(%)=作付(栽培)延べ面積÷農地面積×100

（荒廃農地の新たな発生面積は3.0万ha）

　令和3(2021)年度に新たに発生した荒廃農地面積は3.0万haとなりました（**図表2-4-2**）。これは、農業者の高齢化・病気・死亡や、担い手・労働力不足が主な理由として挙げられています。

　一方、荒廃農地が新たに再生利用された面積は1.3万haとなりました。これは、市町村・農業委員会の働き掛けや、農地所有者・地域住民による保全活動によるものです。なお、

---

[1] 用語の解説(1)を参照
[2] 用語の解説(1)を参照
[3] 農林水産省「耕地及び作付面積統計」における耕地面積の数値

再生利用が可能な荒廃農地面積は9.1万haとなっています。

　今後とも、地域における積極的な話合いを通じて、多面的機能支払交付金や中山間地域等直接支払交付金の活用、担い手への農地の集積・集約化、農地の粗放的な利用(放牧等)等により荒廃農地の発生を防止するとともに、農業委員会による所有者等への利用の働き掛け等により荒廃農地の再生に取り組むこととしています。

図表2-4-2　令和3(2021)年度の荒廃農地の発生・解消状況

(単位：万ha)

新たに発生した面積		新たに再生利用された面積		再生利用が可能な荒廃農地	
	農用地区域		農用地区域		農用地区域
3.0	1.5	1.3	0.8	9.1	5.4

資料：農林水産省作成
注：1)「再生利用が可能な荒廃農地」とは、抜根、整地、区画整理、客土等により再生することによって、通常の農作業による耕作が可能となると見込まれる荒廃農地のこと
　　2) 荒廃農地の各面積は令和4(2022)年3月30日時点の数値。再生利用された面積は令和2(2020)年12月1日〜4(2022)年3月30日までの期間の数値

(事例) 蜜源作物の作付けによる再生農地の粗放的利用を推進(鹿児島県)

　鹿児島県枕崎市の田布川地区では、高齢者の割合が高く、地域住民による営農の継続や農地保全が将来的に危惧されるとともに、地区内の農業の担い手も減少しており、急速な農地の荒廃化が懸念されています。

　こうした中、同地区では、蜜源を増やしたい養蜂業者と、農地の荒廃化を防ぎたい地域との希望が一致したことが契機となり、農山漁村振興交付金(最適土地利用対策)の支援を受けながら、蜜源作物の作付けによる再生農地の粗放的利用に取り組んでいます。

　地域での話合いにより、条件の良い農地は、担い手が甘しょ等の生産を行う一方、条件の悪い農地は、粗放的な利用を行うこととしています。再生農地の粗放的利用では、菜の花やレンゲ草等の蜜源作物の作付けを行い、養蜂業者と連携して収益を得ることで持続性を確保することとしています。

　同地区では、再生利用が可能な荒廃農地30aと遊休農地*100aの計130aを年間再生目標として掲げており、令和3(2021)年度から令和7(2025)年度までの5年間で658aの農地再生を目指しています。

＊ 用語の解説(1)を参照

地域での話合いの様子
資料：枕崎市担い手育成総合支援協議会

(所有者不明農地への対応を推進)

　相続未登記農地は、令和4(2022)年3月末時点で52.0万ha(うち遊休農地2万9千ha)、相続未登記のおそれのある農地は50万9千ha(うち遊休農地2万9千ha)存在しています。

　通常、農地の貸付けには、所有者の同意を得る必要があるため、所有者不明農地があると、法定相続人を探索し、同意を集めなければならず、円滑な貸付けが困難となります。

このため、改正農業経営基盤強化促進法[1]では、所有者不明農地や遊休農地も含め、将来の農地利用の姿を目標地図として明確化した上で、目標地図に位置付けられた農地の受け手に対し、農地中間管理機構（以下「農地バンク」という。）を通じて農地の集積・集約化を進めていくこととしています。

　また、所有者不明農地や遊休農地の利用を促進するため、農業委員会による不明所有者の公示期間を6か月から2か月へ短縮し、農地バンクから農地の受け手に対する農地の貸付期間の上限を20年から40年に引き上げたところです。

（外国法人が議決権を有する日本法人等による農地取得は5.3ha）

　令和3(2021)年に外国法人又は居住地が海外にある外国人と思われる者による農地取得はありませんでした[2]。また、外国法人又は居住地が海外にある外国人と思われる者について、これらが議決権を有する日本法人又は役員となっている日本法人による農地取得は3社、5.3haとなっています[3]。

　我が国において農地を取得する際には、農地法において、取得する農地の全てを効率的に利用して耕作を行うこと、役員の過半数が農業に常時従事する構成員であること等の要件を満たす必要があります。このため、地域とのつながりを持って農業を継続的に営めない者は農地を取得することはできず、外国人や外国法人が農地を取得することは基本的に困難であると考えられます。

（地域計画と活性化計画を一体的に推進）

　地域での話合いにより、「人・農地プラン」の作成・実行を進めてきていましたが、今後、高齢化や人口減少の本格化により農業者が減少し、地域の農地が適切に利用されなくなることが懸念される中、農地が利用されやすくなるよう、農地の集積・集約化に向けた取組を加速化することが喫緊の課題となっています。

　このため、令和4(2022)年5月に、人・農地プランを法定化し、地域での話合いにより目指すべき将来の農地利用の姿を明確化する「地域計画」を策定するとともに、それを実現すべく、地域内外から農地の受け手を幅広く確保しつつ、農地バンクを活用した農地の集積・集約化を進めるための改正農業経営基盤強化促進法が成立しました。あわせて、農地の保全等により荒廃防止を図りつつ、農山漁村の活性化の取組を計画的に推進する改正農山漁村活性化法[4]が成立しました。

　農地については、農業上の利用が行われることを基本として、まず、改正農業経営基盤強化促進法に基づき、農業上の利用が行われる農用地等の区域について地域計画を策定し、その上で、農業生産利用に向けた様々な政策努力を払ってもなお農業上の利用が困難である農地については、農用地の保全等に関する事業を検討し、粗放的な利用等を行う農地について、必要に応じ改正農山漁村活性化法に基づく活性化計画を策定することが可能となりました。

　また、地域の土地利用についての話合いを行い、両法による措置を一体的に推進することにより、地域の農地の利用・保全等を計画的に進め、農地の適切な利用を確保することとしています。

---

[1] 正式名称は「農業経営基盤強化促進法等の一部を改正する法律」
[2] 居住地が海外にある外国人と思われる者について、平成29(2017)年から令和3(2021)年までの累計は1者、0.1ha
[3] 平成29(2017)年から令和3(2021)年までの累計は6社、67.6ha（売渡面積5.2haを除く。）
[4] 正式名称は「農山漁村の活性化のための定住等及び地域間交流の促進に関する法律の一部を改正する法律」

なお、改正農業経営基盤強化促進法においては、「目標地図」を含めた地域計画を市町村が作成することとしていますが、目標地図の素案については、市町村の求めに応じて、農業委員会[1]が作成することとしており、目指すべき将来の農地利用の姿として、農業者ごとに利用する農用地等を明らかにすることとしています（**図表2-4-3**）。

図表2-4-3　地域計画策定の流れ

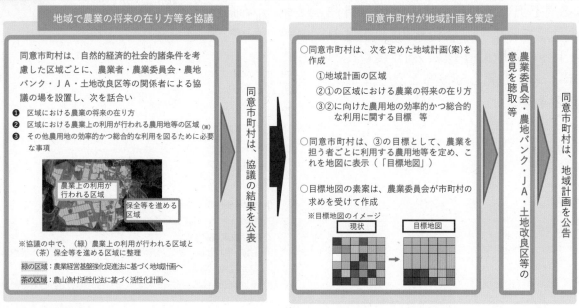

資料： 農林水産省作成

（事例） 将来の農地利用の姿を明確化する「目標地図」の作成が進展（岐阜県）

　岐阜県養老町の笠郷地区では、全国に先駆けて目標地図を作成し、担い手による農地の集約化に向けた取組を加速させています。

　同地区では、平成24(2012)年に、農林水産省が人・農地プランの作成例を示したことを契機として、将来的に目標地図が必要となると考え、関係機関と協力しながら、農地の集積状況等を整理したゾーニング地図を徐々に作りあげてきました。

　地図の作成に当たっては、担い手による話合いから始め、ゾーニング地図を含む人・農地プランの素案の作成後、担い手以外の者を含めた地域検討会を開催し、幅広く意見を聴取しました。

　同地区では、それまで相対や農地利用集積円滑化事業による利用権設定等を中心に農地の貸借を進めていましたが、目標地図に当たるゾーニング地図の作成により、地域の農地を誰が守っていくのかが明らかになり、地域内で農地の集約化の方針に関する合意形成が図られたことで、農地の集約化が進展しています。

将来の目標地図例
資料：岐阜県養老町

---

[1]　第2章第11節を参照。最適化活動の推進に当たり、農業委員会は、農地利用最適化推進委員(以下「推進委員」という。)及び農業委員の役割分担を定めた上で、両者がその役割に即して密接に連携することとしている。推進委員は、各担当区域内において、農地の出し手及び受け手の意向の把握等の最適化活動を実施し、農業委員は、推進委員の最適化活動の実施状況を把握した上で、推進委員に対して必要な支援を行う。

（担い手への農地集積率は前年度に比べ0.9ポイント上昇）

　農業者の減少が進行する中、農業の生産基盤を維持する観点から、農地の引受け手となる農業経営体の役割が一層重要となっているところ、農地の集積については、政府として、令和5(2023)年度までに8割を担い手に集積するという目標を設定しています。令和3(2021)年度の担い手への農地集積率は、前年度に比べ0.9ポイント上昇し58.9%となりました（**図表2-4-4**）。

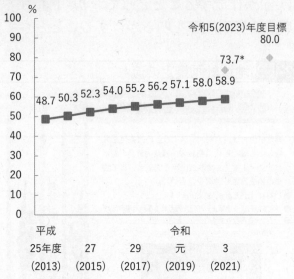

図表2-4-4　担い手への農地集積率

資料：農林水産省作成
注：1）農地バンク以外によるものを含む。
　　2）各年度末時点の数値
　　3）「担い手」とは、認定農業者、認定新規就農者、基本構想水準到達者、集落営農経営を指す。
　　4）＊は政策評価の測定指標における令和3(2021)年度の目標値

　また、令和3(2021)年度の担い手への農地集積率を地域別に見ると、農業経営体の多くが担い手である北海道で9割を超えるほか、水田が多く、農業生産基盤整備や集落営農[1]の取組が進んでいる東北、北陸でも高くなっています。一方、大都市を抱える地域(関東、東海、近畿)や、中山間地を多く抱える地域(近畿、中国・四国)では低くなっています（**図表2-4-5**）。

図表2-4-5　地域別の担い手への農地集積率

資料：農林水産省作成
注：1）農地バンク以外によるものを含む。
　　2）令和3(2021)年度末時点の数値
　　3）「担い手」とは、認定農業者、認定新規就農者、基本構想水準到達者、集落営農経営を指す。
　　4）「関東」は、山梨県、長野県、静岡県を含む。

---

[1] 用語の解説(1)を参照

（農地バンクの活用が進展）

　農地バンクにおいては、地域内に分散・錯綜する農地を借り受け、まとまった形で担い手へ再配分し、農地の集積・集約化を実現する農地中間管理事業を行っています（**図表2-4-6**）。

図表2-4-6 農地バンクを活用した集約化の取組

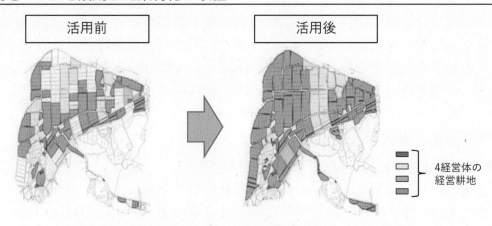

活用前　→　活用後

4経営体の経営耕地

土地改良区と連携し、基盤整備済みの農地について、農地バンク事業を実施し、担い手に集積・集約化

資料：農林水産省作成
注：秋田県北秋田市、大館市の事例

　一方、令和5(2023)年度末までに8割の農地を担い手に集積するという目標に向けては、更なる取組の加速化が必要であり、農地が分散している状況を改善し、農地を引き受けやすくしていくことが重要です。そのため、改正農業経営基盤強化促進法に基づき、農地の集積・集約化を進めていくこととしています。

　農地の集積・集約化を進めることによって、(1)作業がしやすくなり、生産コストや手間を減らすことができる、(2)スマート農業[1]等にも取り組みやすくなる、(3)遊休農地の発生防止を図れるなどの効果が期待できます。

農地中間管理機構
URL：https://www.maff.go.jp/j/keiei/koukai/kikou/nouchibank.html

――――――――――――――
[1] 用語の解説(1)を参照

第5節　農業経営の安定化に向けた取組の推進

　我が国の生産農業所得は長期的に減少していましたが、近年、おおむね横ばい傾向で推移しています。

　農業の現場では、原油価格・物価高騰等の影響や新型コロナウイルス感染症の影響の長期化も見られる中、自然災害等の様々なリスクに対応し、農業経営の安定化を図るためには、収入の減少を補償する収入保険や、金融面での支援等が重要となっています。

　本節では、農業所得の動向や農業経営の安定化に向けた取組について紹介します。

(1) 農業所得の動向

（生産農業所得は前年に比べ45億円増加し3.3兆円）

　生産農業所得は、農業総産出額の減少や資材価格の上昇により、長期的に減少傾向が続いてきましたが、米、野菜、肉用牛等において需要に応じた生産の取組が進められてきたこと等から、平成27(2015)年以降は、農業総産出額の動向を受け、3兆円台で推移してきました（**図表2-5-1**）。

　令和3(2021)年は、畜産や果実の産出額が増加したこと等により、前年に比べ45億円増加し3兆3,479億円となりました。

図表 2-5-1　生産農業所得

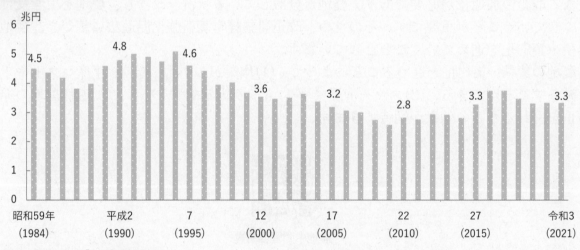

資料：農林水産省「生産農業所得統計」

（コラム）1農業経営体当たりの生産農業所得が全国的に拡大

　令和2(2020)年の1農業経営体当たりの生産農業所得は、平成2(1990)年の160万円から1.9倍となる311万円に拡大しています。

　都道府県別に見ると、令和2(2020)年の1農業経営体当たりの生産農業所得は、北海道や宮崎県、群馬県、鹿児島県等で400万円を超えています。また、平成2(1990)年から令和2(2020)年における1農業経営体当たりの生産農業所得の増加額を見ると、北海道や群馬県、宮崎県、鹿児島県等の増加額が250万円を超え、全国平均(150万円)を大きく上回っています。

　各都道府県における増加額にはばらつきが見られますが、それぞれの条件に合わせて農業生産の選択的拡大が進められてきたことがうかがわれます。

都道府県別の1農業経営体当たりの生産農業所得

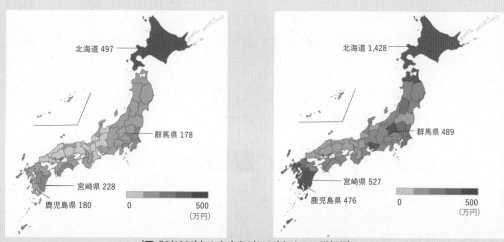

（平成2(1990)年）　　　　　　　　　　　　　（令和2(2020)年）

（平成2(1990)年から令和2(2020)年までの増加額）

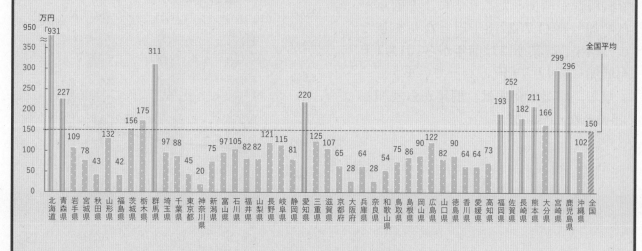

資料：農林水産省「農林業センサス」、「生産農業所得統計」を基に作成
　注：1）1農業経営体当たりの生産農業所得＝生産農業所得÷農業経営体数
　　　2）平成2(1990)年の農業経営体数は販売農家数、農家以外の農業事業体数及び農業サービス事業体数により算出

(主業経営体1経営体当たりの農業所得は434万円)

令和3(2021)年における主業経営体1経営体当たりの農業粗収益は、果樹の作物収入が増加したこと等により前年から増加し2,072万3千円となっています(**図表2-5-2**)。

また、農業経営費は、飼料費、荷造運賃手数料、動力光熱費等が増加したことから、1,638万8千円に増加しました。この結果、農業粗収益から農業経営費を除いた農業所得は前年から17万9千円増加し433万5千円となっています。

なお、農業所得率[1]は、前年並みの20.9%となっています。

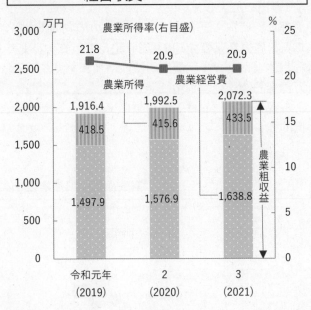

図表2-5-2 主業経営体1経営体当たりの農業経営収支

資料:農林水産省「農業経営統計調査」

(法人経営体1経営体当たりの農業所得は425万円)

令和3(2021)年における法人経営体1経営体当たりの農業粗収益は、畜産収入の増加等により前年から増加し1億2,187万3千円となっています(**図表2-5-3**)。

また、農業経営費は、養豚や採卵鶏等で飼料費が増加したこと等により前年から増加し1億1,762万8千円となりました。この結果、農業所得は前年から101万1千円増加し424万5千円となっています。

なお、農業所得率は、前年から増加し3.5%となっています。

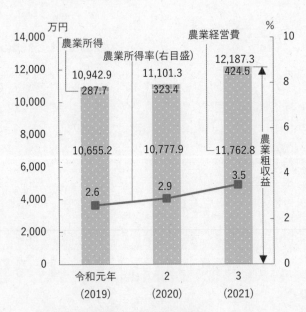

図表2-5-3 法人経営体1経営体当たりの農業経営収支

資料:農林水産省「農業経営統計調査」

---

[1] 農業所得率=農業所得÷農業粗収益×100

（個人経営体1経営体当たりの所得に占める農業所得の割合は約8割）

令和3(2021)年における個人経営体1経営体当たりの農業所得は115万2千円、農業生産関連事業所得、農外事業所得はそれぞれ1万2千円、27万8千円となりました（**図表2-5-4**）。

この結果、各所得の合計のうち、農業所得の占める割合（農業依存度）は前年に比べ0.9ポイント増加し79.9%となりました。

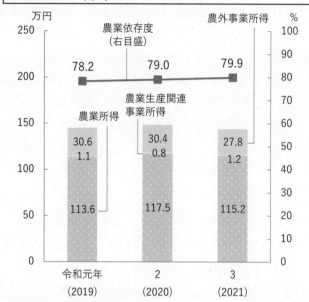

図表2-5-4 個人経営体1経営体当たりの農業所得等

資料：農林水産省「農業経営統計調査」

(2) 収入保険の普及促進・利用拡大

（収入保険の加入者は着実に拡大）

収入保険は、農業者の自由な経営判断に基づき収益性の高い作物の導入や新たな販路の開拓にチャレンジする取組等に対する総合的なセーフティネットであり、品目の枠にとらわれず、自然災害だけでなく価格低下等の様々なリスクによる収入の減少を補償しています。

令和4(2022)年の加入経営体数は、農業者の関心が高まったこと等を背景に、前年に比べ約2万経営体増加し、7万8,868経営体となりました（**図表2-5-5**）。これは青色申告を行っている農業経営体(35万3千経営体)の22.3%に当たります。さらに、令和5(2023)年の加入実績は、同年2月末時点で8万7,417経営体となっています。

なお、自然災害による損害を補償する農業共済と合わせた農業保険全体で見た場合、令和3(2021)年産の水稲の作付面積の83%、麦の作付面積の96%、大豆の作付面積の82%が加入していることになります。

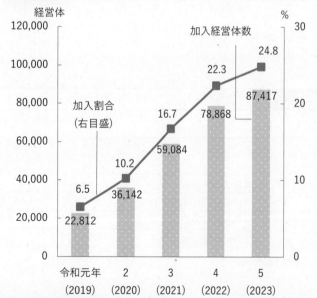

図表2-5-5 収入保険の加入経営体数と加入割合

資料：農林水産省作成

注：1) 令和5(2023)年の加入経営体数は、同年2月末時点の件数
　　2) 加入割合は「2020年農林業センサス」における青色申告を行っている農業経営体(35万3千経営体(正規の簿記と簡易な記帳の合計。))に対する割合

　また、令和3(2021)年の収入保険の支払実績は、令和5(2023)年2月末時点で3万666経営体、742億円となりました。無利子のつなぎ融資[1]については、同年2月末時点で、累計で9,084経営体、374億円の貸付けが行われています。

　このほか、令和4(2022)年度に農業保険法の施行後4年を迎えたことから、収入保険制度の検証を行い、取組方向を決定しました。具体的には、(1)甚大な気象災害の被災による影響緩和の特例、(2)加入申請年1年分のみの青色申告実績での加入、(3)加入者の積立金の負担軽減を求めるニーズに応じた新たな取組について、令和6(2024)年に保険期間が始まる収入保険の加入者から実施できるよう、引き続き検討を進めることとしています。

農業経営の収入保険
URL：https://www.maff.go.jp/j/keiei/nogyohoken/syunyuhoken/

(3) 経営所得安定対策の着実な実施

(需要に応じた米づくりを後押しするための見直しを実施)

　経営所得安定対策は、農業経営の安定に資するよう、諸外国との生産条件の格差から生ずる不利を補正するための畑作物の直接支払交付金(以下「ゲタ対策」という。)や農業収入の減少が経営に及ぼす影響を緩和するための米・畑作物の収入減少影響緩和交付金(以下「ナラシ対策」という。)を交付するものです。

　令和4(2022)年度におけるゲタ対策については、加入申請件数は前年度に比べ440件減少し4万1,152件となった一方、作付計画面積は前年度に比べ1万5千ha増加し52万5千haとなりました。また、ナラシ対策については、収入保険への移行のほか、継続加入者についても作付転換や高齢化に伴う規模縮小等により、加入申請件数が前年度に比べ8,398件減少し5万9,815件となり、申請面積は前年度に比べ8万3千ha減少し63万5千haとなっています(**図表2-5-6**)。

図表2-5-6　経営所得安定対策の加入申請状況

		平成30年度 (2018)	令和元 (2019)	2 (2020)	3 (2021)	4 (2022)
ゲタ対策	加入申請件数(件)	44,209	43,307	42,185	41,592	41,152
	作付計画面積(ha)	501,826	494,405	500,328	510,459	525,464
ナラシ対策	加入申請件数(件)	101,304	88,209	78,038	68,213	59,815
	申請面積(ha)	1,000,136	882,505	828,352	718,328	634,938

資料：農林水産省作成

　令和4(2022)年産からは、需要に応じた米生産を後押しするため、ナラシ対策の対象農産物である米について、具体的な出荷・販売予定に従って計画的に生産したものが補塡の対象となるよう運用の見直しを行っています。

---

[1] 収入保険の保険期間中であっても補塡金の受取が見込まれる場合に受けることができる無利子の融資。全国農業共済組合連合会が実施

(4) 農業金融

(農業向けの新規貸付けは近年増加傾向)

　農業向けの融資においては、農協系統金融機関(信用事業を行う農協及び信用農業協同組合連合会並びに農林中央金庫)、地方銀行等の一般金融機関が短期の運転資金や中期の設備資金を中心に、公庫がこれらを補完する形で長期・大型の設備資金を中心に、農業者への資金供給の役割を担っています。農業向けの新規貸付額については、平成28(2016)～令和3(2021)年度までの期間の伸びを見ると、農協系統金融機関は1.2倍、一般金融機関は1.1倍、公庫は1.2倍で、全体として増加傾向にあります(**図表2-5-7**)。

　農林水産省では、原油価格・物価高騰等の影響を受けた農業者に対し資金が円滑に融通されるよう、金融支援対策を講じています。

図表2-5-7　農業向けの新規貸付額

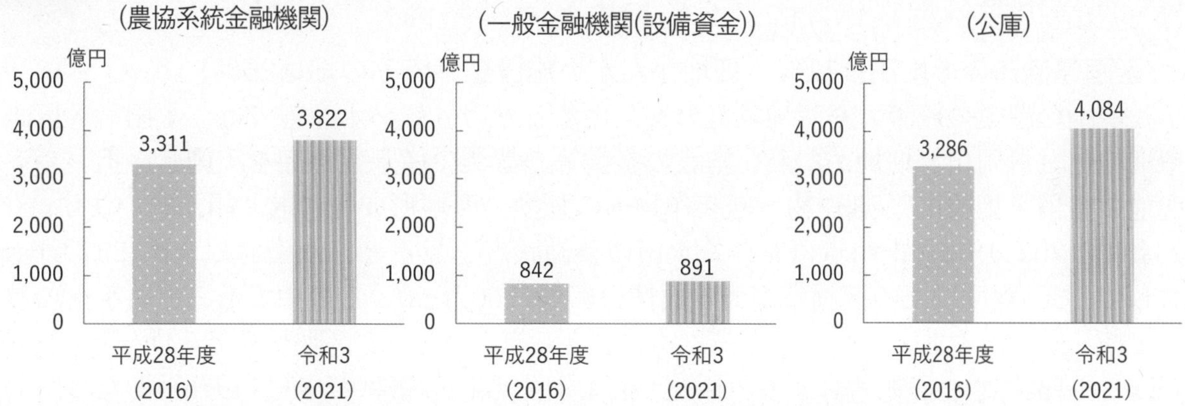

資料：日本銀行「貸出先別貸出金」、農林中央金庫「バリューレポート」、株式会社日本政策金融公庫資料を基に農林水産省作成
注：1) 一般金融機関(設備資金)は国内銀行(3勘定合算)と信用金庫の農業・林業向けの新規設備資金の合計
　　2) 農協系統金融機関は、新規貸付額のうち長期の貸付けのみを計上したもの

(ESGに配慮した農林水産業・食品産業向けの投融資を推進)

　持続可能な経済社会づくりに向けた動きが急速に拡大する中、長期的な視点を持ちESG[1]の非財務的要素にも配慮することで社会課題の解決と成長の同期を目指す金融の在り方が注目されています。また、地域金融の領域では、地域の基幹産業である農林水産業・食品産業を対象とした取組の更なる進展が期待されています。

　農林水産省では、令和5(2023)年3月に、地域金融機関によるESGの要素を考慮した事業性評価に基づく投融資・本業支援を推進するため、「農林水産業・食品産業に関するESG地域金融実践ガイダンス(第2版)」を公表しました。

---

[1] 用語の解説(2)を参照

第6節　農業の成長産業化や国土強靱化に資する農業生産基盤整備

　我が国の農業の競争力を強化し成長産業にするとともに、食料安全保障[1]の確立を図るためには、令和3(2021)年に閣議決定した「土地改良長期計画」を踏まえ、農地を大区画化するなど農業生産基盤を整備し、良好な営農条件を整えるとともに、大規模災害時にも機能不全に陥ることのないよう、国土強靱化の観点から農業水利施設[2]の長寿命化やため池の適正な管理・保全・改廃を含む農村の防災・減災対策を効果的に行うことが重要です。
　本節では、水田の大区画化、畑地化・汎用化[3]等の整備状況、農業水利施設の保全管理、流域治水の取組等による農業・農村の防災・減災対策の実施状況等について紹介します。

(1) 農業の成長産業化に向けた農業生産基盤整備

(大区画整備済みの水田は12%、畑地かんがい施設整備済みの畑は25%)

　我が国の農業の競争力や産地収益力を強化するため、農林水産省では、水田の大区画化や畑地化・汎用化、畑地かんがい施設の整備等の農業生産基盤整備を実施し、担い手への農地の集積・集約化[4]、畑作物・園芸作物への転換、産地形成等に取り組んでいます。
　令和3(2021)年3月末時点における水田の整備状況を見ると、水田面積全体(237万ha)に対して、30a程度以上の区画整備済み面積は67%(160万ha)、その中でも、担い手への農地の集積・集約化や生産コストの削減に特に資する50a以上の大区画整備済み面積は12%(27万ha)、暗渠排水の設置等により汎用化が行われた水田面積は47%(111万ha)となっています(**図表2-6-1**、**図表2-6-2**)。

図表2-6-1	水田の整備状況

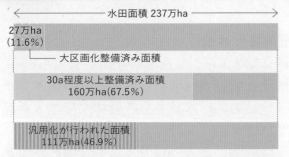

資料：農林水産省「耕地及び作付面積統計」、「農業基盤情報基礎調査」を基に作成
注：1)「大区画整備済み面積」とは、50a以上に区画整備された田の面積
　　2)「汎用化が行われた面積」とは、30a程度以上の区画整備済みの田のうち、暗渠排水の設置等が行われ、地下水位が70cm以深かつ湛水排除時間が4時間以下の田の面積
　　3)「水田面積」は令和3(2021)年7月時点の田の耕地面積の数値、それ以外の面積は令和3(2021)年3月末時点の数値

図表2-6-2	水田の大区画化・汎用化の状況

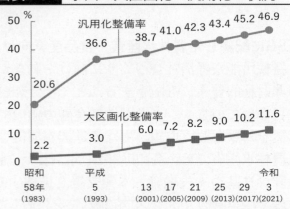

資料：農林水産省「耕地及び作付面積統計」、「農業基盤情報基礎調査」を基に作成
注：1)「大区画化整備率」とは、50a以上に区画整備された田の割合
　　2)「汎用化整備率」とは、暗渠排水の設置等が行われ、地下水位が70cm以深かつ湛水排除時間が4時間以下となる30a程度以上の区画整備済みの田の割合

---

[1] 用語の解説(1)を参照
[2] 用語の解説(1)を参照
[3] 用語の解説(1)を参照
[4] 用語の解説(1)を参照

また、畑の整備状況については、畑面積全体(198万ha)に対して、畑地かんがい施設の整備済み面積は25%(50万ha)、区画整備済み面積は65%(129万ha)となりました(図表2-6-3)。

このほか、令和4(2022)年4月に施行された「土地改良法の一部を改正する法律」(以下「改正土地改良法」という。)により、農地中間管理機構関連農地整備事業の対象に農業用用排水施設、暗渠排水等の整備が追加されました。農林水産省は、同事業等による担い手が借り受けしやすい生産条件の整備を通じて、引き続き、担い手への農地の集積・集約化の加速を図っています。

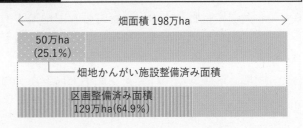

図表2-6-3 畑の整備状況

資料:農林水産省「耕地及び作付面積統計」、「農業基盤情報基礎調査」を基に作成
注:「畑面積」は令和3(2021)年7月時点の畑の耕地面積の数値、それ以外の面積は令和3(2021)年3月末時点の数値

(食料安全保障の確立を後押しする農業生産基盤整備を推進)

世界の食料需給等をめぐるリスクの顕在化を踏まえ、麦や大豆、飼料作物等の海外依存度の高い品目の生産を拡大していく必要があります。農業生産基盤整備においても、食料自給率[1]の向上を含め食料安全保障の強化を図るため、排水改良等による水田の畑地化・汎用化や、畑地かんがい施設の整備による畑地の高機能化、草地整備を推進しています。

令和4(2022)年度は15地区で畑作物等のより一層の定着に向けた排水改良や土層改良等の基盤整備を実施しています。

(スマート農業に適した農業生産基盤整備の取組が進展)

農作業の省力化・高度化を図るため、農林水産省は自動走行農機の効率的な作業に適した農地整備、ICT水管理施設の整備、パイプライン化等を通じて、スマート農業[2]の実装を促進するための農業生産基盤整備を推進しています。

令和7(2025)年度までに着手する基盤整備地区のうち、スマート農業の実装を可能とする基盤整備を行う地区の割合を約8割以上とすることを目標としており、令和3(2021)年度以降、自動走行農機を導入・利用するための農地の大区画化やターン農道の整備、遠隔操作・自動制御により水管理を行うための自動給水栓の整備等、スマート農業の実装を可能とする基盤整備を行っており、同年度は156地区で着手しました。

---

[1] 用語の解説(1)を参照
[2] 用語の解説(1)を参照

第2章

（事例）水田の大区画化・排水改良によりたまねぎの生産を拡大（北海道）

北海道富良野市、中富良野町の水田地帯である富良野盆地地区では、国営農地再編整備事業による農地整備を契機として、たまねぎの生産が拡大し、地域の収益力が向上しています。

同地区は圃場が小区画かつ排水不良であったことから、効率的な機械作業やたまねぎの安定生産に支障が生じていました。

このため、同地区では国営農地再編整備事業を平成20（2008）～令和2（2020）年度に実施し、圃場の大区画化や地下水位制御システムの整備等による排水改良等を行いました。

農地整備により、排水性が良好になり、たまねぎの収量・品質が向上したほか、水稲作における大型農業機械への転換が進み、労働時間が節減されたことから、高収益作物の作付面積が拡大しました。また、生産拡大したたまねぎを活用した加工品の販売が増加するなど、地域の収益力向上にも寄与しています。

同地区では、ふらの農業協同組合が地区内に整備したRTK基地局＊を活用して、圃場の均平化作業の省力化・高精度化等が図られるとともに、トラクターの自動操舵システムやドローンを活用した肥料散布等のスマート農業も進められており、更なる農作業の効率化につながることが期待されています。

＊ 地上に設置して、位置情報の補正データを送信する機器。GPS衛星からのデータとRTK基地局から送信された補正データを解析することにより高精度な測位が可能。RTKはReal Time Kinematicの略

北海道
中富良野町
富良野市

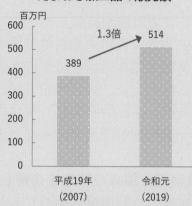
たまねぎ加工品の販売額

百万円

389（平成19年（2007））
514（令和元（2019））
1.3倍

資料：ふらの農業協同組合の資料を基に農林水産省作成
注：同農協で販売されたむきたまねぎ及びソテーオニオンの販売額

（整備前：30～50a 区画）

（整備後：1.5～2.3ha 区画）

大区画整備前後の圃場
資料：国土交通省

RTK 基地局を活用した
圃場の均平化作業
資料：ふらの農業協同組合

(みどり戦略の実現を後押しする農業生産基盤整備を推進)

　農林水産省は、みどり戦略[1]の実現を後押しするため、農地の大区画化、除草の自動化を可能とする畦畔整備、ICT水管理施設整備等の農業生産基盤整備を実施し、水管理や草刈り等の労働時間を短縮することで、慣行農業と比べて労力を要する有機農業や環境保全型農業の推進に寄与しています。また、農林水産業のCO_2ゼロエミッション化の推進に向けて、農業用水を活用した小水力発電等の再生可能エネルギーの導入や、電力消費の大きなポンプ場等の農業水利施設の省エネルギー化に取り組んでいます。

　農業水利施設等を活用した再生可能エネルギー発電施設については、令和3(2021)年度末までに、農業用ダムや水路を活用した小水力発電施設は165施設、農業水利施設の敷地等を活用した太陽光発電施設、風力発電施設はそれぞれ124施設、4施設の計293施設を農業農村整備事業等により整備しました(**図表2-6-4**)。これにより、土地改良施設の使用電力量に対する小水力等再生可能エネルギーの割合は、同年度末時点で30.5%となりました。発電した電気を農業水利施設等で利用することにより、施設の運転に要する電気代が節約でき、農業者の負担軽減にもつながっています。

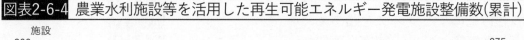

図表2-6-4 　農業水利施設等を活用した再生可能エネルギー発電施設整備数(累計)

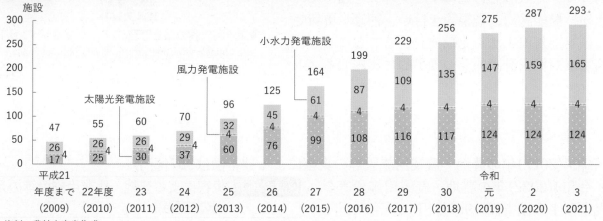

資料：農林水産省作成

(2) 農業水利施設の戦略的な保全管理

(標準耐用年数を超過している基幹的施設は56%、基幹的水路は45%)

　基幹的農業水利施設の整備状況は、令和3(2021)年3月末時点で、基幹的施設の施設数が7,700か所、基幹的水路の延長が5万1,831kmとなっており、これらの施設は土地改良区等が管理しています。

　基幹的農業水利施設の相当数は、戦後から高度成長期にかけて整備されてきたことから、老朽化が進行しており、標準耐用年数[2]を超過している施設数・延長は、基幹的施設が4,324か所、基幹的水路が2万3,206kmで、それぞれ全体の56%、45%を占めています(**図表2-6-5**)。

　また、経年劣化やその他の原因による農業水利施設(基幹的農業水利施設以外も含む。)の漏水等の突発事故は、令和3(2021)年度においても依然として高い水準で発生しています(**図表2-6-6**)。

---

[1] 第2章第9節を参照
[2] 所得税法等の減価償却資産の償却期間を定めた財務省令を基に農林水産省が定めたもの

図表2-6-5	基幹的農業水利施設の老朽化状況

		施設数・延長	うち 標準耐用年数超過	標準耐用年数超過割合(%)
基幹的施設(か所)		7,700	4,324	56
	貯水池	1,295	131	10
	取水堰	1,962	810	41
	用排水機場	3,002	2,323	77
	水門等	1,138	826	73
	管理設備	303	234	77
基幹的水路(km)		51,831	23,206	45

資料：農林水産省「農業基盤情報基礎調査」を基に作成
注：令和3(2021)年3月末時点の数値

図表2-6-6	農業水利施設の突発事故発生状況

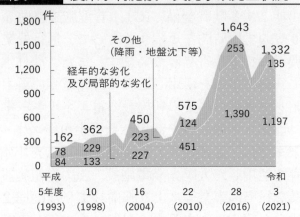

資料：農林水産省作成

このような中、農林水産省は、農業水利施設の長寿命化とライフサイクルコスト[1]の低減に向けて、施設の老朽化によるリスクを踏まえた点検、機能診断、監視等を行い、補修・更新等の様々な対策工法を比較検討することにより、適切な対策を計画的かつ効率的に実施するストックマネジメント[2]を推進しています。

農業水利施設の保全管理(ストックマネジメント)
URL：https://www.maff.go.jp/j/nousin/mizu/sutomane/

(3) 農業・農村の強靱化に向けた防災・減災対策

(令和4(2022)年の農地・農業用施設等の災害による被害額は967億円)

令和4(2022)年の農地・農業用施設等の災害による被害額は967億円で、「令和4年8月3日からの大雨[3]」等により、月別では同年8月の被害額が大きくなっています(**図表2-6-7**)。

農林水産省は、令和2(2020)年に閣議決定した「防災・減災、国土強靱化のための5か年加速化対策[4]」に基づき、「流域治水対策(農業水利施設の整備、水田の貯留機能向上、海岸の整備)」、「防災重点農業用ため池の防災・減災対策」、「農業水利施設等の老朽化、豪雨・地震対策」等の防災・減災対策に取り組んでいます。

図表2-6-7	災害による農地、農業用施設等の月別の被害額

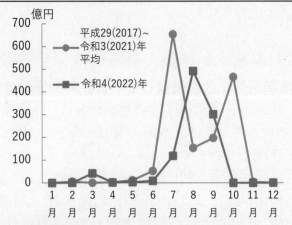

資料：農林水産省作成
注：1) 各月の農地、農業用施設、海岸保全施設、地すべり防止施設、直轄施設、農村生活環境施設の被害額の合計の数値
　　2) 令和5(2023)年3月末時点の集計値

---

[1] 施設の建設に要する経費、供用期間中の維持保全コストや、廃棄に係る経費に至るまでの全ての経費の総額
[2] 施設の機能がどのように低下していくのか、どのタイミングで、どの対策を講じれば効率的に長寿命化できるのかを検討し、施設の機能保全を効率的に実施すること
[3] 第4章第2節を参照
[4] 第4章第3節を参照

(ため池工事特措法に基づくため池の防災・減災対策を実施)

　ため池工事特措法[1]に基づき、都道府県知事は「防災重点農業用ため池」を指定するとともに、防災工事等を集中的・計画的に進めるための防災工事等推進計画を策定しています。令和3(2021)年7月末時点で指定された防災重点農業用ため池は約5万5千か所となっています。

　また、国は防災工事等の的確かつ円滑な実施に向けて、多数の防災重点農業用ため池を有する都道府県において、ため池整備に知見を有する土地改良事業団体連合会を活用した「ため池サポートセンター」等の設立を支援しており、令和4(2022)年12月時点で37道府県において設立されています。

　あわせて、防災工事等が実施されるまでの間についても、ハザードマップの作成、監視・管理体制の強化等を行うなど、ハード面とソフト面の対策を適切に組み合わせたため池の防災・減災対策を推進しています。ハザードマップを作成した防災重点農業用ため池は令和3(2021)年度末時点で約3万3千か所となりました。

(農地・農業水利施設を活用した流域治水の取組を推進)

　国、流域地方公共団体、企業等が協働し、各水系で重点的に実施する治水対策の全体像を取りまとめた「流域治水プロジェクト」において、令和4(2022)年度末時点で109の一級水系における119のプロジェクトのうち89で農地・農業水利施設の活用が位置付けられています。

　農林水産省は、流域全体で治水対策を進めていく中で、水田を活用した「田んぼダム」、農業用ダムの事前放流等、洪水調節機能を持つ農地・農業水利施設の活用による流域治水の取組を関係省庁や地方公共団体、農業関係者等と連携して推進しています。

　これらの取組により、同年度に出水が発生した際には、延べ101基の農業用ダムにおいて事前放流等により洪水調節容量を確保し、洪水被害を軽減することができました。また、田んぼダムについては、令和2(2020)年度の約4万haから令和3(2021)年度の約5.6万haへと取組面積が拡大しています。

流域治水への取組
URL：https://www.maff.go.jp/j/nousin/mizu/kurasi_agwater/ryuuiki_tisui.html

(令和3(2021)年度に新たに湛水被害が防止された農地等の面積は約5万8千ha)

　豪雨災害による農地、農業用施設等への湛水被害等を未然に防止又は軽減するため、農林水産省は、令和3(2021)～7(2025)年度に新たに湛水被害等が防止される農地及び周辺地

---

[1] 正式名称は「防災重点農業用ため池に係る防災工事等の推進に関する特別措置法」(令和2(2020)年10月施行)

域の面積を約21万haとする目標を定めています。目標の達成に向けて、排水施設等の整備を計画的に進めており、令和3(2021)年度に新たに湛水被害等が防止された農地等の面積は約5万8千haとなりました。

　また、改正土地改良法により、農業者の申請、同意、費用負担によらずに、国又は地方公共団体の判断で実施できる緊急的な防災事業の対象に、農業用用排水施設の豪雨対策が追加され、令和4(2022)年度には27地区で豪雨対策の事業に着手しました。

（事例）排水路の改修により、湛水被害を未然防止(岩手県)

　岩手県北上市及び花巻市にまたがる和賀中央地区では、早期に排水路を改修し、排水能力を向上させることにより、湛水被害の未然防止を図っています。

　同地区では、降雨形態等の変化により流出量が増加し、湛水被害が生じるおそれがあったため、国営かんがい排水事業により平成25(2013)年度から用排水施設の改修を実施しています。令和元(2019)年には「防災・減災、国土強靱化のための3か年緊急対策」も活用して、早期に排水路の改修を行い、中央幹線放水路の排水能力を約2.8倍に増強しました。

　その結果、時間雨量28.0mmを記録した令和3(2021)年6月23～24日の大雨では、対策実施前の施設では溢水による湛水被害が生じるおそれがありましたが、対策により排水能力が向上したことから、湛水被害を未然に防止することができました。

　用排水施設の改修により、今後とも、農業用水の安定供給が図られるとともに、湛水被害が防止され、農業生産の維持や農業経営の安定に資することが期待されています。

対策による排水能力向上

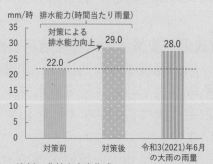

資料：農林水産省作成

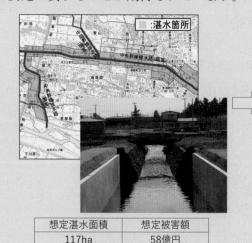

想定湛水面積	想定被害額
117ha	58億円

（対策前：排水能力16.3m³/秒）

想定湛水面積	想定被害額
なし	なし

（対策後：排水能力45.0m³/秒）

対策前後の中央幹線放水路と湛水シミュレーション図

資料：農林水産省作成

第7節	需要構造等の変化に対応した生産基盤の強化と流通・加工構造の合理化

我が国では、各地の気候や土壌等の条件に応じて、様々な農畜産物が生産されています。消費者ニーズや海外市場、加工・業務用等の新たな需要に対応し、国内外の市場を獲得していくためには、需要構造等の変化に対応した生産供給体制の構築を図ることが重要です。

本節では、各品目の生産基盤の強化や労働安全性の向上等の取組について紹介します。

(1) 畜産・酪農の生産基盤強化等の競争力強化

(酪農経営に関し、需給両面から需給ギャップの早期解消を推進)

我が国の酪農経営については、ロシアによるウクライナ侵略や為替相場等の影響による飼料費等の高騰等により、深刻な影響が及んでいます。

一般社団法人中央酪農会議が令和5(2023)年3月に公表した調査によれば、指定生乳生産者団体の受託農家戸数は、令和4(2022)年以降、特に都府県において例年と比べて減少率が拡大しており、令和5(2023)年2月には前年同月比で8.6%の減少となるなど、離農が進んでいる状況にあります(**図表2-7-1**)。

このため、農林水産省では、酪農経営について、配合飼料の高騰対策に加えて、国産粗飼料の利用拡大等に継続して取り組む酪農経営に対し、購入する粗飼料等のコスト上昇分の一部に対する補塡金の交付や、金融支援等、飼料価格の高騰の影響緩和対策を推進しています。

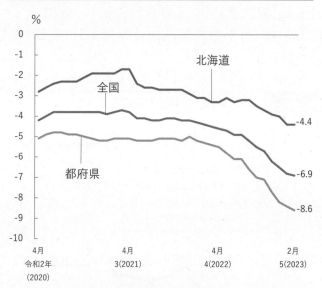

図表 2-7-1 指定生乳生産者団体の受託農家戸数の減少率(前年同月比)

資料：一般社団法人中央酪農会議「受託農家戸数」(令和5(2023)年3月公表)を基に農林水産省作成

また、生乳の需給状況については、新型コロナウイルス感染症の影響等により牛乳乳製品の需要が低迷し、令和4(2022)年12月時点で脱脂粉乳の在庫量が8万2千tとなっています(**図表2-7-2**)。40万t以上とも言われる生乳の需給ギャップが生じており、その解消が緊急の課題となっています。このため、生産者団体においては、厳しい生乳需給の状況を踏まえ、苦渋の決断で自主的に抑制的な生産に取り組んでいます。

農林水産省では、需給ギャップを早期に解消し、生産コストの上昇を適正に価格に反映できる環境を整え、酪農経営の改善を図っていくことが重要との認識の下、生産者が早期に乳用経産牛をリタイアさせ、生乳の生産抑制を図る取組を後押しするとともに、生産者や乳業者が協調して行う乳製品在庫の低減に向けた取組を支援しています。

くわえて、酪農乳業界の枠を超えた取組である「牛乳でスマイルプロジェクト」等、消費拡大や販路開拓の取組等を推進しています。さらに、新規需要を開拓するため、訪日外国人観光客やこども食堂等に対し、牛乳を安価に提供する活動等を緊急的に支援することとしました。このほか、幅広い関係者から成る協議会を設置し、国民の理解と協力の下で飼料コストの増加分等を販売価格に反映しやすくするための環境整備を図ることとしています。

なお、令和3(2021)年度の総合乳価(全国)は103.5円/kgとなっており、さらに、生産者団体と乳業メーカーの乳価交渉により、令和4(2022)年11月から牛乳等向け乳価が10円/kg(税抜き)引き上げられ、また、令和5(2023)年4月から乳製品向け乳価が10円/kg(税抜き)引き上げられることとなっています(**図表2-7-3**)。

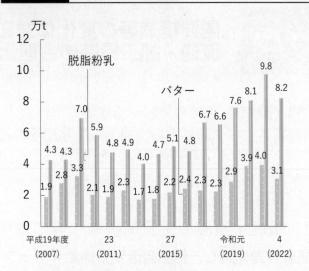

図表2-7-2 乳製品の在庫量

脱脂粉乳

バター

資料：農林水産省「牛乳乳製品統計」
注：1) 在庫量は年度末の数値。令和4(2022)年度は令和4(2022)年12月の数値
　　2) 令和3(2021)年度及び令和4(2022)年度は概数値

図表2-7-3 総合乳価(全国)の動向

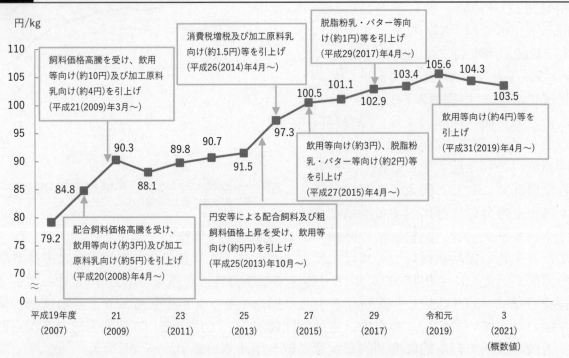

資料：農林水産省作成
注：1) 総合乳価は、生産乳取引価格から集送乳経費や手数料を控除し、加工原料乳生産者補給金等を加算したもの
　　2) 各年度の総合乳価は農林水産省「農業物価統計調査」を基に算出
　　3) 各年度の数値は各月の単純平均であり、消費税を含む。
　　4) 平成19(2007)年度から平成21(2009)年度までは平成17(2005)年基準。平成22(2010)年度から平成26(2014)年度までは平成22(2010)年基準。平成27(2015)年度から令和元(2019)年度までは平成27(2015)年基準。令和2(2020)年度から令和3(2021)年度までは令和2(2020)年基準

(地域における畜産の収益性向上を図る取組を推進)

　農林水産省では、国内外の需要に応じた畜産物の生産を進めるため、キャトルブリーディングステーション(CBS)[1]、キャトルステーション(CS)[2]の活用による肉用繁殖牛の増頭のほか、ICT等の新技術を活用した発情発見装置や分べん監視装置等の機械装置の導入等による生産基盤強化、衛生管理の改善、家畜改良や飼養管理技術の向上等を推進しています。

　また、畜産農家を始め地域の関係者が連携し、地域の畜産の収益性向上を図る畜産クラスターの取組を推進しています。収益性向上のための実証のほか、中心的な経営体の施設整備や機械導入、経営継承の支援等、畜種を問わず、様々な取組が実施されています。

　さらに、畜産農家・食肉処理施設・食肉流通事業者がコンソーシアムを形成し、国産食肉の生産・流通体制の高度化や輸出拡大を図る取組のほか、国内外の多様化する消費者ニーズに対応するための精肉加工施設の整備等を支援することにより、産地の生産供給体制や収益力の強化を推進しています。

(持続可能な畜産物生産のための取組を推進)

　近年、世界的に農林水産分野における環境負荷軽減の取組が加速する中で、我が国の温室効果ガス[3]排出量の約1%を占める酪農・畜産でも排出削減の取組が求められています。

　農林水産省では、家畜生産に係る環境負荷軽減等の展開、資源循環の拡大、国産飼料の生産・利用の拡大、有機畜産の振興、アニマルウェルフェアに配慮した飼養管理の普及、畜産GAP認証の推進、消費者の理解醸成等に取り組み、持続可能な畜産物生産を図ることとしています。

(アニマルウェルフェアに配慮した飼養管理の普及を推進)

　家畜を快適な環境下で飼養することにより、家畜のストレスや疾病を減らし、生産性の向上や安全な畜産物の生産にもつながるアニマルウェルフェアの推進が求められています。

　農林水産省では、アニマルウェルフェアに対する相互の理解を深めるため、幅広い関係者による「アニマルウェルフェアに関する意見交換会」を開催しています。また、アニマルウェルフェアに配慮した生産体制の確立を加速させるため、OIEコード[4]に基づき畜種ごとの飼養管理方針についての指針に関して新たな策定に向けた取組を進めるなど、我が国のアニマルウェルフェアの水準を国際水準と同程度にするための取組の普及・推進等を図ることとしています。

(畜舎等の建築等及び利用の特例に関する法律が施行)

　畜舎、堆肥舎等の建築に関し建築基準法の特例を定めることを内容とする「畜舎等の建築等及び利用の特例に関する法律」(以下「畜舎特例法」という。)が令和4(2022)年4月に施行されました。これにより、都道府県に畜舎建築利用計画を申請し、認定を受ければ、一定の利用基準を遵守することで、緩和された構造等の技術基準で畜舎を建築することができるため、農業者や建築士の創意工夫により建築費を抑え、規模拡大や省力化機械の導

---

[1] 繁殖雌牛の分べん・種付けや子牛の哺育・育成を集約的に行う施設
[2] 繁殖経営で生産された子牛の哺育・育成を集約的に行う施設
[3] 用語の解説(1)を参照
[4] OIE(国際獣疫事務局)の陸生動物衛生規約。OIEについては、用語の解説(2)を参照

入が一層進むことが期待されています。

　また、令和5(2023)年4月から、畜舎特例法の「畜舎等」の対象に畜産業の用に供する農業用機械や飼料・敷料の保管庫等を追加することとしています。

（コラム）第12回全国和牛能力共進会が鹿児島県で開催

　令和4(2022)年10月に、第12回全国和牛能力共進会が鹿児島県で開催されました。全国和牛能力共進会は、5年に1度、全国の優秀な和牛を一堂に集めて和牛改良の成果を競うとともに今後の和牛改良の方向性を共有する大会であり、今回は、「地域かがやく和牛力」をテーマに、41道府県から選抜された438頭が出品されました。

　大会では、雄牛・雌牛の和牛改良の成果を競う「種牛の部」が同県霧島市で開催され、同県の出品牛が内閣総理大臣賞を獲得しました。また、肉質を競う「肉牛の部」が同県南九州市で開催され、宮崎県の出品牛が内閣総理大臣賞を獲得しました。開催地である鹿児島県は、9部門中6部門で優等賞1席を獲得しました。

　今回の共進会から、従来のサシ（脂肪交雑）を中心とした肉質評価に加え、新たに、牛肉の食味に関連する脂肪酸の含有量を評価する「脂肪の質評価群」が設けられました。和牛肉の美味しさに着目し、従来と異なる角度から和牛の魅力にスポットを当て、地域の特色ある牛づくりや新たな和牛肉の特性を見直すための取組として、大きな関心を集めました。

　さらに、特別区「高校及び農業大学校の部」が新たな出品区として設けられ、将来の和牛生産の中心となる若い担い手が大いに活躍しました。

　同大会を契機に、和牛の魅力や生産性が向上し、将来にわたって和牛生産が成長し、次世代に引き継がれていくことが期待されています。

内閣総理大臣賞を受賞

共進会の会場の様子

（競馬法を改正し、競馬の健全な発展等のための措置を強化）

　令和4(2022)年11月に、競馬の健全な発展を図るとともに、競馬に対する国民の信頼を確保するため、競馬活性化計画の目的及び記載事項の見直し、地方競馬全国協会の資金確保措置の恒久化及び延長、競馬の公正かつ円滑な実施を確保するために必要な措置の充実等を図ることを内容とする「競馬法の一部を改正する法律」が公布されました。今後は、地方競馬の経営基盤や馬産地の生産基盤の強化を安定的に推進するとともに、競馬に対する国民の信頼を確保していくこととしています。

(2) 新たな需要に応える園芸作物等の生産体制の強化

(加工・業務用野菜の出荷量は前年産に比べ減少)

加工・業務用野菜は、冷凍食品会社等の実需者から国産需要が高く、野菜需要の約6割を占めています。一方、加工・業務用野菜は、国産品が出回らない時期がある品目等を中心に輸入が約3割を占めています。

令和3(2021)年産の指定野菜[1](ばれいしょを除く。)の加工・業務用向け出荷量は、外食産業等において新型コロナウイルス感染症の影響で業務用需要が十分に回復しなかったことから、前年産に比べ1.2%減少し100万4千tとなりました(**図表2-7-4**)。

農林水産省では、加工・業務用野菜等の生産体制の一層の強化、輸入野菜の国産切替えを進めるため、畑地化のほか、水田を活用した新たな園芸産地における機械化一貫体系の導入、新たな生産・流通体系の構築や作柄安定技術の導入等を支援しています。

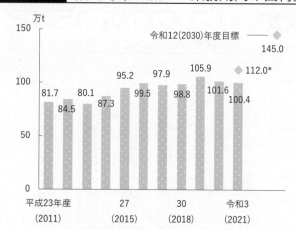

図表2-7-4 指定野菜の加工・業務用向け出荷量

資料:農林水産省「野菜生産出荷統計」を基に作成
注:1) 出荷量は指定野菜14品目のうち、ばれいしょを除いたもの(だいこん、にんじん、さといも、はくさい、キャベツ、ほうれんそう、レタス、ねぎ、たまねぎ、きゅうり、なす、トマト、ピーマン)の合計
　　2) 加工用向けとは、加工場又は加工する目的の業者に出荷したもの及び加工されることが明らかなもの(長期保存に供する冷凍用を含む。)、業務用向けとは、学校給食、レストラン等の中食・外食業者へ出荷したものをいう。
　　3) *は政策評価の測定指標における令和3(2021)年度の実績に対する令和4(2022)年度の目標値

指定野菜の加工・業務用向け出荷量については、畑地化や、水田を活用した新産地の形成等の克服すべき課題に対応し、令和12(2030)年度までに145万tに拡大することを目標としています。

(高品質果実の生産基盤の強化を推進)

国産果実の生産量が減少する中、「おいしい」、「食べやすい」などの消費者ニーズに対応した新品種が育成され、主要産地に広く普及されています。また、機能性成分の含有を高めた付加価値の高い品種等、高品質な優良品目・品種への転換が行われています(**図表2-7-5**)。

近年では、皮ごと食べられる手軽さと優れた食味が特長の「シャインマスカット(ぶどう)」や、貯蔵性が高く長期保存できる「シナノゴールド(りんご)」、外観が良くむきやすい「せとか(かんきつ)」等、需要が高い品種の生産が拡大しています。

また、産地では、高品質果実の生産基盤の維持・強化のため、省力的で多収な樹形への転換が進められています。果樹の省力樹形は、小さな木を密植して直線的な植栽様式とするため、作業動線が単純で効率的となり、労働時間を従来の慣行樹形に比べ大幅に削減することができます。また、日当たりが均一になることで品質がそろいやすく、密植するこ

---

[1] 野菜生産出荷安定法において、消費量が相対的に多い又は多くなることが見込まれる14品目(キャベツ、きゅうり、さといも、だいこん、たまねぎ、トマト、なす、にんじん、ねぎ、はくさい、ばれいしょ、ピーマン、ほうれんそう、レタス)をいう。

とで高収益化が可能になります。

　農林水産省は、省力樹形の導入等による労働生産性の向上と共に、気候変動への適応、担い手や労働力の確保に向けた取組等、高品質果実の生産基盤の強化を推進しています。

図表 2-7-5　果実の優良品目・品種への転換面積（累計）

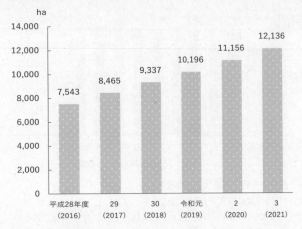

資料：農林水産省作成
注：1) 転換面積とは、果樹経営支援対策事業により優良品目・品種へ改植・新植・高接を実施した面積
　　2) 果樹経営支援対策事業が開始された平成19(2007)年度以降に、改植・新植・高接を実施した面積の各年度時点までの合計

りんごの樹を薄い垣根状に密植する「トールスピンドル栽培」

（サツマイモ基腐病対策を推進）

　令和2(2020)年以降、つるが枯れ、いもが腐る「サツマイモ基腐病」による被害が宮崎県、鹿児島県等で発生しており、令和5(2023)年3月末時点で、31都道府県で発生が確認されています。

　このため、農林水産省では、令和4(2022)年産への影響を最小限にするため、薬剤防除等の取組への支援に加え、交換耕作や健全な苗等の供給能力強化のための施設整備、被害軽減対策の実証等の取組に対する支援の拡充を行いました。

　また、関係都道府県と連携し、健全種苗の生産・流通・使用の徹底や、圃場における本病の早期発見・早期防除の徹底等のまん延防止に向けた取組を指導するとともに、産地からの要望を踏まえた農薬の登録拡大を推進しています。

　さらに、農研機構では、抵抗性品種の育成や診断技術の開発、薬剤・資材を利用した防除技術の開発等を進めるとともに、研究事業で得られた成果を踏まえつつ、防除技術の確立・普及に向けた取組を推進しています。

（3）米政策改革の着実な推進

（水田作の農業経営体数は減少傾向で推移）

　田のある農業経営体数は、減少傾向で推移しており、令和2(2020)年は約84万経営体と、平成17(2005)年の174万1千経営体と比べて約5割減少しています（**図表2-7-6**）。このうち、個人経営体数は、令和2(2020)年は約82万経営体となっており、主業経営体、準主業経営体、副業的経営体の全ての分類で減少しています。一方、団体経営体数は、令和2(2020)年は約2万経営体と、平成17(2005)年の7千経営体と比べて約3倍となっています。また、

田における主業経営体及び法人等の団体経営体が占める経営耕地面積の割合は、平成17(2005)年の41%から令和2(2020)年に55%まで増加しており、水田農業経営体数が減少する中で、集落営農組織を含めた担い手による農地集積が進展していると考えられます。

　担い手の確保に向け、農林水産省では、「効率的かつ安定的な経営体」を目指す意欲ある農業者を、経営規模の大小や、法人か家族経営かの別を問わず、幅広く育成・支援することとしています。

図表 2-7-6　田のある農業経営体数、田の経営耕地面積

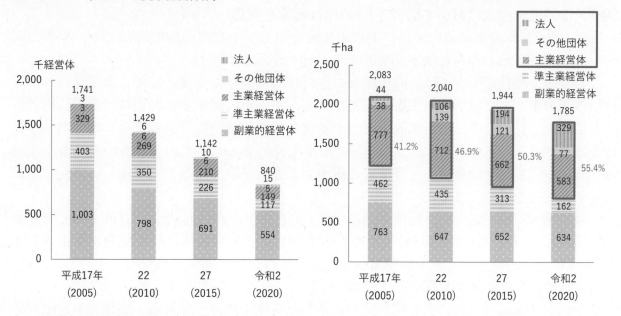

資料：農林水産省「農林業センサス」を基に作成
注：1）各年2月1日時点の数値
　　2）主副業別は、平成17(2005)～27(2015)年は販売農家の数値
　　3）法人及び法人以外は、平成17(2005)年は農家以外の農業事業体（販売目的）、平成22(2010)年及び平成27(2015)年は販売目的で農業生産を行う組織経営体、令和2(2020)年は団体経営体の数値
　　4）計は、各表章項目の合計値
　　5）「田のある農業経営体数」は、一部でも田のある経営体の数である一方、「田の経営耕地面積」は、それらが経営する田のみの経営耕地面積であり、畑等は含んでいない。

（米の需要に応じた生産・販売を推進）

　主食用米の需要量が年間10万t程度減少している中、消費者ニーズにきめ細かく対応した米や、国産需要のある麦・大豆、加工・業務用野菜等を生産する産地を形成していくことが必要となっています。

　このため、農林水産省では、産地・生産者と実需者が結び付いた事前契約や複数年契約による安定取引、水田活用の直接支払交付金等による作付転換への支援のほか、都道府県別の販売進捗、在庫・価格等の情報提供を実施しています。

（高収益作物の産地を308産地創設）

　野菜や果樹等の高収益作物は、必要な労働時間は水稲より長くなるものの、単位面積当たりの農業所得は高くなっています。近年では、排水対策等の基盤整備や機械化一貫体系等の新しい技術を導入し、高収益作物への作付転換を図る動きも見られています。

　このため、農林水産省では、高収益作物への作付転換、水田の畑地化・汎用化[1]のための農業生産基盤整備、栽培技術や機械・施設の導入、販路確保等の取組を計画的かつ一体的に支援し、令和7(2025)年度までに水田農業における高収益作物の産地を500産地とすることを目標としており、令和4(2022)年9月末時点で308産地まで増加しています。

（令和4(2022)年産米において5万2千haの作付転換を実現）

　令和4(2022)年産米においては、主食用米需要の減少や在庫の増加等により、平年単収ベースで3万9千haの作付転換が必要となる見通しが示されました。

　このため、農林水産省では、同年産米の作付転換に向けた支援として、水田リノベーション事業や麦・大豆収益性・生産性向上プロジェクトを措置するとともに、水田活用の直接支払交付金において、新市場開拓用米の新規の複数年契約に対する支援や地力増進作物による土づくりの取組に対する支援を創設しました。さらに、このような関連施策や需給の動向について、全国会議や各産地での説明会、意見交換会を通じて周知し、需要に応じた生産・販売を推進しました。

　この結果、5万2千haの作付転換が進められ、主食用米の作付面積は125万1千haとなりました（**図表2-7-7**）。平成30(2018)年産において国による生産数量目標の配分が廃止されて以降、米の需給の安定に必要な転換面積を超える作付転換が実現されたのは初めてであり、需要に応じた生産が着実に進展しています。

　また、農林水産省では、引き続き需要に応じた生産を推進するため、畑作物の生産が定着した水田については畑地化を促すとともに、水田機能を維持しながら畑作物を生産する農地については、水稲とのブロックローテーションを促す観点から、令和8(2026)年度までの5年間に一度も水張りが行われない農地は水田活用の直接支払交付金の交付対象としない方針を令和3(2021)年12月に決定しました。その上で、本方針に係る現場の課題を踏まえ、畑地化の促進等、必要な支援を措置しました。

---

[1] 用語の解説(1)を参照

図表2-7-7 主食用米等の作付面積

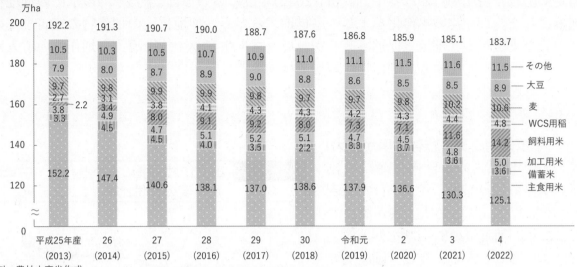

（単位：万ha）

年産	平成25年産(2013)	26(2014)	27(2015)	28(2016)	29(2017)	30(2018)	令和元(2019)	2(2020)	3(2021)	4(2022)
合計	192.2	191.3	190.7	190.0	188.7	187.6	186.8	185.9	185.1	183.7
その他	10.5	10.3	10.5	10.7	10.9	11.0	11.1	11.5	11.6	11.5
大豆	7.9	8.0	8.7	8.9	9.0	8.8	8.6	8.5	8.5	8.9
麦	9.7	9.8	9.9	9.9	9.8	9.7	9.7	9.8	10.2	10.6
WCS用稲	2.7	3.1	3.8	4.1	4.3	4.3	4.2	4.3	4.4	4.8
飼料用米	2.2	3.4	8.0	9.1	9.2	8.0	7.3	7.1	11.6	14.2
加工用米	3.8	4.9	4.7	5.1	5.2	5.1	4.7	4.5	4.8	5.0
備蓄米	3.3	4.5	4.5	4.0	3.5	2.2	3.3	3.7	3.6	3.6
主食用米	152.2	147.4	140.6	138.1	137.0	138.6	137.9	136.6	130.3	125.1

資料：農林水産省作成

注：1）主食用米の作付面積は、農林水産省「耕地及び作付面積統計」
　　2）「その他」は、米粉用米、新市場開拓米、飼料作物、そば、なたねの面積
　　3）加工用米、飼料用米、WCS用稲、米粉用米、新市場開拓用米は、取組計画の認定面積
　　4）麦、大豆、飼料作物、そば、なたねは、地方農政局等が都道府県農業再生協議会等に聞き取った面積（基幹作のみ）
　　5）備蓄米は、地域農業再生協議会が把握した面積

（事例）ブロックローテーションと深層施肥技術の導入で大豆増産を実現（島根県）

　島根県出雲市の農事組合法人ふくどみは、水稲・大麦・大豆の2年3作ブロックローテーションに取り組むとともに、深層施肥技術やドローンによる防除を導入し、大豆の増産に取り組んでいます。

　同法人では、近隣の離農者から農地集積を進めて経営面積を拡大しており、令和3(2021)年の大豆の作付面積は13.6haで、10年前の約2倍に増加しています。大豆の品種は、サチユタカA1号、タマホマレを主に栽培しており、そのほとんどが契約栽培で実需者から好評を得ています。

　大豆の生産に当たっては、播種・収穫を約3日で行うなど天候を考慮して適期作業に努めています。また、弾丸暗渠*の施工時に併せて石灰窒素の深層施肥を行う機械を工夫し、開花期以降の養分供給を可能にするとともに、中耕除草機による3回の除草・土寄せを行っています。さらに、ドローンを導入し植物活性剤等の散布を実施することで安定生産を実現しています。

　同法人では、今後とも、更なる技術革新に取り組みながら、高収量・高品質の大豆生産の実現を目指していくこととしています。

* 機械力により土層中に弾丸を通して通水孔を設けるもの

中耕除草機
資料：農事組合法人ふくどみ

大豆の収穫に向けた
圃場での確認作業
資料：農事組合法人ふくどみ

（畑作物の本作化を推進）

　需要に応じた生産が行われる中、令和4(2022)年度においては、約3千haの水田の畑地化が進みました。畑作物の本作化をより一層推進するため、畑地化後の畑作物の定着までの一定期間を支援する「畑地化促進事業」や、低コスト生産等の技術導入や畑作物の導入定着に向けた取組を支援する「畑作物産地形成促進事業」を措置しました。

（4）麦・大豆の需要に応じた生産の更なる拡大

（パン・中華麺用小麦の作付比率が拡大）

　麦の消費量に占める国内生産量の割合は、小麦で12〜17%、大麦・はだか麦で8〜12%となっています。我が国においては、年間消費量の8〜9割を外国産麦が占めていることから、今後、国産麦の割合を伸ばしていく余地があります。一方、耐病性や加工適性に優れた新品種の導入・普及が進み、実需者が求める品質に見合った麦の生産が進展しています。令和3(2021)年における小麦作付面積に占めるパン・中華麺用小麦の作付比率は、前年に比べ3ポイント増加し26%となっています（図表2-7-8）。

図表 2-7-8　小麦作付面積に占めるパン・中華麺用小麦の作付比率

資料：農林水産省作成
注：パン・中華麺用小麦の品種は、ゆめちから、春よ恋、ミナミノカオリ、ゆきちから、せときらら、はるきらり、ニシノカオリ、ゆめかおり

（食用大豆の需要量に占める国産大豆の割合は増加）

　食用大豆の需要量は、健康志向の高まりにより増加傾向で推移してきましたが、令和3(2021)年度は、前年度に比べ5.2%減少し99万8千tとなりました（図表2-7-9）。

　国産大豆は、実需者から味の良さ等の品質が評価され、ほぼ全量が豆腐、納豆、煮豆等の食品向けに供されており、令和3(2021)年度の食品向け国産大豆は、23万9千tとなりました。

　食用大豆の需要見込みについては、豆腐、納豆、味噌等の各実需者は、令和9(2027)年度の大豆の使用量を令和3(2021)年度に比べ14%増やす見込みであり、特に国産大豆の使用量を25%増やす見込みとしています（図表2-7-10）。国産大豆を増やす理由については、「消費者ニーズに応えられる」、「付加価値が向上する」などが多く挙げられており、今後、国産大豆の需要が一層高まることが期待されます。

図表2-7-9 食用大豆の需要動向

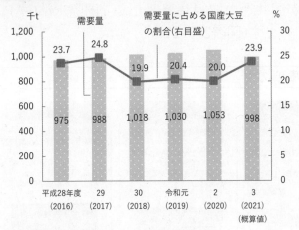

資料：農林水産省「食料需給表」を基に作成

国産大豆を使用した大豆ミート製品
資料：マルコメ株式会社

図表2-7-10 食用大豆の需要見込みと国産大豆を増やす理由

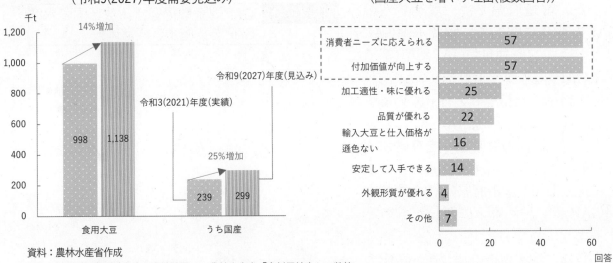

資料：農林水産省作成
注：1) 令和3(2021)年度の実績数量は、農林水産省「食料需給表」の数値
　　2) 令和9(2027)年度の需要見込みは、各業界団体からの聞き取り結果を基に推計した数値

(5) GAP(農業生産工程管理)の推進

(国際水準GAPを推進)

　GAP[1]は、農業生産の各工程の実施、記録、点検及び評価を行うことによる持続的な改善活動であり、食品の安全性向上や環境保全、労働安全の確保等に資するとともに、農業経営の改善や効率化につながる取組です。

　我が国の農業の競争力強化と持続的な発展のためには、「食品安全」、「環境保全」、「労働安全」、「人権保護」、「農場経営管理」の5分野を含む国際水準GAPの普及を推進することが有効です。また、SDGs[2]に対する関心が国内外で高まる中、国際水準GAPは、SDGsが目指す経済・社会・環境が調和した持続可能な世界の実現にも幅広く貢献できるものです。

---

[1] 用語の解説(2)を参照
[2] 用語の解説(2)を参照

このため、農林水産省では、令和4(2022)年3月に「我が国における国際水準GAPの推進方策」を策定するとともに、国際水準GAPの我が国共通の取組基準として「国際水準GAPガイドライン」を策定し、その普及を推進しています(**図表2-7-11**)。

図表2-7-11　国際水準GAPの5分野における取組事項の例

食品安全	環境保全	労働安全	人権保護	農場経営管理
・食品安全に係るリスク管理 ・使用する水のリスク管理 ・異物混入の防止 ・農薬の適正使用と記録 ・農産物取扱施設の衛生管理	・環境負荷に係るリスク管理 ・温室効果ガス削減の取組 ・土づくりや施肥設計を通じた土壌管理 ・総合的病害虫・雑草管理(IPM)の実施 ・廃棄物の適正処理・利用	・労働安全に係るリスク管理 ・機械・設備の点検・整備 ・作業安全用の保護具の着用 ・農場内の整理整頓、清掃 ・農薬の適切な取扱いと保管	・労働者への労働条件の提示と遵守 ・家族間の十分な話合いに基づく家族経営の実施 ・技能実習生等の受入に係る環境整備	・基本情報の整理 ・業務ごとの責任者の配置と農場ルールの策定 ・トレーサビリティの確保と記録の作成・保存 ・クレームへの対応手順の策定

集出荷作業において
マスク着用等をルール化

農薬空容器を分別処理

機械の一旦停止により
作業安全を確保
(巻き込まれ防止)

掲示物には技能実習生の
母国語を併記

圃場等の情報を
地図と共に整理

資料：農林水産省作成

また、都道府県では、農業者へのGAPの普及に関して、国際水準GAPガイドラインや独自のGAP基準(都道府県GAP)に基づく指導や、GAP認証取得を目指した指導等を行っています。農林水産省では、国際水準GAPの推進方策を受け、都道府県GAPを存続する都道府県に対し、令和6(2024)年度末を目途として、都道府県GAPを国際水準GAPガイドラインに則したものとするよう求めています。

さらに、ISO[1]規格に基づき、GAPの取組が正しく実施されていることを第三者機関が審査し証明する仕組みであるGAP認証について、我が国では主にGLOBALG.A.P.[2]、ASIAGAP[3]、JGAP[4]の3種類のGAP認証が普及しています。令和3(2021)年度のGAP認証取得経営体数は、7,977経営体となりました(**図表2-7-12**)。また、同年度において、国内で国際水準GAPを実施する経営体数は2万4,653経営体となっています。

図表2-7-12　GAP認証取得経営体数と国際水準GAPを実施する経営体数

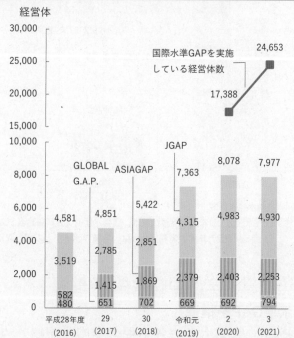

資料：一般社団法人GAP普及推進機構及び一般財団法人日本GAP協会の資料を基に農林水産省作成
注：1) 各年度末時点の数値(ただし、GLOBALG.A.P.の平成29(2017)年度、令和2(2020)年度及び令和3(2021)年度の数値は、各年12月末時点の数値
　　2) JGAP、ASIAGAP、GLOBALG.A.P.の数値は、それぞれのGAPの認証を取得した経営体数
　　3) 各年度の合計値は、JGAP、ASIAGAP、GLOBALG.A.P.の総和

---

[1] 用語の解説(2)を参照
[2] 用語の解説(2)を参照
[3] 一般財団法人日本GAP協会が策定した第三者認証のGAP。対象は青果物、穀物、茶
[4] 一般財団法人日本GAP協会が策定した第三者認証のGAP。対象は青果物、穀物、茶、家畜・畜産物

国際水準GAPの更なる取組拡大に向けて、農林水産省では、GAP認証農産物を取り扱う意向を有している事業者である「GAPパートナー」を募集し、農業者とのマッチングを進めています。これらの事業者とも連携し、農業者による国際水準GAPの取組を消費者へも情報発信することで、国際水準GAPを更に推進していくこととしています。

国際水準GAPとSDGs
URL：https://www.maff.go.jp/j/seisan/gizyutu/gap/gap_sdgs.html

Goodな農業！GAP-info
URL：https://www.maff.go.jp/j/seisan/gizyutu/gap/gap-info.html

---

（事例）高校生が主体となって GLOBALG.A.P.認証を取得（愛知県）

愛知県田原市の愛知県立渥美農業高等学校は、生徒自らがGLOBALG.A.P.認証の取得に必要な情報を収集して申請書類を作成し、地域の主力品目である菊やトマトでの認証取得を実現しました。

同校では、毎年度、農業、施設園芸を専攻する2年生、3年生の生徒約80人がGAPを学習するとともに、GAP認証を受けた農場で実習を行っており、生徒の間でもGAPへの関心が高くなっています。

また、田原地域は、国内最大の菊の産地であり、今後、農産物輸出でGAP認証が求められること等も考えて、認証の取得に取り組みました。

国内には、花き専門のGAP認証審査員がいませんでしたが、同校の働き掛けによって、国内初の花きのGAP認証審査員が誕生しています。

GLOBALG.A.P.の取得や、農場実習等の経験を基に、卒業後にGAP認証取得企業に就職し、GAPの実践に貢献する者も出てきており、今後、同校を中心にGAPが地域に広まっていくことが期待されています。

「令和3年度未来につながる持続可能な農業推進コンクール（GAP部門）」において農林水産大臣賞を受賞

（6）効果的な農作業安全対策の展開

（農作業中の事故による死亡者数は、農業機械作業に係る事故が約7割）

農作業中の事故による死亡者数は、令和3（2021）年は前年に比べ28人減少し242人となりました。農作業死亡事故を要因別に見ると、農業機械作業に係る事故が171人（70.7％）となっており、このうち、乗用型トラクターに係るものが58人（24.0％）と最も多くなっています（図表2-7-13）。

これらの事故実態を踏まえ、令和3（2021）年に取りまとめた「農作業安全対策の強化に向けて（中間とりまとめ）」に基づいた対応を進めています。

このうち農作業環境の安全対策については、農研機構が農機メーカーからの依頼に基づいて農業機械の安全性を確認する安全性検査制度の見直しを行う中で、乗用型トラクターにおいてシートベルトを装着せずに運転した際に運転手に警告を行う装置や、果樹園で防除作業を行うスピードスプレーヤーの転落時に運転手の安全域を確保する構造の基準化に

向けた検討等が行われています。

　また、農業者の安全意識の向上対策については、普及指導センターや農協、農業機械販売店等の協力を得て、約3,700人の農作業安全に関する指導者を育成するとともに、令和4(2022)年度から、農作業事故の発生状況、農業経営への影響、シートベルト装着の徹底等、効果的な事故防止対策等について農業者に直接研修を行っているほか、ポスター等を用いた啓発を行っています。

図表2-7-13　農作業の死亡事故発生状況

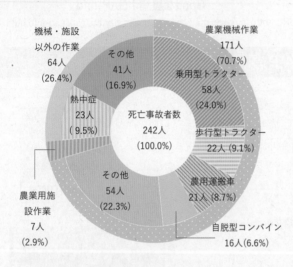

資料：農林水産省「農作業死亡事故調査」
注：令和3(2021)年の数値

令和4年「農作業安全ポスターデザインコンテスト」
農林水産大臣賞受賞作品

（農作業中の熱中症による死亡事故は継続的に発生）

　令和3(2021)年における農作業中の熱中症による死亡者数は23人となっており、死亡事故要因の上位を占めています。農作業中の熱中症による死亡事故は、日中の最高気温が30℃を超える日が多い7〜8月に多い傾向がありますが、春先や5月頃であってもビニールハウス内等においては死亡事故が発生しています（**図表2-7-14**）。

　農林水産省では、環境省と気象庁が連携して運用する「熱中症警戒アラート」が発出された際、MAFFアプリにも熱中症に注意するよう通知される機能の活用や、体温を下げる機能を持つタオルや体温上昇を検知して警告する機器等、「熱中症対策アイテム」の活用を促しています。

　このほか、スマート農業[1]実証プロジェクトにおいても、農業者の熱中症等の異変を検知する安全見守りシステムの実証に取り組んでいます。

図表2-7-14　農作業中の熱中症による死亡事故件数（月別）

（平成24(2012)年〜令和3(2021)年の累計）

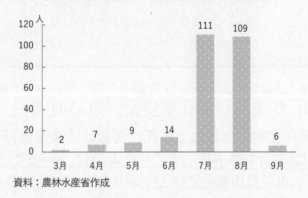

資料：農林水産省作成

---

[1] 用語の解説(1)を参照

（7）良質かつ低廉な農業資材の供給や農産物の生産・流通・加工の合理化

（農産物の流通・加工の合理化等に向けた取組を推進）

　農業が将来にわたって持続的に発展していくためには、農業の構造改革を推進することと併せて、良質で低廉な農業資材の供給や農産物流通等の合理化といった、農業者の努力では解決できない構造的な問題を解決していくことが重要です。

　このため、農林水産省では、農業競争力強化支援法に基づき、良質かつ低廉な農業資材の供給や、農産物の流通合理化に資する事業再編や事業参入の支援を行っています。令和4(2022)年度においては、農産物の流通・加工分野において、国産農産物の販売拡大に寄与する食品の製造機能の集約等の取組を支援しました。

（農協による買取販売等の取組が拡大）

　農業者の所得向上のためには、農協[1]が農産物の有利販売を行うことが重要ですが、いわゆる「買取販売」を実施する農協については、平成27(2015)年は361農協であったところ、令和2(2020)年は398農協と、全体の約7割に増加しており、農協が販売事業に力を入れる取組が広がっています。

　また、JA全農では、青果物の卸売業者や流通業者との業務提携により、共同配送やパレットの共通化等の流通の合理化に向けた取組を進めています。

　さらに、一部の農協等では、低コスト肥料の開発・販売やドローンによる受託防除の取組を実施しています。

鹿児島県経済農業協同組合連合会が
開発・販売している、堆肥を活用した
低コスト肥料
資料：鹿児島県経済農業協同組合連合会

（担い手の米の生産コスト削減に向けた取組を推進）

　稲作経営の農業所得を向上させるには、生産コストの削減が重要となっています。担い手の生産コストについては、令和5(2023)年までに平成23(2011)年産(全国平均1万6,001円/60kg)から4割削減することを目標に掲げています。このため、米の生産については、農地の集積・集約化[2]、多収品種の導入、スマート農業技術の普及による省力化に加え、生産資材の低減を推進しています。

　特に生産コストの約5割を占める生産資材(農機具費、肥料費、農業薬剤費)と労働費については、令和6(2024)年度までに5,470円/60kgとすることを目標としており、令和3(2021)年産米に係る生産資材と労働費の合計は、個別経営で6,160円/60kg、組織法人経営で6,491円/60kgとなっています(**図表2-7-15**)。

---

[1] 第2章第11節を参照
[2] 用語の解説(1)を参照

図表2-7-15　米の生産資材費と労働費

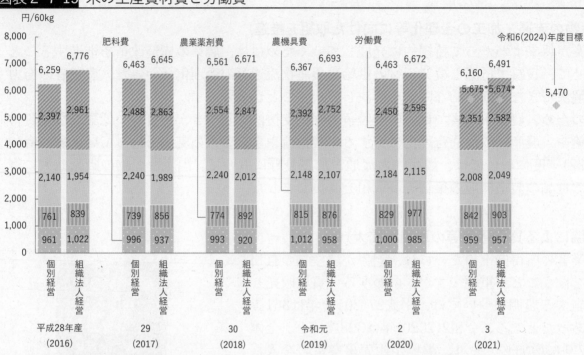

資料：農林水産省「農産物生産費統計(個別経営)」、「農産物生産費統計(組織法人経営)」、「組織法人経営体に関する経営分析調査」を基に作成
注：1) 個別経営は、認定農業者がいる経営体のうち作付面積15.0ha以上の経営体
　　2) 組織法人経営は、稲作主体の経営体
　　3) ＊は政策評価の測定指標における令和3(2021)年度の実績に対する令和4(2022)年度の目標値

(スマート・オコメ・チェーンの構築に向けた取組を推進)

　米の生産から消費に至るまでの情報を関係者間で連携し、生産の高度化や流通の最適化、販売における付加価値向上等を図るスマートフードチェーン(スマート・オコメ・チェーン)の構築に向け、米の消費拡大や付加価値向上、輸出拡大に資する情報項目の調査・検証を行い、各種情報の標準化に向けた検討を進めました。

　また、「農産物検査規格・米穀の取引に関する検討会」での検討を踏まえ策定された「機械鑑定を前提とした農産物検査規格」については、令和4(2022)年産米の検査から適用されています。

スマート・オコメ・チェーンコンソーシアムについて
URL：https://www.maff.go.jp/j/syouan/keikaku/soukatu/okomechain.html

<table>
<tr><td>第8節</td><td>情報通信技術等の活用による農業生産・
流通現場のイノベーションの促進</td></tr>
</table>

　農業生産・流通現場でのイノベーションの進展、農業施策に関する各種手続や情報入手の利便性の向上は、高齢化や労働力不足等に直面している我が国の農業において、経営の最適化や効率化に向けた新たな動きとして期待されています。

　本節では、スマート農業[1]の導入状況や農業・食関連産業におけるデジタル変革に向けた取組、産学官連携による研究開発の動向等について紹介します。

(1) スマート農業の推進

(農作業の自動化、作業記録のデジタル化等の取組が進展)

　農業の現場では、ロボット・AI・IoT等の先端技術や、データを活用し、農業の生産性向上等を図る取組が各地で広がりを見せています。

　具体的には、ロボットトラクタ、スマートフォンで操作する水田の水管理システム等の活用により、農作業を自動化し省力化に資する取組が進められているほか、位置情報と連動した経営管理アプリの活用により、作業の記録をデジタル化・自動化し、熟練者でなくても生産活動の主体になることも容易となっています。令和4(2022)年7月時点では、走行経路を「見える化」するGNSS[2]ガイダンスシステムが2万8,270台、ハンドルを自動制御する自動操舵システムが1万7,990台出荷されています[3]。また、ドローンによる農薬等の散布実績は増加傾向で推移する中、令和2(2020)年度末時点で約12万haと推計されています(**図表2-8-1**)。さらに、ドローン等によるセンシングデータや気象データのAI解析により、農作物の生育や病虫害を予測し、高度な農業経営を行う取組等も展開されています。

ロボットトラクタの無人運転
資料：ヤンマーアグリ株式会社

図表2-8-1 ドローンによる農薬等の散布実績（推計）

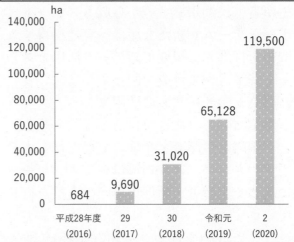

	平成28年度 (2016)	29 (2017)	30 (2018)	令和元 (2019)	2 (2020)
ha	684	9,690	31,020	65,128	119,500

資料：農林水産省作成
注：平成30(2018)年度までは「空中散布等における無人航空機利用技術指導指針」に基づき集計した数値。令和元(2019)年度は空中散布実績を把握していた一部の都道府県のデータを基に推計した数値。令和2(2020)年度は国土交通省の飛行実績のデータを基に推計した数値

1　用語の解説(1)を参照
2　Global Navigation Satellite Systemの略で、全球測位衛星システムのこと。人工衛星からの信号を受信することにより、世界のどこにいても現在位置を正確に割り出すことができる測位システム
3　北海道庁が調査した出荷台数(全国)の数値。調査を開始した平成20(2008)年度以降の累計台数

（事例）IoT水管理システムを活用し、米生産の省力化を推進（富山県）

富山県高岡市の農業生産法人である有限会社スタファームは、IoTを活用した水管理システムを導入し、米生産の省力化と生産性向上に取り組んでいます。

同社では、ふだん管理している圃場から7km程度離れた地区において約15haの圃場管理を請け負ったことを契機に、令和3（2021）年度にIoTセンサーにより水門を自動的に管理できるシステムを導入しました。

圃場ごとに、スマートフォンで遠隔操作できる水管理システムの設備を合計で60台設置し、タイマー機能や水位センサーを利用することで、水門を見回る労力や水管理の手間が軽減されています。また、水管理システムによる効果的な管理を通じて雑草等が減少し、除草剤の量を削減できることにより、生産性や品質向上の面でも効果が見られています。

今後も、農地中間管理機構を活用した農地賃借による水稲等の生産に取り組むほか、米生産の省力化によって削減した時間を活用し、にんじんを主体とした野菜の生産にも力を入れていくこととしています。

IoT水管理システム
資料：有限会社スタファーム

（データを活用した農業を実践している農業の担い手の割合は前年に比べ増加）

データを活用した農業を実践している農業の担い手の割合は、令和3（2021）年が48.6％となっており、前年の36.4％から12.2ポイント増加しています（**図表2-8-2**）。

農林水産省では、スマート農業実証プロジェクトに参加して技術・ノウハウを培った生産者、民間事業者等から成るスマートサポートチームが新たな産地へ実地指導する取組を推進し、現地でのデータ活用とスマート農業人材の育成を図っています。また、農業支援サービスの活用により、スマート農業に関心はあるが自力では取り組むことが困難な生産者・産地の支援を行っています。さらに、普及指導員による、データに基づく生産者・産地指導への支援を行っています。

こうした取組を進め、令和7（2025）年までに農業の担い手のほぼ全てがデータを活用した農業を実践することを目標としています。

図表2-8-2　データを活用した農業を実践している農業の担い手の割合

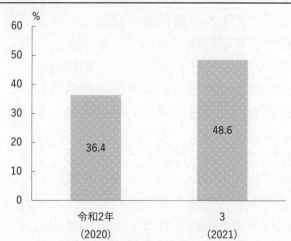

資料：農林水産省「2020年農林業センサス」（組替集計）、「令和3年農業構造動態調査」（組替集計）を基に作成
注：1）「農業の担い手」とは、認定農業者又は認定新規就農者のいる経営体、及び集落営農経営（非法人の団体経営体）を指す。
　　2）令和2（2020）年は「2020年農林業センサス」（組替集計）を基に集計した数値。令和3（2021）年は「令和3年農業構造動態調査」（組替集計）を基に参考値として集計した数値

（事例）施設園芸農業のデータを集約し、営農指導を高度化（高知県）

高知県では、環境制御技術にIoTやAI等の先端技術を融合し、施設園芸農業の発展を図る「IoP（Internet of Plants）プロジェクト」に取り組んでおり、農業データ連携基盤であるIoPクラウド「SAWACHI」を活用した、データに基づいた施設園芸農業の普及を推進しています。

令和4（2022）年9月に本格運用を開始したSAWACHIは、ハウス内に設置した環境測定装置で測定した環境情報や、作物の生育状況、出荷情報等のデータを「見える化」し、共有できるクラウドサービスです。クラウド上のデータは農業者だけでなく、県やJAの指導員も利用でき、モデル農家のデータと比較して改善点を分かりやすく指導するなど、営農指導の高度化に役立てられています。

県は、JAグループと連携し、県内各地区にデータ駆動型農業推進の担当者を配置して体制を整備するとともに、指導員向けのデータ分析研修等を実施し、栽培技術・経営指導の最適化を図っています。

今後は、データ駆動型農業を実践していない農業者への環境測定装置の試験的な導入を支援しながらSAWACHIの普及を進め、農業所得の更なる向上を後押ししていくこととしています。

「SAWACHI」の画面

資料：高知県

（農業関連データの連携・活用を促進）

様々なデータの連携・共有が可能となるデータプラットフォーム「農業データ連携基盤（WAGRI[1]）」を活用した農業者向けのICTサービスが民間企業等により開発され、農業者への提供が始まっています。運営主体である農研機構ではデータの充実や利用しやすい環境の整備に取り組んでいます。

WAGRI
URL：https://wagri.naro.go.jp

また、農林水産省は、農業者が利用する農業機械等から得られるデータについて、メーカーの垣根を越えてデータを利用できる仕組み（オープンAPI[2]）の整備を支援しています。

このほか、スマート農業の海外展開に向けて、農林水産省は、農研機構、民間企業と連携し、国際標準の形成に向けた調査・検討を行っています。

（小型農業ロボットの公道走行に向けた環境整備を推進）

運搬、農薬散布等の農作業を補助する農業ロボットについては、小型で小回りが利き、圃場、果樹園等、幅広い場面で使用できる多様な走行方式の機種が実用化されています。

令和4（2022）年4月に成立した改正道路交通法[3]では、遠隔操作により通行する小型の車であって、一定の構造基準を満たすものについては、「遠隔操作型小型車」とし、歩行者と同様の交通ルールを適用することとなりました。農林水産省では、小型農業ロボットが遠隔操作型小型車として道路を走行するために必要となる車体の大きさや構造の基準、道路を

---

[1] 農業データプラットフォームが、様々なデータやサービスを連環させる「輪」となり、様々なコミュニティの更なる調和を促す「和」となることで、農業分野にイノベーションを引き起こすことへの期待から生まれた言葉（WA＋AGRI）
[2] Application Programming Interfaceの略。複数のアプリ等を接続（連携）するために必要な仕組みのこと
[3] 正式名称は「道路交通法の一部を改正する法律」

通行させようとする場合における届出の方法等について、開発メーカー等に情報提供することとしています。

(全ての農業高校・農業大学校においてスマート農業をカリキュラム化)

　農業現場においてスマート農業の活用が進む中、今後の農業の担い手を育成する農業大学校や農業高校等においても、スマート農業を学ぶ機会を充実させることが重要です。このため、令和4(2022)年度から、全ての農業高校・農業大学校においてスマート農業がカリキュラム化[1]されました。

　また、スマート農業に精通する人材の育成を進めるためには、スマート農業に関心を持つ学生や経営を発展させたい農業者等が、いつでも誰でもスマート農業について体系的に学べるようにするとともに、農業教育機関の教員がスマート農業の指導に必要な知識を身に付けることが必要です。農林水産省では、スマート農業の最新技術等を学べるよう、農業者や教員等を対象としたスマート農業研修を推進するとともに、農業高校・農業大学校等への研修用スマート農業機械・設備の導入や動画コンテンツの充実を推進しています。

(スマート農業を支える農業支援サービスの取組が拡大)

　近年、ドローンやIoT等の最新技術を活用して、農薬散布作業を代行するサービスや、データを駆使したコンサルティング等、スマート農業を支える農業支援サービス[2]の取組が人手不足に悩む生産現場で広がっています。これらの取組には、スマート農業機械等の導入コストの低減や、コンサルティングによる生産性の向上等の効果が期待されています。

　農林水産省は、ドローンや自動走行農機等の先端技術を活用した作業代行やシェアリング・リース等の次世代型の農業支援サービスの定着を促進することとしています。

---

[1]　農業大学校については、令和3(2021)年度末までに、全ての学校においてカリキュラム化。農業高校については、スマート農業に関する内容が盛り込まれた新たな高等学校学習指導要領が令和4(2022)年度の1年生から年次進行で実施
[2]　第2章第3節を参照

（コラム）スタートアップによる次世代型の農業支援サービスが拡大

近年、次世代型の農業支援サービスの事業化を進めるスタートアップが存在感を高めています。

兵庫県丹波市(たんばし)のサグリ株式会社は、衛星データとAI技術等を組み合わせたデータプラットフォームの開発・提供を行っています。同社の営農支援アプリは、衛星データから分析した作物の生育状況のほか、土壌のpHや窒素成分等を把握できる機能を備えており、アプリを利用する農業者は、適切な施肥管理による肥料費の節減や環境負荷の低減を図ることが可能となっています。さらに、荒廃農地*を「見える化」する農地状況把握アプリは、衛星データから未利用農地を高精度に判定できる機能を備えており、アプリを利用する農業委員会は、現地確認や文書事務の労力軽減を図ることが可能となっています。

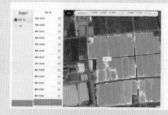

**生育状況を色で把握可能な
営農支援アプリ**
資料：サグリ株式会社

また、静岡県浜松市(はままつし)の株式会社Happy Quality(ハッピー クオリティー)は、センシング技術とAI技術を組み合わせた高糖度トマトの生産や選果機データを活用した栽培ノウハウの改善等に取り組んでいます。同社では、パートナー契約を締結した農業者に栽培技術と栽培指導を一体的に提供し、生産物を全量買取りすることで農業者の収益基盤の確立をサポートしています。農業経営支援サービスを受ける農業者は、相場価格にとらわれずに高品質トマトの生産に取り組んでいます。

このように農業の現場では、データ分析やデータ活用等の技術により農業経営や農作業をサポートするスタートアップの活躍の場が広がっています。今後とも、顧客との距離が近く、小回りが利き、対応のスピードが早いといったスタートアップならではの強みを活かした事業展開が期待されています。

**近赤外センサー選果機による
トマトの全量検査**
資料：株式会社 Happy Quality

＊ 用語の解説(1)を参照

(2) 農業施策の展開におけるデジタル化の推進

(eMAFFによる行政手続のオンライン利用を推進)

農林水産省では、所管する法令や補助金・交付金において3千を超える行政手続がありますが、現場の農業者を始め、地方公共団体等の職員からは、申請項目や添付書類が非常に多いとして、改善を求める声が多数寄せられています。このような状況を改善し、農業者が自らの経営に集中でき、地方公共団体等の職員が担い手の経営サポートに注力できる環境とするため、行政手続をオンラインで行えるようにする「農林水産省共通申請サービス(eMAFF)(イーマフ)」の開発を進め、令和3(2021)年度から運用を開始しました。

eMAFFは、政府方針にある「デジタル化3原則[1]」に則していることはもちろん、申請者等の負担を軽減するため、全ての手続について点検を行い、申請に係る書類や申請項目等の抜本的な見直し(BPR[2])を行った上でオンライン化を進めています。令和5(2023)年3月末時点で、約3,300の手続のオンライン化を完了しています。また、今後のオンライン利用の本格化に向けて、行政手続の審査機関である地方公共団体等向けのeMAFFの利用に関する

---

[1] デジタルファースト(個々の手続・サービスが一貫してデジタルで完結すること)、ワンスオンリー(一度提出した情報は、二度提出することを不要とすること)、コネクテッド・ワンストップ(民間サービスを含め、複数の手続・サービスを一元化すること)の三つの原則を合わせたもの
[2] Business Process Reengineering の略で、業務改革のこと

説明会や農業者等に対するセミナー等を実施しています。セミナーに参加した農業者からは、「一度申請した手続の内容を次回以降に再入力する必要がないのは魅力的である」、「毎年行っている申請について実際にeMAFFを利用してみたい」等の意見が寄せられました。引き続き、eMAFFの利用の推進に取り組みつつ、利用者の声を聴きながら、利便性の向上を図っていくこととしています。

(eMAFF地図の開発が進展、eMAFF農地ナビ・現地確認アプリの運用を開始)

農林水産省では、現場の農地情報を統合し、農地の利用状況の現地確認等の抜本的な効率化・省力化を図るため、「農林水産省地理情報共通管理システム(eMAFF地図)」プロジェクトを進めています。

農地に関する情報については、農業委員会が整備する農地台帳や地域農業再生協議会が整備する水田台帳等、施策の実施機関ごとに個別に収集・管理されています。このため、農業者は、実施機関ごとに繰り返し同じ内容を申請する必要があるとともに、実施機関は、手書きの申請情報をそれぞれのシステムに手入力し、それぞれが作成した手書きの地図により現地調査を行っています。

農林水産省は、こうした農地関係業務を抜本的に改善するためにeMAFF地図の開発を進めています。eMAFF地図により、農業者は申請手続において画面上の地図から農地を選択することで農地情報を入力する手間が省けます。また、農業委員会等の実施機関は、現地調査の際にタブレットを活用することで、手書きの地図の作成が不要になるとともに、確認結果をその場で入力できること等により、行政コストが低減されます。

令和4(2022)年度からは、インターネット上で農地の所在、利用権設定等の情報を公開する「eMAFF農地ナビ」の運用とともに、農地の利用状況等の現地確認業務を効率化できる現地確認アプリの運用を開始しています。現地確認アプリを活用している地域では、「タブレットで現地確認できることで、手書きの地図作成が不要となった」、「GPS機能により圃場を探しやすくなり調査の時間が短縮された」等の意見が寄せられました。引き続き、現地確認アプリの経営所得安定対策等への対応も進めており、利用者の声を聴きながら、農地関連業務の抜本的効率化を図っていくこととしています。

インターネット上で農地の所在、利用権設定等の情報を公開するWebサイト「eMAFF農地ナビ」
URL：https://map.maff.go.jp/

農地の利用状況等の現地確認業務を効率化できる「現地確認アプリ」

(スマートフードチェーンの構築による生産性向上等を推進)

近年、農業分野においても、ITやロボット技術等の先端技術を活用した、生産性を飛躍的に向上させる技術革新が起きています。このような中、流通の面では、生産から販売・消費までの様々なデータをつなぎ、利活用を促進することにより、農業や食品産業のフードチェーン全体の生産性の向上等を図っていくことが重要です。

農林水産省では、内閣府の研究開発プログラム「戦略的イノベーション創造プログラム

（SIP）」の下、平成30(2018)年度から令和4(2022)年度にかけて、農林水産物の生産・加工・流通・販売・消費の各段階を連携させるハブとなる情報共有システムである「スマートフードチェーン」を開発し、トレーサビリティ等の各種機能の実証を進めました。

また、農業DXの実現に向けたプロジェクトを推進し、パレット単位によるデータ連携システムの構築や、二次元コードを活用した生産・流通情報を共有できるプラットフォームの構築等が進展しました。今後、デジタル化・データ連携による流通の合理化・効率化や、トレーサビリティの実現等が期待されています。

(3) イノベーションの創出・技術開発の推進

(農林水産・食品分野においてもスタートアップの取組が拡大)

我が国の経済成長を実現するためには、新しい技術やアイデアを生み出し、成長の牽引^{けんいん}役となるスタートアップの活躍が不可欠です。農林水産・食品分野においても政策的・社会的課題の解決や新たな可能性を広げるビジネスの創出に向けて研究開発に取り組むスタートアップの動きが広がりを見せており、機動性を持って新しい分野に挑戦するスタートアップの取組への関心が高まっています。

農林水産省では、令和3(2021)年4月に導入された新たな日本版SBIR制度[1]を活用し、新たな技術・サービスの事業化を目指すスタートアップの研究開発等を発想段階から事業化段階まで切れ目なく支援しています。

また、農林漁業者等の所得の向上につながる新たな技術やサービスを提供するスタートアップの活躍や参入によって農林水産分野のイノベーションの創出を促すため、平成28(2016)年度から、日本スタートアップ大賞において農林水産大臣賞を創設し、若者等のロールモデルとなるような、インパクトのある新事業を創出した起業家やスタートアップを表彰しています。

(事例) 独自の流通規格を導入し、花のサブスクリプションサービスを展開(東京都)

東京都渋谷区^{しぶやく}に本拠を置くスタートアップであるユーザーライク株式会社は、花のサブスクリプションサービスを運営しており、日本スタートアップ大賞2022において農林水産大臣賞を受賞しました。

同社は、平成28(2016)年に、花のサブスクリプションサービス「ブルーミー」を開始し、インターネット購入で自宅のポストに週替わりで多様な花を届ける事業を展開しています。「お花を飾ったことがない」層にアプローチし、新しい需要を生み出すことで、令和5(2023)年1月時点で会員数が10万世帯を上回る規模に拡大しています。また、花の累計出荷数も2,000万本以上となっており、花の普及にも貢献しています。

また、同社では、独自の流通規格である「ブルーミー規格」を導入し、通常では値が付きづらく廃棄される場合もあった規格外の花も含め、市場と連携して適正価格で買い取る取組を進めています。

今後とも、低価格で利用でき、花のある生活を習慣化できるサービスを展開するとともに、業界全体への貢献につながる持続可能な仕組みづくりを積極的に推進することとしています。

ポストに届けられる花
資料：ユーザーライク株式会社

---

[1] 中小企業技術革新制度(Small Business Innovation Research)の略で、中小企業者による研究技術開発と、その成果の事業化を一貫して支援する制度

(「知」の集積と活用の場によるオープンイノベーションを促進)

　「知」の集積と活用の場は、農林水産・食品産業の成長産業化を図るため、様々な分野の知識・技術・アイデアを導入し、オープンイノベーションを促進する仕組みとして運営・活用されています。

　令和5(2023)年3月末時点で、IT、電機、医学等幅広い分野から、4,500以上の法人・個人が会員として参加しており、海面養殖のサクラマスや介護食用米粉等、新たな技術や商品が創出されています。こうした研究の成果は、速やかな社会実装や事業化につながるよう、アグリビジネス創出フェア等を通じて広く情報を発信しています。農林水産省では、イノベーションにつながる革新的な技術の実用化に向けて、基礎から実用化段階までの研究開発を推進することとしています。

海面養殖のサクラマス
資料：さんりく養殖産業化プラットフォーム

(みどり戦略に資する技術開発・普及を推進)

　近年、みどり戦略[1]の実現に資する様々な技術開発が進展しています。令和4(2022)年度においては、飛んでいるヤガ類(害虫)にレーザー光を照射して打ち落とすことに成功し、化学農薬の使用量低減に貢献する新たな害虫の防除技術として期待されています。また、牛のメタン産生抑制と生産性向上に関与する胃の中の微生物機能の解明を進め、メタンの産生を抑制する候補資材の有効性を評価しました。さらに、メタンの産生が少ない牛の育種改良や、堆肥化工程等における温室効果ガス[2]削減技術の開発等に取り組んでいます。

　農林水産省では、害虫管理や環境保全型農業に関し、ドイツとの共同研究等を進めていますが、同年度からメタンの排出削減に向けて米国との国際共同研究を新たに開始したほか、令和4(2022)年8月にはタイとの間でスマート農業技術等に関する覚書を締結するなど、国際的な連携にも取り組んでいます。

　農林水産省では、みどり戦略で掲げた各目標の達成に貢献し、現場への普及が期待される技術について、「「みどりの食料システム戦略」技術カタログ(Ver1.0)」として取りまとめ、令和4(2022)年1月に公開しました。さらに、同年11月には、令和12(2030)年までに利用可能な技術を追加したVer2.0を公開しています。

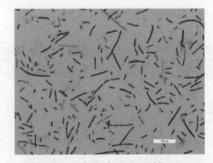

低メタン産生牛から分離された
新規細菌種「*Prevotella lacticifex*」
(プレボテラ・ラクティシフェクス)
資料：農研機構

「みどりの食料システム戦略」技術カタログ
URL：https://www.maff.go.jp/j/kanbo/kankyo/seisaku/
midori/catalog.html

---

[1] 第2章第9節を参照
[2] 用語の解説(1)を参照

（ムーンショット型研究開発を推進）

　内閣府の総合科学技術・イノベーション会議(CSTI[1])では、困難だが実現すれば大きなインパクトが期待される社会課題等を対象とした目標を設定し、その実現に向けた挑戦的な研究開発(ムーンショット型研究開発)を関係府省と連携して実施しています。このうち、農林水産・食品分野においては、「2050年までに、未利用の生物機能等のフル活用により、地球規模でムリ・ムダのない持続的な食料供給産業を創出」することが目標として掲げられており、「藻類等を用いた循環型細胞培養による食料生産」を始めとする研究開発プロジェクトに取り組んでいます。

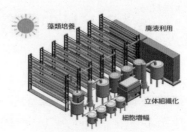

バイオエコノミカルな
培養食料生産システム

資料：東京女子医科大学先端生命医科学研究所

（「スマート育種基盤」の構築を推進）

　農林水産省では、みどり戦略の実現に向け、化学肥料・化学農薬等の使用量低減と高い生産性を両立する品種の早期開発や品種開発の活性化の方向性を示した「みどりの品種育成方針」を令和4(2022)年12月に策定しました。サツマイモ基腐病抵抗性品種の育成や、少量の窒素肥料でも高い生産性を示すBNI[2](生物的硝化抑制)強化コムギ・トウモロコシの育成等、各作物の主要な育種目標を整理しています(図表2-8-3)。

　また、これらの品種育成の迅速化を図るため、最適な交配組合せを予測するツール等、新品種開発を効率化する「スマート育種基盤」の構築を推進し、国の研究機関、都道府県の試験場、大学、民間企業等による品種開発力の充実・強化に取り組むこととしています。

　このほか、近年では天然毒素を低減したジャガイモや無花粉スギの開発等、ゲノム編集[3]技術を活用した様々な研究が進んでいます。一方、ゲノム編集技術は新しい技術であるため、農林水産省は、同年10月に、ゲノム編集研究施設見学会を農研機構で実施したほか、大学や高校に専門家を派遣して出前授業等を行うなど、消費者に研究内容を分かりやすい言葉で伝えるアウトリーチ活動を実施しています。

図表2-8-3　「みどりの品種育成方針」に基づき開発が進められている育成品種等の例

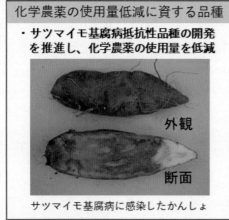

資料：農林水産省作成
注：写真の出典は農研機構

---

[1] Council for Science, Technology and Innovation の略
[2] Biological Nitrification Inhibition の略。植物自身が根から物質を分泌し、硝化を抑制する働きのこと
[3] 酵素等を用い、ある生物がもともと持っている遺伝子を効率的に変化させる技術

第9節　みどりの食料システム戦略の推進

　我が国の食料・農林水産業は、大規模自然災害の増加、地球温暖化、農業者の減少等の生産基盤の脆弱化、地域コミュニティの衰退、生産・消費の変化等の、持続可能性に関する政策課題に直面しています。また、諸外国ではSDGs[1]や環境を重視する動きが加速し、あらゆる産業に浸透しつつあり、我が国の食料・農林水産業においても的確に対応していく必要があります。

　これらを踏まえ、農林水産省は令和3(2021)年5月にみどり戦略を策定しました。本節では、みどり戦略の意義や、調達、生産、加工・流通、消費の各段階での取組の推進状況を紹介します。

(1) みどり戦略の実現に向けた施策の展開

(環境負荷低減の取組を後押しする制度を創設)

　我が国においては、気候変動への対応等の克服すべき課題に直面しており、将来にわたり食料の安定供給と農林水産業の発展を図るためには、持続的な食料システムを構築することが必要となっています。このため、食料・農林水産業の生産力向上と持続性の両立の実現に向けて、みどり戦略に基づく取組を強力に推進していくことが重要であり、その法的な枠組みとして令和4(2022)年7月に、みどりの食料システム法[2]が施行されました。

　みどりの食料システム法では、生産者だけではなく、食品産業の事業者や消費者等の食料システムの関係者の理解と連携の下で環境と調和のとれた食料システムの確立を図ること等を基本理念として定めるとともに、この基本理念に沿った形で、国、地方公共団体の責務、生産者、事業者及び消費者の努力、国が講ずべき施策について規定しています。また、化学肥料・化学農薬の使用低減や有機農業の取組拡大、温室効果ガス[3]の排出削減等の環境負荷低減を図る生産者の取組や、環境負荷の低減に役立つ機械や資材の生産・販売、研究開発、食品製造等を行う事業者の取組を、それぞれ都道府県、国が認定し、認定を受けた者に対して支援措置を講ずることとしています。

　具体的には、計画の認定を受けた生産者及び事業者は、環境負荷の低減に取り組む際に必要な設備等を導入する際に無利子・低利融資の特例措置を受けることができます。また、化学肥料・化学農薬の使用低減に取り組む生産者や、化学肥料・化学農薬の代替資材の供給を行う事業者の設備投資を後押しするため、みどり投資促進税制を創設し、導入当初の所得税・法人税を軽減する措置を講ずることとしています。これらにより、生産者による環境負荷低減の取組や、その取組を後押しするイノベーション・市場拡大を後押しすることとしています。

---

[1] 用語の解説(2)を参照
[2] 正式名称は「環境と調和のとれた食料システムの確立のための環境負荷低減事業活動の促進等に関する法律」
[3] 用語の解説(1)を参照

また、同年4月に成立した改正植物防疫法[1]に基づき、同年11月には化学農薬のみに依存しない、発生予防を中心とした総合防除を推進するための基本指針を策定しました。今後は、令和5(2023)年度中に全ての都道府県において、基本指針に即し、地域の実情に応じた総合防除の実施に関する計画の策定が進むよう支援することとしています。

さらに、化学肥料・化学農薬の使用低減、有機農業面積の拡大、農業における温室効果ガスの排出量削減を推進するため、土づくりを始めとした環境にやさしい栽培技術と省力化技術を取り入れたグリーンな栽培体系への転換に向けた取組を後押しするなど、みどりの食料システム戦略推進交付金等により、スマート農業[2]技術の活用、化学肥料・化学農薬の使用低減、有機農業等の環境負荷低減に取り組む水稲や野菜等の産地を創出することとしています(**図表2-9-1**)。

図表2-9-1 産地に適した「環境にやさしい栽培技術」等を検証する取組イメージ

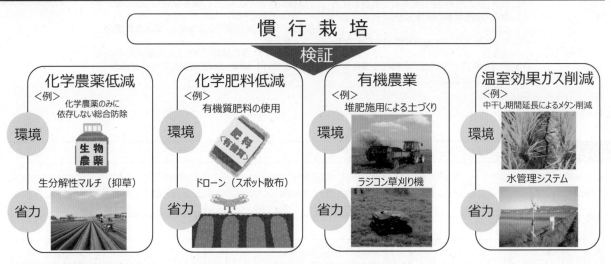

資料：農林水産省作成

(関係者の行動変容と技術の開発・普及を推進)

持続可能な食料システムの構築に向け、食料・農林水産業の生産力向上と持続性の両立を実現するには、調達に始まり、生産、加工・流通、消費に至る食料システムを構成する関係者による行動変容と、それらを後押しする技術の開発・普及を推進することが必要です(**図表2-9-2**)。みどり戦略では、令和32(2050)年までに目指す姿や中間目標としてのKPI2030年目標を示し、中長期的な観点から取組を進めていくこととしています(**図表2-9-3**)。

---

[1] 正式名称は「植物防疫法の一部を改正する法律」。第1章第8節を参照
[2] 用語の解説(1)を参照

図表2-9-2　みどり戦略の各分野での具体的な取組

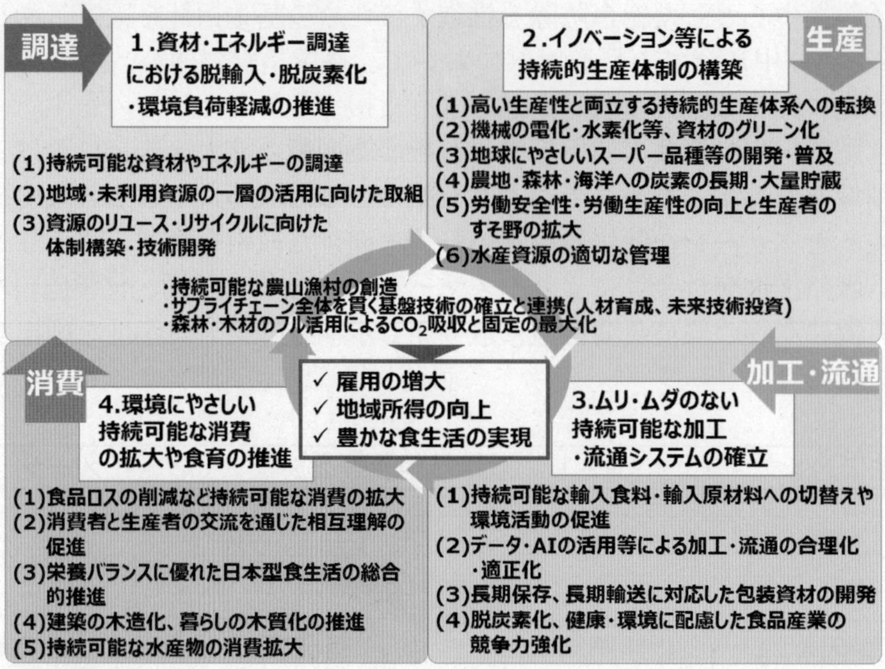

調達

1.資材・エネルギー調達における脱輸入・脱炭素化・環境負荷軽減の推進

(1)持続可能な資材やエネルギーの調達
(2)地域・未利用資源の一層の活用に向けた取組
(3)資源のリユース・リサイクルに向けた体制構築・技術開発

生産

2.イノベーション等による持続的生産体制の構築

(1)高い生産性と両立する持続的生産体系への転換
(2)機械の電化・水素化等、資材のグリーン化
(3)地球にやさしいスーパー品種等の開発・普及
(4)農地・森林・海洋への炭素の長期・大量貯蔵
(5)労働安全性・労働生産性の向上と生産者のすそ野の拡大
(6)水産資源の適切な管理

・持続可能な農山漁村の創造
・サプライチェーン全体を貫く基盤技術の確立と連携(人材育成、未来技術投資)
・森林・木材のフル活用によるCO$_2$吸収と固定の最大化

✓ 雇用の増大
✓ 地域所得の向上
✓ 豊かな食生活の実現

消費

4.環境にやさしい持続可能な消費の拡大や食育の推進

(1)食品ロスの削減など持続可能な消費の拡大
(2)消費者と生産者の交流を通じた相互理解の促進
(3)栄養バランスに優れた日本型食生活の総合的推進
(4)建築の木造化、暮らしの木質化の推進
(5)持続可能な水産物の消費拡大

加工・流通

3.ムリ・ムダのない持続可能な加工・流通システムの確立

(1)持続可能な輸入食料・輸入原材料への切替えや環境活動の促進
(2)データ・AIの活用等による加工・流通の合理化・適正化
(3)長期保存、長期輸送に対応した包装資材の開発
(4)脱炭素化、健康・環境に配慮した食品産業の競争力強化

資料：農林水産省作成

図表2-9-3　みどり戦略のKPIと目標設定状況

		KPI	2030年 目標	2050年 目標
温室効果ガス削減	①	農林水産業のCO$_2$ゼロエミッション化(燃料燃焼によるCO$_2$排出量)	1,484万t-CO$_2$ (10.6%削減)	0万t-CO$_2$ (100%削減)
	②	農林業機械・漁船の電化・水素化等技術の確立	既に実用化されている化石燃料使用量削減に資する電動草刈機、自動操舵システムの普及率：50% ／ 高性能林業機械の電化等に係るTRL　TRL 6：使用環境に応じた条件での技術実証　TRL 7：実運転条件下でのプロトタイプ実証 ／ 小型沿岸漁船による試験操業を実施（2040年技術確立）	
	③	化石燃料を使用しない園芸施設への移行	加温面積に占めるハイブリッド型園芸施設等の割合：50%	化石燃料を使用しない施設への完全移行
	④	我が国の再生可能エネルギー導入拡大に歩調を合わせた、農山漁村における再生可能エネルギーの導入	2050年カーボンニュートラルの実現に向けて、農林漁業の健全な発展に資する形で、我が国の再生可能エネルギーの導入拡大に歩調を合わせた、農山漁村における再生可能エネルギーの導入を目指す。	2050年カーボンニュートラルの実現に向けて、農林漁業の健全な発展に資する形で、我が国の再生可能エネルギーの導入拡大に歩調を合わせた、農山漁村における再生可能エネルギーの導入を目指す。
環境保全	⑤	化学農薬使用量(リスク換算)の低減	リスク換算で10%低減	11,665(リスク換算)(50%低減)
	⑥	化学肥料使用量の低減	72万t (20%低減)	63万t (30%低減)
	⑦	耕地面積に占める有機農業の取組面積の割合	6.3万ha	100万ha (25%)
食品産業	⑧	事業系食品ロスを2000年度比で半減	273万t (50%削減)	
	⑨	食品製造業の自動化等を進め、労働生産性を向上	6,694千円/人(30%向上)	
	⑩	飲食料品卸売業の売上高に占める経費の縮減	飲食料品卸売業の売上高に占める経費の割合：10%	
	⑪	食品企業における持続可能性に配慮した輸入原材料調達の実現	100%	
林野	⑫	林業用苗木のうちエリートツリー等が占める割合を拡大、高層木造の技術の確立・木材による炭素貯蔵の最大化	エリートツリー等の活用割合：30%	90%
水産	⑬	漁獲量を2010年と同程度(444万t)まで回復	444万t	
	⑭	ニホンウナギ、クロマグロ等の養殖における人工種苗比率	13%	100%
		養魚飼料の全量を配合飼料給餌に転換	64%	100%

資料：農林水産省作成

注：TRLは、Technology Readiness Level(技術成熟度レベル)の略。1〜8段階で技術の基礎研究から市場投入までを評価し、レベルが上昇するにつれて市場投入に近づく仕様

(みどり戦略に対する国民の認知・理解が一層進むよう取組を強化)

みどりの食料システム法では、国が講ずべき施策として、関係者が環境と調和のとれた食料システムに対する理解と関心を深めるよう、環境負荷の低減に関する広報活動の充実等を図ることとしています。

農林水産省は、令和4(2022)年度に、地方公共団体、農協、農林漁業者、食品事業者、小売事業者、機械・資材メーカー、消費者等を対象に、全国9ブロックでみどりの食料システム法の説明会を開催したところであり、引き続き、みどり戦略に対する国民の認知・理解が一層進むよう、取組の強化を図っていくこととしています。

(2) 資材・エネルギー調達における脱輸入・脱炭素化・環境負荷低減の推進

(農林水産業の燃料燃焼による CO_2 排出量削減に向けた取組を推進)

みどり戦略においては、温室効果ガス削減のため、令和32(2050)年までに目指す姿として、農林水産業のCO_2ゼロエミッション化に取り組むこととしています。

その実現に向けて、施設園芸・農業機械等の省エネルギー対策を最大限進めるとともに、中長期的には農林業機械等の電化・水素化等に向けた技術開発・社会実装が必要です。令和12(2030)年までは、ヒートポンプ、農業機械の自動操舵システム等の導入の加速化により、同年における農林水産業の燃料燃焼によるCO_2排出量1,484万t-CO_2(平成25(2013)年比10.6%削減)の目標達成を目指しています。

令和2(2020)年度における農林水産業の燃料燃焼によるCO_2排出量は、1,855万t-CO_2となっています。

(化石燃料使用量削減に資する農業機械の担い手への普及を推進)

みどり戦略においては、温室効果ガス削減のため、令和32(2050)年までに目指す姿として、農林業機械・漁船の電化・水素化等の技術の確立に取り組むこととしています。

農業機械については令和12(2030)年までは、既に実用化されている化石燃料使用量削減に資する電動草刈機や自動操舵システムの導入を促進し、同年における担い手への普及率50%の目標達成を目指しています。

令和3(2021)年における化石燃料使用量削減に資する農業機械の担い手への普及率は、電動草刈機で16.1%、自動操舵システムで4.7%となっています。

電動草刈機
資料:株式会社ササキコーポレーション

(省エネルギーなハイブリッド型園芸施設等への転換を推進)

みどり戦略においては、温室効果ガス削減のため、令和32(2050)年までに目指す姿として、化石燃料を使用しない園芸施設への完全移行に取り組むこととしています。

その実現に向けて、令和12(2030)年までは、ヒートポンプと燃油暖房機のハイブリッド運転や環境センサ取得データを利用した適温管理による無駄の削減等、既存技術を活用したハイブリッド型園芸施設や省エネルギー化が図られた園芸施設への転換を支援するとともに、ゼロエミッション型園芸施設の実現に向けた研究開発を進めることで、同年における加温面積に占めるハイブリッド型園芸施設等の割合50%の目標達成を目指しています。

令和2(2020)年における加温面積に占めるハイブリッド型園芸施設等の割合は10%となっています。

（農山漁村における再生可能エネルギー導入を推進）

　みどり戦略においては、温室効果ガス削減のため、令和32(2050)年までに目指す姿として、我が国の再生可能エネルギーの導入[1]拡大に歩調を合わせた、農山漁村における再生可能エネルギーの導入に取り組むこととしています。

　カーボンニュートラルの実現に向けて、農山漁村再生可能エネルギー法[2]の下、農林漁業の健全な発展と調和のとれた再生可能エネルギー発電を促進することとしています。

（下水汚泥資源の利用を促進）

　輸入依存度の高い肥料原料の価格が高騰する中で、持続可能な食料システムの構築に向け、下水汚泥資源を活用することが重要となっています。

　国土交通省が実施した調査によると、令和元(2019)年時点で我が国の全汚泥発生量に占める肥料利用の割合は10%となっています。これまで下水汚泥資源の多くが焼却され、焼却灰として埋立てや建設資材等に活用されており、下水汚泥資源中の窒素やりん等を含む有機物の肥料としての利用を更に拡大していくことが必要です。

　下水汚泥資源の肥料利用の拡大に向けた推進方策を関係機関と連携して検討するため、農林水産省と国土交通省が共同で「下水汚泥資源の肥料利用の拡大に向けた官民検討会」を開催するなど、下水汚泥資源の利用を推進することとしています。

　また、農林水産省では、畜産業由来の堆肥等の有効利用や、食品残さ・廃棄物等を肥料化するリサイクル技術の開発等を進めていくこととしています。

（事例）下水汚泥からりん資源を回収し、肥料として供給する取組を推進(兵庫県)

　兵庫県神戸市では、下水汚泥から肥料成分であるりん資源を回収し、肥料として供給する取組を推進しています。

　同市では、平成23(2011)年度から民間企業とりん資源を回収する技術の研究に取り組み、回収手法の実証を行いました。

　下水処理の過程で回収されたりんは、「こうべ再生リン」と命名され、肥料の原料になるほか、単体でも肥料として利用することができます。同市では、事業者向けの大口販売のほか、市民向けの小口販売や学術研究、商品開発向けの無償提供を行っています。

　また、「こうべ再生リン」を配合した肥料である「こうべハーベスト」は、園芸用や水稲用の肥料として、兵庫六甲農業協同組合の協力により市内の農家へ販売されています。同肥料で栽培された米は、令和2(2020)年1月から学校給食で提供されています。

　同市では、同肥料の利用促進を通じて、肥料価格高騰の影響を受ける農業者の経営改善を後押しするとともに、環境保全型農業の更なる推進を図ることを目指しています。

下水汚泥から回収したりん資源を配合した肥料を利用する農業者
資料：兵庫県神戸市

---

[1] 第3章第4節参照
[2] 正式名称は「農林漁業の健全な発展と調和のとれた再生可能エネルギー電気の発電の促進に関する法律」

(3) イノベーション等による持続的生産体制の構築

(化学農薬の使用量の低減に向けた取組を推進)

みどり戦略においては、環境負荷低減のため、令和32(2050)年までに目指す姿として、化学農薬使用量(リスク換算[1])の50%低減に取り組むこととしており、令和12(2030)年までは、病害虫が発生しにくい生産条件の整備や、病害虫の発生予測も組み合わせた総合防除の推進、化学農薬を使用しない有機農業の面的拡大の取組等により、同年における化学農薬使用量(リスク換算)の10%低減の目標達成を目指しています。

令和3(2021)農薬年度[2]においては令和元(2019)農薬年度比で約9%の低減となっていますが、これは、リスクの低い農薬への切替え等による効果のほか、新型コロナウイルス感染症による国際的な農薬原料の物流の停滞で、農薬の製造や出荷が減少したこと等の特殊事情によるものと考えられます。

(化学肥料の使用量の低減に向けた取組を推進)

みどり戦略においては、環境負荷低減のため、令和32(2050)年までに目指す姿として、化学肥料使用量の30%低減に取り組むこととしており、令和3(2021)年においては85万t(NPK総量[3]・生産数量ベース)で、基準年である平成28(2016)年比で約6%の低減となっています。

土壌診断による施肥の適正化等、既に実施可能な施肥の効率化を進めるとともに、国内資源の肥料利用を推進すること等により、令和12(2030)年までに化学肥料使用量の20%低減の目標達成を目指しています。

第2章

(事例) 堆肥の完熟化・ペレット化と広域流通を推進(熊本県)

熊本県菊池市（きくちし）の菊池地域農業協同組合では、耕畜連携の取組を推進しており、堆肥の高品質化・ペレット化を進めるとともに、生産した堆肥の広域流通に取り組んでいます。

同農協では、畜産農家が一次発酵処理した堆肥を堆肥センターに集約し、期間を要する二次発酵による完熟化を実施しています。また、同センターにペレット化装置を設置し、減容化により広域での輸送に適し専用の散布機械(マニュアスプレッダー)を必要としない「ペレット堆肥」の生産にも取り組んでいます。

生産された堆肥は、県内外の耕種地帯の農協に販売されています。県内の取組では、耕種側がストックヤード等の整備を担い、ストックヤードから各生産者への堆肥の運搬は、耕種側で対応しています。

同農協では、耕種地帯の農協との連携を深化させることにより、安定的な堆肥の販売と稲わらの入手を推進し、管内の畜産農家の経営安定に貢献することとしています。

ペレット堆肥
資料：菊池地域農業協同組合

---

[1] 個々の農家段階での単純な使用量ではなく、環境への影響が全国の総量で低減していることを、検証可能な形で示せるように算出した指標。リスク換算は、有効成分ベースの農薬出荷量に、ADI(Acceptable Daily Intake：許容一日摂取量)を基に設定したリスク換算係数を掛け合わせたものの総和により算出
[2] 農薬年度は、前年10月から当年9月までの期間
[3] 肥料の三大成分である窒素(N)、りん酸(P)、加里(K)の全体での出荷量のこと

（耕地面積に占める有機農業の取組面積の割合は前年度に比べ1,400ha増加）

みどり戦略においては、令和32(2050)年までに目指す姿として、耕地面積に占める有機農業の取組面積の割合を25%(100万ha)に拡大することとしています。

有機農業の取組面積の拡大に向けて、有機農業を点の取組から面的な取組に広げていく必要があることから、先進的な農業者や産地の取組の横展開を進めるとともに、有機農産物の生産や流通、販売に関わる関係者による有機市場の拡大を支援し、令和12(2030)年における有機農業の取組面積6万3千haの目標達成を目指しています。

有機農業については、令和2(2020)年度の取組面積は、前年度に比べ1,400ha増加し2万5,200haとなっており、その耕地面積に占める割合は前年度に比べ0.1ポイント増加し0.6%となっています（**図表2-9-4**）。

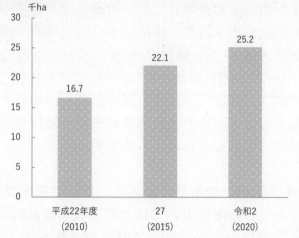

図表2-9-4　有機農業の取組面積

資料：農林水産省作成
注：有機JAS認証を取得している農地面積と、有機JAS認証を取得していないが有機農業が行われている農地面積の合計

農林水産省では、従来現場で使われている有機農業の技術の体系化・横展開を進めるため、令和3(2021)年度末までに全国で366人の有機農業指導員を育成するとともに、有機農業で大きな労力の掛かる除草作業を省力化するため、高能率除草機や自動抑草ロボット等の導入を推進しています。また、有機農産物の消費については、平成30(2018)年1月に実施した調査[1]では、「週に一度以上有機食品を利用」と回答した人の割合は17.5%となっている一方、「ほとんど利用(購入・外食)していない」と回答した人の割合は54.8%となっており、有機農業の更なる取組拡大に向け、国産有機食品の需要喚起も必要となっています。

---

[1] 農林水産省「平成29年度有機食品マーケットに関する調査結果」(平成30(2018)年7月公表)

（事例）新規就農者等と連携し、環境負荷の小さい農業を広げる取組を展開（京都府）

京都府京都市の野菜流通事業者である株式会社坂ノ途中は、新規就農者を中心とした提携生産者と連携しながら、環境負荷の小さい農業で育てられた有機野菜等の流通・販売を行っています。

新規就農者は、有機農業等の新たな分野に積極的に挑戦する意欲のある人が多い反面、多品目で少量不安定な生産量になることが多く、既存の流通に乗りにくいケースも見られています。新規就農者との取引をスムーズにするため、同社では取引システムを自社開発するとともに、提携生産者の栽培計画づくりに協力し、長期的な信頼関係を構築しています。

また、規格外の農産物等、通常では商品化しづらいものも含めて柔軟な買取りを行うとともに、安定的な出荷先を提供することで、提携生産者の経営の安定・拡大を後押ししています。

旬のお野菜セット（定期宅配）
資料：株式会社坂ノ途中

消費者に対しては、定期的に届くおまかせの野菜セットを通して、季節の移り変わりや、野菜の個性を楽しむスタイルを消費者に提案しています。取り扱う野菜は年間約500種類に上り、その中から旬の野菜をバランスよくセットにして提供しています。

こうした取組の結果、同社における野菜のサブスクリプションサービスは年々拡大しており、品質の高さと共感獲得により、高い顧客満足度を実現しています。

同社では、「100年先も続く農業」を目指し、今後とも環境負荷の小さい農業と持続可能性を意識したライフスタイルを広げるための取組を展開していくこととしています。

提携生産者による有機野菜づくり
資料：株式会社坂ノ途中

（オーガニックビレッジの創出を促進）

農林水産省では、市町村が主体となり、生産から消費まで一貫した取組により有機農業拡大に取り組むモデル産地であるオーガニックビレッジを令和7(2025)年までに、100市町村創出することとしています。

令和4(2022)年度においては、市町村主導で有機農業の拡大に取り組む市町村やこれから取り組む市町村等が一堂に会する「オーガニックビレッジ全国集会」を「有機農業の日(12月8日)」に開催しました。

（事例）オーガニックビレッジ構想の中核として大規模有機農業を展開（奈良県）

　奈良県宇陀市は、「オーガニックビレッジ」の創出に向けた取組を積極的に進めており、令和4(2022)年11月に全国で初めてオーガニックビレッジ宣言を行いました。

　同市の有限会社山口農園は、オーガニックビレッジ構想の中核となる農業生産法人であり、四方を山に囲まれた中山間地において有機農産物の生産・加工・販売等の大規模経営を展開しています。

　同農園では、化学的に合成された肥料と農薬を使用せず、植付前3年以上の間、堆肥等による土づくりを行った圃場において、小松菜、ホウレンソウ、ベビーリーフ、水菜、春菊、ハーブ類等の有機野菜の施設栽培を行っており、経営する約10haの圃場で有機JAS認証を取得しています。

有機小松菜の施設栽培
資料：有限会社山口農園

　また、同農園では、農産物の栽培、収穫、出荷、販売等の作業を完全分業化し、業務の効率化を進めるとともに、回転率の早い作物に絞って周年生産することで収益性の向上を図っています。

　さらに、遊休農地*の活用等、地域に密着した農業経営を行うとともに、国内外から多数の農業研修生や視察を受け入れ、有機農業を学べる場を提供しています。

　将来的には、東南アジアでの現地法人の設立も視野に入れながら、有機農産物の海外市場への展開を目指しています。

* 用語の解説(1)を参照

トラクタでの耕うん作業
資料：有限会社山口農園

（環境保全型農業直接支払制度の実施面積は前年度に比べ1千ha増加）

　化学肥料・化学農薬を原則5割以上低減する取組と併せて行う地球温暖化防止や生物多様性保全等に効果の高い営農活動に対しては、環境保全型農業直接支払制度による支援を行っており、令和3(2021)年度の実施面積は、前年度に比べ1千ha増加し8万2千haとなりました（**図表2-9-5**）。

　令和4(2022)年度からは、有機農業に新たに取り組む農業者の受入れ・定着に向けて、栽培技術の指導等の活動を実施する農業者団体に対し、活動によって増加した新規取組面積に応じて支援する措置を講じています。

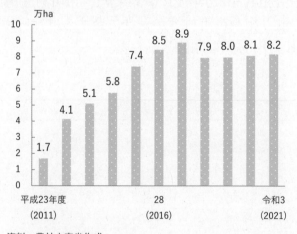

図表2-9-5　環境保全型農業直接支払制度の実施面積

（万ha）

年度	実施面積
平成23年度(2011)	1.7
	4.1
	5.1
	5.8
	7.4
	8.5
	8.9
28(2016)	7.9
	8.0
	8.1
令和3(2021)	8.2

資料：農林水産省作成
注：平成27(2015)～29(2017)年度については、「複数取組(同一圃場における一年間に複数回の取組)」支援の数値を含む。

(4) ムリ・ムダのない持続可能な加工・流通システムの確立

(食品製造業の労働生産性は前年度に比べ上昇)

みどり戦略においては、食品製造業の労働生産性の向上に取り組むこととしており、令和3(2021)年度における食品製造業の労働生産性は、前年度に比べ316千円/人上昇し5,152千円/人となっています(**図表2-9-6**)。

食品製造業の労働生産性の向上を図るためには、AI、ロボット等の先端技術を活用したスマート化の推進が重要であることから、研究開発、実証・改良から普及までを体系的に支援することとしています。このため、令和12(2030)年までは、例えば近年発展著しいAI、ロボット等の先端技術を活用した自動化等を進展させることで、同年における食品製造業の労働生産性30%向上(平成30(2018)年度比)の目標達成を目指しています。

図表2-9-6 製造業全体と食品製造業の労働生産性

資料:財務省「法人企業統計調査」を基に農林水産省作成
注:1) 労働生産性=付加価値額÷総人員数
　　2) 食品製造業には、飲料・たばこ・飼料製造業を含む。

(事例) 製造工程の自動化による生産性向上を推進(群馬県)

群馬県前橋市の豆腐・大豆加工品メーカーである相模屋食料株式会社は、豆腐に対するニーズの多様化や顧客の品質要求が厳しくなる中、最先端の豆腐工場の実現を目指し、品質改善と自動化の取組を推進しています。

同社は、これまで職人技と見なされてきた豆腐の水さらしとカット作業について自動化を実現し、併せて品質を維持しつつ、省人化のための取組として、豆腐の容器詰め工程をロボットによる「容器位置決め・容器乗せ」と、専用設備による「自動容器被せ」の二工程に分割することで容器詰めの自動化に成功しました。

これらの取組により、品質の向上に加えて配置人員を5人から3人に削減するとともに、1時間当たりの生産量を1,800個から8,000個にまで向上させることに成功しました。

今後は、製造段階での更なる省力化を図るため、マテリアルハンドリング*の自動化についても検討を進めています。

容器位置決め・容器乗せを行うアームロボット
資料:相模屋食料株式会社

* 生産拠点や物流拠点内での原材料や仕掛品、完成品の全ての移動に関わる取扱いのこと

207

(飲食料品卸売業の売上高に占める経費割合の縮減を推進)

　みどり戦略においては、令和12(2030)年度までに飲食料品卸売業における売上高に占める経費の割合を10%に縮減することとしており、令和2(2020)年度の飲食料品卸売業における売上高に占める経費の割合は13.8%となっています。

　飲食料品卸売業の経費率削減に向けて、サプライチェーン全体での合理化・効率化を加速することが重要であることから、例えばパレットサイズや外装サイズ等の標準化、サプライチェーン全体でのデータ連携システムの構築等を実施することで、目標達成を目指しています。

(食品企業における持続可能性に配慮した輸入原材料調達の取組の割合拡大を推進)

　みどり戦略においては、令和12(2030)年度までに食品企業における持続可能性に配慮した輸入原材料調達の実現に取り組むこととしており、令和3(2021)年度の上場食品企業における持続可能性に配慮した輸入原材料調達の取組の割合は36.5%となっています。

　食品企業における持続可能性に配慮した輸入原材料の調達については、売上向上につながりにくく、コスト増加等の企業負担が増えるなどの課題が見られることから、優良な取組を行う食品製造事業者の表彰等の実施や、優良事例の横展開による取組の加速化、消費者への理解の促進を図ることとしています。令和12(2030)年までは、例えば原材料調達に当たって、認証を得た原材料の活用や、川上の環境・人権への配慮を確認するなどの取組を行う食品企業の割合を増やし、同年の上場食品企業における持続可能性に配慮した輸入原材料調達の取組の割合100%の目標達成を目指しています。

(5) 環境にやさしい持続可能な消費の拡大や食育の推進

(事業系食品ロスの発生量は推計開始以降で最少)

　農林水産省では、事業系食品ロスの削減に向け、納品期限緩和等の商慣習の見直し等を進めており、地方・中小企業を含めて取組事業者数の全国的な拡大を図ることとしています。こうした取組を通じて、事業系食品ロスを令和12(2030)年度までに平成12(2000)年度比で50%削減の目標達成を目指しています。

　我が国の食品ロスの発生量は、近年減少傾向にあり、令和2(2020)年度においては前年度に比べ48万t減少し522万tと推計されています(図表2-9-7)。食品ロスの発生量を場所別に見ると、一般家庭における発生(家庭系食品ロス)は247万t、食品産業における発生(事業系食品ロス)は275万tで、い

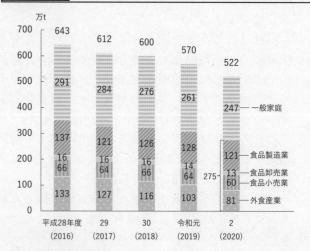

図表2-9-7　食品ロスの発生量と発生場所(推計)

資料：農林水産省作成
注：事業系食品ロスの発生量は、食品製造業、食品卸売業、食品小売業、外食産業の合計

ずれも食品ロスの発生量の推計を開始した平成24(2012)年度以降で最少となっています。これは、新型コロナウイルス感染症の感染拡大による需要減が大きく影響しているほか、値引き販売や需要予測の精緻化といった、食品ロス削減に向けた食品関連事業者の取組も減少に寄与しているものと考えられます。

(食と農林水産業のサステナビリティを考える取組を推進)

みどり戦略の実現に向け、消費者庁、農林水産省、環境省の共催により、企業・団体が一体となって持続可能な生産消費を促進する「あふの環2030プロジェクト〜食と農林水産業のサステナビリティを考える〜」を推進しており、令和5(2023)年3月末時点で農業者や食品製造事業者等178社・団体が参画しています。

同プロジェクトでは、令和4(2022)年9月に、食と農林水産業のサステナビリティについて知ってもらうため「サステナウィーク」を開催し、温室効果ガス排出削減の取組の「見える化」実証を実施したほか、「見た目重視から持続性重視」をテーマに、環境に配慮した消費行動に資する情報の発信を行いました。また、令和5(2023)年1月に、サステナブルな取組についての動画作品を表彰する「サステナアワード」も実施したほか、令和5(2023)年2月には消費者庁・農林水産省の共催で「日経SDGsフォーラム消費者共創シンポジウム」を開催するなど、持続可能な消費を推進しています。

このほか、農林水産省では、第4次食育推進基本計画[1]に基づき、持続可能な食を支える食育の推進に向け、環境に配慮した農林水産物・食品への理解向上の取組に対する支援や、食事バランスガイド[2]に環境の視点を加味する検討等を進めています。

あふの環 2030 プロジェクト
URL：https://www.maff.go.jp/j/kanbo/kankyo/
seisaku/being_sustainable/sustainable2030.html

(農産物の温室効果ガス排出削減の取組の「見える化」を推進)

持続可能な食料システムを構築するためには、フードサプライチェーン全体で脱炭素化を推進するとともに、その取組を可視化して持続可能な消費活動を促すことが必要です。農林水産省では、生産者の脱炭素の努力・工夫に関する消費者の理解や脱炭素に貢献する製品への購買意欲の向上等、消費行動の変容を促すため、農産物の生産に伴い排出される温室効果ガスの削減の取組を「見える化」する簡易算定ツールの作成を行いました。さらに、これを活用し、温室効果ガスの削減割合に応じて星の数で等級ラベル表示した農産物の実証を行い、消費者の意識や行動の変化への影響を検証しました。今後、「見える化」の対象品目の拡大を図るほか、生物多様性保全の指標を追加することとしています。

フードサプライチェーンにおける
脱炭素化の実践・見える化
URL：https://www.maff.go.jp/j/kanbo/
kankyo/seisaku/climate/visual.html

(6) みどり戦略に基づく取組を世界に発信

(国際会議において、みどり戦略に基づく我が国の取組を紹介)

みどり戦略の実現に向けた我が国の取組事例について、広く世界に共有する取組を進めています。

令和4(2022)年9月、マニラで開催したアジア開発銀行(ADB)との政策対話において、我が国の優れたイノベーションに関する取組事例を含め、みどり戦略を紹介しました。これに対し、ADBから、我が国との連携を深めたい旨の発言があり、政策対話の成果として、

---

[1] 第1章第6節を参照
[2] 健康で豊かな食生活の実現を目的に平成12(2000)年に策定された「食生活指針」を具体的に行動に結び付けるものとして、平成17(2005)年に厚生労働省と農林水産省にて作成。1日に、「何を」、「どれだけ」食べたら良いかを考える際の参考となるよう、食事の望ましい組合せとおおよその量をイラストで分かりやすく示している。

両者間では初めての協力覚書である「アジア・太平洋地域における持続可能かつ強靱な食料・農業システムの構築に関する協力覚書」への署名を実施しました。

また、令和4(2022)年10月にオンラインで開催されたASEAN+3農林大臣会合では、みどり戦略を踏まえた強靱で持続可能な農業及び食料システムの構築に向けた我が国の協力イニシアティブである「日ASEANみどり協力プラン」を発信し、参加したASEAN[1]各国から賛同を得ました。

くわえて、同年11月にパリで開催されたOECD(経済協力開発機構)農業大臣会合では、持続可能で強靱な農業生産や食料安全保障の確保のためにはイノベーションとその普及が重要であることに鑑み、我が国がみどり戦略に基づく取組を推進していることを発信しました。

このほか、我が国を訪問した各国要人との面談の場や、国連気候変動枠組条約第27回締約国会議(COP27)[2]、G20等の国際会議等、あらゆる機会を捉え、みどり戦略に基づく我が国の取組を紹介しました。

ASEAN+3農林大臣会合で
「日ASEANみどり協力プラン」
を発信する農林水産大臣

OECD農業大臣会合で
みどり戦略について発言する
農林水産副大臣

(農業技術のアジアモンスーン地域での応用を支援)

農林水産省では、気候変動の緩和や持続的農業の実現に資する技術のアジアモンスーン地域での実装を促進するため、令和4(2022)年に国立研究開発法人国際農林水産業研究センター(JIRCAS)に設置した「みどりの食料システム国際情報センター」において、我が国の有望な基盤農業技術の収集・分析を行うとともに、アジアモンスーン地域で共有できる技術カタログ等の形による情報発信等を進めています。また、JIRCASが有する国際的なネットワークを活用し、アジアモンスーン地域の各地で、水田からのメタン排出を抑制する水管理技術や、窒素肥料の使用量を減らしても収量が変わらないBNI強化コムギの栽培実証を開始しました。この取組への助言を得るため、同年10月及び令和5(2023)年3月に、持続的農業等に関する著名な科学者や、アジアモンスーン地域の研究機関の長等で構成する国際科学諮問委員会の会合を開催しました。

国際科学諮問委員会(第1回)

---

1 Association of South-East Asian Nations の略で、東南アジア諸国連合のこと
2 第2章第10節参照

第10節 気候変動への対応等の環境政策の推進

　我が国では、気候変動対策において、令和32(2050)年までにカーボンニュートラルの実現を目指しており、あらゆる分野ででき得る限りの取組を進めることとしています。また、「生物多様性条約(CBD[1])第15回締約国会議(COP15)」での議論等を背景に、生物多様性の保全等の環境政策も推進しています。

　本節では、食料・農業・農村分野における気候変動に対する緩和・適応策の取組や生物多様性の保全に向けた取組等について紹介します。

(1) 地球温暖化対策の推進

(農林水産分野での気候変動に対する緩和・適応策を推進)

　我が国の温室効果ガス[2]の総排出量は令和2(2020)年度に11億5,000万t-CO_2となっているところ、政府は、令和32(2050)年までに温室効果ガスの総排出量を全体としてゼロにするカーボンニュートラルの実現に向け、令和12(2030)年度において温室効果ガス排出量を平成25(2013)年度比で46%削減することを目指し、更に50%の高みに向けて挑戦を続けることとしています。

　また、政府は令和3(2021)年10月に、新たな削減目標の裏付けとなる対策・施策を記載して新目標実現への道筋を描く「地球温暖化対策計画」及び農業を始めとする幅広い分野での適応策を示した「気候変動適応計画」を閣議決定しました。

　農林水産分野での気候変動に対する緩和・適応策の推進に向け、農林水産省は、みどり戦略[3]を踏まえ、同年10月に「農林水産省地球温暖化対策計画」と「農林水産省気候変動適応計画」を改定しました。

　我が国の農林水産分野における令和2(2020)年度の温室効果ガスの排出量は、前年度から42万t-CO_2増加し、5,084万t-CO_2となりました(**図表2-10-1**)。今後、地球温暖化対策計画や、みどり戦略に沿って、更なる温室効果ガスの排出削減に資する新技術の開発・普及を推進していくこととしています。

図表2-10-1　農林水産分野の温室効果ガス排出量

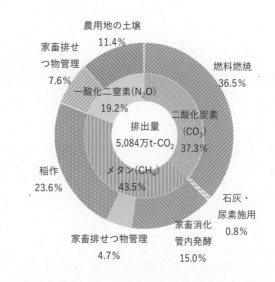

資料：国立研究開発法人国立環境研究所温室効果ガスインベントリオフィス「日本の温室効果ガス排出量データ」(令和4(2022)年4月公表)を基に農林水産省作成

注：1) 令和2(2020)年度の数値
　　2) 排出量は二酸化炭素換算

---

[1] Convention on Biological Diversity の略
[2] 用語の解説(1)を参照
[3] 第2章第9節を参照

（農業由来の温室効果ガス排出削減に向けた取組を推進）

　令和4(2022)年4月に公表した調査によれば、水田から発生するメタンの削減効果がある中干し期間の延長については、水稲を栽培する農業者の25.9％が「既に取り組んでいる」、28.9％が「支援がなくても取り組んでみたい」と回答しました。また、同じく水田から発生するメタンの削減効果がある秋耕[1]については、59.5％が「既に取り組んでいる」と回答しました（**図表2-10-2**）。

　農林水産省では、農地土壌から排出されるメタン等の温室効果ガスを削減するため、水田作における中干し期間の延長や秋耕といったメタンの発生抑制に資する栽培技術について、その有効性を周知するとともに、それぞれの産地で定着を図る取組を支援しています。

　また、畜産分野では、家畜排せつ物の管理や家畜の消化管内発酵に由来するメタン等が排出されることから、排出削減技術の開発・普及を進めることとしています。さらに、家畜排せつ物管理方法の変更について、地域の実情を踏まえながら普及を進めるとともに、アミノ酸バランス改善飼料の給餌について、家畜排せつ物に由来する温室効果ガスの発生抑制や飼料費削減の効果も期待できることを踏まえながら普及を進めていくこととしています。

図表2-10-2　水田から発生するメタン削減の取組に関する農業者の意向

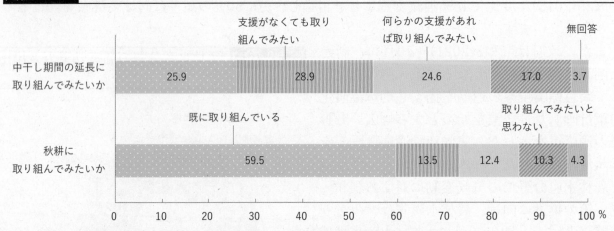

資料：農林水産省「農業分野の地球温暖化緩和策に関する意識・意向調査結果」（令和4(2022)年4月公表）
注：1）令和4(2022)年1～2月に、農業者4千人、流通加工業者8千事業所、消費者1千人及び1,741市区町村を対象として実施した郵送又はオンラインによるアンケート調査（回答総数は農業者2,776人、流通加工業者3,666事業所、消費者1千人及び1,295市区町村）
　　2）水稲を栽培する農業者に対する「中干し期間の延長に取り組んでみたいか」及び「秋耕に取り組んでみたいか」の質問への回答結果（回答総数は2,153人）

（Ｊ－クレジット制度の農業分野での活用を推進）

　温室効果ガスの排出削減・吸収量をクレジットとして国が認証し、民間資金を呼び込む取引を可能とするＪ－クレジット制度は、農林漁業者等が削減・吸収の取組により生じるクレジットを売却することで収入を得ることができるものです。令和4(2022)年8月に「アミノ酸バランス改善飼料の給餌」に係る方法論の対象として従来の豚・ブロイラーに牛が追加されたほか、令和5(2023)年3月には、「水稲栽培における中干し期間の延長」が新たな方法論として承認されました。また、同制度を活用して、令和4(2022)年6月には農業分野の方法論（「バイオ炭[2]の農地施用」）による取組が初めてクレジット認証されたほか、同

---

[1] 稲わらの秋すき込みのことであり、稲わらのすき込みを代かきの直前ではなく秋に行うことをいう。
[2] 燃焼しない水準に管理された酸素濃度の下、350℃超の温度でバイオマスを加熱して作られる固形物

年9月に「家畜排せつ物管理方法の変更」、令和5(2023)年3月に「牛・豚・ブロイラーへのアミノ酸バランス改善飼料の給餌」に取り組むプロジェクトが、それぞれ登録されました。今後、農業由来の温室効果ガスの排出削減や吸収に向けた取組の推進に当たって、同制度の一層の活用が期待されています。

（事例）Ｊ－クレジットを活用した「バイオ炭の農地施用」の取組が進展（大阪府）

大阪府茨木市の一般社団法人日本クルベジ協会では、Ｊ－クレジット制度を活用した「バイオ炭の農地施用」の取組を推進しています。

同協会では、令和3(2021)年1月に、「炭貯クラブ」を発足させ、Ｊ－クレジット制度を活用したバイオ炭の農地施用によるCO2削減事業に取り組み、令和4(2022)年6月に、「バイオ炭の農地施用」に取り組む案件としては我が国で初めて、クレジット認証を受けました。

バイオ炭は、土壌の透水性を改善する土壌改良資材であるとともに、土壌へ炭素を貯留させる効果を有しています。炭化した木材や竹等は土壌中で分解されにくいため、土壌に施用することで、その炭素を土壌に閉じ込め、大気中への放出を減らすことが可能になります。

同協会では、今後とも、バイオ炭による炭素貯留を通じた環境保全に資する農業の普及を進めるとともに、バイオ炭の農地施用の取組を全国的に推進していくこととしています。

農地に施用されるバイオ炭
資料：一般社団法人日本クルベジ協会

（気候変動の影響に適応するための品種・技術の開発・普及を推進）

農業生産は気候変動の影響を受けやすく、水稲における白未熟粒や、りんご、ぶどう、トマトの着色・着果不良等、各品目で生育障害や品質低下等の影響が現れていることから、この影響を回避・軽減するための品種や技術の開発、普及が進められています。

果樹では、気温の上昇に適応するため、熊本県におけるうんしゅうみかんから中晩柑「しらぬひ」への改植等、より温暖な気候を好む作物への転換や、青森県におけるももの生産等、栽培適地の拡大を活かした新しい作物の導入も進展しています。

（COP27で「シャルム・エル・シェイク実施計画」が決定）

令和4(2022)年11月に、エジプトのシャルム・エル・シェイクにおいて国連気候変動枠組条約第27回締約国会議(COP27)が開催されました。同会議では、全体の成果文書である「シャルム・エル・シェイク実施計画」が決定され、農林水産関連では、気候変動による食料危機の深刻化やパリ協定の温度目標[1]の達成に向けた森林等の役割の内容が盛り込まれるとともに、「農業及び食料安全保障に係る気候行動の実施に関するシャルム・エル・シェイク共同作業」が決定されました。

---

[1] パリ協定は、産業革命前からの平均気温の上昇を2℃より十分下方に保持し、1.5℃に抑える努力を追求すること等を目的としている。

　また、議長国であるエジプトの主導で各種テーマ別の「議長国プログラム」の一つとして、「適応・農業の日（農業デー）」が開催され、我が国は、「食料・農業の持続可能な変革（FAST）イニシアチブ[1]」の立上げ閣僚級会合において、農林水産副大臣のビデオメッセージにより、みどり戦略の実施を通じて得られた経験や知見を活用して、各国の持続可能な食料・農業システムへの移行に積極的に貢献していくことを表明しました。

　さらに、農林水産省の主催で、持続可能な農業と食料安全保障[2]をテーマとする国際セミナーを開催し、我が国の研究機関が持つ気候変動対策に資する農業生産技術の紹介等を行いました。

（2）生物多様性の保全と利用の推進

（生物多様性保全に貢献する行動では「地元で採れた旬の食材を味わう」が最多）

　亜熱帯から亜寒帯までの広い気候帯に属する我が国では、それぞれの地域で、それぞれの気候風土に適応した多様な農林水産業が発展し、地域ごとに独自の豊かな生物多様性が育まれてきました。生物多様性は持続可能な社会の土台であるとともに、食料・農林水産業がよって立つ基盤となっています。

　令和4（2022）年7～8月に内閣府が実施した世論調査によると、生物多様性の保全に貢献する行動として、既に取り組んでいるものは、「生産や流通で使用するエネルギーを抑えるため、地元で採れた旬の食材を味わう」と回答した人が33.7%で最も高く、次いで「エコラベルなどが付いた環境に優しい商品を選んで買う」と回答した人が26.8%となっています（**図表2-10-3**）。

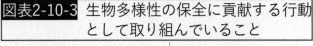

図表2-10-3　生物多様性の保全に貢献する行動として取り組んでいること

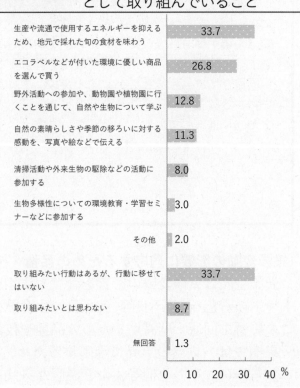

資料：内閣府「生物多様性に関する世論調査」（令和4（2022）年11月公表）

注：令和4（2022）年7～8月に、全国18歳以上の日本国籍を有する者3千人を対象として実施した郵送とインターネットによるアンケート調査（有効回収数は1,557人）（複数回答）

（農林水産業が生態系に与える正の影響を伸ばし、負の影響を低減することが重要）

　農林水産業は生物多様性に立脚すると同時に、農林水産業によって維持される生物多様性も多く存在します。

　例えば我が国の耕地面積の大半を占める水田は、特有の生態系を維持し、多様な生き物

---

[1] 食料・農業の持続可能な変革に向けた各国の協力を促進することを目的とした新たな国際イニシアチブ。正式名称は「Food and Agriculture for Sustainable Transformation Initiative」
[2] 用語の解説（1）を参照

の棲み家(すみか)を提供しています。また、草地の保全管理においては、草刈りや野焼き等、人の手が入ることによって、希少生物を含む多様な動植物の生息・生育環境が安定的に守られている例があります。

このように、農林水産業は、農山漁村において、様々な動植物が生息・生育するための基盤を提供する役割を持つ一方、経済性や効率性を優先した農地や水路の整備、農薬・肥料の過剰使用等、生物多様性に負の影響をもたらす側面もあります。

このため、将来にわたって持続可能な農林水産業を実現し、豊かな生態系サービス[1]を社会に提供していくためには、農林水産業が生態系に与える正の影響を伸ばしていくとともに負の影響を低減し、環境と経済の好循環を生み出していく視点が重要となっています。

(「農林水産省生物多様性戦略」を改定)

令和4(2022)年12月にカナダのモントリオールで「生物多様性条約(CBD)第15回締約国会議(COP15)」第2部及び関連会合が開催され、生物多様性に関する令和12(2030)年までの新たな世界目標である「昆明(こんめい)・モントリオール生物多様性枠組」等が採択されました。

昆明・モントリオール生物多様性枠組には、農林水産関連では、陸と海のそれぞれ30%以上の保護・保全(30by30目標)、環境中に流出する過剰な栄養素や化学物質等(農薬を含む。)による汚染のリスクの削減等の目標が盛り込まれました(**図表2-10-4**)。

農林水産省では、みどり戦略や昆明・モントリオール生物多様性枠組等を踏まえ、令和5(2023)年3月に、生物多様性保全を重視した農林水産業を強力に推進するため、「農林水産省生物多様性戦略」を改定しました。

同戦略では、生物多様性保全の重要性が認識され、各主体の行動に反映されるようサプライチェーン全体で取り組むことが重要であることから、農林漁業者の理解促進や、消費者の行動変容、自然資本に関連したESG[2]投融資の拡大等を図ることとしています。

図表2-10-4 昆明・モントリオール生物多様性枠組の主なターゲット

概要	
保護地域等	世界の陸地と海洋のそれぞれ少なくとも30%を保護地域及びその他の効果的な手段(OECM※)により保全する(30 by 30)。 ※OECM:Other Effective area-based Conservation Measures
野生種の利用	乱獲を防止するなど、野生種の利用等が持続的かつ安全、合法であるようにする。
汚染	環境中に流出する過剰な栄養素や、農薬及び有害性の高い化学物質による全体的なリスクを、それぞれ半減する。
農林水産業	農業、養殖業、漁業、林業地域が持続的に管理され、生産システムの強靱性及び長期的な効率性と生産性、並びに食料安全保障に貢献する。
ビジネス	ビジネス、特に大企業や金融機関等が生物多様性に係るリスク、生物多様性への依存や影響を開示し、持続可能な消費のために必要な情報を提供するための措置を講ずる。
廃棄量の削減	適切な情報により持続可能な消費の選択を可能とし、グローバルフットプリントの削減や、食料の廃棄を半減、過剰消費を大幅に削減する。

資料:農林水産省作成

---

[1] 用語の解説(1)を参照
[2] 用語の解説(2)を参照

(3) 土づくり等の推進

(堆肥等の活用による土づくりを推進)

　農地土壌は農業生産の基盤であり、農業生産の持続的な維持向上に向けて「土づくり」に取り組むことが必要です。効果的な土づくりのためには、土壌の通気性や排水性、土壌中の養分の含有量や保持力等を分析する土壌診断が有効です。農林水産省では、多くの農業者が科学的なデータに基づく土づくりが行える環境を整備するため、農業生産現場において土壌診断とそれに基づく改善効果の検証を行い、その結果をデータベース化する取組を推進しています。

　また、堆肥の施用量は、農業生産現場での高齢化の進展や省力化の流れの中で減少を続けてきましたが、近年横ばい傾向で推移しています。単位面積(1ha)当たりの堆肥の施用量について、農業者による土壌診断や、その結果を踏まえた堆肥の散布による土づくりを着実に推進することが重要となっているところ、農林水産省では令和12(2030)年度までに1.05t/ha(水稲作)とすることを目標としており、令和3(2021)年度は前年度に比べ6.5%増加し0.66t/haとなりました(**図表2-10-5**)。農林水産省では、土づくりに有効な堆肥の施用を推進するとともに、好気性強制発酵[1]による畜産業由来の堆肥の高品質化やペレット化による広域流通等の取組を推進しています。

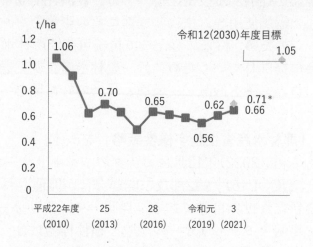

図表2-10-5　単位面積(1ha)当たりの堆肥の施用量(水稲作)

資料：農林水産省「農業経営統計調査」を基に作成
注：1) 米生産費の原単位量(10a 当たり)のうち、肥料費の「たい肥・きゅう肥」及び自給肥料の「たい肥」、「きゅう肥」を合計
　　2) ＊は政策評価の測定指標における令和3(2021)年度の実績に対する令和4(2022)年度の目標値

土づくり関連情報
URL：https://www.maff.go.jp/j
/seisan/kankyo/tuchi_kanren.html

---

[1] 攪拌装置等を用いて強制的に酸素を供給し、堆肥を発酵させる方法

（事例）土づくり拠点施設を活用し、露地野菜の生産を推進（大分県）

大分県臼杵市では、土づくり拠点施設で製造した完熟堆肥を用いた土づくりを推進するとともに、「ほんまもん農産物」を始めとする有機農産物の生産振興やブランド化に取り組んでいます。

同市では、有機農業等の農業生産に取り組みやすい環境を整備するため、平成22(2010)年に土づくりセンターを開設し、完熟堆肥である「うすき夢堆肥」の製造を行っています。「うすき夢堆肥」は、草木類8割、豚ぷん2割を混ぜ合わせて約6か月間の工程により製造される完熟堆肥であり、年間約1,800t製造されています。

同市では、「うすき夢堆肥」等有機質肥料を使用した土づくりを行い、化学肥料や化学合成農薬の使用を避けた圃場で生産された農産物を「ほんまもん農産物」として市長が認証しています。「ほんまもん農産物」は、地元農協の直売コーナーや市外の百貨店、一部のスーパー等での流通のほか、ふるさと納税の返礼品としての取扱いを始め、学校給食や飲食店での食材利用、小学生・幼稚園児による収穫体験等で取り上げられ、関心を集める機会が拡大しています。

今後は、行政や農協等の関係者で構成される「ほんまもんの里・うすき」農業推進協議会が主体となり、土壌診断結果のフィードバックを活用した継続的な土づくり等の取組を推進し、「ほんまもん農産物」を始めとする有機農業の産地づくりを進めていくこととしています。

臼杵市土づくりセンター

資料：大分県臼杵市

うすき夢堆肥

資料：大分県臼杵市

（生分解性マルチの利用量は増加傾向で推移）

農業用生分解性資材普及会の調査によると、生分解性マルチの利用量（樹脂の出荷量）は増加傾向で推移しており、令和3(2021)年度は3,944tとなっています（**図表2-10-6**）。

農林水産省では、生分解性マルチへの転換に向けた取組のほか、農業用ハウスの被覆資材やマルチといった農業由来の廃プラスチックの適正処理対策を推進することとしています。

図表2-10-6 生分解性マルチの利用量（樹脂の出荷量）

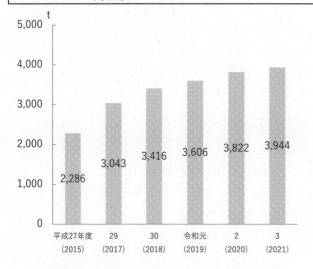

資料：農業用生分解性資材普及会資料を基に農林水産省作成
注：各年度の利用量は、当年6月〜翌年5月の数値

第11節　農業を支える農業関連団体

　各種農業関連団体については、農業経営の安定や食料の安定供給等において重要な役割を果たしていくことが期待されています。

　本節では、我が国の農業を支える各種農業関連団体の取組について紹介します。

(1) 農業協同組合系統組織

(農協において自己改革実践サイクルを構築)

　農協は協同組合の一つで、農業協同組合法に基づいて設立されています。農業者等の組合員により自主的に設立される相互扶助組織であり、農産物の販売や生産資材の供給、資金の貸付けや貯金の受入れ、共済、医療等の事業を行っています。

　農業協同組合系統組織においては、平成28(2016)年に施行された改正農協法[1]に基づき、農業者の所得向上に向け、農産物の有利販売や生産資材の価格引下げ等に主体的に取り組む自己改革に取り組んできました。農林水産省は、「農業協同組合、農業協同組合連合会及び農事組合法人向けの総合的な監督指針」(以下「監督指針」という。)を改正(令和4(2022)年1月施行)し、農協において、組合員との対話を通じて農業者の所得向上に向けた自己改革を実践していくための自己改革実践サイクルを構築し、これを前提として、行政庁が監督・指導等を行う仕組みを構築しました。また、同改正監督指針において、生産資材価格や輸出、他業種連携、販売網の拡大等の農業者の所得向上のための改革を実施することを通じ、各農協が行う自己改革の取組を支援するよう、行政庁が農業協同組合連合会に対し監督・指導等を行っていくこととしました。

　令和3(2021)年度における総合農協の組合数は569組合、組合員数は1,036万人となっています(**図表2-11-1**)。組合員数の内訳を見ると、農業者である正組合員数は減少傾向となっていますが、非農業者である准組合員数は増加傾向となっています。

図表2-11-1 農協(総合農協)の組合数、組合員数

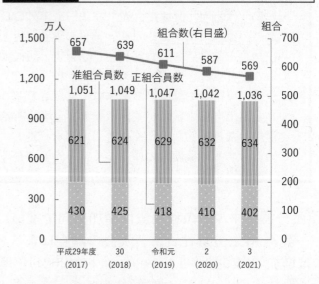

資料：農林水産省「総合農協統計表」
注：各組合事業年度末時点の数値

農協について
URL：https://www.maff.go.jp/j/
keiei/sosiki/kyosoka/k_kenkyu/

---

[1] 正式名称は「農業協同組合法等の一部を改正する等の法律」

(事例) JAグループがかんしょ等の省力的な受託防除を推進(鹿児島県)

鹿児島県鹿児島市の鹿児島県経済農業協同組合連合会(以下「JA鹿児島県経済連」という。)では、県内全域を対象に、組合員の要望に対応したかんしょ等の受託防除作業に取り組んでいます。

かんしょに施用できるドローンに適した農薬の登録を契機として、組合員の労力負担軽減のため、令和元(2019)年度からドローンによる省力的な受託防除を開始しました。

かんしょの防除については、従来、組合員が個別に動力噴射器のホースを引き、繁茂した葉やつる等を踏まないよう足場に注意しながら1ha当たり約2時間をかけて防除作業を実施していましたが、ドローンによる防除では作業時間が20分に短縮されました。また、農薬散布計画の作成や薬剤の準備等を農協・JA鹿児島県経済連がまとめて請け負うことで、組合員の負担軽減のほか、圃場に踏み入らずに防除できるため、作物を傷めないこと等の利点も見られています。

令和4(2022)年度までに、かんしょのほか、水稲、ばれいしょ、さとうきび、さといも等にも受託品目を拡大しており、受託面積を700haとすることを目標として取り組んでいます。今後の受託増加も見据え、JA鹿児島県経済連では、組織体制の整備やオペレーターの育成を進め、組合員負担の更なる軽減に取り組んでいくこととしています。

オペレーターによる
かんしょのドローン防除

資料:鹿児島県経済農業協同組合連合会

(2) 農業委員会系統組織

(農地利用の最適化に向け、活動の「見える化」の取組を推進)

農業委員会は、農地法等の法令業務及び農地利用の最適化業務を行う行政委員会で、全国の市町村に設置されています。農業委員は農地の権利移動の許可等を審議し、農地利用最適化推進委員(以下「推進委員」という。)は現場で農地の利用集積や遊休農地[1]の解消、新規参入の促進等の農地利用の最適化活動を担っています。農業委員会系統組織では、農地利用の最適化に向けて、活動の記録・評価等の「見える化」の取組を推進しています。

また、農業委員の任命には、年齢、性別等に著しい偏りが生じないように配慮し、青年・女性の積極的な登用に努めることとしています。

令和4(2022)年の農業委員数は22,995人、推進委員数は17,660人で、合わせて40,655人となっています(**図表2-11-2**)。

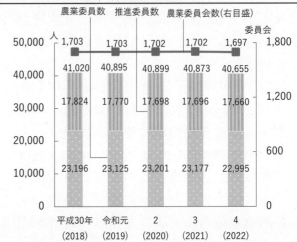

図表2-11-2 農業委員会の委員会数、農業委員数、推進委員数

農業委員数　推進委員数　農業委員会数(右目盛)

	平成30年(2018)	令和元(2019)	2(2020)	3(2021)	4(2022)
委員会数	1,703	1,703	1,702	1,702	1,697
合計	41,020	40,895	40,899	40,873	40,655
推進委員数	17,824	17,770	17,698	17,696	17,660
農業委員数	23,196	23,125	23,201	23,177	22,995

資料:農林水産省作成
注:各年10月1日時点の数値

---

[1] 用語の解説(1)を参照

219

(3) 農業共済団体

(全国における1県1組合化の実現を推進)

　農業共済制度は、農業保険法の下、農業共済組合及び農業共済事業を実施する市町村（以下「農業共済組合等」という。）、都道府県単位の農業共済組合連合会、国の3段階で運営されてきました。

　近年、農業共済団体においては、業務効率化のため、農業共済組合の合併により都道府県単位の農業共済組合を設立するとともに、農業共済組合連合会の機能を都道府県単位の農業共済組合が担うことにより、農業共済組合と国との2段階で運営できるよう、1県1組合化を推進しています。令和4(2022)年度においては、北海道で1組合化を果たしたところであり、引き続き業務の効率化を進めていくこととしています。

　令和3(2021)年度における農業共済組合等数は56組織、農業共済組合員等数は214万人となっています(図表2-11-3)。

図表2-11-3　農業共済組合等数、農業共済組合員等数

資料：農林水産省作成
注：1) 農業共済組合等数は各年度末時点の数値。農業共済組合員等数は各年度において組合員等であった者の数
　　2) 農業共済組合等数は、農業共済組合と農業共済事業を実施する市町村の合計
　　3) 農業共済組合員等数は、農業共済組合の組合員と市町村が行う農業共済事業の加入者の合計
　　4) 農業共済組合員等数には、制度共済のほかに任意共済の加入者も含む。

(4) 土地改良区

(土地改良事業の円滑な実施を後押しするための改正土地改良法が施行)

　土地改良区は、圃場整備等の土地改良事業を実施するとともに、農業用用排水施設等の土地改良施設の維持管理等の業務を行っています。

　豪雨災害の頻発化・激甚化、老朽化した土地改良施設の突発事故等による施設の維持管理に係る負担の増大や、土地改良区の技術者不足等の課題によって、土地改良区の運営は厳しさを増しています。小規模な土地改良区では、技術者の雇用や業務の実施が困難な場合もあることから、農林水産省は土地改良事業団体連合会等の関係機関

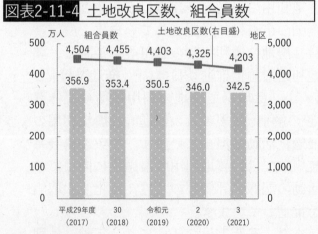

図表2-11-4　土地改良区数、組合員数

資料：農林水産省作成
注：各年度末時点の数値

と連携して技術的な助言を行うなど、土地改良区が事業を円滑に実施できるよう取り組んでいます。さらに、令和4(2022)年4月に施行された改正土地改良法[1]により、土地改良事業団体連合会への工事委託制度が創設されました。

　令和3(2021)年度末時点における土地改良区数は4,203地区、組合員数は343万人となっています(図表2-11-4)。

---

[1] 正式名称は「土地改良法の一部を改正する法律」

第3章
農村の振興

第1節　農村人口の動向と地方への移住・交流の促進

　我が国の農村では、高齢化と人口減少が並行して進行する一方、近年、若い世代を中心に地方移住への関心が高まっており、農村の持つ価値や魅力が再評価されています。また、新型コロナウイルス感染症の影響の長期化により、ワーケーション[1]の取組が広がりを見せています。

　本節では、農村人口の動向や地方移住の促進に向けた取組等について紹介します。

(1) 農村人口の動向

(約9割が農村地域の持つ「食料を生産する場としての役割」を重視)

　農村は、国民に不可欠な食料を安定供給する基盤であるとともに、農業・林業等様々な産業が営まれ、多様な地域住民が生活する場でもあり、さらには、国土の保全や水源の涵養(かんよう)等多面的機能が発揮される場としても重要な役割を果たしていることから、その振興を図ることが重要です。

　令和3(2021)年6〜8月に内閣府が行った世論調査によると、農村地域の持つ役割の中で特に重要と考える役割として、「食料を生産する場としての役割」を挙げた人の割合が86.5%と最も高くなりました(**図表3-1-1**)。農村地域が食料を安定供給する基盤として認識されていることがうかがわれます。

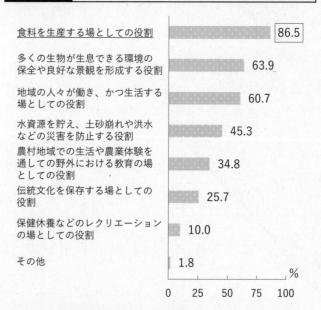

図表3-1-1　農村地域の持つ役割に対する意識

資料：内閣府「農山漁村に関する世論調査」(令和3(2021)年10月公表)を基に農林水産省作成
注：1) 令和3(2021)年6〜8月に、全国18歳以上の日本国籍を有する者3千人を対象として実施した郵送とインターネットによるアンケート調査(有効回収数は1,655人)
　　2) 「農村地域の持つ役割の中で、どのようなものが特に重要だと思うか」の質問への回答結果(回答総数は1,655人、複数回答)

---

[1] ワーク (仕事) とバケーション (休暇) を組み合わせたもので、リゾート地や帰省先等でパソコン等を使って仕事すること

（農村において高齢化と人口減少が並行して進行）

　農村において高齢化と人口減少が並行して進行しています。総務省の国勢調査によれば、令和2(2020)年の人口は、平成27(2015)年に比べて都市[1]で1.6%増加したのに対して、農村[2]では5.9%減少しています（**図表3-1-2**）。農村では生産年齢人口(15〜64歳)、年少人口(14歳以下)が大きく減少しているほか、総人口に占める老年人口(65歳以上)の割合は、都市の25%に対して、農村が35%となっており、農村における高齢化が進んでいることがうかがわれます。

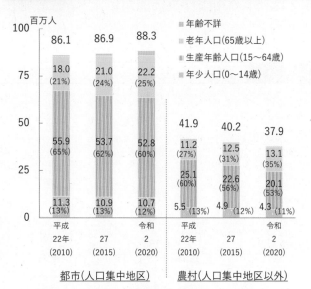

図表3-1-2　農村・都市の年齢階層別人口

資料：総務省「国勢調査」を基に農林水産省作成
注：国勢調査の人口集中地区(DID)を都市、人口集中地区以外を農村としている。

(2) 田園回帰の動き

（若い世代を中心として地方移住への関心が高まり）

　新型コロナウイルス感染症の影響が長期化する中、若い世代を中心に地方移住への関心の高まりが見られます。

　令和4(2022)年6月に内閣府が行った調査によると、東京圏在住者で地方移住に関心があると回答した人の割合は34.2%で、その割合は増加傾向となっています（**図表3-1-3**）。特に、関心がある人の割合は20歳代において45.2%と高く、若い世代を中心に地方移住への関心が高まっていることがうかがわれます。また、同調査において、地方移住への関心がある理由としては、「人口密度が低く自然豊かな環境に魅力を感じたため」、「テレワークによって地方でも同様に働けると感じたため」と回答した人の割合が高くなっています。

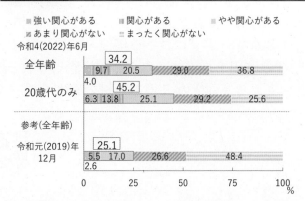

図表3-1-3　地方移住への関心（東京圏在住者）

資料：内閣府「第5回 新型コロナウイルス感染症の影響下における生活意識・行動の変化に関する調査」（令和4(2022)年7月公表）を基に農林水産省作成
注：1) 令和4(2022)年6月に、全国の15歳以上の登録モニターを対象としたインターネットによるアンケート調査(有効回答数は1万56人)
　　2) 東京圏在住者に対する「現在の地方移住への関心の程度」の質問への回答結果(回答総数は3,144人)
　　3) 「参考(全年齢)」は「第2回 新型コロナウイルス感染症の影響下における生活意識・行動の変化に関する調査」の数値

---

[1] 本節では「都市」の人口を国勢調査における人口集中地区(DID)の人口で算出
[2] 本節では「農村」の人口を国勢調査における人口集中地区以外の人口で算出

　また、地方暮らしやUIJターンを希望する人のための移住相談を行っている認定NPO法人ふるさと回帰支援センター[1]への相談件数は、近年増加傾向で推移しています。令和4(2022)年の相談件数は前年に比べ6%増加し、過去最高の5万2,312件となりました（**図表3-1-4**）。

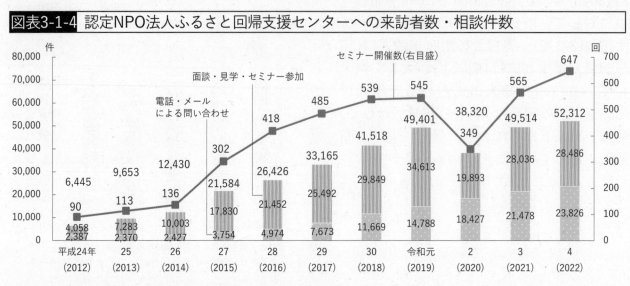

図表3-1-4　認定NPO法人ふるさと回帰支援センターへの来訪者数・相談件数

資料：認定NPO法人ふるさと回帰支援センター資料を基に農林水産省作成

　地方への移住・交流の促進に向けて、内閣府は、令和元(2019)年度から地方創生推進交付金により、東京圏外へ移住して起業・就業する者に対する地方公共団体の取組を支援しています。また、総務省は、就労・就農支援等の情報を提供する「移住・交流情報ガーデン」の利用を促進しています。さらに、農林水産省は新規就農者への支援[2]や同省Webサイト「あふてらす」における移住・就農に関する情報の提供のほか、農的関係人口の創出・拡大[3]の取組を推進するなど、関係府省による地方移住促進施策により、将来的な農村の活動を支える主体となり得る人材の確保を図っています。

あふてらす「田舎に移住して、農業を営む」
URL：https://www.maff.go.jp/j/aff_terrace/country/index.html

[1] 正式名称は「特定非営利活動法人100万人のふるさと回帰・循環運動推進・支援センター」
[2] 第2章第2節を参照
[3] 第3章第7節を参照

（事例）人材育成を通じ移住者等新たな人の流れを創出（和歌山県）

　和歌山県田辺市では、地域課題の解決や地域資源の活用をビジネスの視点で考える人材の育成を核として、移住者も含めた新たな人の流れを創出する取組を推進しています。

　同市では、人口減少が全国平均より早いスピードで進行する中、移住・定住の促進を図るため、移住関心者への情報発信や、移住希望者への相談対応のほか、移住者に対する住まいや起業等の支援を行っています。

　また、平成28(2016)年には、地域の課題を解決しながら、新たな価値を創出できる人材を育成するため、地域企業や金融機関、大学、行政が一体となって運営を行う「たなべ未来創造塾」を創設しました。

　塾生は、生産・流通・消費等のサプライチェーン全体を網羅した多様な人材を意識して構成されているため、卒業後も塾生同士が有機的なつながりを形成しながら新たな価値を創出しており、地元若手農業者グループによる地域活性化や複数の店舗等を開業する移住者等多くの塾生がローカルイノベーターとして様々な分野で活躍しています。

　さらに、同市は首都圏で塾卒業生等による講座を開催するなど関係人口の拡大にも取り組んでおり、受講者の中には同市に移住し新たに塾生になるケースも見られています。同市は、今後とも、新たな人の流れを創出する取組を積極的に推進していくこととしています。

「たなべ未来創造塾」の講義
資料：和歌山県田辺市

塾生が代表を務める農業者グループ
（第8回ディスカバー農山漁村の宝選定）
資料：株式会社日向屋

田辺市で食品加工販売店を営む
塾生の移住創業者
資料：金丸知弘さん

（約4割が農山漁村地域でのワーケーションに関心）

　新型コロナウイルス感染症の影響が長期化する中、ワーケーションの取組が広がりを見せており、農山漁村への移住の増加や農泊[1]宿泊者数の増加等につながることが期待されています。令和3(2021)年6～8月に内閣府が行った世論調査では、農山漁村でワーケーションを行いたいと回答した人の割合は41.5％になりました。若い世代ほどその割合が高くなる傾向があり、18～29歳の階層では54.1％となっています（図表3-1-5）。

図表3-1-5　ワーケーションへの関心

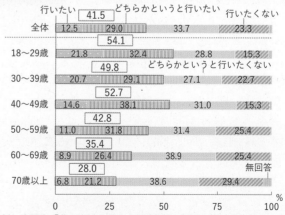

	行いたい	どちらかというと行いたい		行いたくない
全体	12.5	29.0	33.7	23.3
	41.5			
18～29歳	21.8	32.4	28.8	15.3
	54.1		どちらかというと行いたくない	
30～39歳	20.7	29.1	27.1	22.7
	49.8			
40～49歳	14.6	38.1	31.0	15.3
	52.7			
50～59歳	11.0	31.8	31.4	25.4
	42.8			
60～69歳	8.9	26.4	38.9	25.4
	35.4			無回答
70歳以上	6.8	21.2	38.6	29.4
	28.0			

0　　25　　50　　75　　100
%

資料：内閣府「農山漁村に関する世論調査」（令和3(2021)年10月公表）を基に農林水産省作成

注：1）令和3(2021)年6～8月に、全国18歳以上の日本国籍を有する者3千人を対象として実施した郵送とインターネットによるアンケート調査（有効回収数は1,655人）

　　2）「新型コロナウイルス感染症をきっかけに、農山漁村地域でワーケーションを行いたいと思うか」の質問への回答結果（回答総数は1,655人）

---

1 用語の解説(1)を参照

第2節　デジタル田園都市国家構想に基づく取組等の推進

　「デジタル田園都市国家構想」は、デジタル技術の活用によって、地域の個性を活かしながら、地方の社会課題の解決や魅力の向上を図り、地方活性化を加速するものであり、高齢化や過疎化に直面する農山漁村こそ、地域資源を活用した様々な取組においてデジタル技術を活用し、地域活性化を図ることが期待されています。

　本節では、デジタル田園都市国家構想に基づく取組のほか、持続的低密度社会の実現に向けた新たな施策の展開等について紹介します。

（農村からデジタル実装を進める取組が進展）

　農村は、都市に比べて高齢化や人口減少が著しく、生活サービスの統廃合・撤退や交通手段の確保ができないこと等のほか、デジタル人材の不足等、様々な課題を抱えています。

　一方、距離の壁を越えて、多様で創造的な付加価値の提供を可能とする、デジタル技術本来のポテンシャルを発揮していく好機は、地方に存在しています。各地域でデジタル実装を加速し、地方から全国に、ボトムアップの成長を目指す「デジタル田園都市国家構想」においては、高齢化や過疎化に直面する農山漁村こそ、地域資源を活用した様々な取組においてデジタル技術を活用し、地域活性化を図ることが期待されています。

　こうした中、農山漁村においては、ICTを活用して買い物困難者の注文予約を効率化する取組や、リモートワーク環境の整備により農泊[1]需要を開拓する取組、農林水産業の生産性向上を図る取組等、デジタル技術を活用して地域課題の解決を図る取組が広がりを見せています。

　さらに、近年、地方からデジタル実装を進め、新たな変革の波を起こし、地方と都市の差を縮めようとする動きも見られます。都市と農村がデジタルでつながり、新たな都市農村交流とも言うべき新しい共存関係を築いていくことも重要となっています。

（コラム）地方発の仮想空間を活用する動きが拡大

　地域活性化等のため、インターネット上の仮想空間を活用する地方公共団体等が増加しています。デジタル技術の進展や新型コロナウイルス感染症の感染拡大等を背景に、実際に現地まで足を運ばなくても、仮想空間上で交流し、地方の魅力を伝える取組が見られています。

　また、ビジネス面でも、仮想空間を活用する動きが広がっています。遠く離れた実需者や消費者に対し、音声や映像等を組み合わせて対面に近いバーチャル環境で商品のPRや商談を進める事例や、仮想空間上で果実の収穫風景をリアルタイムで配信して消費者との交流に活用する事例等が見られています。

　都市と農村間の距離を埋める仮想空間上の取組は、農業・農村分野においても、都市農村交流や消費者と生産者との交流の促進に資するほか、農産物の販路拡大や農村での事業環境の改善等にも寄与することが期待されています。

仮想空間(Virbela GAIA TOWN)内における農産物販売活動の取組イメージ
資料：株式会社ガイアリンク

---

[1] 用語の解説(1)を参照

(事例) デジタル技術を活用し、効率的な青果流通の仕組みを構築(静岡県)

　静岡県牧之原市のやさいバス株式会社は、デジタルツールを活用した新しい青果流通の仕組みである「やさいバス」を運行し、消費者へ新鮮な青果を届ける取組を展開しています。

　「やさいバス」は、デジタル技術を活用し、地域内で生産された新鮮な野菜を効率的に流通させる仕組みです。直売所や道の駅等に設けられた専用のバス停に、冷蔵トラックである「やさいバス」を巡回させ、時刻表に基づき集荷・配送を行っています。

　Webサイトで消費者から直接注文を受けた生産者は、注文内容に応じて、農協施設や道の駅等の最寄りのバス停に野菜を出荷します。消費者は、指定のバス停で収穫後間もない野菜や旬の果実等を受け取ることができる仕組みとなっています。

　同社は、消費者へ新鮮な青果を届けるとともに、生産者の高い利益率の実現を目指しており、末端部の輸送を行わないことで、配送コストの低減につなげています。

　今後とも、生産者・消費者の双方向の情報連携と信頼関係の構築を重視しながら、農家・地域・顧客の全てに役立つ情報発信基地として、積極的な活動を展開していくこととしています。

デジタル技術を活用した青果流通
システムで運行される「やさいバス」
資料：やさいバス株式会社

(事例) IoTと地熱を活用したバジルの水耕栽培を展開(岩手県)

　岩手県八幡平市の株式会社八幡平スマートファームは、地熱温水をIoT技術で制御し、暖房として利用するバジルの水耕栽培に取り組んでいます。

　同社は、同市とIoT農業の振興を目的とした包括連携協定を締結した株式会社MOVIMASにより、農地法に定める農地所有適格法人として設立され、高齢化による離農や施設の老朽化等によって使用されなくなったビニールハウスを再生し、IoT次世代型施設園芸への転換を進めています。

　再生したハウスでは、同市内の地熱発電所から供給される熱水が暖房に利用され、冬場の気温がマイナス15℃以下になる同市の気候条件下においても通年出荷が可能となっています。また、温湿度管理や養液の供給量等を、IoT制御システムを使って調整することにより、バジル栽培の省力化やコスト低減が図られています。

　今後は、12棟のハウスを50棟まで拡大し、IoT技術と地域資源を活用した循環型社会モデルの創造に向けて地元の雇用創出につなげる計画を進めるとともに、バジルを使用した6次産業化*商品を地元企業と共同開発するほか、鶏ふんの燃料利用による温水暖房システムの推進等、地域特性を活かした新たな農業のビジネスモデルを確立し、地域活性化を図ることとしています。

* 用語の解説(1)を参照

IoT技術を利用した
独自の栽培管理システム
資料：株式会社八幡平スマートファーム

　農林水産省では、魅力ある豊かな「デジタル田園」の創出に向けて、中山間地域等におけるデジタル技術の導入・定着を推進する取組を支援するとともに、スマート農業[1]やインフラ管理等に必要な情報通信環境の整備等を支援することとしています。

　また、内閣府は、デジタル技術を活用した地域の課題解決や魅力向上に向けて、「デジタル田園都市国家構想交付金」による支援を行っています。

(持続的低密度社会の実現に向け「新しい農村政策」を構築)

　人口減少社会に対応した農村振興に関する施策や土地利用の方策等を検討するため、農林水産省は、令和2(2020)年5月から「新しい農村政策の在り方に関する検討会」及び「長期的な土地利用の在り方に関する検討会」を開催し、令和4(2022)年4月に「地方への人の流れを加速化させ持続的低密度社会を実現するための新しい農村政策の構築」(以下「新しい農村政策」という。)として、具体的な施策の方向性を取りまとめました。

　新しい農村政策では、「しごとづくりの施策[2](農村における所得と雇用機会の確保)」、「くらしの施策[3](中山間地域等をはじめとする農村に人が住み続けるための条件整備)」、「土地利用の施策(人口減少社会における長期的な土地利用の在り方)」、「活力づくりの施策[4](農村を支える新たな動きや活力の創出)」を柱として、デジタル技術を活用しつつ、各施策が連携して好循環を生み出し、心豊かに暮らすことのできる「持続的低密度社会」の実現を目指しています。

「新しい農村政策の在り方に関する検討会」
とりまとめ
URL：https://www.maff.go.jp/j/study/nouson_kentokai/
farm-village_meetting.html

「長期的な土地利用の在り方に関する検討会」
とりまとめ
URL：https://www.maff.go.jp/j/study/tochi_kento/

(地域ぐるみの話合いを通じた持続可能な土地利用を推進)

　「長期的な土地利用の在り方に関する検討会」での検討を踏まえ、農林水産省では、地域の話合いを通じた持続可能な土地利用計画の策定や農地の粗放的利用、計画的な植林等の取組を支援することとしています。

　具体的には、令和3(2021)年度に最適土地利用対策を新設し、市町村や地域協議会等が地域ぐるみの話合いを通じ、生産基盤や周辺環境を整備するなど、地域の特性を活かした農業の展開や地域資源の付加価値を向上させるための取組、農地等を低コストで維持するため、粗放的な利用(放牧や蜜源作物等)によるモデル的な取組を支援しています。

---

[1] 用語の解説(1)を参照
[2] しごとづくりの施策については、農山漁村発イノベーション(第3章第4節)のほか、中山間地域の農業の振興(第3章第3節)等を参照
[3] くらしの施策については、農村に人が住み続けるための条件整備(第3章第5節)等を参照
[4] 活力づくりの施策については、農村を支える新たな動きや活力の創出(第3章第7節)等を参照

また、令和4(2022)年10月に施行された改正農山漁村活性化法[1]により、地域の話合いを通じ、農林漁業団体等が放牧等の粗放的利用や鳥獣緩衝帯の整備、林地化等を行う場合に、地方公共団体に活性化計画の作成を提案できる仕組みや、事業実施に必要な手続の迅速化を図る仕組みのほか、市町村による土地の詳細な用途(有機農業、放牧等)の指定を推進する仕組み等を構築しました(図表3-2-1)。

図表 3-2-1 持続可能な土地利用検討のプロセス

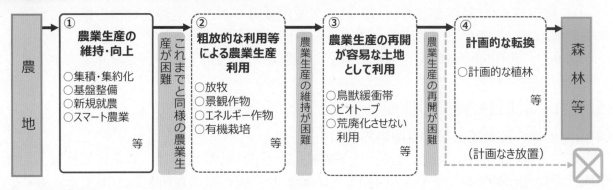

資料:農林水産省作成

(「国土形成計画(全国計画)」の骨子案を公表)

国土交通省は、新たな「国土形成計画(全国計画)[2]」の策定に向け、令和5(2023)年3月に同計画の骨子案を公表しました。骨子案では、未曽有の人口減少、少子高齢化の加速化等、時代の重大な岐路に立つ中、「新時代に地域力をつなぐ国土」の形成を目指して、国土の刷新に向けて、「デジタルとリアルが融合した地域生活圏の形成」、「持続可能な産業への構造転換」等、四つの重点テーマを掲げ、更にこれらを効果的に実行するため、「国土基盤の高質化」と「地域を支える人材の確保・育成」を分野横断的なテーマとして掲げています。

農林水産分野においては、地域生活圏の形成に資する取組として、地域資源とデジタル技術を活用した中山間地域の活性化や、持続可能な産業への構造転換に向けて、食料安全保障[3]の強化に向けた農林水産業の活性化等を推進することとしています。

今後は国土審議会計画部会において更に検討を進め、同年の夏頃に新たな国土形成計画(全国計画)を策定する予定です。

第3章

---

[1] 正式名称は「農山漁村の活性化のための定住等及び地域間交流の促進に関する法律の一部を改正する法律」
[2] 国土形成計画法に基づき策定する国土の利用、整備、保全を推進するための総合的かつ基本的な計画。平成27(2015)年に閣議決定した全国計画は同年からおおむね10年間の国土づくりの方向性を定めている。
[3] 用語の解説(1)を参照

中山間地域¹は、食料生産の場として重要な役割を担う一方、傾斜地等の条件不利性とともに鳥獣被害の発生、高齢化・人口減少、担い手不足等、厳しい状況に置かれており、将来に向けて農業生産活動を維持するための活動を推進していく必要があります。

一方、都市農業は、新鮮な農産物の供給や農業体験等において重要な役割を担っており、都市農地の有効活用により計画的にその保全を図ることが必要です。

本節では、中山間地域の農業や都市農業の振興を図る取組等について紹介します。

(1) 中山間地域の農業の振興

(中山間地域の農業産出額は全国の約4割)

我が国の人口の約1割、総土地面積の約6割を占める中山間地域は、農業経営体数、農地面積、農業産出額ではいずれも約4割を占めており、我が国の食料生産を担うとともに、豊かな自然や景観の形成・保全といった多面的機能の発揮の面でも重要な役割を担っています(図表3-3-1)。

一方、傾斜地が多く存在し、圃場の大区画化や大型農業機械の導入、農地の集積・集約化²等が容易ではないため、規模拡大等による生産性の向上が平地に比べて難しく、高齢化や人口減少による担い手不足とあいまって、営農条件面で不利な状況にあります。

経営耕地面積規模別に農業経営体数の割合を見ると、1.0ha未満については、平地農業地域で約4割であるのに対し、中間農業地域、山間農業地域では共に約6割となっています(図表3-3-2)。

また、1農業経営体当たりの農業所得を見ると、平地農業地域で151万円であるのに対し、中間農業地域、山間農業地域ではそれぞれ109万円、52万円となっています(図表3-3-3)。

図表 3-3-1　中山間地域の主要指標

	全国	中山間地域	割合
人口(万人)	12,709	1,420	11.2%
農業経営体数(千経営体)	1,076	453	42.1%
農地面積(千ha)	4,372	1,617	37.0%
農業産出額(億円)	89,370	36,647	41.0%
総土地面積(千ha)	37,286	24,118	64.7%

資料：農林水産省作成

注：1) 人口は、総務省「平成27年国勢調査」の数値。ただし、中山間地域については農林水産省が推計した数値
　　2) 農業経営体数は、農林水産省「2020年農林業センサス」の数値
　　3) 農地面積は、農林水産省「令和2年耕地及び作付面積統計」の数値。ただし、中山間地域については農林水産省が推計した数値
　　4) 農業産出額は、農林水産省「令和2年生産農業所得統計」の数値。ただし、中山間地域については農林水産省が推計した推値
　　5) 総土地面積は、農林水産省「2020年農林業センサス」の数値
　　6) 農業地域類型区分は平成29(2017)年12月改定のもの
　　7) 中山間地域の総土地面積は、市区町村別の総土地面積を用いて算出しており、北方四島や境界未定の面積を含まない。

---

¹ 農業地域類型区分の中間農業地域と山間農業地域を合わせた地域のこと
² 用語の解説(1)を参照

図表 3-3-2	農業地域類型別の経営耕地面積規模別農業経営体数の割合	図表3-3-3	農業地域類型別の1農業経営体当たりの農業経営収支

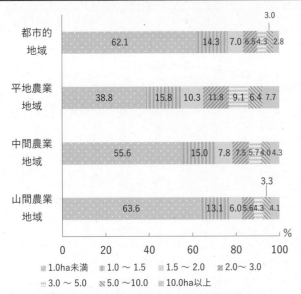

資料：農林水産省「2020年農林業センサス」を基に作成
注：1) 農業地域類型区分は平成29(2017)年12月改定のもの
　　2) 「経営耕地なし」の農業経営体を除く。

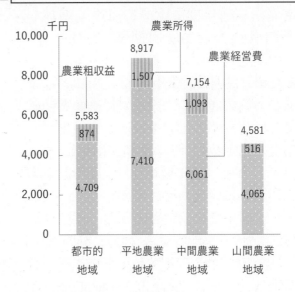

資料：農林水産省「農業経営統計調査」
注：令和3(2021)年の個人経営体の数値

（中山間地域等直接支払制度の協定数は前年度に比べ増加）

　中山間地域等直接支払制度は、農業の生産条件が不利な地域における農業生産活動を継続するため、国及び地方公共団体による支援を行う制度として平成12(2000)年度から実施してきており、平成27(2015)年度からは「農業の有する多面的機能の発揮の促進に関する法律」に基づいた安定的な措置として実施されています。

中山間地域等直接支払制度
URL：https://www.maff.go.jp/j/nousin/tyusan/siharai_seido/

　令和2(2020)年度から始まった中山間地域等直接支払制度の第5期対策では、高齢化や人口減少による担い手不足、集落機能の弱体化等に対応するため、制度の見直しを行いました。人材確保や営農以外の組織との連携体制を構築する活動のほか、農地の集積・集約化や農作業の省力化技術導入等の活動、棚田地域振興法の認定棚田地域振興活動計画[1]に基づく活動を行う場合に、これらの活動を支援する加算措置を設けています。

---

1 第3章第7節参照

　令和3(2021)年度の同制度の協定数は、前年度から約200協定増加し2万4千協定、協定面積は前年度に比べ1万1千ha増加し65万3千haとなりました(**図表3-3-4**)。

　中山間地域等における集落機能の維持を図るため、農林水産省は、協定参加者による話合い等を通じて、集落の将来像を明確化する集落戦略の作成を推進しています。同年度の協定数のうち、体制整備単価[1]を活用するものは、前年度に比べ約200協定増加し1万8千協定となりました。

　また、同年度の協定数のうち、棚田地域振興活動加算[2]を活用するものは、前年度に比べ68協定増加し314協定となり、その取組面積は前年度に比べ1,369ha増加し5,978haとなりました。

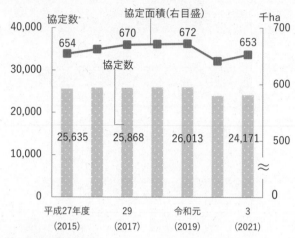

図表3-3-4　中山間地域等直接支払制度の協定数及び協定面積

資料：農林水産省作成
注：協定面積は、協定の対象となる農用地の面積

（事例）良好な棚田の環境維持や景観形成を図る取組を推進(山口県)

　山口県長門市の東後畑地区では、中山間地域等直接支払交付金等を活用し、良好な棚田の環境維持や景観形成を図る取組を推進しています。

　同市では棚田保護条例が制定され、地域で6次産業化[*1]やグリーンツーリズムへの機運が高まったことを契機として、平成18(2006)年に同地区でNPO法人ゆや棚田景観保存会が設立されました。同保存会では、「日本の棚田百選」や「つなぐ棚田遺産[*2]」にも選定された優美な景観を保全するため、同交付金を活用し、荒廃農地[*3]の増加が懸念される棚田での生産活動を継続しています。同地区は令和2(2020)年6月に指定棚田地域に指定され、中山間地域等直接支払制度の棚田地域振興活動加算も活用し、棚田地域の振興を図っています。

　また、多数のため池や用排水路、農道等の維持管理に加え、環境教育や食育、都市住民との交流や特産品の開発等を実施しているほか、高齢者が集まれる場所として交流カフェを開設し、地域福祉や地域づくりにも寄与しています。さらに、平成28(2016)年から3年間で同市の事業支援を受け、1.3haの荒廃農地を再生しました。

　同地区では今後とも、地域住民のみならず、幅広い関係者が連携して棚田地域の振興を図っていくこととしています。

*1　用語の解説(1)を参照
*2　第3章第7節を参照
*3　用語の解説(1)を参照

イカ釣り漁船の漁り火が輝く棚田の風景

荒廃農地を再生し開園した「棚田の花段」

---

[1] 集落戦略の作成を要件としており、農業生産活動等の体制整備のための前向きな活動を行う場合に当該単価の10割を交付
[2] 認定棚田地域振興活動計画に基づき、棚田地域の振興を図る取組を行う場合に加算

(中山間地域等の特性を活かした複合経営等を推進)

　高齢化・人口減少が進行する中山間地域を振興していくためには、地形的制約等がある一方、清らかな水、冷涼な気候等を活かした農作物の生産が可能である点を活かし、需要に応じた市場性のある作物や現場ニーズに対応した技術の導入を進めるとともに、耕種農業のみならず畜産、林業を含めた多様な複合経営を推進することで、新たな人材を確保しつつ、小規模農家を始めとした多様な経営体がそれぞれにふさわしい農業経営を実現する必要があります。

　このため、農林水産省では、中山間地域等直接支払制度により生産条件の不利を補正しつつ、中山間地農業ルネッサンス事業等により、多様で豊かな農業と美しく活力ある農山村の実現や、地域コミュニティによる農地等の地域資源の維持・継承に向けた取組を総合的に支援しています。また、米、野菜、果樹等の作物の栽培や畜産、林業も含めた多様な経営の組合せにより所得を確保する複合経営を推進するため、農山漁村振興交付金等により地域の取組を支援しています。

(山村への移住・定住を進め、自立的発展を促す取組を推進)

　振興山村[1]は、国土の保全、水源の涵養、自然環境の保全や良好な景観の形成、文化の伝承等に重要な役割を担っているものの、高齢化や人口減少等が他の地域より進んでいることから、国民が将来にわたってそれらの恵沢を享受することができるよう、地域の特性を活かした産業の育成による就業機会の創出、所得の向上を図ることが重要となっています。

　農林水産省は、地域の活性化・自立的発展を促し、山村への移住・定住を進めるため、平成27(2015)年度から地域資源を活かした商品の開発等に取り組む地区を支援しています。

(2) 多様な機能を有する都市農業の推進

(市街化区域の農業産出額は全国の約1割)

　都市農業は、都市という消費地に近接する特徴から、新鮮な農産物の供給に加えて、農業体験・学習の場や災害時の避難場所の提供、住民生活への安らぎの提供等の多様な機能を有しています。

　都市農業が主に行われている市街化区域内の農地が我が国の農地全体に占める割合は1%である一方、農業経営体数と農業産出額ではそれぞれ全体の12%と7%を占めており、消費地に近いという条件を活かした、野菜を中心とした農業が展開されています(**図表3-3-5**)。

　農林水産省では、都市住民と共生する農業経営の実現のため、農業体験や農地の周辺環境対策、防災機能の強化等の取組を支援するなど、多様な機能を有する都市農業の振興に向けた取組を推進しています。

---

[1] 山村振興法に基づき指定された区域。令和4(2022)年4月時点で、全市町村数の約4割に当たる734市町村において指定

図表3-3-5　都市農業の主要指標

	農業経営体数 （万経営体）	農地面積 （万ha）		農業産出額 （億円）
全国	107.6	432.5		88,384
市街化区域 （割合）	13.3 (12.4%)	6.0 (1.4%)		5,898 (6.7%)
		うち生産緑地 1.2 (0.3%)		

資料：農林水産省作成
注：1）全国の農業経営体数は、農林水産省「2020年農林業センサス」の数値
　　2）全国の農地面積は、農林水産省「令和4年耕地及び作付面積統計」の数値
　　3）全国の農業産出額は、農林水産省「令和3年生産農業所得統計」の数値
　　4）市街化区域の農業経営体数は、東京都及び一般社団法人全国農業会議所から提供を受けたデータを基に農林水産省が推計した数値
　　5）市街化区域の農地面積は、総務省「令和3年度 固定資産の価格等の概要調書」の数値
　　6）生産緑地地区の面積は、国土交通省「令和3年都市計画現況調査」の数値
　　7）市街化区域の農業産出額は、東京都及び一般社団法人全国農業会議所から提供を受けたデータを基に農林水産省が推計した数値

（都市農地貸借法に基づき貸借された農地面積は拡大傾向で推移）

　生産緑地制度[1]は、良好な都市環境の形成を図るため、市街化区域内の農地の計画的な保全を図るものです。市街化区域内の農地面積が一貫して減少する中、生産緑地地区[2]面積はほぼ横ばいで推移しており、令和3(2021)年の同面積は前年並の1.2万haとなっています（**図表3-3-6**）。

図表3-3-6　市街化区域内農地面積

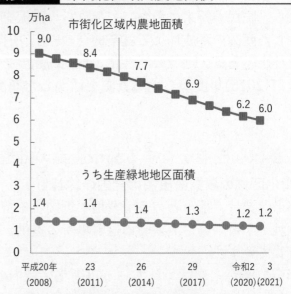

資料：総務省「固定資産の価格等の概要調書」、国土交通省「都市計画現況調査」を基に農林水産省作成

　令和4(2022)年には生産緑地地区の約8割が生産緑地の指定から30年が経過し、農地転用の急激な増加が懸念されましたが、平成29(2017)年に、生産緑地の買取申出期限を所有者の意向により10年延期する「特定生産緑地制度」の導入により、平成4(1992)年に生産緑地法に基づき都市計画に定められた生産緑地のうち、特定生産緑地に指定された割合は、令和4(2022)年12月末時点で約89％となっています。

---

[1] 三大都市圏特定市における市街化区域農地は宅地並に課税されるのに対し、生産緑地に指定された農地は軽減措置が講じられる。
[2] 市街化区域内の農地で、良好な生活環境の確保に効用があり、公共施設等の敷地として適している500㎡以上の農地

また、都市農業の振興を図るため、意欲ある農業者による耕作や市民農園の開設等による都市農地の有効活用を促進しています。農地所有者が、意欲ある農業者等に安心して農地を貸付けすることができるよう、平成30(2018)年に創設された都市農地貸借法[1]に基づき貸借が認定・承認された農地面積は、令和3(2021)年度は、前年度に比べ25万9千㎡増加し77万5千㎡となりました（**図表3-3-7**）。

農林水産省では、都市農地貸借法の仕組みの現場での円滑かつ適切な活用を通じ、貸借による都市農地の有効活用を図ることとしています。

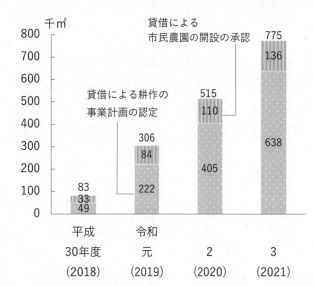

図表3-3-7	都市農地貸借法により貸借が認定・承認された農地面積(累計)

資料：農林水産省作成
注：各年度末時点の数値

（事例）宅地を農地転換し、生産緑地を拡大する取組を展開（東京都）

東京都練馬区にある加藤果樹園は、都市住民に対して新鮮な農産物の供給や身近な農業体験の場の提供を行うとともに、自らが所有する宅地を農地転換し、生産緑地を拡大する取組を展開しています。

同果樹園では、かき等を中心に、少量多品目の果樹や野菜を生産するとともに、ブルーベリーの摘み取り体験ができる観光農園を運営しています。東京都内での生産という特性を活かした採れたての野菜の販売や、園主の分かりやすい指導の下での摘み取り体験等の取組により、多くの利用者がリピーターとして訪れています。

また、同果樹園は、空き家となっていた母屋を農地へ転換するとともに、生産緑地の指定を受けることにより、長期的な展望の下で農地を保全し、安定的に農業経営を続けることが可能となっています。

新たに農地化した圃場では、かきのジョイント栽培*に取り組んでいます。樹勢が均一化することから、作業が容易となる上、車椅子の方でも利用できるため、今後は、障害のある人でも利用できる観光農園の開設も目指すこととしています。

農地転換後の圃場

＊ 接ぎ木により樹を直線的に連結させる栽培方法であり、早期成園化や省力化、軽労化が期待される。

---

[1] 正式名称は「都市農地の貸借の円滑化に関する法律」

235

第4節　農村における所得と雇用機会の確保

　農山漁村を次の世代に継承していくためには、6次産業化[1]等の取組に加え、他分野との組合せにより農山漁村の地域資源をフル活用する「農山漁村発イノベーション」の取組により農村における所得と雇用機会の確保を図ることが重要です。

　本節では6次産業化、農泊[2]、農福連携等の農山漁村発イノベーションの取組やバイオマス[3]・再生可能エネルギーの活用を図る取組等について紹介します。

(1) 農山漁村発イノベーションの推進

（6次産業化の取組を発展させた農山漁村発イノベーションを推進）

　農山漁村における所得向上や雇用機会の創出を図るため、農林水産省は、従来、農村への産業の立地・導入を促進するとともに、農業者が加工・販売等に取り組む6次産業化の取組等を推進してきました。

　今後の農村施策の展開に当たっては、農業以外の所得と合わせて一定の所得を確保できるよう、多様な機会を創出していくことが重要であることから、従来の6次産業化の取組を発展させ、農林水産物や農林水産業に関わる多様な地域資源を活用し、観光・旅行や福祉等の他分野と組み合わせて新事業や付加価値を創出する「農山漁村発イノベーション」の取組を推進しています(**図表3-4-1**)。

　その推進に当たっては、農林漁業者や地元企業等多様な主体の連携を図りつつ、商品・サービス開発等のソフト支援や施設整備等のハード支援を行うとともに、全国及び都道府

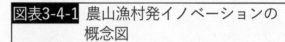

資料：農林水産省作成

県段階に設けた農山漁村発イノベーションサポートセンターを通じて、取組を行う農林漁業者等に対する専門家派遣等の伴走支援や都市部の起業家とのマッチング等を行っています。

　令和4(2022)年10月に施行された改正農山漁村活性化法[4]の下、農山漁村発イノベーション等に必要な事業が円滑に実施できるよう、施設整備等に当たっての農地転用等の手続を迅速化しました。また、令和7(2025)年度までにモデル事例を300創出することを目標としており、現場の優良事例を収集し、全国への横展開等を図ることとしています(**図表3-4-2**)。

---

[1] 用語の解説(1)を参照
[2] 用語の解説(1)を参照
[3] 用語の解説(1)を参照
[4] 正式名称は「農山漁村の活性化のための定住等及び地域間交流の促進に関する法律の一部を改正する法律」

| 森林 | × | スポーツ | × | ベンチャー企業 | 農産物 | × | 加工販売、観光 | × | 農業者、地元企業 | 農産物、直売所 | × | 加工販売、観光 | × | 農協 |

株式会社フォレストーリー(長野県諏訪市)

森林所有者に活用されていない森林を借りてサバイバルゲームのフィールドを構築し、サバイバルゲームのイベントを開催。参加料の一部を森林所有者に還元し森林管理に充当

きょなん株式会社(千葉県鋸南町)

地元農家の農林水産物や景観資源の桜剪定枝を活用し、クラフトビールや桜燻製肉を製造・販売。また、観光事業者と連携し、海岸を活用した「海とサウナ」等新たな滞在型観光コンテンツを開発

紀の里農業協同組合(和歌山県紀の川市)

農協の大型農産物直売施設を拠点に、食の重要性等を伝える活動を推進。米・野菜づくりの体験等、多彩なプログラムを取りそろえた体験交流事業を展開

資料：農林水産省作成

(事例) 農業と観光の相乗効果により多角的なビジネスを展開(栃木県)

栃木県宇都宮市の農業法人である株式会社ワカヤマファームでは、竹林やたけのこ等の地域資源を有効に活用しながら観光事業等の多角的なビジネスを展開しています。

同社は、24haの圃場でたけのこ等の生産や竹苗の育種・販売、近代都市空間における竹植栽の啓蒙を行っています。また、市街地近郊に管理された竹林が残存する希少性により、映画やCMの撮影地となったことを契機に、竹林への訪問者が増えたため、平成29(2017)年に農場の一部を公開し、入場料収入による観光事業を開始しました。入場者数は年々増加し、平成28(2016)年の4千人から令和4(2022)年は8万人に増加しました。

観光事業と併せて、たけのこ・くりの農産物加工品の開発・販売にも取り組んでおり、観光客向けに販売する農産物加工品(他社から仕入れた農産物加工品を含む)の販売金額は、平成28(2016)年の270万円から令和4(2022)年の3,400万円に増加しました。また、観光客の増加が従業員の竹林管理の作業意欲の向上につながるなど、好調な観光事業が農業にも良い影響を与えています。

同社は、ハンモックテントを活用した竹林キャンプや国産メンマの開発にも取り組んでおり、更なる観光客や農産物加工品販売の増加を図りつつ、今後は自社製食材を活用した農家レストランの展開も計画しています。

観光資源としても活用する
管理された竹林
資料：株式会社ワカヤマファーム

たけのこ・くりの
6次産業化商品を販売
資料：株式会社ワカヤマファーム

237

（農山漁村の活性化に向けた起業を後押し）

　若い世代を中心とした地方移住への関心の高まりに加えて、地域の課題に対してビジネスの手法を取り入れることで解決を図り、持続可能な農山漁村を目指す取組も見られます。

　このような取組を広く展開するため、農山漁村における起業促進プラットフォームである「INACOME」では、地域資源を活用した多様なビジネスの創出を促進することを目的として、起業家間での情報交換を通じたビジネスプランの磨き上げや課題を抱える地域と起業家のマッチング、ビジネスプランコンテスト等を実施しています。

起業促進プラットフォーム「INACOME」
URL：https://inacome.jp/

（6次産業化による農業生産関連事業の年間総販売金額は約2.1兆円）

　6次産業化に取り組む農業者等による加工・直売等の販売金額は、近年横ばい傾向で推移しています。令和3(2021)年度の農業生産関連事業の年間総販売金額は、農産加工等の増加により前年度に比べ337億円増加し2兆666億円となりました（**図表3-4-3**）。

　地域の農林漁業者が、農産物等の生産に加え、加工・販売等に取り組み、新たな価値を生み出す6次産業化の取組も引き続き進んでおり、六次産業化・地産地消法[1]に基づく総合化事業計画[2]認定件数の累計は、令和4(2022)年度末時点で2,630件となりました。

図表3-4-3　農業生産関連事業の年間総販売金額

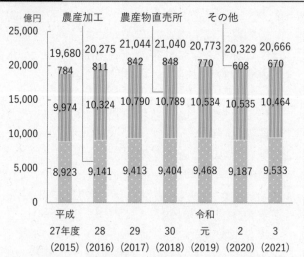

資料：農林水産省「6次産業化総合調査」
注：「その他」は、観光農園、農家民宿、農家レストランの合計

（農村への産業の立地・導入を促進）

　農林水産省では、農業と産業の均衡ある発展と雇用構造の高度化に向けて、農村地域への産業の立地・導入を促進するため、農村産業法[3]に基づき、都道府県による導入基本計画、市町村による導入実施計画の策定を推進するとともに、税制等の支援措置の積極的な活用を促しています。

　令和4(2022)年3月末時点の市町村による導入実施計画に位置付けられた計画面積は約1万7,900haであり、同計画において、産業を導入すべき地区として定められた産業導入地区における企業立地面積は全国で約1万3,700ha、操業企業数は6,815社、雇用されている就業者は約46万人となっています。

---

[1] 正式名称は「地域資源を活用した農林漁業者等による新事業の創出等及び地域の農林水産物の利用促進に関する法律」
[2] 六次産業化・地産地消法に基づき、農林漁業経営の改善を図るため、農林漁業者等が農林水産物や副産物（バイオマス等）の生産とその加工又は販売を一体的に行う事業活動に関する計画
[3] 正式名称は「農村地域への産業の導入の促進等に関する法律」

(2) 農泊の推進

(農泊地域の宿泊者数は前年度に比べ58万人泊増加)

　農泊とは、農山漁村において農家民宿や古民家等に滞在し、我が国ならではの伝統的な生活体験や農村の人々との交流を通じて、その土地の魅力を味わってもらう農山漁村滞在型旅行のことです。農林水産省は、令和4(2022)年度末までに全国621の農泊地域[1]を採択し、これらの地域において、宿泊、食事、体験に関するコンテンツ開発等、農泊をビジネスとして実施できる体制の構築等に取り組んでいます。

　令和3(2021)年度における農泊地域の延べ宿泊者数は、前年度に比べ約58万人泊増加し約448万人泊となりました。このうち、訪日外国人旅行者の延べ宿泊者数は前年度に比べ減少し約1万人泊となりました(**図表3-4-4**)。

　新型コロナウイルス感染症の影響が長期化する中、ワーケーションや近隣地域への旅行(マイクロツーリズム)といったニーズが顕在化しており、農泊地域では、そのようなニーズに対応した多様な取組が行われています。

　農林水産省では、新型コロナウイルス感染症の収束後を見据えたコンテンツの磨き上げを支援するなど、引き続き安全・安心な旅行先としての農泊の需要喚起に向けた取組を展開しています。

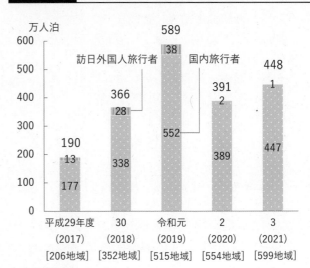

図表3-4-4　農泊地域の延べ宿泊者数

資料：農林水産省作成
注：1) [ ]内は、各年度までに採択した農泊地域数
　　2) 延べ宿泊者数は、各年度中に採択した農泊地域を対象とした数値

「農泊」の推進について
URL：https://www.maff.go.jp/j/nousin/kouryu/nouhakusuishin/nouhaku_top.html

---

[1] 農山漁村振興交付金(農泊推進対策)を活用した地域

（事例）宿泊者数回復を見据え、インバウンドの受入体制を強化（秋田県）

　秋田県仙北市は日本国内でも数少ない、インバウンドグリーンツーリズムの団体受入れが可能な地域であり、同市の一般社団法人仙北市農山村体験推進協議会は多言語対応等の環境整備を進め、新型コロナウイルス感染症の影響を受けて減少したインバウンドを含む宿泊者数の回復を図っています。

　同市における農山村体験を総合的に推進することを目的として、平成20(2008)年に市、観光協会、農協、宿泊施設等を構成員として設立された同協議会では、グリーンツーリズムの宿(農家民宿等)36軒を中心に、地域の特色を活かしたアウトドア体験等、多数の体験コンテンツの提供や温泉施設等を活用した農泊の受入れを行っています。

　平成30(2018)年からは、国家戦略特区を活用して国内旅行業務取扱管理者資格及び地域限定旅行業の登録を行い、Webサイトから予約リクエストが可能なワンストップサービス体制を構築するとともに、国内外の個人旅行客に対応するため、農泊施設内の表記やWebサイトの多言語化、カード決済システム、無線LAN環境、翻訳アプリ等の受入体制整備を行いました。

　同協議会では、宿泊者数の回復を見据え、グリーンツーリズムの宿や田沢湖等の地域資源を活用した「リトリート＊」の推進に取り組んでいます。

　＊ 仕事や生活から離れた非日常的な場所で自分と向き合い、心と身体をリラックスさせるためにゆったりと時間を過ごす新しい旅のスタイル

グリーンツーリズムの宿の宿泊者数

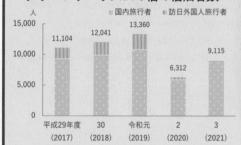

資料：一般社団法人仙北市農山村体験推進協議会の資料を基に農林水産省作成

国内外の旅行客に対応した農泊施設

資料：一般社団法人仙北市農山村体験推進協議会

（「SAVOR JAPAN」認定地域に4地域を追加）

　増大するインバウンドが、訪日外国人旅行者の更なる増加と農林水産物・食品の輸出増大につながるといった好循環を構築するためには、訪日外国人旅行者を日本食・食文化の「本場」である農山漁村に呼び込むことが重要です。農林水産省は、平成28(2016)年度から、農泊を推進している地域の中から、特に食と食文化によりインバウンド誘致を図る重点地域を「農泊 食文化海外発信地域(SAVOR JAPAN)」に認定することで、ブランド化を推進する取組を行っています。インバウンド観光の再開に伴う訪日外国人旅行者の増加を見据え、令和4(2022)年度は新たに4地域[1]を認定し、認定地域は全国で41地域(令和4(2022)年12月時点)となりました。

---

1 令和4(2022)年度に認定された地域は、北海道網走市(鮭料理)、愛知県田原市(あさり料理)、広島県呉市(牡蠣料理)、熊本県阿蘇市(あか牛、高菜漬け)の4地域。()内は、その地域の食

(3) 農福連携の推進

(農福連携に取り組む主体数は前年度に比べ2割増加)

　障害者等の農業分野での雇用・就労を推進する農福連携は、農業、福祉両分野にとって利点があるものとして各地で取組が進んでいます。

　農福連携等推進ビジョン[1]においては、農業経営の発展とともに障害者がやりがいや生きがいをもって農業分野で活躍する場を創出することにより、農福連携の裾野を広げていくため、農福連携に取り組む主体を令和元(2019)年度末からの5年間で新たに3千創出するとの目標の下、認知度の向上や専門人材の育成、施設整備への支援等に取り組むこととしています。

　農福連携に取り組む主体数は、令和元(2019)～3(2021)年度において新たに1,392主体が農福連携に取り組み、前年度に比べ約2割増加し5,509主体となりました（図表3-4-5）。

　また、現場で農福連携を支援できる専門人材を育成するため、農林水産省及び都道府県では、障害特性に対応した農作業支援技法を学ぶ農福連携技術支援者育成研修を実施しています。令和4(2022)年度は、開催箇所数を拡大して農林水産省及び7県で同研修を実施しており、令和5(2023)年3月時点で新たに171人の農福連携技術支援者を認定し、累計で348人となりました。

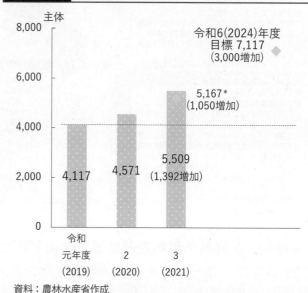

図表3-4-5　農福連携の取組主体数

資料：農林水産省作成
注：1) 各年度末時点の数値
　　2) ＊は政策評価の測定指標における令和3(2021)年度の目標値

(農福連携等応援コンソーシアムによる全国展開に向けた普及・啓発を推進)

　令和2(2020)年に設立した農福連携等応援コンソーシアムでは、イベントの開催、連携・交流の促進、情報提供等の国民的運動を通じた農福連携の普及・啓発を展開しています。

　同コンソーシアムでは、農福関連の商品の価値をPRするノウフクマルシェや現場の課題解決を図るノウフク・ラボ等の取組を実施するとともに、令和5(2023)年2月には、農福連携に取り組む団体、企業等の優良事例23団体を「ノウフク・アワード2022」において表彰しました（図表3-4-6）。

農福連携等応援コンソーシアム
URL：https://www.maff.go.jp/j/nousin/kouryu/noufuku/conso.html

---

[1] 令和元(2019)年6月に農福連携等推進会議で決定

図表3-4-6　「ノウフク・アワード2022」における受賞団体

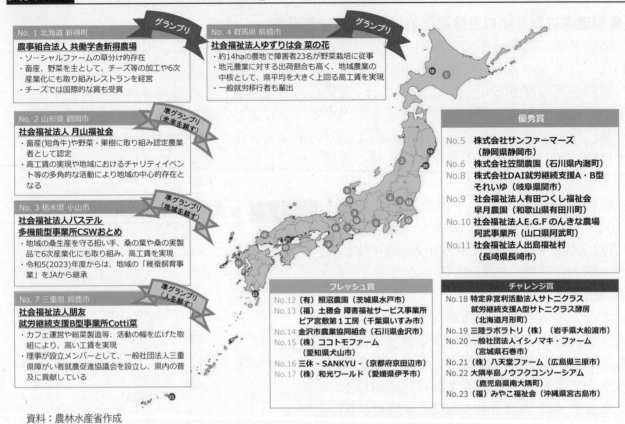

No. 1 北海道 新得町 　グランプリ

農事組合法人 共働学舎新得農場
・ソーシャルファームの草分け的存在
・畜産、野菜を主として、チーズ等の加工や6次
　産業化にも取り組みレストランを経営
・チーズでは国際的な賞も受賞

No. 4 群馬県 前橋市 　グランプリ

社会福祉法人ゆずりは会 菜の花
・約14haの農地で障害者23名が野菜栽培に従事
・地元農業に対する出荷割合も高く、地域農業の
　中核として、県平均を大きく上回る高工賃を実現
・一般就労移行者も輩出

No. 2 山形県 鶴岡市 　準グランプリ（未来を耕す）

社会福祉法人 月山福祉会
・畜産(短角牛)や野菜・果樹に取り組み認定農業
　者として認定
・高工賃の実現や地域におけるチャリティイベン
　ト等の多角的な活動により地域の中心的存在と
　なる

No. 3 栃木県 小山市 　準グランプリ（地域を耕す）

社会福祉法人パステル
多機能型事業所CSWおとめ
・地域の桑生産を守る担い手、桑の葉や桑の実製
　品で6次産業化にも取り組み、高工賃を実現
・令和5(2023)年度からは、地域の「稚蚕飼育事
　業」をJAから継承

No. 7 三重県 鈴鹿市 　準グランプリ（人を耕す）

社会福祉法人朋友
就労継続支援B型事業所Cotti菜
・カフェ運営や総菜製造等、活動の幅を広げた取
　組により、高い工賃を実現
・理事が設立メンバーとして、一般社団法人三重
　県障がい者就農促進協議会を設立し、県内の普
　及に貢献している

優秀賞

No. 5　**株式会社サンファーマーズ**
　　　　（静岡県静岡市）
No. 6　**株式会社笠間農園**（石川県内灘町）
No. 8　**株式会社DAI就労継続支援A・B型**
　　　　それいゆ（岐阜県関市）
No. 9　**社会福祉法人有田つくし福祉会**
　　　　早月農園（和歌山県有田川町）
No.10　**社会福祉法人E.G.Fのんきな農場**
　　　　阿武事業所（山口県阿武町）
No.11　**社会福祉法人出島福祉村**
　　　　（長崎県長崎市）

フレッシュ賞

No.12　(有) 照沼農園（茨城県水戸市）
No.13　(福) 土穂会 障害福祉サービス事業所
　　　　ピア宮敷第1工房（千葉県いすみ市）
No.14　金沢市農業協同組合（石川県金沢市）
No.15　(株) ココトモファーム
　　　　（愛知県犬山市）
No.16　三休 - SANKYU -（京都府京田辺市）
No.17　(株) 和光ワールド（愛媛県伊予市）

チャレンジ賞

No.18　特定非営利活動法人サトニクラス
　　　　就労継続支援A型サトニクラス酵房
　　　　（北海道月形町）
No.19　三陸ラボラトリ (株)（岩手県大船渡市）
No.20　一般社団法人イシノマキ・ファーム
　　　　（宮城県石巻市）
No.21　(株) 八天堂ファーム（広島県三原市）
No.22　大隅半島ノウフクコンソーシアム
　　　　（鹿児島県南大隅町）
No.23　(福) みやこ福祉会（沖縄県宮古島市）

資料：農林水産省作成

（多世代・多属性の利用者が交流・参加するユニバーサル農園の整備・利用を推進）

　農業には、農産物を生産し食料を供給する役割のほか、土や作物との触れ合いを通じた精神的・肉体的なリハビリテーションや健康増進の効果を発揮する役割も期待されます。また、体験農園での農作業を通じて様々な人と触れ合うことは、高齢者や障害者の社会参画にもつながります。

　農林水産省は、誰もが農業体験を通じた農業の持つ多面的な機能を享受でき、障害者、高齢者等の多世代・多属性の利用者が交流・参画する農園を「ユニバーサル農園」と位置付け、その整備・利用を推進しています。

　ユニバーサル農園の取組が全国に広がることにより、利用者の健康増進や生きがいづくり、社会参画の促進のみならず、農地の利用の維持・拡大、就農者の増加といった様々な社会問題の解決につながることを目指しています。

ユニバーサル農園(埼玉県)
資料：NPO法人土と風の舎

(4) バイオマス・再生可能エネルギーの推進

(「バイオマス活用推進基本計画」を見直し)

　持続的に発展する経済社会の実現や循環型社会の形成には、みどり戦略[1]に示された生産力の向上と持続性の両立を推進するとともに、バイオマスを製品やエネルギーとして活用するなど地域資源の最大限の活用を図ることが重要です。

　政府は、平成28(2016)年に策定した「バイオマス活用推進基本計画」を見直し、令和4(2022)年9月に新たな基本計画を閣議決定しました。同計画では、農山漁村だけでなく都市部も含めた地域主体のバイオマスの総合的な利用を推進し、製品・エネルギー産業の市場のうち、国産バイオマス産業の市場シェア[2]を一定規模に拡大することを目指すこととしています。

　また、同計画では、バイオマスの持続的な活用に向けて、バイオマスの供給基盤となる食料・農林水産業の生産力向上と持続性を確保するとともに、家畜排せつ物や下水汚泥資源等の活用に当たっては、利用者の理解を醸成しながら、その特性に応じた高度利用を推進していくこととしています。さらに、重要な地域資源である農地において資源作物を栽培し、荒廃農地の発生防止に取り組むこととしています。

(事例) エネルギーの地産地消により「一石五鳥」のメリットが発現(北海道)

　北海道鹿追町は、町内で稼働する二つのプラントによるバイオガス発電を通じて「エネルギーの地産地消」に取り組むことにより、環境の改善のみならず、地域活性化等様々な効果を発現させています。

　同町は平成19(2007)年に家畜ふん尿の適正処理、生ごみ・汚泥の資源化等を図るため、既存の汚泥処理施設にバイオガスプラント・堆肥化施設を新設した鹿追町環境保全センターを設置しました。

　同施設の稼働に当たっては、利用費の負担が必要な酪農家による施設の利用や、発酵残さである消化液を活用する耕種サイドによる協力が必要でしたが、話合いや説明会等の粘り強い活動を通じて地域の理解が得られたことにより、計画の実施に至りました。

　同町ではバイオガスプラントの稼働により、周辺環境の改善に加え、発電した電気の施設内利用や売電、余剰熱の温室栽培や魚類養殖への活用等「一石五鳥」のメリットが発現したとしています。

　平成28(2016)年には2施設目となる瓜幕バイオガスプラントが本格稼働しました。令和32(2050)年までにカーボンニュートラルの実現を目指す同町では、バイオガスプラントを核としたエネルギーの地産地消の取組を更に進めていくこととしています。

鹿追町が考えるバイオガスプラント「一石五鳥」のメリット

① 環境の改善	・酪農家周辺の環境改善 ・臭気軽減、地下水・河川への負荷軽減
② 農業生産力の向上	・消化液、堆肥使用による農産物の品質向上 ・ふん尿処理の労働時間・コスト削減　　・飼養頭数の増頭、規模拡大
③ 地球温暖化の防止	・バイオガス発電によるCO₂削減に寄与
④ 循環型社会の形成	・地域のバイオマス資源を活用し、得られるエネルギー(電気・熱)、消化液を地域で活用
⑤ 地域経済活性化の推進	・観光業イメージアップ　　・雇用創出 ・新産業創出(余剰熱を利用した作物・果物等温室栽培、魚類養殖事業等)

資料：農林水産省作成

瓜幕バイオガスプラント

資料：北海道鹿追町

---

[1] 第2章第9節を参照
[2] 令和12(2030)年に約2%、将来的に約10%の市場が形成されることを目標としている。

（バイオマス産業都市を新たに4町選定）

　地域のバイオマスを活用したグリーン産業の創出と地域循環型エネルギーシステムの構築を図ることを目的として、経済性が確保された一貫システムを構築し、地域の特色を活かしたバイオマス産業を軸とした環境にやさしく災害に強いまち・むらづくりを目指す地域を、関係府省が共同で「バイオマス産業都市」として選定しています。令和4(2022)年度には、北海道浜中町、群馬県長野原町、滋賀県竜王町、広島県世羅町の4町を選定し、これまでにバイオマス産業都市に選定した地域は全国で101市町村となりました。農林水産省は、これらの地域に対して、地域構想の実現に向けて各種施策の活用、制度・規制面での相談・助言等を含めた支援を行っています。

（農山漁村再生可能エネルギー法に基づく基本計画を作成した市町村数は81に増加）

　農山漁村において再生可能エネルギー導入の取組を進めるに当たり、農山漁村が持つ食料供給機能や国土保全機能の発揮に支障を来さないよう、農林水産省では、農山漁村再生可能エネルギー法[1]に基づき、市町村、発電事業者、農業者等の地域の関係者から成る協議会を設立し、地域主導で農林漁業の健全な発展と調和のとれた再生可能エネルギー発電を行う取組を促進しています。

　令和3(2021)年度末時点で、農山漁村再生可能エネルギー法に基づく基本計画を作成し、再生可能エネルギーの導入に取り組む市町村は、前年度に比べ7市町村増加し81市町村となりました（**図表3-4-7**）。また、農山漁村再生可能エネルギー法を活用した再生可能エネルギー発電施設の設置数も年々増加しており、設備整備者が作成する設備整備計画の認定数は、令和3(2021)年度末時点で100となりました。

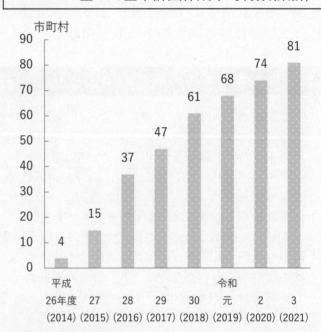

図表3-4-7 農山漁村再生可能エネルギー法に基づく基本計画作成市町村数(累計)

市町村

平成26年度(2014)	27(2015)	28(2016)	29(2017)	30(2018)	令和元(2019)	2(2020)	3(2021)
4	15	37	47	61	68	74	81

資料：農林水産省作成
注：各年度末時点の数値

　一方、再生可能エネルギーの導入拡大に伴い、一部の地域では、災害や環境への影響、再生可能エネルギー設備の廃棄等への懸念が指摘されています。このため、経済産業省、農林水産省、国土交通省、環境省の4省共同で「再生可能エネルギー発電設備の適正な導入及び管理のあり方に関する検討会」を開催し、令和4(2022)年10月に再生可能エネルギー関連の事業における課題やその解消に向けた取組の在り方等について提言を取りまとめました。

---

[1] 正式名称は「農林漁業の健全な発展と調和のとれた再生可能エネルギー電気の発電の促進に関する法律」

（再生可能エネルギー発電を活用し、地域の農林漁業の発展を図る地区の経済規模は増加）

　農山漁村の所得の向上・地域内の循環を図るためには、地域資源を活用したバイオマス発電、小水力発電、営農型太陽光発電等の再生可能エネルギーの導入促進が重要です。

　農林水産省は、再生可能エネルギーを活用して地域の農林漁業の発展を図る取組を行う地区における再生可能エネルギー電気・熱に係る経済規模について、令和5(2023)年度に600億円にすることを目標としています。令和3(2021)年度末時点の経済規模は、前年度に比べ73億円増加し521億円となりました（図表3-4-8）。

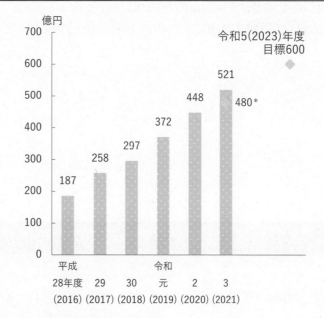

図表3-4-8 農山漁村再生可能エネルギー法に基づく取組を行う地区における再生可能エネルギー電気・熱に係る経済規模

資料：農林水産省作成
注：1) 各年度末時点の数値
　　2) ＊は政策評価の測定指標における令和3(2021)年度の目標値

（荒廃農地を活用した再生可能エネルギーの導入を促進）

　荒廃農地[1]については、再生利用及び発生防止の取組を進めることが基本ですが、これらの取組によってもなお農業的な利用が見込まれないものも存在しています。このため、荒廃農地を農山漁村再生可能エネルギー法に基づく設備整備区域[2]に含める場合には、耕作者を確保することができず、耕作の見込みがないことをもって農地転用規制の特例の対象となるよう要件を緩和することにより、再生可能エネルギー導入の促進を図っています。

---

[1] 用語の解説(1)を参照
[2] 市町村が基本計画において定める再生可能エネルギー発電設備の整備を促進する区域

（営農型太陽光発電の取組面積が拡大）

　農地に支柱を立て、上部空間に太陽光発電設備を設置し、営農を継続しながら発電を行う営農型太陽光発電の取組面積は年々増加しており、令和2(2020)年度は前年度に比べ145ha増加し873haとなりました(**図表3-4-9**)。

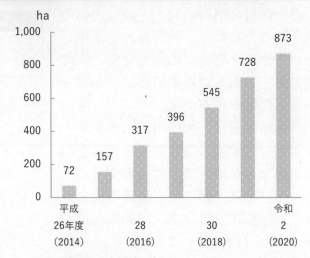

図表3-4-9　営農型太陽光発電の取組面積

ha

- 平成26年度(2014): 72
- 157
- 28(2016): 317
- 396
- 30(2018): 545
- 728
- 令和2(2020): 873

資料：農林水産省作成

（コラム）営農型太陽光発電の不適切な事例が増加

　営農型太陽光発電は、農業生産と再生可能エネルギーの導入を両立する有用な取組であり、その設置件数は年々増加しています。一方、太陽光パネル下部の農地において作物の生産がほとんど行われない等、農地の管理が適切に行われず営農に支障が生じている事例も増えており、その数は令和2(2020)年度末時点で存続している2,535件[1]の取組のうち18%の458件となっています。

　事業者に起因して支障が生じている取組に対しては、農業委員会又は農地転用許可権者により、事業者に対する営農状況の改善に向けた指導が行われていますが、指導に従わなかった結果、事業の継続に必要な農地転用の再許可が認められないようなケースも発生しています。

　このため、太陽光パネルの下部の農地における営農が適切に行われるよう、農地法や再エネ特措法[2]等の関係法令に違反する事例に対して、厳格に対処するなどの対応が必要となっています。

[1] 令和2(2020)年度新規許可分は、施設が整備中で営農が開始されていないものが多いことから件数から除外
[2] 正式名称は「再生可能エネルギー電気の利用の促進に関する特別措置法」

下部農地での営農への支障の発生状況

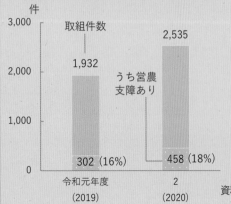

件

- 取組件数
- 令和元年度(2019): 1,932　うち営農支障あり 302 (16%)
- 2(2020): 2,535　458 (18%)

資料：農林水産省作成
注：各年度の数値は、各年度末時点で存続している取組件数(各年度新規許可分は除く。)

営農への支障の内容

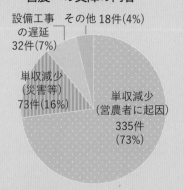

- 設備工事の遅延 32件(7%)
- その他 18件(4%)
- 単収減少(災害等) 73件(16%)
- 単収減少(営農者に起因) 335件(73%)

資料：農林水産省作成
注：1) 令和2(2020)年度末時点で下部農地での営農に支障のあった458件の内訳の数値
　　2)「単収減少」は同年・同作物の単収と比較して2割以上単収が減少しているもの

下部農地の不適切な管理により雑草が繁茂した施設

第5節　農村に人が住み続けるための条件整備

　農村は地域住民の生活や就業の場になっていますが、高齢化や人口減少により集落機能が低下し、農地の保全や買い物・子育て等の集落の維持に必要不可欠な機能が弱体化する地域が増加していくことが懸念されています。

　本節では、農村に人が住み続けるための条件整備として、地域コミュニティ機能の維持・強化や生活インフラ等の確保を図る取組について紹介します。

(1) 地域コミュニティ機能の維持や強化

(農業集落の小規模化が進行)

　我が国の「地域の基礎的な社会集団」である農業集落[1]は、地域に密着した水路・農道・ため池等の農業生産基盤や収穫期の共同作業・共同出荷等の農業生産面のほか、集落の寄り合い[2]といった協働の取組や伝統・文化の継承等、生活面にまで密接に結びついた地域コミュニティとして機能しています。

　しかしながら、農業集落は小規模化が進行するなど高齢化と人口減少の影響が強く表れており、総戸数が9戸以下の小規模な農業集落の割合については、令和2(2020)年は、平成22(2010)年の6.6%から1.2ポイント増加し7.8%となりました(**図表3-5-1**)。

　小規模な集落では、農地の保全等を含む集落活動の停滞のほか、買い物がしづらくなるといった生活環境の悪化により、単独で農業生産や生活支援に係る集落機能の維持が困難となるとともに、集落機能の低下が更なる集落の人口減少につながり、集落の存続が困難になることが懸念されています。このため、広域的な範囲で支え合う組織づくりを進めるとともに、農業生産の継続と併せて、生活環境の改善を図ることが重要です。

　また、集落の存続はその地域での農業生産活動の維持にも影響することから、農村人口の維持・増加やコミュニティ機能の維持は重要な課題となっています。

図表3-5-1　総戸数9戸以下の農業集落の割合

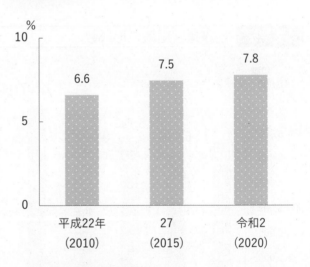

資料：農林水産省「農林業センサス」
　注：1) 各年2月1日時点の数値
　　　2) 令和2(2020)年は、総戸数の把握に当たって、総務省「令和2年国勢調査」のデータを基に算出している。

---

[1] 用語の解説(1)を参照
[2] 地域の諸課題への対応を随時検討する集会、会合等のこと

（広域連携により集落機能の維持を支える動きが広がり）

　農業用用排水路やため池等の地域資源を有している農業集落のうち、これらの保全活動を行っている集落の割合は、平成27(2015)年から令和2(2020)年までの期間で見ると、いずれも上昇しています。その要因としては、他の農業集落との共同での保全や都市住民の支援を受けた取組が増加していることが挙げられます。農業集落の縮小により集落機能が低下しつつある保全活動を、広域的に連携した取組によって支援する動きが全国的に拡大していることがうかがわれます（**図表3-5-2**）。

図表3-5-2　農業集落による主な地域資源の保全状況

（単位：%）

	平成27年 (2015)	令和2年 (2020)
農地を農業集落で保全	46.1	52.6
うち、他の集落と共同で保全	15.3	16.1
うち、都市住民と連携して保全	1.0	4.9
農業用用排水路を農業集落で保全	78.4	81.2
うち、他の集落と共同で保全	34.4	37.7
うち、都市住民と連携して保全	1.9	8.2

資料：農林水産省「農林業センサス」を基に作成
注：1）各年2月1日時点の数値
　　2）各地域資源がある農業集落を母数とした割合

（地域運営組織や小さな拠点の形成数はそれぞれ前年度に比べ増加）

　地域の暮らしを守るため、地域で暮らす人々が中心となって形成され、地域内の様々な関係主体が参加する協議組織が定めた地域経営の指針に基づき、地域課題の解決に向けた取組を持続的に実践する組織である「地域運営組織(RMO[1])」について、令和4(2022)年度の形成数は、前年度に比べ1,143組織増加し7,207組織となっています（**図表3-5-3**）。

図表3-5-3　地域運営組織の形成数

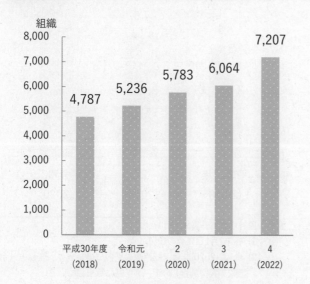

資料：総務省「地域運営組織の形成及び持続的な運営に関する
　　　調査研究事業報告書」
注：各年度調査時点の数値

地域運営組織
URL：https://www.soumu.go.jp/main_sosiki/
jichi_gyousei/c-gyousei/chiiki_unneisosiki.html

---

[1] Region Management Organizationの略

また、地域住民が地方公共団体や事業者、各種団体と協力・役割分担をしながら、行政施設や学校、郵便局等の分散する生活支援機能を集約・確保し、周辺集落との間をネットワークで結ぶ「小さな拠点」では、地域の祭りや公的施設の運営等の様々な活動[1]に取り組んでいます。令和4(2022)年度の形成数は、前年度に比べ102か所増加し1,510か所となっています(**図表3-5-4**)。このうち84%の1,262か所で地域運営組織が設立されています。

図表3-5-4　小さな拠点の形成数

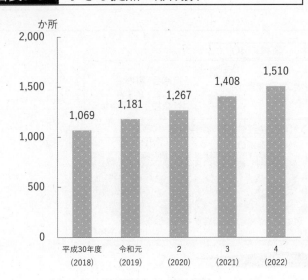

小さな拠点情報サイト
URL：https://www.chisou.go.jp/sousei/about/
chiisanakyoten/index.html

資料：内閣府「小さな拠点の形成に関する実態調査」
　注：1) 各年5月末時点の数値
　　　2) 市町村版総合戦略に位置付けのある小さな拠点の数

　小さな拠点の形成に向けて、関係府省が連携し、遊休施設の再編・集約に係る改修や、廃校施設の活用等に取り組む中、農林水産省は、農産物加工・販売施設や地域間交流拠点の整備等の支援を行っています。

---

[1] 内閣府「令和3年度小さな拠点の形成に関する実態調査」(令和3(2021)年12月公表)を参照

(集落の機能を補完する「農村RMO」の形成を促進)

　中山間地域を始めとした農村地域では高齢化・人口減少の進行により、農業生産活動のみならず、農地・水路等の保全や買い物・子育て等の生活支援等の取組を行うコミュニティ機能の弱体化が懸念されています。このため、複数の集落の機能を補完して、農用地保全活動や農業を核とした経済活動と併せて、生活支援等の地域コミュニティの維持に資する取組を行う「農村型地域運営組織」(以下「農村RMO」という。)を形成していくことが重要となっています(図表3-5-5)。

図表3-5-5　農村RMO形成に関する推進体制

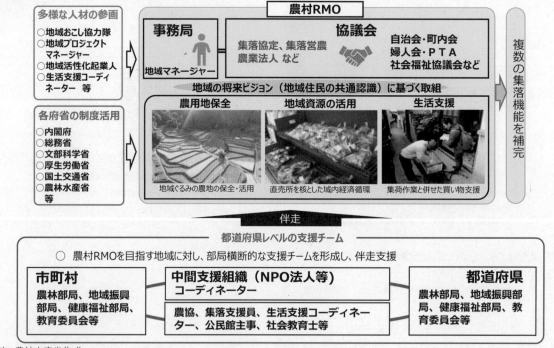

資料：農林水産省作成

注：1) 地域おこし協力隊及び地域活性化起業人は、第3章第7節を参照

2) 地域プロジェクトマネージャーとは、行政、地域、民間及び外部専門家等の関係者間を橋渡ししながら地域の重要プロジェクトを推進する現場責任者として市町村から任用される者

3) 生活支援コーディネーター(地域支え合い推進員)とは、生活支援・介護予防サービスの充実に向けて、市町村が定める活動区域ごとに、ボランティア等の生活支援の担い手の養成・発掘、関係者のネットワーク化等、多様な取組のコーディネートを行うために配置される者

4) 中間支援組織とは、地域住民や行政等との間に立って様々な活動の支援を行う組織。農村RMOの形成推進のため、ネットワークづくりやコーディネート等、協議会の伴走者としての役割も期待されている。

　また、農村RMOは、中山間地域等直接支払交付金や多面的機能支払交付金の交付を受けて農用地の保全活動を行う組織と、地域の多様な主体が連携し、地域資源を活用した農業振興等による経済活動を展開し、農業集落の生活支援を手掛ける組織へと発展させていくことが重要です。

　農林水産省は、令和8(2026)年度までに農村RMOを100地区で形成する目標に向けて、農村RMOを目指す団体等が行う農用地保全、地域資源の活用、生活支援に係る調査、計画作成、実証事業等の取組に対して支援することとしています。また、地方公共団体や農協、NPO法人等から構成される都道府県単位の支援チームや、全国プラットフォームの構築を支援し、農村RMOの形成を後押ししています。

（事例） 地域活性化を支える農村RMOを設立し、多岐にわたる事業を展開（島根県）

　島根県安来市のえーひだカンパニー株式会社は、同市比田地区の農村RMOとして、地域農業に貢献する取組を始め、産業振興や生活環境改善、福祉の充実、定住促進等の多岐にわたる事業を展開しています。

　同地区では、少子高齢化等による地区存続の危機感から、地域住民が中心となり、行政や農協のサポートを受けて、地区機能維持の仕組みを創るため88個の戦略プランから成る「比田地域ビジョン」を策定しました。このビジョンの確実な実施に向けて、平成29(2017)年に、地域住民を構成員として同社が設立されました。

　同社は、農業分野では、産業用ドローンを使った水稲の防除作業や地元農産物を活用した商品開発等の取組を進めています。また、農業以外の分野においても、公共交通の空白地域での輸送事業のほか、高齢者の居場所づくりや買い物支援、地域外住民との交流イベントの開催等の取組を進めています。

　今後とも、住民による住民のための株式会社として、生活環境、福祉、産業、観光等、多岐にわたる分野で同地区の活性化に向けて貢献していくこととしています。

ドローンによる防除作業
（農業生産に係る機能）
資料：えーひだカンパニー株式会社

移動販売車による買い物支援
（生活支援に係る機能）
資料：えーひだカンパニー株式会社

第3章

(2) 生活インフラ等の確保

(農業・農村における情報通信環境の整備を推進)

　データを活用した農業の推進や農業水利施設[1]等の管理の省力化・高度化、地域の活性化を図るため、農業・農村におけるICT等の活用に向けた情報通信環境を整備することが課題となっています。

　農林水産省は、令和3(2021)年に農業農村情報通信環境整備推進体制準備会を設置し、先進地域、民間事業者等と連携して地方公共団体等への技術的なサポートを行っています。また、令和4(2022)年度は、全国21地区において、農山漁村振興交付金(情報通信環境整備対策)により、光ファイバ、無線基地局等の情報通信環境整備に係る調査、計画策定及び施設整備が進められました。

(標準耐用年数を超過した農業集落排水施設は全体の約8割)

　農業集落排水施設は、農業用水の水質保全等を図るため、農業集落におけるし尿、生活雑排水の汚水等を処理するものであり、農村の重要な生活インフラとして稼働しています。

　一方、供用開始後20年(機械類の標準耐用年数)を経過する農業集落排水施設が76%に達するなど、老朽化の進行や災害への脆弱性が顕在化するとともに、施設管理者である市

---

[1] 用語の解説(1)を参照

251

町村の維持管理に係る負担が増加しています（図表3-5-6）。

　このような状況を踏まえ、農林水産省は農業集落排水施設について、未整備地域に関しては引き続き整備を進めるとともに、既存施設に関しては広域化・共同化対策や維持管理の効率化、長寿命化・老朽化対策を進めるため、地方公共団体による機能診断等の取組や更新整備等を支援しています。

　また、国内資源である農業集落排水汚泥のうち、肥料等として農地還元されているものは、令和3(2021)年度末時点で約5割となっています。みどり戦略[1]の推進に向け、農業集落排水汚泥資源の再生利用を更に推進することとしています。

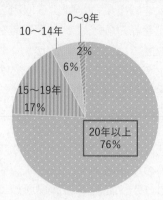

図表3-5-6　農業集落排水施設の供用開始後の経過年数

資料：農林水産省作成
注：令和4(2022)年度末時点の推計値

（農道の適切な保全対策を推進）

　農道は、圃場への通作や営農資機材の搬入、産地から市場までの農産物の輸送等に利用され、農業の生産性向上等に資するほか、地域住民により日常の移動に利用されるなど、農村の生活環境の改善を図る重要なインフラです。令和4(2022)年8月時点で、農道の総延長距離は17万719kmとなっています。一方、農道を構成している構造物について、供用開始後20年を経過するものは、橋梁で78%、トンネルで58%に達しています。経年的な劣化の進行も見られる中、構造物の保全対策を計画的・効率的に実施し、その機能を適切に維持していくためには、予防保全を図ることが重要となっています（図表3-5-7）。

　このため、農林水産省では、農道の適切な保全対策の実務に必要となる基本的事項を取りまとめた「農道保全対策の手引き」を改定し、保全対策の推進に取り組むとともに、農道の再編・強靱化や拡幅による高度化等、農業の生産性向上や農村生活を支えるインフラを確保するための取組を支援しています。

図表3-5-7　農道を構成している構造物の供用開始後の経過年数

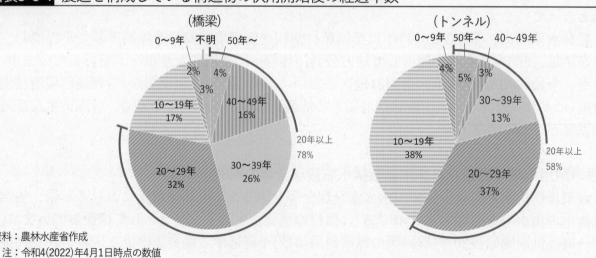

資料：農林水産省作成
注：令和4(2022)年4月1日時点の数値

---

[1] 第2章第9節を参照

第6節　鳥獣被害対策とジビエ利活用の推進

　野生鳥獣による農作物被害は、営農意欲の減退をもたらし耕作放棄や離農の要因になるなど、農山村に深刻な影響を及ぼしています。このため、地域の状況に応じた鳥獣被害対策を全国で進めるとともに、マイナスの存在であった有害鳥獣をプラスの存在に変えていくジビエ利活用の取組を拡大していくことが重要です。

　本節では、鳥獣被害対策やジビエ利活用の取組について紹介します。

(1) 鳥獣被害対策等の推進

(野生鳥獣による農作物被害額は前年度に比べ減少)

　野生鳥獣による農作物被害額は、平成22(2010)年度の239億円をピークに減少し、令和3(2021)年度は捕獲等の対策の効果が現れてきたイノシシによる被害の減少等により、前年度に比べ6億円減少し155億円となっています(**図表3-6-1**)。鳥獣種類別に見ると、シカによる被害額が61億円で最も多く、次いでイノシシが39億円、鳥類が29億円となっています。

図表3-6-1　野生鳥獣による農作物被害額

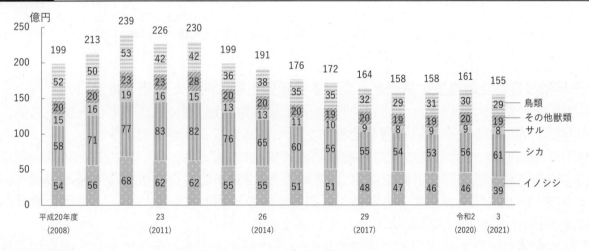

資料：農林水産省作成

　野生鳥獣の捕獲頭数については、令和3(2021)年度はシカが前年度に比べ5万頭増加し72万頭となっています(**図表3-6-2**)。集中捕獲キャンペーンを含む捕獲強化の取組により捕獲頭数が増加している一方、生息頭数の減少ペースは鈍く、引き続き捕獲の強化が必要です。また、イノシシの捕獲頭数は15万頭減少し53万頭となっています。捕獲強化の効果や豚熱[1]の影響等から生息頭数が減少していることによるものと見られます。

　全国各地で鳥獣被害対策が進められている一方、被害が継続して発生している状況にあり、その背景としては野生鳥獣の生息域が拡大したことや過疎化・高齢化による荒廃農地[2]

---

[1] 用語の解説(1)を参照
[2] 用語の解説(1)を参照

の増加等がうかがわれます。さらに、鳥獣被害は離農動機としても挙げられていることから、鳥獣被害対策を継続的に推進していくことが重要です。

図表3-6-2 野生鳥獣の捕獲頭数

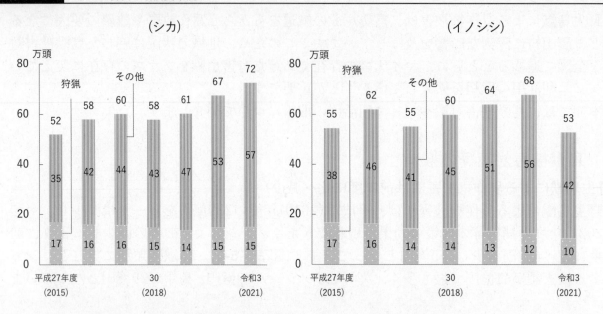

資料：環境省「鳥獣関係統計」、「狩猟及び許可捕獲等による主な鳥獣の捕獲数」を基に農林水産省作成
注：1) 令和元(2019)年度以前は「鳥獣関係統計」、令和2(2020)年度以降は「狩猟及び許可捕獲等による主な鳥獣の捕獲数」の数値
　　2) 令和2(2020)～3(2021)年度は速報値
　　3) 「その他」は、環境大臣、都道府県知事、市町村長による鳥獣捕獲許可の中の「被害の防止」、「第一種特定鳥獣保護計画に基づく鳥獣の保護」、「第二種特定鳥獣管理計画に基づく鳥獣の数の調整」及び「指定管理鳥獣捕獲等事業」の合計

（改正鳥獣被害防止特措法に基づき、更なる捕獲強化等に向けた取組を推進）

　鳥獣被害の防止に向けては、鳥獣の捕獲による個体数管理、柵の設置等の侵入防止対策、藪の刈払い等による生息環境管理を地域ぐるみで実施することが重要です。

　令和3(2021)年に施行した改正鳥獣被害防止特措法[1]に基づき、令和4(2022)年4月末時点で、1,513市町村が被害防止計画を策定し、そのうち1,234市町村が鳥獣捕獲や柵の設置等、様々な被害防止施策を実施する鳥獣被害対策実施隊を設置しているほか、その隊員数は前年に比べ657人増加し4万2,053人となっています。

　農林水産省は、鳥獣被害対策実施隊の活動経費に対する支援を行っており、実施隊員は銃刀法[2]の技能講習の免除や狩猟税の免除措置等の対象となっています。

　更なる捕獲強化等に向け、改正鳥獣被害防止特措法では、行政界をまたいだ広域捕獲を推進するため、都道府県が行う捕獲活動等と国による必要な財政上の措置について規定されました。これを受け、令和4(2022)年度から開始した都道府県広域捕獲活動支援事業では、複数の市町村や都府県にまたがる広域的な範囲において、市町村からの要請を受けた都道府県が生息状況調査や捕獲活動、広域捕獲を担う人材の育成を行っています。あわせて、こうした取組に専門家が参画し、効果的な広域捕獲を目指す取組も推進しています。

　また、ICTを用いたわなやセンサーカメラ等の新技術をフル活用した、データに基づく効果的・効率的な鳥獣被害対策を推進するモデル地区の整備を行っています。

---

[1] 正式名称は「鳥獣による農林水産業等に係る被害の防止のための特別措置に関する法律の一部を改正する法律」
[2] 正式名称は「銃砲刀剣類所持等取締法」

　長崎県対馬市では、ICTを活用し被害状況と対策の効果を可視化することで、専門家と地域住民が関連情報を共有するとともに、データに基づく地域に適した防護・捕獲対策の提案を通じ、地域住民主体の対策を実施しています。

　同市では、イノシシやシカによる農林業被害を防止するため、防護柵の設置や有害鳥獣捕獲を積極的に進めています。

　また、地理情報システム(GIS)やGPS付きカメラ等を活用し、鳥獣被害の状況や柵の設置状況、捕獲の状況を可視化する取組を進めています。地域住民と鳥獣被害対策の現状を共有し、地域に適した対策の検討を行うことで、地域住民主導による対策の強化を図っています。

　さらに、被害に悩む地域住民を対象とした被害相談会の開催や、島内の小中学校での鳥獣被害対策授業の実施、狩猟免許を保有していない地域住民も参画した地区捕獲隊の設置等、地域一体となった捕獲対策を進めています。

　このほか、地域住民の協力体制を構築するため、「獣害から獣財へ」をキーワードに、捕獲したイノシシやシカをジビエや皮革製品等として有効利用する取組にも力を入れており、特にジビエはふるさと納税の返礼品としても活用されています。

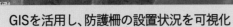
GISを活用し、防護柵の設置状況を可視化
資料：長崎県対馬市

GPS付きカメラ等により捕獲位置を記録
資料：長崎県対馬市

(2) ジビエ利活用の拡大

(ジビエ利用量は前年度に比べ増加)

　食材となる野生鳥獣肉のことをフランス語でジビエ(gibier)といいます。我が国では、シカやイノシシによる農作物被害が大きな問題となっており、捕獲が進められるとともに、ジビエとしての利用も全国的に広まっています。害獣とされてきた野生動物も、ジビエとして有効利用されることで食文化をより豊かにしてくれる味わい深い食材、あるいは農山村地域を活性化させ、農村の所得を生み出す地域資源となります。捕獲個体を無駄なくフル活用することにより、外食や小売、学校給食、ペットフード等、様々な分野においてジビエ利用が拡大しており、農林水産省は、この流れを更に進めるため、ジビエ利用量を令和7(2025)年度までに4千tとすることを目標としています。令和3(2021)年度は、新型コロナウイルス感染症の影響により低迷していた外食需要が一定程度回復し、特にシカの食肉利用が拡大したこと等から、前年度に比べ18%増加し2,127tとなりました(**図表3-6-3**)。

　食肉処理施設からの販売先別の販売数量を見ると、卸売業者や外食産業・宿泊施設向けの販売数量が回復傾向にあるほか、消費者への直接販売は引き続き増加傾向で推移してい

第3章

ます（**図表3-6-4**）。

　農林水産省は、改正鳥獣被害防止特措法において、捕獲等を行った野生鳥獣の有効利用の更なる推進が規定されたことを踏まえ、引き続きジビエ需要の開拓・創出や良質なジビエの安定供給等に取り組むこととしています。

　また、更なる需要拡大に向けて、食肉利用のほか、皮、骨、角等の多用途利用を推進しています。令和3（2021）年度は、特にペットフード向けがジビエ利用量の約3割を占めるまで増加したほか、動物園では肉食獣の餌に利用されるなど、新たな試みも見られています。

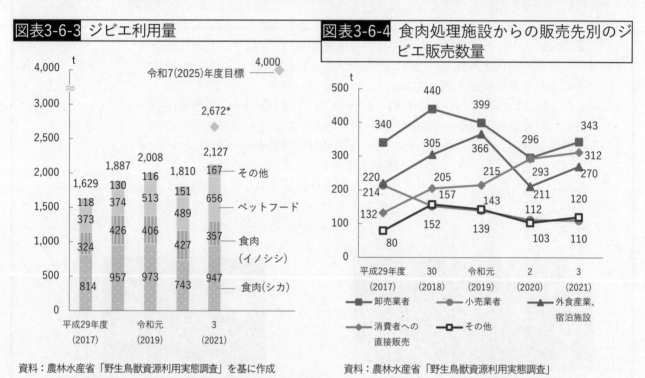

図表3-6-3　ジビエ利用量

資料：農林水産省「野生鳥獣資源利用実態調査」を基に作成
注：1）「その他」は、シカ・イノシシ以外の鳥獣の食肉、自家消費
　　　向け等
　　2）＊は政策評価の測定指標における令和3（2021）年度の目標値

図表3-6-4　食肉処理施設からの販売先別のジビエ販売数量

資料：農林水産省「野生鳥獣資源利用実態調査」
注：「その他」は、「加工品製造業者」、「学校給食」等

（国産ジビエ認証施設は前年度に比べ4施設増加）

　ジビエの利用拡大に当たっては、より安全なジビエの提供と消費者のジビエに対する安心の確保を図ることが必要です。このため、農林水産省では、平成30（2018）年に国産ジビエ認証制度を制定し、厚生労働省のガイドラインに基づく衛生管理の遵守やトレーサビリティの確保に取り組むジビエの食肉処理施設を認証しており、令和4（2022）年度末の認証施設数は新たに認証を取得した4施設を加えて30施設となりました。こうした認証施設で処理されたジビエが大手外食事業者等によって加工・販売され、ジビエ利用量の拡大につながる事例も見られています。

　また、農林水産省は、捕獲個体の食肉処理施設への搬入促進や需要喚起のためのプロモーション等に取り組んでおり、ポータルサイト「ジビエト」では、令和5（2023）年3月時点で、ジビエを提供している飲食店等、約420店舗の情報を掲載しています。

国産ジビエ認証制度
URL：https://www.maff.go.jp/j/nousin/gibier/ninsyou.html

ジビエト
URL：https://gibierto.jp/about/

（事例）食肉に加え、皮、骨、角等の多用途利用を推進(山梨県)

山梨県丹波山村の丹波山村ジビエ肉処理加工施設は、令和3(2021)年2月に、国産ジビエ認証制度の認証を取得し、高品質で安全なジビエを提供しています。

同施設は、指定管理者である株式会社アットホームサポーターズによって管理運営されており、同村に受け継がれている「狩猟文化」の継承に寄与する拠点施設として位置付けられています。

同社は、野生鳥獣の捕獲から解体、精肉、製造、販売の全ての工程を自社で行うことで徹底した品質管理を行っており、山梨県独自の認証制度である「やまなしジビエ」認証も取得しています。

また、シカの肉だけでなく、皮、骨、角といった部位も余すところなく加工販売することで、廃棄やロスのない生産を進めています。

同社では、猟師の基本行動を学習できる「狩猟学校」を開設し、狩猟や解体のノウハウを教授するとともに、近隣自治体や関係機関とも連携をしながら、ジビエ利用の拡大に向けた取組を進めています。

丹波山村ジビエ肉処理加工施設
資料：株式会社アットホームサポーターズ

シカの皮を使ったカップスリーブ
資料：株式会社アットホームサポーターズ

第3章

第7節　農村を支える新たな動きや活力の創出

　持続可能な農村を形成していくためには、地域づくりを担う人材の養成等が重要となっています。また、都市住民も含め、農村地域の支えとなる人材の裾野を拡大していくためには、農的関係人口の創出・拡大や関係の深化を図っていくことが必要となっています。

　本節では、農村を支える体制・人材づくりの新たな動きや活力の創出を図る取組について紹介します。

(1) 地域を支える体制・人材づくり

(地方公共団体における農林水産部門の職員は減少傾向で推移)

　近年、地方公共団体職員、特に農林水産部門の職員が減少しています。令和4(2022)年の同部門の職員数(7万8,852人)は、平成17(2005)年の職員数(10万2,887人)と比較して2割以上減少しました[1](**図表3-7-1**)。

　また、地方公共団体は、農林水産業の振興等を図るため、生産基盤の整備や農林水産業に係る技術の開発・普及、農村の活性化等の施策を行っており、これらの諸施策に要する経費である農林水産業費の純計決算額は、令和3(2021)年度においては3兆3,045億円と、平成17(2005)年度の約8割の水準となっています(**図表3-7-2**)。

図表3-7-1 地方公共団体の農林水産部門の職員数(平成17(2005)年を100とする指数)

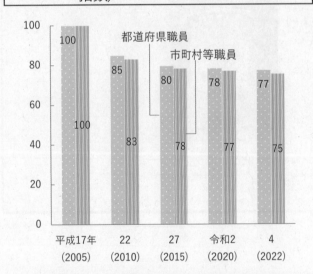

資料：総務省「地方公共団体定員管理調査結果」を基に農林水産省作成
注：1) 各年4月1日時点の数値
　　2) 「市町村等」とは、指定都市、指定都市を除く市、特別区、町村、一部事務組合等の総称

図表3-7-2 地方公共団体における農林水産業費

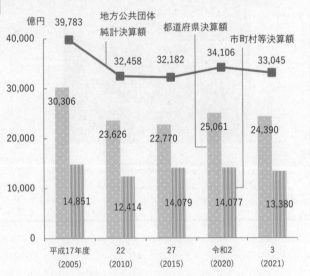

資料：総務省「地方財政の状況」を基に農林水産省作成
注：1) 「市町村等」とは、指定都市、指定都市を除く市、特別区、町村、一部事務組合等の総称
　　2) 都道府県決算額と市町村等決算額の合計額は地方公共団体純計決算額と一致しないことがある。

---

[1] 総務省「地方公共団体定員管理調査結果」によれば、令和4(2022)年の地方公共団体の総職員数(280万3,664人)は、平成17(2005)年の総職員数(304万2,122人)と比較して、約1割減少している。

農村地域においては、各般の地域振興施策を活用し、新しい動きを生み出すことができる地域とそうでない地域との差が広がり、いわゆる「むら・むら格差」の課題も顕在化しています。

　このような中、地方における農政の現場では、地域農業の持続的な発展に向けて、地方公共団体等の職員がデジタル技術を活用して農業経営の改善をサポートする取組や、地域における農政課題の解決を図る動きも見られています。

　農業現場の多様なニーズに対応することが困難となってきている中、地方公共団体においては、今後とも、限られた行政資源を有効に活用しながら、それぞれの地域の特性に即した施策を講じていくことが重要となっています。

（事例）デジタル技術を活用し高度な普及指導や業務効率化を推進（愛媛県）

　愛媛県では、農業職の職員が大量退職する世代交代期を迎え、普及事業を担う若手職員の早期育成や、ベテラン職員の技術継承等が課題となっています。

　こうした状況の中、愛媛県では、高いレベルでの普及指導活動を推進するため、令和2(2020)年度に県庁内に高度普及推進グループを設置し、普及拠点の活動を強力に支援する体制を整備するとともに、デジタル技術を活用して生産現場と農業指導機関等を結び、高い水準の農業普及指導を行うため、「リアルタイム農業普及指導ネットワークシステム」の構築に着手しました。

　同システムの活用により、普及職員等が現地に赴かなくとも農業者から配信される高画質の映像を視聴することで、病害虫等のリアルタイムでの遠隔診断や、複数の専門家の助言を基にした高い水準での指導が可能となっており、今後は、蓄積した映像のデータベース化や高度な技術情報の提供等を行う予定としています。

　同グループでは、5Gの本格的な運用も見据え、デジタル技術やデータを活用した業務の効率化や普及指導員の資質向上に取り組むとともに、県内農業者の技術レベルの向上に努めていくこととしています。

病害虫の遠隔診断
資料：愛媛県

果実の初期成長の確認
資料：愛媛県

（「農村プロデューサー」の養成が本格化）

　地域への愛着と共感を持ち、地域住民の思いをくみ取りながら、地域の将来像やそこで暮らす人々の希望の実現に向けてサポートする人材を育成するため、農林水産省は、令和3(2021)年度から「農村プロデューサー養成講座」を開催しています。オンラインの入門コース、オンラインと対面講義を併用した実践コースから成る同講座は、令和5(2023)年3月末時点で、地方公共団体の職員や地域おこし協力隊の隊員等146人が実践コースを受講しました。

　農林水産省は、実践コースの講座修了生が連携しながら地域づくりに取り組めるようネ

ットワークの構築を支援しており、有識者によるオンライン講演を開催するなど、ネットワークの活性化に取り組むこととしています。

　また、農林水産省は、農山漁村の現場で地域づくりに取り組む団体や市町村等を対象に相談を受け付け、取組を後押しするための窓口である「農山漁村地域づくりホットライン」を本省を始め、全国の地方農政局等や地域拠点に開設しています。令和4(2022)年度には、市町村や企業、地域住民等から105件の相談が寄せられています。

　さらに、農林水産省は、全国の地域拠点に、現場と農政を結ぶ地方参事官室を配置し、農政の情報を伝えるとともに、現場の声をくみ上げ、地域と共に課題を解決することにより、農業者等の取組を後押ししています。

農山漁村地域づくりホットライン
URL：https://www.maff.go.jp/j/nousin/hotline/index.html

(2) 関係人口の創出・拡大や関係の深化を通じた地域の支えとなる人材の裾野の拡大

(約7割が農村地域への協力に関心を持つと回答)

　令和3(2021)年6〜8月に内閣府が行った世論調査によると、農業の停滞や過疎化・高齢化等により活力が低下した農村地域に対して、約7割が「そのような地域(集落)に行って協力してみたい」と回答しています(**図表3-7-3**)。

　一方で、その大部分は、「機会があればそのような地域(集落)に行って協力してみたい」との回答であるため、地域の支えとなる人材の裾野を拡大していくためには、農業・農村への関心の一層の喚起と併せて、関心を持つ人に対して実際に農村に関わる機会を提供することが重要となっています。

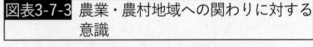

図表3-7-3　農業・農村地域への関わりに対する意識

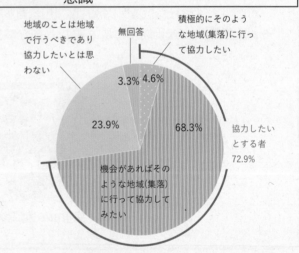

資料： 内閣府「農山漁村に関する世論調査」(令和3(2021)年10月公表)を基に農林水産省作成
注： 1) 令和3(2021)年6〜8月に、全国18歳以上の日本国籍を有する者3千人を対象として実施した郵送とインターネットによるアンケート調査(有効回収数は1,655人)
　　 2) 「農村地域に対してどのように関わりたいか」の質問への回答結果

（事例）「酒米田んぼのオーナー制度」を通じて関係人口を創出（茨城県）

　茨城県笠間市上郷地区では、豊かな自然環境を活かした「酒米田んぼのオーナー制度」により、都市住民等が環境保全型農業に取り組む農業者や地域全体を応援することにつなげています。

　三方を山に囲まれた豊かな自然環境を有する同地区では、農薬の使用量を地区全体で減らすことにより、自然環境に配慮した農業に取り組んでいます。いばらき食と農のブランドづくり協議会は、環境保全型農業に取り組む農業者や地域全体を応援するため同制度を実施しています。

　参加するオーナーは、会費を支払うことにより、自ら栽培に携わった米で作るオリジナルの純米酒を受け取ることが可能となっています。また、田植え・収穫等の農作業や生きもの田んぼ鑑定会、酒蔵での酒造りの工程見学等のイベントに参加することにより、地域への関わりを深めています。

　同地区では、取組の継続により、環境保全型農業の進展を通じた自然環境の保全や農的関係人口の拡大による地区の活性化を図っており、今後とも地域の持続的な維持・発展につなげていくことを目指しています。

オーナーやその家族等
が参加する田植え
資料：いばらき食と農のブランドづくり
協議会

オーナーが受け取る
オリジナル純米酒
資料：いばらき食と農のブランド
づくり協議会

第3章

（農的関係人口の創出・拡大や関係の深化を図る取組を推進）

　農的関係人口については、「農山漁村への関心」や「農山漁村への関与」の強弱に応じて多様な形があると考えられ、段階を追って徐々に農山漁村への関わりを深めていくことで、農山漁村の新たな担い手へとスムーズに発展していくことが期待されます。しかしながら、同時に、こうした農山漁村への関わり方やその深め方は、人によって多様であることから、その裾野の拡大に向けては複線型のアプローチが重要となっています（図表3-7-4）。

　例えば農泊[1]や農業体験により農山漁村に触れた都市住民が、援農ボランティアとして農山漁村での仕事に関わるようになり、二地域居住を経て、最終的には就農するために農山漁村に生活の拠点を移すといったケースも想定されます。

　農林水産省は、農山漁村の関係人口である「農的関係人口」の創出・拡大や関係の深化に向けて、農山漁村における様々な活動に都市部等地域外からの多様な人材が関わる機会を創出する取組や、多世代・多属性の人々が交流・参画する場であるユニバーサル農園[2]の導入等を推進しています。

---

[1] 用語の解説(1)を参照
[2] 第3章第4節を参照

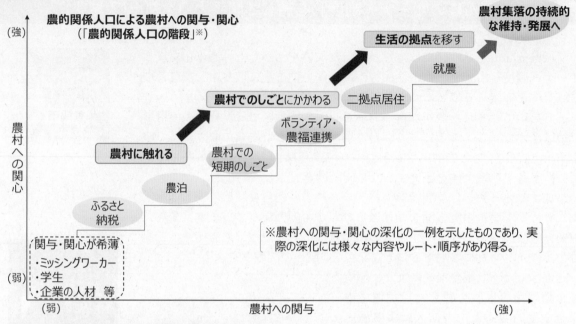

図表3-7-4　農村への関与・関心の深化のイメージ図

資料：小田切徳美 明治大学教授の資料を基に農林水産省作成

（子供の農林漁業体験を後押し）

　農林水産省を含む関係府省は、子供が農山漁村に宿泊し、農林漁業の体験や自然体験活動等を行うことで、子供たちの学ぶ意欲や自立心、思いやりの心等を育む「子ども農山漁村交流プロジェクト」を推進しています。この取組の中で、農林水産省は、都市と農山漁村の交流を促進するための取組や交流促進施設等の整備に対する支援等を行っています。

（3）多様な人材の活躍による地域課題の解決

（「半農半X」の取組が広がり）

　農業・農村への関わり方が多様化する中、都市から農村への移住に当たって、生活に必要な所得を確保する手段として、農業と別の仕事を組み合わせた「半農半X」の取組が広がりを見せています。

　半農半Xの一方は農業で、もう一方の「X」に当たる部分は会社員や農泊運営、レストラン経営等多種多様です。Uターンのような形で、本人又は配偶者の実家等で農地やノウハウを継承して半農に取り組む事例や、食品加工業、観光業等、様々な仕事を組み合わせて通年勤務するような事例も見られています。

　農林水産省では、人口急減地域特定地域づくり推進法[1]の活用を含め、半農半Xを実践する者等の増加に向けた方策を、関係府省等と連携しながら推進していくこととしています。

特定地域づくり事業協同組合制度の活用（農林水産省）
URL：https://www.maff.go.jp/j/nousin/tokutei-chiiki-dukuri/index.html

---

[1] 正式名称は「地域人口の急減に対処するための特定地域づくり事業の推進に関する法律」

（コラム）地域づくり人材としてマルチワーカーが活躍する場が広がり

　地域人口の急減に直面している地域においては、「事業者単位で見ると年間を通じた仕事がない」、「安定的な雇用環境や一定の給与水準を確保できない」といった状況が見られ、そうした課題が人口流出の要因やUIJターンの障害にもなっています。

　こうした中、地域を支える人材を確保し、地域の活性化につなげるため、人口急減地域特定地域づくり推進法に基づき、季節ごとの労働需要等に応じて複数事業者の事業に従事するマルチワーカー（地域づくり人材）の労働者派遣事業等を行う特定地域づくり事業協同組合の設立が全国的に広がっています。

　特定地域づくり事業協同組合制度は、農林水産業の現場においても活用されており、農林水産省としても活用事例の紹介を行うなど、農山漁村地域への活用を推進しています。

　例えば秋田県東成瀬村の東成瀬村地域づくり事業協同組合では、冬期はスキー場に、冬期以外は農業法人や農産加工所、宿泊施設に職員として派遣することにより、同村での通年雇用の場の創出や事業者の繁忙期の人手不足の解消等を図っています。

派遣職員の年間スケジュール例（東成瀬村地域づくり事業協同組合）

	4月	5月	6月	7月	8月	9月	10月	11月	12月	1月	2月	3月
職員A				農業						観光施設（スキー場）		
	育苗・播種・田植え			野菜栽培			稲刈り・出荷作業			運営・パトロール		

資料：農林水産省作成

　また、鹿児島県和泊町及び知名町のえらぶ島づくり事業協同組合では、繁忙期に人手が足りない生産現場に職員として派遣することにより、U・Iターン者等の安定雇用の場の創出や、農業分野での人手不足の解消等を図っています。

　本制度を活用することで、安定的な雇用環境等の確保や人手不足の解消等の地域課題の解決を図るほか、「半農半X」等の多様なライフスタイルの実現につながること等が期待されています。

経営主と共に作業するマルチワーカーとして派遣された職員
資料：えらぶ島づくり事業協同組合

（地域おこし協力隊の隊員数は前年度に比べ増加）

　令和4（2022）年度の「地域おこし協力隊」の隊員数は前年度に比べ432人増加し6,447人となっています（**図表3-7-5**）。都市地域から過疎地域等に生活の拠点を移した隊員は、全国の様々な場所で地場産品の開発、販売、PR等の地域おこしの支援や、農林水産業への従事、住民の生活支援等の地域協力活動を行いながら、その地域への定住・定着を図る取組を行っています。

　総務省は、地域おこし協力隊の推進に取り組む地方公共団体に対して、必要な財政上の措置を行うほか、都市住民の受入れの先進事例等の調査等を行っています。

　また、農山漁村地域でビジネス体制の構

図表3-7-5　地域おこし協力隊の隊員数

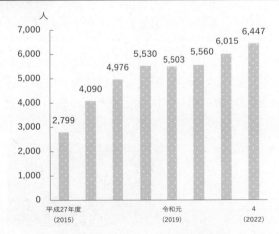

資料：総務省「令和4年度地域おこし協力隊の隊員数等について」（令和5（2023）年4月公表）

築やプロモーション等を行う専門的な人材を補うため、総務省は地域活性化に向けた幅広い活動に従事する企業人材を派遣する制度である「地域活性化起業人」について活用を推進しており、農林水産省では、農山漁村地域における人材ニーズの把握や活用の働き掛け等を行っています。

(4) 農村の魅力の発信

（棚田地域振興法に基づく指定棚田地域は711に拡大）

　棚田を保全し、棚田地域の有する多面的機能の維持増進を図ることを目的とした棚田地域振興法に基づき、市町村や都道府県、農業者、地域住民等の多様な主体が参画する指定棚田地域振興協議会による棚田を核とした地域振興の取組を、関係府省横断で総合的に支援する枠組みを構築しています。農林水産大臣等の主務大臣は、令和4(2022)年度までに、同法に基づき累計で711地域を指定棚田地域に指定したほか、指定棚田地域において同協議会が策定した認定棚田地域振興活動計画は累計で179計画となっています。

　また、棚田の保全と地域振興を図る観点から、令和3(2021)年度には、「つなぐ棚田遺産～ふるさとの誇りを未来へ～」として、優良な棚田271か所を農林水産大臣が認定しました。

　さらに、農林水産省は、都道府県に対して、棚田カードを作成し、都市住民に棚田の魅力を発信することを呼び掛けています。令和4(2022)年度末時点で累計で108の棚田地域が参加しており、棚田地域を盛り上げ、棚田保全活動の一助となることが期待されています。

（事例）ブランド米による農業所得向上等を通じた棚田保全活動を推進(石川県)

　石川県羽咋市の「神子原地区棚田群」は、令和4(2022)年3月に、つなぐ棚田遺産に認定されました。

　神子原地区は、同市の東部に位置する山間集落で、神子原町、千石町、菅池町から構成されています。山間に広がる棚田では、豊富な雪解け水を用いて、米やくわい、そば等が生産されています。

　同地区では、全国的にも有名なブランド米「神子原米」を始めとした農業生産が行われ、農業所得の向上等を通じた棚田保全活動が進められています。また、同地区では、神子原米をローマ教皇に献上し、ブランド化を成功させたほか、取組の中心である株式会社神子の里が、同市の酒造会社と提携し、酒米の栽培と自社ブランドの純米酒の委託醸造にも取り組み、地域ブランドの魅力を向上させる取組を進めています。

　さらに、同社は、地元産の農産物や加工品が販売されている農産物直売施設の運営とともに、移動販売による配食・配達サービス等の取組も進めています。同地区では、今後とも棚田の保全活動や棚田地域の維持・活性化のための取組を推進していくこととしています。

神子原地区棚田群
資料：石川県

農産物直売施設
資料：株式会社神子の里

第8節　多面的機能に関する国民の理解の促進

　農村では高齢化や人口減少が進行する中、地域の共同活動や農業生産活動等によって支えられている多面的機能の発揮に支障が生じつつあります。国民の大切な財産である多面的機能が適切に発揮されるよう地域の共同活動や農業生産活動の継続とともに、国民の理解の促進を図っていくことが重要となっています。

　本節では、多面的機能の発揮や国民の理解の促進のための取組について紹介します。

(1) 多面的機能の発揮の促進

(農業・農村には多面的機能が存在)

　国土の保全、水源の涵養、自然環境の保全、良好な景観の形成、文化の伝承、癒しや安らぎをもたらす機能等、農村で農業生産活動が行われることにより生まれる様々な機能を「農業・農村の多面的機能」と言います。多面的機能の効果は、農村の住民だけでなく国民の大切な財産であり、これを維持・発揮させるためにも農業生産活動の継続に加えて、共同活動により地域資源の保全を図ることが重要です(**図表3-8-1**)。

図表3-8-1 農業・農村の多面的機能

洪水防止機能

水田は多くの水を貯める
ことができます

土砂崩壊・土壌侵食防止機能

手入れされた農地は
土砂の流出を防ぎます

地下水涵養機能

水田の水は土中に浸透し、
地下水として蓄えられます

生物多様性保全機能

農村の多様な環境が
いろいろな生き物を育みます

良好な景観の形成機能

農業の営みが美しい
風景を作り出します

文化の伝承機能

農村は多くの伝統文化
を受け継いでいます

資料：農林水産省作成

注：農業・農村の多面的機能には、このほか、癒しや安らぎをもたらす機能、有機性廃棄物を分解する機能、地域社会を振興する機能、体験学習と教育の場としての機能等がある。

（多面的機能支払制度の認定農用地面積は前年度に比べ増加）

　農業・農村の多面的機能の維持・発揮を図るため、「農業の有する多面的機能の発揮の促進に関する法律」に基づき、日本型直接支払制度が実施されています。

　同制度は、多面的機能支払制度、中山間地域等直接支払制度[1]、環境保全型農業直接支払制度[2]の三つから構成されています。

　このうち、多面的機能支払制度は、多面的機能を支える共同活動を支援する農地維持支払と地域資源の質的向上を図る共同活動を支援する資源向上支払の二つから構成されています（**図表3-8-2**）。令和3（2021）年度の多面的機能支払制度の活動組織数は前年度に比べ25組織増加し2万6,258組織、認定農用地面積は前年度に比べ2万ha増加し約231万haとなりました（**図表3-8-3**）。また、活動組織のうち広域活動組織[3]については、前年度に比べ19組織増加し1,010組織となっています。

　令和4（2022）年度から、資源向上支払の対象となる多面的機能の増進を図る広報活動に、地域外からの呼び込みによる農的関係人口の拡大のための活動を追加しました。

　農地周辺の水路等の地域資源の保全管理に

図表3-8-2　多面的機能支払制度の活動例

農地維持支払

水路の泥上げ　　　法面の草刈り

資源向上支払

地域資源の質的向上を図る共同活動
農道の部分補修　　　外来種の駆除
施設の長寿命化のための活動
水路壁の補修　　　コンクリート水路の更新

資料：農林水産省作成

ついては、小規模経営体を含む多数の農業者の共同活動により行われてきましたが、社会構造の変化に伴い、農業生産活動が少数の大規模経営体に集中し、地域資源の保全活動への参加者が減少しています。

　このような中、農林水産省が令和4（2022）年10月に公表した「多面的機能支払交付金の中間評価」では、本交付金の取組を契機として非農業者も含め再び集落全体で地域資源の保全管理活動を支える必要が生じているとする一方、本交付金の効果については、約8割の対象組織が、農村環境保全活動は非農業者や非農業団体が本交付金の活動やその他の地域活動に参加するきっかけとして「かなり役立っている」又は「役立っている」と回答しています。また、本交付金のカバー率が高い市町村では、集落内の寄り合いの開催回数が多い集落の割合が高い傾向が見られ、集落の活動が活性化していると考えられます（**図表3-8-4**）。さらに、本交付金のカバー率が高い市町村ほど経営耕地面積の減少割合が低く、農地利用集積割合が高くなっています（**図表3-8-5**、**図表3-8-6**）。

---

[1] 第3章第3節を参照
[2] 第2章第9節を参照
[3] 旧市区町村区域等の広域エリアにおいて複数の集落又は活動組織及びその他関係者の合意により、農用地、水路、農道等の地域資源の保全管理等を実施する体制を整備することを目的として設立される組織。単独で地域資源の保全管理が難しい集落での活動の継続や、事務の効率化による組織の強化が期待される。

図表3-8-3 多面的機能支払制度の認定農用地面積

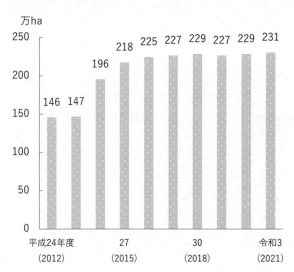

資料：農林水産省作成
注：各年度末時点の数値

図表3-8-4 市町村単位の多面的機能支払のカバー率と農業集落における寄り合いの開催状況の関係

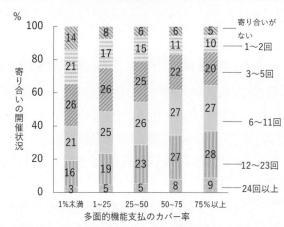

資料：農林水産省「多面的機能支払交付金の中間評価」(令和4(2022)年10月公表)を基に作成
注：1) 多面的機能支払のカバー率とは、令和元(2019)年度の農用地面積に対する認定農用地面積の割合
　　2) 横軸は、多面的機能支払のカバー率の範囲ごとに市町村を分けたもの
　　3) 縦軸は、市町村に属する集落の寄り合いの開催回数(令和2(2020)年)を平均したものの割合を示したもの

図表3-8-5 市町村単位の多面的機能支払のカバー率と経営耕地面積の関係

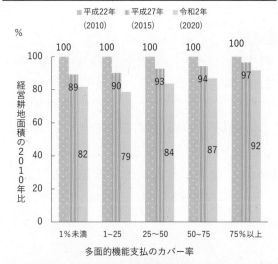

資料：農林水産省「多面的機能支払交付金の中間評価」(令和4(2022)年10月公表)を基に作成
注：1) 多面的機能支払のカバー率とは、令和元(2019)年度の農用地面積に対する認定農用地面積の割合
　　2) 横軸は、多面的機能支払のカバー率の範囲ごとに市町村を分けたもの
　　3) 縦軸は、該当する市町村の平成22(2010)年の経営耕地面積を100とした場合の平成27(2015)年、令和2(2020)年の経営耕地面積の割合の平均値で示したもの

図表3-8-6 市町村単位の多面的機能支払のカバー率と経営耕地面積5ha以上の農業経営体への農地利用集積割合の関係(都府県)

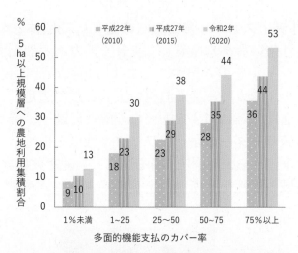

資料：農林水産省「多面的機能支払交付金の中間評価」(令和4(2022)年10月公表)を基に作成
注：1) 多面的機能支払のカバー率とは、令和元(2019)年度の農用地面積に対する認定農用地面積の割合
　　2) 横軸は、多面的機能支払のカバー率の範囲ごとに市町村を分けたもの
　　3) 縦軸は、該当する市町村の平成22(2010)年、平成27(2015)年及び令和2(2020)年における経営耕地面積5ha以上の農業経営体への農地利用集積割合の平均を示したもの
　　4) 農地利用集積割合とは、全ての農業経営体の経営耕地面積の合計に対する経営耕地面積が5ha以上である農業経営体の耕地面積

このことから、本交付金は地域資源の適切な保全管理等に寄与していること、担い手への農地集積といった構造改革の後押しとして地域農業に貢献していることが評価されています。

(2) 多面的機能に関する国民の理解の促進等

(「農業の多面的機能」の認知度向上が課題)

令和3(2021)年6～8月に内閣府が行った世論調査によると、「農業の多面的機能」という言葉の認知度は約3割となっています（図表3-8-7）。

農業が有する国土保全・水源涵養・景観保全等の多面的機能について国民の理解を促進するため、農林水産省は、これらの機能を分かりやすく解説したパンフレットを作成し、令和4(2022)年度は、学校や地方公共団体等に約3万部配布するなど、普及・啓発に取り組んでいます。

図表3-8-7　農業の多面的機能の認知度

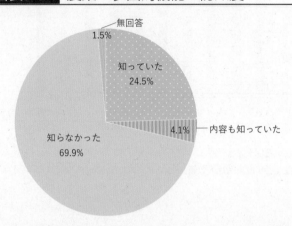

資料：内閣府「農山漁村に関する世論調査」（令和3(2021)年10月公表）
注： 1）令和3(2021)年6～8月に、全国18歳以上の日本国籍を有する者3千人を対象として実施した郵送とインターネットによるアンケート調査（有効回収数は1,655人）
2）「「農業の多面的機能」という言葉を知っているか」の質問への回答結果

(「ディスカバー農山漁村の宝」に33団体と4名を選定)

「強い農林水産業」、「美しく活力ある農山漁村」の実現に向け、農山漁村の有するポテンシャルを引き出すことによる地域の活性化や所得向上に取り組んでいる優良な事例を「ディスカバー農山漁村の宝」として選定し、全国に発信する取組により、農山漁村地域の活性化等に対する国民の理解の促進や、優良事例の他地域への横展開を図るとともに、地域リーダーのネットワークの強化を推進しています。第9回選定となる令和4(2022)年度は全国から33団体と4名を選定し、選定数は累計で286件となりました。選定を機に更なる地域の活性化や所得向上が期待されています。

農福連携によるシルク分別作業の様子
（「ディスカバー農山漁村の宝(第9回選定)」のグランプリ受賞）
資料：沖縄県(株式会社沖縄UKAMI養蚕)

ディスカバー農山漁村の宝
URL：https://www.discovermuranotakara.com

（世界かんがい施設遺産に新たに3施設が登録）

　世界かんがい施設遺産は、歴史的・社会的・技術的価値を有し、かんがい農業の画期的な発展や食料増産に貢献してきたかんがい施設をICID（国際かんがい排水委員会）が認定・登録する制度であり、令和4（2022）年10月に、新たに香貫用水（静岡県沼津市）、寺谷用水（静岡県磐田市）及び井川用水（大阪府泉佐野市）の3施設が登録され、国内登録施設数は47施設となりました。

香貫用水(静岡県沼津市)

寺谷用水(静岡県磐田市)

井川用水(大阪府泉佐野市)

世界かんがい施設遺産
URL：https://www.maff.go.jp/j/nousin/kaigai/ICID/his/his.html

（世界農業遺産及び日本農業遺産に新たに各2地域が認定）

　世界農業遺産は、社会や環境に適応しながら何世代にもわたり継承されてきた独自性のある伝統的な農林水産業システムをFAO（国際連合食糧農業機関）が認定する制度であり、令和4（2022）年7月に、新たに山梨県峡東地域と滋賀県琵琶湖地域の2地域が認定され、国内の認定地域は13地域となりました（**図表3-8-8**）。

　くわえて、世界農業遺産の制度が平成14（2002）年に設立されて20周年となることから、令和4（2022）年10月に、FAO本部（ローマ）において世界農業遺産20周年記念イベントが開催され、世界農業遺産認定地域における経験の紹介や課題解決策について議論が行われました。

　また、日本農業遺産は、我が国において重要かつ伝統的な農林水産業を営む地域を農林水産大臣が認定する制度であり、令和5（2023）年1月に、新たに岩手県束稲山麓地域と埼玉県比企丘陵地域の2地域が認定され、認定地域は24地域となりました。

岩手県束稲山麓地域
資料：束稲山麓地域世界農業遺産
　　　認定推進協議会

埼玉県比企丘陵地域

世界農業遺産・日本農業遺産
URL：https://www.maff.go.jp/j/nousin/kantai/index.html

図表 3-8-8　我が国の世界農業遺産認定地域

新潟県佐渡市
・生きものを育む農法を島内の水田で実施し、トキを
シンボルとした豊かな生態系を維持する里山と、集
落コミュニティを高める多様な農村文化を継承

石川県能登地域
・急傾斜地に広がる棚田や潮風から家屋を守る間垣等独
特の景観を有する。江戸時代から続く揚げ浜式製塩法
や海女漁等を継承

＊写真の出典は、「能登の里山里海」世界農業遺産活用実行
　委員会

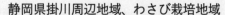

静岡県掛川周辺地域、わさび栽培地域
・掛川周辺地域は、茶畑の周りの草地(茶草場)から草を刈り取り茶
畑に敷く伝統的な茶草場農法を継承。草刈りにより維持されてき
た草地には、希少な生物が多数生息
・わさび栽培地域は、日本の固有種であるわさびを、沢を開墾して
階段状に作ったわさび田で、肥料を極力使わず湧水に含まれる養
分で栽培する伝統的な農業を継承

熊本県阿蘇地域
・「野焼き」、「放牧」、「採草」により草原を人が
管理することで日本最大級の草原を維持。長年続く
草を活用した農業により景観が保持され、希少な動
植物が多数生息

大分県国東半島宇佐地域
・降水の少ない半島で、椎茸栽培に用いる原木用のク
ヌギ林により水源涵養し、ため池を連結させること
で水を有効利用

　＊写真の出典は、国東半島宇佐地域世界農業遺産推進
　　協議会

岐阜県長良川上中流域
・長良川は、水源涵養林の育成や河川清掃等の人の管
理により清流が保たれる「里川」。友釣り、鵜飼漁、
瀬張り網漁等、鮎の伝統漁法が継承

和歌山県みなべ・田辺地域

・養分に乏しい斜面の梅林周辺に薪炭林を残し、水源を涵養し、崩落を防止。薪炭林を活用した紀州備長炭の生産と、蜜蜂を受粉に利用した梅栽培を実施

　＊写真の出典は、田辺市観光振興課～

宮崎県高千穂郷・椎葉山地域

・険しく平地が少ない山間地において、針葉樹による木材生産と広葉樹を活用したしいたけ栽培、和牛や茶の生産、焼畑等を組み合わせた複合経営を実施

　＊写真の出典は、世界農業遺産高千穂郷・椎葉山地域
　　活性化協議会

宮城県大崎地域

・冷害や洪水、渇水が頻発する自然条件を耐え抜くため、巧みな水管理や屋敷林「居久根」による災害に強い農業・農村を形成

　＊写真の出典は、大崎地域世界農業遺産推進協議会

徳島県にし阿波地域

・急傾斜地にカヤをすき込んで土壌流出を防ぎ、独自の農機具を用いて段々畑を作らずに斜面のまま耕作する独特な農法で、在来品種の雑穀等多様な品目を栽培

山梨県峡東地域

・扇状地の傾斜地において、土壌や地形等に応じた、ブドウやモモ等の果樹の適地・適作が古くから行われ、独自のブドウの棚式栽培が開発されるなど、独創的な果樹農業を継承

　＊掲載写真は、「春らんまん」（第1回やまなし農村風景
　　写真コンクール知事賞作品）

滋賀県琵琶湖地域

・水田営農との深い関わりの中で発展してきた伝統的な琵琶湖漁業が中心となっており、「里湖(さとうみ)」とも呼ばれる循環型システムで、千年の歴史を有するエリ漁や独特の食文化を継承

　＊写真の出典は、滋賀県

資料：農林水産省作成

第3章

(3) 農村におけるSDGsの達成に向けた取組の推進

(農村はSDGsの理念を構成する環境・経済・社会の三要素と密接に関連)

平成27(2015)年の国連サミット以降、SDGs[1]への関心は世界的に高まっており、国内においても、SDGsに対する取組は官民を問わず着実に広がりを見せています。特に農村では、森林や土壌、水、大気等の豊富な自然環境、それを利用した農業等の経済活動、人々の暮らしを支える地域社会という、SDGsの理念を構成する環境・経済・社会の三要素が密接に関連しており、三要素の統合的向上を図りながら持続可能な地域づくりを進めていくことが重要です。

農林水産省では、農村におけるSDGsの達成に向け、農林水産物の地産地消[2]や再生可能エネルギーを活用した農林漁業経営の改善等を進め、農山漁村の活性化に資する取組等を推進しています。

(農村において地域経済循環の形成等を目指す取組が広がり)

農村で環境調和型の農業生産活動等が推進されることは、生態系サービス[3]の保全や、地域の魅力向上につながるものであり、みどり戦略[4]の実現にも資するものです。また、食料やエネルギー等の地域の様々な資源が効率的に活用される地域経済循環の形成を目指すことは、地域の雇用と所得の向上だけでなく、「2050年カーボンニュートラル」の実現にも資するものであり、これらの取組はいずれもSDGsの実現に貢献するものです。

農村地域においては、環境調和型の農業生産活動や地域経済循環の形成を目指す先進的な取組も見られており、こうした取組が、全国各地で広がることが期待されています。

(事例) 庄内スマート・テロワール構想に基づき循環型経済圏形成を推進(山形県)

山形県の庄内地域では、食と農を地域の中で循環させ、持続可能な食料自給を目指す「庄内スマート・テロワール構想」に基づき循環型経済圏の形成に向けた取組が行われています。

山形大学や鶴岡市、食品事業者、農業者等が参画している、庄内スマート・テロワール構築協議会が中心となり、地域内の農業・畜産業・加工業が連携した循環型の生産等の取組を推進しています。

同協議会では、休耕田を畑地化し、小麦や大豆、飼料用とうもろこし等を輪作で栽培するとともに、その規格外品等を飼料として活用し畜産物を生産するなどの実証試験を行っています。また、生産した農畜産物を原料として地域内で加工食品を製造・販売し、地域内で生じる家畜排せつ物を堆肥化して農地に還元するといった一連の仕組みの効果検証も行っています。

さらに、同協議会は、実証試験で生産した小麦粉を用いたラーメンを同市内の学校給食で提供するとともに、下水処理水や汚泥コンポストを肥料として利用する取組との連携を図るなど、今後とも地域一体となって構想の実現を目指していくこととしています。

休耕田の畑地化の実証試験

資料:庄内スマート・テロワール構築協議会

---

[1] 用語の解説(2)を参照
[2] 用語の解説(1)を参照
[3] 用語の解説(1)を参照
[4] 第2章第9節を参照

第**4**章

災害からの復旧・復興や
防災・減災、国土強靱化等

第1節　東日本大震災からの復旧・復興

　平成23(2011)年3月11日に発生した東日本大震災では、岩手県、宮城県、福島県の3県を中心とした東日本の広い地域に東京電力福島第一原子力発電所(以下「東電福島第一原発」という。)の事故の影響を含む甚大な被害が生じました。

　政府は、令和3(2021)年度から令和7(2025)年度までの5年間を「第2期復興・創生期間」と位置付け、被災地の復興に向けて取り組んでいます。

　本節では、東日本大震災の地震・津波や原子力災害からの農業分野の復旧・復興の状況について紹介します。

(1) 地震・津波災害からの復旧・復興の状況

(営農再開が可能な農地は復旧対象農地の96%)

　東日本大震災による農業関係の被害額は、平成24(2012)年7月5日時点(農地・農業用施設等は令和5(2023)年3月末時点)で9,643億円、農林水産関係の合計では2兆4,435億円となっています(**図表4-1-1**)。これまでの復旧に向けた取組の結果、復旧対象農地1万9,660haのうち、令和5(2023)年3月末時点で1万8,840ha(96%)の農地で営農が可能となりました(**図表4-1-2**)。農林水産省は、引き続き農地・農業用施設等の復旧に取り組むこととしています。

図表4-1-1　農林水産関係の被害の状況

区分	被害額(億円)	主な被害
農業関係	9,643	
農地・農業用施設等	9,008	農地、水路、揚水機、集落排水施設等
農作物等	635	農作物、家畜、農業倉庫、ハウス、畜舎、堆肥舎等
林野関係	2,155	林地、治山施設、林道施設等
水産関係	12,637	漁船、漁港施設、共同利用施設等
合計	24,435	

資料：農林水産省作成
注：平成24(2012)年7月5日時点の数値
　　(農地・農業用施設等は令和5(2023)年3月末時点)

図表4-1-2　農地・農業用施設等の復旧状況

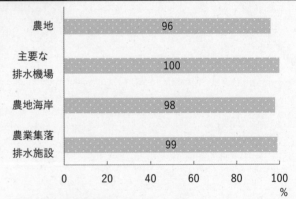

資料：農林水産省作成
注：1) 令和5(2023)年3月末時点の数値
　　2) 農地は、公共用地等への転用が行われたもの(見込みを含む。)を除いた復旧対象農地1万9,660haに対するもの(福島県の820haを除き完了)
　　3) 主要な排水機場は、復旧が必要な96か所に対するもの
　　4) 農地海岸は、復旧が必要な122地区に対するもの(福島県の3地区を除き完了)
　　5) 農業集落排水施設は、被災した401地区に対するもの(復旧事業実施中の施設を含む。)

(地震・津波からの農地の復旧に併せた圃場の大区画化の取組が進展)

　岩手県、宮城県、福島県の3県では、地域の意向を踏まえ、地震・津波からの復旧に併せた農地の大区画化に取り組んでいます。令和3(2021)年度末時点の整備計画面積8,510haのうち、大区画化への完了見込面積は8,240ha(96.8%)となっており、地域農業の復興基盤の整備が進展しています。

(事例) 大規模な高設栽培の導入により、いちご産地の復活を後押し(宮城県)

　宮城県亘理町は、大規模な高設栽培の導入によるいちごの生産拡大を推進し、いちご産地の復活を後押ししています。

　東日本大震災の津波により壊滅的な被害を受けた同町では、平成25(2013)年に町内3地区で大型園芸施設を備えたいちご団地を整備しました。

　同団地では、高収量で管理しやすい高設栽培を導入した結果、生産量が拡大するとともに、単収も東日本大震災前を大幅に上回る水準となっています。

　収穫されたいちごの多くは、みやぎ亘理農業協同組合を通じて、仙台市中央卸売市場を始め北海道や京浜地区に「仙台いちご*」として出荷されており、復興のシンボルとして大きな期待が寄せられています。平成29(2017)年からは、全国農業協同組合連合会宮城県本部を通じて、東日本大震災の影響で停止していた香港向け輸出が再開されるなど、需要拡大に向けた取組も進められています。

いちごの高設栽培
資料：宮城県亘理町

* 「仙台いちご」は、東日本大震災後の平成24(2012)年に地域団体商標に登録

(福島イノベーション・コースト構想に基づく実証研究等を推進)

　農林水産省は被災地域を新たな食料生産基地として再生するため、産学官連携の下、農業・農村分野に関わる先端的で大規模な実証研究を行っています。

　令和3(2021)年度から、福島イノベーション・コースト構想に基づき、ICTやロボット技術等を活用して農林水産分野の先端技術の開発を行うとともに、状況変化等に起因して新たに現場が直面している課題の解消に資する現地実証や社会実装に向けた取組を推進する「農林水産分野の先端技術展開事業」を実施しています。

きゅうり生産管理支援システムの実証
資料：福島県農業総合センター(左)、大阪公立大学(右)

農林水産分野の先端技術展開事業
(東日本大震災関連技術情報)
URL：https://www.affrc.maff.go.jp/
docs/sentan_gijyutu/index.html

（東日本大震災からの復旧・復興のために人的支援を実施）

　農林水産省は、東日本大震災からの復旧・復興や農地・森林の除染を速やかに進めるため、被災した地方公共団体との人事交流を行っています。また、被災地における災害復旧工事を迅速・円滑に実施するため、被災県からの支援要望に沿って、他の都道府県等とともに、専門職員を被災した地方公共団体に派遣しています。特に原子力被災12市町村[1]については、令和2(2020)年度から12市町村全てに職員を派遣し、市町村それぞれの状況に応じた支援を実施しています。

（2）原子力災害からの復旧・復興

（農畜産物の安全性確保のための取組を引き続き推進）

　生産現場では、市場に放射性物質の基準値を上回る農畜産物が流通することのないように、放射性物質の吸収抑制対策、暫定許容値以下の飼料の使用等、それぞれの品目に合わせた取組が行われています。このような生産現場における取組の結果、平成30(2018)年度以降は、全ての農畜産物[2]において基準値超過はありません。

（原子力被災12市町村の営農再開農地面積は目標面積の約7割）

　原子力被災12市町村における営農再開農地面積は、令和3(2021)年度末時点で、前年度に比べ793ha増加し7,370haとなっています。しかしながら、特に帰還困難区域を有する市町村の営農再開が遅れていることが課題となっています。農林水産省では、平成23(2011)年12月末時点で営農が休止されていた農地1万7,298haの約6割で営農再開することを目標としています。この目標に対する進捗割合は、令和3(2021)年度末時点で71.8％となっています（**図表4-1-3**）。

図表4-1-3	原子力被災12市町村の営農再開の状況		
	令和3(2021)年度実績	令和7(2025)年度目標	進捗割合
原子力被災12市町村の営農再開農地面積	7,370ha	10,264ha	71.8%

資料：農林水産省作成
注：1) 進捗割合＝令和3(2021)年度実績÷令和7(2025)年度目標×100
　　2) 令和3(2021)年度末時点の数値

（農地整備の実施済み面積は1,845haに拡大）

　原子力被災12市町村の農地については、営農休止面積1万7,298haのうち、営農再開のための整備が実施又は検討されている農地の面積は4,455haとなっています。このうち、令和3(2021)年度末時点で1,845haの農地整備が完了しました（**図表4-1-4**）。

図表4-1-4　原子力被災12市町村における営農休止農地の整備状況

（原子力被災12市町村の農地整備予定面積 4,455ha）

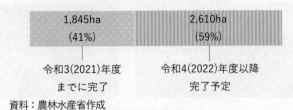

1,845ha (41%)	2,610ha (59%)
令和3(2021)年度までに完了	令和4(2022)年度以降完了予定

資料：農林水産省作成

1　福島県の田村市、南相馬市、川俣町、広野町、楢葉町、富岡町、川内村、大熊町、双葉町、浪江町、葛尾村、飯舘村
2　栽培・飼養管理が可能な品目

（原子力被災12市町村の農業産出額は被災前の約4割）

　福島県の農業産出額は、県全体では東日本大震災前の平成22(2010)年が2,330億円であったのに対し、令和3(2021)年が1,913億円と約8割まで回復しています。一方、原子力被災12市町村では、東日本大震災前の平成18(2006)年が391億円であったのに対し、令和3(2021)年が153億円と約4割にとどまっています（**図表4-1-5**）。

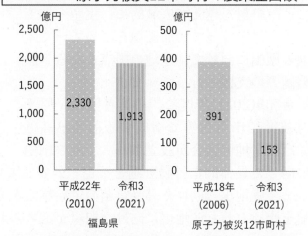

図表4-1-5　東日本大震災前と比較した
原子力被災12市町村の農業産出額

資料：農林水産省「生産農業所得統計」、「令和3年 市町村別農業産出額(推計)(農林業センサス結果等を活用した市町村別農業産出額の推計結果)」を基に作成

（特定復興再生拠点区域において営農再開に向けた取組を推進）

　原子力被災12市町村では、避難指示解除の時期や帰還状況(居住率)により、市町村の営農再開割合に差が出ており、特に帰還困難区域を有する市町村の営農再開が遅れています。

　福島復興再生特別措置法においては、5年を目途に避難指示を解除し、住民の帰還を目指す「特定復興再生拠点区域」の復興・再生を推進することとしています。

　また、令和4(2022)年4月に葛尾村、双葉町の同区域において生産されるホウレンソウ、キャベツ、ブロッコリー等の野菜の出荷制限・摂取制限が解除されたほか、大熊町では出荷制限・摂取制限の解除に向けて試験栽培が実施されるなど、営農再開に向けた取組が進められています。

（営農再開に向け、地域外も含めた担い手の確保等が課題）

　農林水産省は、福島相双復興官民合同チームの営農再開グループに参加し、平成29(2017)年4月から令和3(2021)年12月にかけて、原子力被災12市町村の農業者を対象として営農再開意向に関する聞き取りを実施しました。その結果、「営農再開済み」が約4割、「営農再開の意向あり」が約1割、「再開の意向なし」が約4割、「再開意向未定」が約1割となりました。また、「再開の意向なし」又は「再開意向未定」である農業者のうち、「農地の出し手となる意向あり」と回答した農業者は約7割に上ることから、地域外も含めた担い手の確保や担い手とのマッチングが課題となっています。

第4章

（生産と加工等が一体となった高付加価値生産を展開する産地を創出）

農林水産省では、令和3(2021)年から、国産需要の高い加工・業務用野菜等について、市町村を越えて広域的に、生産・加工等が一体となって付加価値を高めていく産地の創出に向けて、産地の拠点となる施設整備等の支援を行っています。

令和3(2021)年度に、農業者団体、原子力被災12市町村等で構成する福島県高付加価値産地協議会が設立され、産地の創出

かんしょの高品質苗の供給施設

に向けた具体的な行動計画を策定・公表しています。令和4(2022)年度においては、かんしょの産地化に向けた高品質苗の供給施設が完成したほか、パックご飯等の加工施設の整備を始めとした産地化に向けた取組が進められています。

（事例）福島再生加速化交付金を活用し、ワイン醸造施設を整備(福島県)

福島県川内村では、新たな農業への挑戦として、村内で収穫するぶどうを原料としたワイン生産の取組を推進しています。

同村では、平成29(2017)年に「かわうちワイン株式会社」を設立するとともに、ワイン醸造用ぶどうの栽培圃場を整備し、令和4(2022)年には、約4haの圃場で、シャルドネ、メルロー等、約13,500本のワイン醸造用ぶどうの栽培が行われています。

また、同村では、令和3(2021)年度に福島再生加速化交付金を活用し、醸造施設「かわうちワイナリー」の整備を行いました。同施設では、令和3(2021)年9月から醸造が開始され、香り高く仕上がったワインは令和4(2022)年3月から販売が行われています。

今後は、ワインを核として村内事業者とともに、地域資源や地場産品等とのコラボレーションにより、地域経済の活性化を図ることを目指しています。

収穫を迎えるシャルドネ

資料：福島県川内村

(放射性物質を理由に福島県産品の購入をためらう人の割合は減少傾向で推移)

消費者庁が令和5(2023)年3月に公表した調査によると、放射性物質を理由に福島県産品の購入をためらう人の割合は5.8%となり、調査開始以来最低の水準となりました(**図表4-1-6**)。

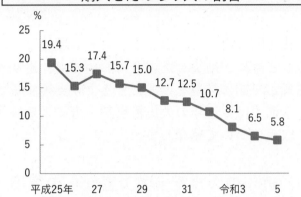

図表4-1-6 放射性物質を理由に福島県産品の購入をためらう人の割合

年	割合(%)
平成25年(2013)	19.4
(2014)	15.3
27(2015)	17.4
(2016)	15.7
29(2017)	15.0
(2018)	12.7
31(2019)	12.5
(2020)	10.7
令和3(2021)	8.1
(2022)	6.5
5(2023)	5.8

資料:消費者庁「風評に関する消費者意識の実態調査」(令和5(2023)年3月公表)を基に農林水産省作成

注:1) 各年3月(令和3(2021)年は2月)に公表された結果の数値

2) 被災地域(岩手県、宮城県、福島県、茨城県)及び被災県産農林水産物の主要仕向先等(埼玉県、千葉県、東京都、神奈川県、愛知県、大阪府、兵庫県)に居住する20～60歳代の男女5,176人を対象としたインターネット調査

3) 食品の生産地を気にする理由として「放射性物質の含まれていない食品を買いたいから」と回答した者に対して行った「食品を買うことをためらう産地(複数回答)」の質問への回答として「福島県」を選択した者の、全回答者5,176人に対する割合

風評等が今なお残っていることを踏まえ、復興庁やその他関係府省は、平成29(2017)年12月に策定した「風評払拭・リスクコミュニケーション強化戦略」に基づく取組のフォローアップとして、「知ってもらう」、「食べてもらう」、「来てもらう」の三つを柱とする情報発信を実施し、風評の払拭に取り組んでいます。

また、福島県の農林水産業の復興に向けて、福島ならではのブランドの確立と産地競争力の強化、GAP[1]認証等の取得、放射性物質の検査、国内外の販売促進等、生産から流通・販売に至るまでの総合的な支援を行っています。

さらに、「食べて応援しよう!」のキャッチフレーズの下、消費者、生産者等の団体や食品事業者等、多様な関係者の協力を得て被災地産食品の販売フェアや社内食堂等での積極的な利用を進めており、引き続き被災地産食品の販売促進等の取組を推進することとしています。

第4回食べて応援しよう!in仙台

食べて応援しよう!
URL:https://www.maff.go.jp/j/shokusan/eat/

第4章

(東京電力ホールディングスによる農林漁業者等への損害賠償支払累計額は9,996億円)

原子力損害の賠償に関する法律の規定により、東電福島第一原発の事故の損害賠償責任は東京電力ホールディングス株式会社(以下「東京電力ホールディングス」という。)が負っています。

東京電力ホールディングスによるこれまでの農林漁業者等への損害賠償支払累計額は、令和5(2023)年3月末時点で9,996億円となっています[2]。

---

[1] 用語の解説(2)及び第2章第7節を参照
[2] 農林漁業者等の請求・支払状況について、関係団体等からの聞き取りから把握できたもの

第2節　大規模自然災害からの復旧・復興

　我が国は自然災害が発生しやすい環境下にあることから、災害の発生・拡大の防止を図るとともに、被災した場合においても、適切かつ速やかな復旧・復興を進め、被災した農業者が早期に営農を再開できるよう支援することが重要です。

　本節では、近年の大規模自然災害による被害の発生状況や災害からの復旧・復興に向けた取組について紹介します。

(1) 近年の大規模自然災害からの復旧・復興の状況

(近年は地震や大雨等による被害が継続的に発生)

　平成28(2016)年に熊本地震、平成30(2018)年に北海道胆振東部地震が発生し、令和元(2019)年には台風が立て続けに本州に上陸するなど、近年は毎年のように日本各地で大規模な自然災害が発生しています。我が国の農林水産業では農作物や農地・農業用施設等に甚大な被害が発生しており、特に平成28(2016)年や平成30(2018)年、令和元(2019)年の自然災害による農林水産関係の被害額は、過去10年で最大級となりました(**図表4-2-1**)。

図表4-2-1　過去10年の農林水産関係の自然災害による被害額

資料：農林水産省作成

注：令和4(2022)年の被害額は、令和5(2023)年3月末時点の数値

(令和元年東日本台風、令和2年7月豪雨等からの復旧・復興を推進)

　令和元年東日本台風等で被災した農地・農業用施設については、順次復旧工事が進み、令和5(2023)年3月末時点で、災害復旧事業の対象となる8,147件のうち約9割の7,712件で復旧が完了しました。

　令和2年7月豪雨により被災した東北・東海・九州地方等の農地・農業用施設については、順次復旧工事が進み、令和5(2023)年3月末時点で、災害復旧事業の対象となる8,921件のうち約9割の7,646件で復旧が完了しました。また、被災した農業用機械や農業用ハウスについては復旧が全て完了しました。

　「令和3年7月1日からの大雨」、「令和3年8月の大雨」により被災した農地・農業用施設については、令和5(2023)年3月末時点で、災害復旧事業の対象となる7,276件のうち約7割

の5,134件で復旧が完了しました（**図表4-2-2**）。農林水産省は、引き続き、関係する都道府県や市町村と連携し、工事の発注方法に関する技術的支援等を行い、早期復旧を目指しています。

図表4-2-2 令和3(2021)年度の自然災害からの復旧状況

農業用施設の被災状況　　　　　　　　復旧完了

「令和3年7月1日からの大雨」による被災からの復旧(鹿児島県)

農地の被災状況　　　　　　　　復旧完了

「令和3年8月の大雨」による被災からの復旧(佐賀県)

資料：農林水産省作成

（事例）若手農業者が中心となり西日本豪雨災害からの復興を推進(愛媛県)

愛媛県宇和島市では、平成30(2018)年7月に発生した西日本豪雨により樹園地が崩落するなどの甚大な被害を受けました。こうした事態を受け、同市の吉田町玉津地区では、若手農業者が中心となって株式会社玉津柑橘倶楽部を設立しました。

同社は、生産したみかんを農協に出荷する一方、自らが販売するみかんやジュースの原料は全て農協から購入しています。利益の追求ではなく、販売利益を玉津地区やみかん産業に還元していく理念の下に活動しています。

また、同社は、被災からの復興への助力となることや、産地力の底上げを図ることを目標として、高齢農家等の農作業の請負や農作業アルバイターの確保のほか、Iターン等の就農希望者の受入れ、被災園地での未収益期間短縮のための大苗育苗、農業引退者からの園地の引受け、荒廃農地*の成園化に向けた管理、先進技術等の導入等の取組を進めており、50年、100年先まで元気な産地を残していくことを目指し、活動を展開しています。

みかんの収穫作業の様子

資料：株式会社玉津柑橘倶楽部

* 用語の解説(1)を参照

(2) 令和4(2022)年度における自然災害からの復旧

(令和4(2022)年は2,401億円の被害が発生)

　令和4(2022)年においては、「令和4年福島県沖を震源とする地震」や「令和4年7月14日からの大雨」、「令和4年8月3日からの大雨」、「令和4年台風第14号・第15号」等により、広範囲で河川の氾濫等による被害が発生し、これらの災害による農林水産関係の被害額は2,079億円となりました（**図表4-2-3**、**図表4-2-4**）。

　このほか、降雹、大雨等による被害が発生したことから、令和4(2022)年に発生した主な自然災害による農林水産関係の被害額は2,401億円となりました。

図表4-2-3　令和4(2022)年の主な自然災害による農林水産関係の被害額

(単位：億円)

	農業関係	農作物等	農地・農業用施設関係	林野関係	水産関係	合計
令和4年福島県沖を震源とする地震	83.2	41.7	41.5	9.9	50.8	143.9
令和4年7月14日からの大雨	138.9	51.8	87.1	44.7	0.3	183.9
令和4年8月3日からの大雨	633.4	145.1	488.3	360.9	4.3	998.6
令和4年台風第14号	309.9	102.2	207.7	245.3	46.3	601.6
令和4年台風第15号	79.8	14.6	65.2	66.5	4.5	150.7

資料：農林水産省作成
注：令和5(2023)年3月末時点の数値

図表4-2-4　令和4(2022)年の主な自然災害による農林水産関係の被害状況

	時期	地域	主な特徴と被害
令和4年福島県沖を震源とする地震	3月16日	東北地方	福島県沖を震源として、宮城県と福島県で最大震度6強を観測した地震 農地・農業用施設における水路の破損、漁港施設における護岸や物揚場等の破損の被害が発生
令和4年7月14日からの大雨	7月14〜20日	東北地方、九州地方等の全国各地	日本付近に停滞する前線に向かって暖かく湿った空気が流れ込んだため、西日本から東北地方の広い範囲で大雨 農地・農業用施設における土砂流入や法面崩れ、林地や林道施設における山腹崩壊や法面崩れ、農作物の冠水の被害が発生
令和4年8月3日からの大雨	8月3〜22日	東北地方、北陸地方等の全国各地	日本海から東北地方・北陸地方にのびる前線に向かって暖かく湿った空気が流れ込んだため、北海道や東北地方、北陸地方を中心に大雨 農地・農業用施設における土砂流入や法面崩れ、林地や林道施設における山腹崩壊や法面崩れ、農作物の冠水の被害が発生
令和4年台風第14号・第15号	9月17〜24日	九州地方、東海地方等の全国各地	台風14号が鹿児島県に上陸し、九州地方から北日本の広い範囲で暴風雨となった後、台風15号が東海地方に接近し、東日本の太平洋側を中心に大雨 農地・農業用施設における土砂流入や法面崩れ、林地や林道施設における山腹崩壊や法面崩れの被害が発生

資料：農林水産省作成

樹園地の冠水(青森県)
(令和4年8月3日からの大雨)

災害に関する情報(農林水産省)
URL：https://www.maff.go.jp/j/saigai/index.html

(激甚災害の指定により負担を軽減)

　令和4(2022)年に発生した災害については、「令和4年3月16日の地震による災害」や「令和4年7月14日から同月20日までの間の豪雨による災害」、「令和4年8月1日から同月22日までの間の豪雨及び暴風雨による災害」、「令和4年9月17日から同月24日までの間の暴風雨及び豪雨による災害」が激甚災害に指定されました(**図表4-2-5**)。これにより、被災した地方公共団体等は財政面での不安なく、迅速に復旧・復興に取り組むことが可能になるとともに、農業関係では、農地・農業用施設の災害復旧事業について、地方公共団体、被災農業者等の負担軽減を図りました。

図表4-2-5　令和4(2022)年発生災害における激甚災害指定

災害の名称	発生日	激甚指定		事前公表	閣議決定	公布・施行
		区分	対象	(発災からの日数)		
令和4年3月16日の地震による災害	R4.3.16	早局	農地・農業用施設、林道(1町)	R4.4.8 (23日間)	R4.4.22 (37日間)	R4.4.27 (42日間)
		局激	農地・農業用施設、林道(1市)	－	R5.3.10	R5.3.15
令和4年7月14日から同月20日までの間の豪雨による災害	R4.7.14〜7.20	本激	湛水排除事業	R4.8.5 (16日間)	R4.9.13 (55日間)	R4.9.16 (58日間)
		早局	農地・農業用施設、林道(1町1村)			
		局激	農地・農業用施設、林道(1市2町)	－	R5.3.10	R5.3.15
令和4年8月1日から同月22日までの間の豪雨及び暴風雨による災害	R4.8.1〜8.22	本激	公共土木施設、農地・農業用施設、林道	R4.8.23 (1日間)	R4.9.30 (39日間)	R4.10.5 (44日間)
			農林水産業共同利用施設、湛水排除事業	R4.9.2 (11日間)		
令和4年9月17日から同月24日までの間の暴風雨及び豪雨による災害	R4.9.17〜9.24	本激	公共土木施設、農地・農業用施設、林道、農林水産業共同利用施設	R4.10.18 (24日間)	R4.10.28 (34日間)	R4.11.2 (39日間)

資料：農林水産省作成
注：1) 「本激」は、対象区域を全国として指定するもの。「局激(局地激甚災害)」は、対象区域を市町村単位で指定するもの。「早局(早期局地激甚災害)」は、局激のうち査定見込額が明らかに指定基準を超えるもの
　　2) 本激と早局は災害発生後早期に指定。局激は通常年度末にまとめて指定

第4章

第3節　防災・減災、国土強靱化と大規模自然災害への備え

　自然災害が頻発化・激甚化する中、被害を最小化していくためには、農業水利施設[1]等の防災・減災対策を講ずるとともに、災害への備えとして農業保険への加入や気候変動の影響への適応に向けた取組、食品の家庭備蓄の定着等を推進することが重要です。

　本節では、防災・減災や国土強靱化、災害への備えに関する取組について紹介します。

（1）防災・減災、国土強靱化対策の推進

（「防災・減災、国土強靱化のための5か年加速化対策」に基づく対策を推進）

　農林水産省は、平成26(2014)年に閣議決定した「国土強靱化基本計画」（平成30(2018)年変更）を踏まえ、農業水利施設の長寿命化、統廃合を含むため池の総合的な対策の推進等のハード面での対策と、ハザードマップの作成、地域住民への啓発活動等のソフト面での対策を組み合わせた防災・減災対策を推進しています。

（事例）ため池の防災工事により下流域の被害を防止（鳥取県）

　鳥取県琴浦町の松谷第一ため池では、ため池の防災工事により下流域の被害の防止が図られています。

　防災重点農業用ため池に指定されている松谷第一ため池は、漏水が確認されたほか、耐震性能が不足していたことにより、豪雨や地震の発生時に決壊する危険性があり、下流域の住宅に浸水被害が生じるおそれがありました。

　このため、同県は、平成29(2017)年度から堤体の改修工事を開始し、平成30(2018)年度からは「防災・減災、国土強靱化のための3か年緊急対策」も活用して、令和2(2020)年度に工事を完了しました。この結果、従前確認された漏水が解消されるとともに、耐震性が確保されました。また、24時間雨量331mmを記録した令和3(2021)年7月の豪雨時において、ため池に被害は生じませんでした。

　防災工事の実施と併せて、同町では「ため池ハザードマップ」の作成による住民の防災意識の向上を図っており、これらの対策により、ため池下流域の農地や住宅の安全・安心が確保されるとともに、農業経営の安定化に資することが期待されています。

（対策前）　　　　　　（対策後）

対策工事前後の防災重点農業用ため池

ため池ハザードマップ

資料：鳥取県

資料：鳥取県琴浦町

---

[1] 用語の解説(1)を参照

農業・農村分野では、令和2(2020)年に閣議決定した「防災・減災、国土強靱化のための5か年加速化対策」に基づき、「流域治水対策(農業水利施設の整備、水田の貯留機能向上、海岸の整備)」、「防災重点農業用ため池の防災・減災対策」、「農業水利施設等の老朽化、豪雨・地震対策」、「卸売市場の防災・減災対策」、「園芸産地事業継続対策」等に取り組んでいます。

　また、中長期的かつ明確な見通しの下、継続的・安定的に防災・減災、国土強靱化の取組を進めていくことが重要であることを踏まえ、5～10年の中長期を見据えた新たな国土強靱化基本計画について、関係省庁と連携し、令和5(2023)年度の改定に向けた検討を行っています。

　このほか、盛土等による災害から国民の生命・身体を守るため、盛土等を行う土地の用途やその目的にかかわらず、危険な盛土等を全国一律の基準で包括的に規制する措置を講ずる「宅地造成等規制法の一部を改正する法律」(盛土規制法[1])が令和4(2022)年5月に公布されました。

(2) 災害への備え

(農業者自身が行う自然災害への備えとして農業保険等の加入を推進)

　自然災害等の農業経営のリスクに備えるためには、農業者自身が農業用ハウスの保守管理、農業保険等の利用等に取り組むことが重要です。

　台風、大雪等により園芸施設の倒壊等の被害が多発化する傾向にある中、農林水産省では、農業用ハウスが自然災害等によって受ける損失を補償する園芸施設共済に加え、収量減少や価格低下等、農業者の経営努力で避けられない収入減少を幅広く補償する収入保険[2]への加入促進を重点的に行うなど、農業者自身が災害への備えを行うよう取り組んでいます。令和3(2021)年度の園芸施設共済の加入率は、前年度に比べ4.3ポイント増加し69.9%となりました。

(農業版BCPの普及を推進)

　農業版BCP[3]は、インフラや経営資源等について、被害を事前に想定し、被災後の早期復旧・事業再開に向けた計画を定めるものであり、農業者自身に経験として既に備わっていることも含め、「見える化」することで、自然災害に備えるためのものです。

　農林水産省では、農業版BCPの普及に向け、パンフレットの配布やSNS等の各種媒体での周知のほか、事業の採択時に農業版BCPに取り組む場合にポイントを加算する措置の新設、農業版BCP作成者の事例集の作成・公表等を行っています。

第4章

---

[1] 正式名称は「宅地造成及び特定盛土等規制法」
[2] 第2章第5節を参照
[3] Business Continuity Planの略で、災害等のリスクが発生したときに重要業務が中断しないための計画のこと

（事例）農業版BCPを作成し、防災意識の向上や経営課題の解決を推進（埼玉県）

埼玉県東松山市の有限会社金井塚園芸では、大雪による被害に遭遇したことを契機に、農業版BCPの作成に取り組み、防災意識の向上や日頃からの経営改善に活用しています。

同社では、ポットの宿根草を中心に、年間約500品種のガーデニング用花苗を約1ha（ハウス20棟）の規模で栽培しています。

同社では、大雪や台風で被害を受けた際に、限られた人員・時間・資金を活用して、いかに素早く業務を継続・再開するか、また、不足している資源をいかに短時間で調達するかといった課題に直面し、対応に苦慮した経験がありました。

このため、同社では、令和3（2021）年に農業版BCPを策定し、緊急時においても限られた経営資源の中で状況に応じて柔軟に判断しながら行動できるよう、緊急時への備えを充実させるとともに、危険箇所の特定や整理整頓の徹底等、経営課題の解決にもつなげる取組を進めています。

代表取締役の金井塚良行さんは「農業版BCPの作成により、被災して追い込まれる前に落ち着いた状況で災害に備えることができ、災害が発生しても経営品目の変更等により、上手く立ち回れる自信がつきました。」とその効果を強調しています。

農業版BCPを活用する農業経営者
資料：有限会社金井塚園芸

（気候変動の適応策について、新たな適応技術の開発・導入を推進）

農業生産は、一般に気候変動の影響を受けやすく、各品目で生育障害や品質低下等、気候変動によると考えられる影響が見られています。

このため、農林水産省では、温暖化による影響等のモニタリングを行い、地球温暖化影響調査レポートとして取りまとめるとともに、適応策[1]に関する情報の発信を行っています。

また、我が国においては、高温等の影響を回避・軽減する適応技術や高温耐性品種等の導入等、適応策の生産現場への普及指導や新たな適応技術の導入実証等の取組が行われています。

令和4（2022）年9月に公表した調査に

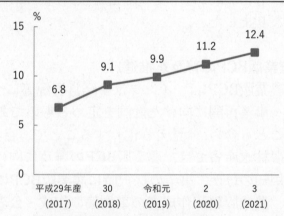

図表4-3-1　水稲作付面積に対する高温耐性品種の割合

資料：農林水産省「令和3年地球温暖化影響調査レポート」（令和4（2022）年9月公表）
注：高温耐性品種とは、高温にあっても玄米品質や収量が低下しにくい品種

よると、水稲では、高温耐性品種の作付割合が年々増加しており、令和3（2021）年産は12.4％となっています（図表4-3-1）。今後とも、「農林水産省気候変動適応計画」に基づき、気候変動に適応する生産安定技術・品種の開発・普及等を推進する取組を進めていくこととしています。

---

[1] 第2章第10節を参照

（「食品の備蓄は行っていない」との回答が約4割）

今後起こり得る災害への備えとして、国民一人一人が、日頃から食料や飲料水等を備蓄しておくことが重要です。

令和5(2023)年3月に公表した調査によると、家庭で何かしらの食品の備蓄を行っている人の割合は63.0%、「食品の備蓄は行っていない」と回答した人の割合は37.1%となりました。また、備蓄している食品の種類は、「飲料水」が約5割で最も多く、次いで「カップ麺、即席めん、乾麺」、「お米（精米、無洗米、パックご飯など）」、「缶詰」、「レトルト食品」の順となっています（**図表4-3-2**）。

大規模な自然災害等の発生に備え、家庭における備蓄量は、最低3日分から1週間分の食品を人数分備蓄しておくことが望ましいとされています。

このため、農林水産省では、「災害時に備えた食品ストックガイド」やWebサイト「家庭備蓄ポータル」等による周知を行うとともに、食品の家庭備蓄の定着に向けて、企業や地方公共団体、教育機関等と連携しながら、ローリングストック等による日頃からの家庭備蓄の重要性とともに、乳幼児や高齢者、食物アレルギー等への配慮の必要性に関する普及啓発を行っています。また、一人暮らしの人が家庭備蓄に取り組むための、単身者向け「災害時にそなえる食品ストックガイド」を令和4(2022)年4月に公表しました。

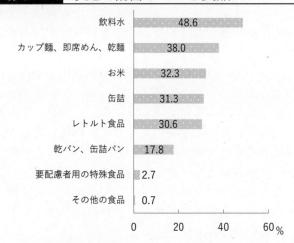

図表4-3-2 家庭で備蓄している食品

食品	割合(%)
飲料水	48.6
カップ麺、即席めん、乾麺	38.0
お米	32.3
缶詰	31.3
レトルト食品	30.6
乾パン、缶詰パン	17.8
要配慮者用の特殊食品	2.7
その他の食品	0.7

資料：農林水産省「食生活・ライフスタイル調査～令和4年度～」（令和5(2023)年3月公表）

注：1) 全国の15～74歳の男女を対象として実施したインターネット調査（回答総数は4千）
2) 図表中に記載の選択肢から備蓄している食品として当てはまるものを選択（複数回答）。「食品の備蓄は行っていない」と回答した人も含めた全回答者に対する割合
3) 「お米」は精米、無洗米、パックご飯など、「要配慮者用の特殊食品」は乳幼児用のミルク・食品、高齢者向け食品、アレルギー対応食品など

家庭備蓄ポータル
URL：https://www.maff.go.jp/j/zyukyu/foodstock/index.html

（コラム）約4割の人が備蓄食品の「ローリングストック」を実践

　ローリングストックは、ふだんから食品を少し多めに買い置きしておき、賞味期限を考えて古いものから消費し、消費した分を買い足すことで、常に一定量の食品が家庭に備蓄されている状態を保つ方法です。

　令和5(2023)年3月に公表した調査によると、ローリングストックの認知・実施状況について、「考え方を知っており、実践している」と回答した人は約2割となっており、「考え方を知らなかったが、このようなことは実践している」と回答した人と合わせると、約4割が実践している状況です。

　また、年齢階層別に見ると、男性は大きな差は見られませんが、女性は年齢階層が上がるとともに「考え方を知っており、実践している」の割合が高まり、65～74歳で最も高くなっています。

　備蓄食品としては、災害時のみ使用する災害食だけでなく、日常で使用し、災害時にも使えるものをローリングストックとしてバランス良く備えておくことが重要です。食品の家庭備蓄を非日常のものと考えるのではなく、日常の一部としてふだんから無理なく取り入れていくことが、備蓄の継続につながります。

ローリングストックの認知・実施状況

	考え方を知っており、実践している	考え方を知っているが、実践はしていない	考え方を知らなかったが、このようなことは実践している	考え方を知らないし、実践もしていない	よくわからない
全体	23.2	24.1	14.3	15.5	22.9
男性 15～24歳	13.3	23.7	13.0	15.9	34.1
25～34歳	21.9	22.2	12.1	16.2	27.6
35～44歳	20.4	23.4	12.0	18.8	25.3
45～54歳	20.3	21.3	17.5	17.5	23.3
55～64歳	19.8	26.2	13.1	17.1	23.8
65～74歳	29.4	26.6	15.3	15.0	13.8
女性 15～24歳	10.2	21.5	14.1	17.6	36.7
25～34歳	14.7	22.5	16.5	18.6	27.7
35～44歳	24.0	22.9	13.1	16.8	23.2
45～54歳	29.5	23.1	11.9	13.7	21.8
55～64歳	28.8	30.4	15.6	10.1	15.0
65～74歳	37.4	25.1	17.1	9.9	10.4

資料：農林水産省「食生活・ライフスタイル調査～令和4年度～」（令和5(2023)年3月公表）
注：1）全国の15～74歳の男女を対象として実施したインターネット調査
　　2）「ローリングストックについての説明文を読み、このような考え方を知っていたか」の質問への回答結果（回答総数は4千）

農業・農村の活性化を目指して
－令和4(2022)年度農林水産祭天皇杯等受賞者事例紹介－

　農林水産業者の技術改善・経営発展の意欲の高揚を図るため、効率的な農業経営や地域住民によるむらづくり等を行っている事例のうち、その内容が優れており、広く社会の称賛に値するものについては、毎年度、秋に開催される農林水産祭式典において天皇杯等が授与されています[1]。ここでは、令和4(2022)年度の天皇杯等の受賞者を紹介します。

農林水産祭天皇杯受賞者

令和4(2022)年度農林水産祭天皇杯受賞者

大規模ブロックローテーションによる経営発展と営農再開の取組

○農産・蚕糸部門　○経営(水稲、小麦、大豆)　○福島県南相馬市（みなみそうまし）
○有限会社高ライスセンター　（代表　佐々木　教喜（ささき　のりよし）さん）

　有限会社高ライスセンターは、水稲、小麦、大豆の2年3作のブロックローテーションと乾田直播（ちょくはん）栽培を行い、228haの大規模経営を展開しつつ春作業のピーク分散や収量の安定確保を実現しています。

　東日本大震災直後は延べ500haの草刈りを受託し、近隣農地の維持管理と従業員の給与確保に努めました。また、自社生産の小麦で作る乾麺うどんは、風評被害で売上げが落ちましたが、試食会等販売回復に努めています。

　ドローンや収量コンバイン等、スマート農業＊技術の積極的導入により作業効率化を図り、自社の強みであるブロックローテーションの効率化を追求することで、更なる規模拡大を志向しています。

＊　用語の解説(1)を参照

周年栽培と実需者ニーズへの対応で高収益を上げるコチョウラン生産

○園芸部門　○経営(コチョウラン)　○滋賀県東近江市（ひがしおうみし）
○有限会社花匠（はなしょう）　（代表　川口　正（かわぐち　ただし）さん）

　有限会社花匠は、台湾で養成したコチョウランの大苗を日本で開花・出荷する海外とのリレー栽培を行うとともに、労働力不足や気候変動への対応として全自動環境制御設備を導入し、地域の気候条件に応じたプログラムを自ら作り上げ、近畿トップクラスの生産量を誇る高品質安定周年生産を実現しています。

　「売り手よし、買い手よし、世間よし」の「三方よし」の観点から花き業界全体に貢献する考え方を大切にし、卸売市場への出荷を中心としつつ、ネット販売用写真の提供や発送業務の代行等実需者ニーズに対応することで信頼を獲得しています。

　また、従業員の福利厚生の充実に力を入れるなど人材の定着を図り、農業界の働き方改革に貢献しています。

---

[1] 過去1年間(令和3(2021)年7月～令和4(2022)年6月)の農林水産祭参加表彰行事において、農林水産大臣賞を受賞した392点の中から決定。選賞部門は、掲載5部門のほか、林産部門、水産部門を加えた7部門

地域畜産業の基盤となる大規模自給飼料生産・活用型TMRセンター

○畜産部門　○技術・ほ場(飼料生産部門)　○熊本県菊池市
○株式会社アドバンス　（代表　永田 浩徳さん）

　株式会社アドバンスは、大規模自給飼料活用型TMR(完全混合飼料)センターとして、作業受託による飼料用トウモロコシの二期作栽培を行うとともに、良質サイレージ(家畜用発酵飼料)の調製やエコフィードの活用による高品質低価格TMRを製造し、酪農家への飼料供給に取り組んでいます。

　また、乳用種育成牧場を併設し、酪農家の労力を軽減するとともに、子牛の生産拠点から提供を受けた黒毛和種の受精卵を預託育成牛に移植することで和牛子牛供給の一翼を担い、和牛産業を含む地域畜産業の持続性を高める役割を果たしています。

6次産業化で中山間地域の課題解決と活性化に貢献

○多角化経営部門　○経営(水稲、栗ほか)　○熊本県山鹿市
○株式会社パストラル　（代表　市原 幸夫さん）

　株式会社パストラルは、規格外農産物を利用した「産地アイス」の製造販売事業を展開する中で、地域課題をビジネスによって解決していく必要性を認識し、農業に参入しました。

　合鴨農法による水稲作とその合鴨の肥育・販売まで行う「合鴨水稲同時作」を導入し、高付加価値米の生産・販売を行い、中山間地域に適した農業を展開しているほか、あんぽ柿の加工事業を承継し、渋柿の生産を引き継ぐことで、圃場や里山の景観維持に貢献しています。

　また、地元産の山鹿栗を加工したモンブランや栗ジャム等の製造・販売や、あんぽ柿を使ったオリジナルスイーツの開発等、地域内連携を強化した事業にも取り組んでいます。

美しい棚田　稲倉～眺めるだけではない、カカワレルタナダ～

○むらづくり部門　○むらづくり活動　○長野県上田市
○稲倉の棚田保全委員会　（代表　久保田 良和さん）

　稲倉の棚田保全委員会は、地元住民や地域団体の代表等を中心に、地域おこし協力隊や都市からの移住者等の非農家、外部募集した委員等幅広い構成員がそれぞれの得意分野を活かして活躍しています。

　棚田保全の人手と資金を支えるため「棚田オーナー制度」を導入し、地元酒造会社と連携した「酒米オーナー」や気軽に保全活動に参加できる「棚田ファン」等、様々なニーズを持つ都市住民が保全活動に参加できる仕組みを構築し、都市農村交流を活発に実施しています。

　また、農閑期の水田を活用した棚田キャンプ等、棚田を活かした体験・交流の機会を創出しているほか、小学校からの学習旅行の受入れ等により、農業・農村への理解醸成に寄与しています。

農林水産祭

令和4(2022)年度農林水産祭内閣総理大臣賞受賞者

部門	出品財	住所	氏名等
農産・蚕糸	産物(深蒸し煎茶)	静岡県掛川市	農事組合法人山東茶業組合 (代表　伊藤　智章さん)
園芸	経営(万願寺甘とう)	京都府綾部市	JA京都にのくに万願寺甘とう部会協議会 (代表　添田　潤さん)
畜産	経営(養豚)	岐阜県高山市	吉野　毅さん、吉野　聡子さん
多角化経営	経営(メロン、イチゴ、甘藷ほか)	茨城県鉾田市	農業法人深作農園有限会社 (代表　深作　勝己さん)
むらづくり	むらづくり活動	京都府南丹市	下集落支援事業委員会 (代表　大下　裕宣さん)

令和4(2022)年度農林水産祭日本農林漁業振興会会長賞受賞者

部門	出品財	住所	氏名等
農産・蚕糸	経営(麦類)	兵庫県たつの市	株式会社グリーンファーム揖西 (代表　猪澤　敏一さん)
園芸	経営(ぶどう)	岡山県倉敷市	JA晴れの国岡山船穂町ぶどう部会 (代表　浅野　三門さん)
畜産	経営(採卵鶏)	岡山県笠岡市	有限会社たかた採卵 (代表　髙田　安紀彦さん)
多角化経営	経営(肉豚)	鹿児島県鹿屋市	有限会社ふくどめ小牧場 (代表　福留　俊明さん)
むらづくり	むらづくり活動	新潟県小千谷市	株式会社Ｍt.ファームわかとち (代表　細金　剛さん)

令和4(2022)年度農林水産祭内閣総理大臣賞受賞者(女性の活躍)

部門	出品財	住所	氏名等
畜産	女性の活躍	熊本県菊池郡大津町	セブンフーズ株式会社 (代表　前田　佳良子さん)

用語の解説

(1) 五十音順

あ	
アフリカ豚熱	ASFウイルスによって引き起こされる豚やイノシシの伝染病であり、発熱や全身の出血性病変を特徴とする致死率の高い伝染病。有効なワクチン及び治療法はない。本病はアフリカでは常在しており、ロシア及びその周辺諸国でも発生が確認されている。平成30(2018)年8月に、中国においてアジアでは初となる発生が確認されて以降、アジアで発生が拡大した。我が国では、これまで本病の発生は確認されていない。なお、豚、イノシシの病気であり、ヒトに感染することはない。
温室効果ガス	地面から放射された赤外線の一部を吸収・放射することにより地表を暖める働きがあるとされるもの。京都議定書では、二酸化炭素(CO_2)、メタン(CH_4、水田や廃棄物最終処分場等から発生)、一酸化二窒素(N_2O、一部の化学製品原料製造の過程や家畜排せつ物等から発生)、ハイドロフルオロカーボン類(HFCs、空調機器の冷媒等に使用)等を温室効果ガスとして削減の対象としている。

か	
家族経営協定	家族で営農を行っている農業経営において、家族間の話合いを基に経営計画、各世帯員の役割、就業条件等を文書にして取り決めたものをいう。この協定により、女性や後継者等の農業に従事する世帯員の役割が明確化され、農業者年金の保険料の優遇措置の対象となるほか、認定農業者制度の共同申請等が可能となる。
供給熱量 (摂取熱量)	食料における供給熱量とは、国民に対して供給される総熱量をいい、摂取熱量とは、国民に実際に摂取された総熱量をいう。一般には、前者は農林水産省「食料需給表」、後者は厚生労働省「国民健康・栄養調査」の数値が用いられる。両者の算出方法は全く異なり、供給熱量には、食品産業において加工工程でやむを得ず発生する食品残さや家庭での食べ残し等が含まれていることに留意が必要
荒廃農地	現に耕作に供されておらず、耕作の放棄により荒廃し、通常の農作業では作物の栽培が客観的に不可能となっている農地
高病原性鳥インフルエンザ	鳥インフルエンザのうち、家きんを高い確率で致死させるもの。家きんがこのウイルスに感染すると、神経症状、呼吸器症状、消化器症状等全身症状を起こし、大量に死ぬ。なお、我が国ではこれまで、鶏卵、鶏肉を食べることによりヒトが感染した例は報告されていない。

さ	
集落営農	集落等地縁的にまとまりのある一定の地域内の農業者が農業生産を共同して行う営農活動をいう。転作田の団地化、共同購入した機械の共同利用、担い手が中心となって取り組む生産から販売までの共同化等、地域の実情に応じてその形態や取組内容は多様である。
食料安全保障	我が国における食料安全保障については、食料・農業・農村基本法において、「国民が最低限度必要とする食料は、凶作、輸入の途絶等の不測の要因により国内における需給が相当の期間著しく逼迫し、又は逼迫するおそれがある場合においても、国民生活の安定及び国民経済の円滑な運営に著しい支障を生じないよう、供給の確保が図られなければならない。」とされている。他方、世界における食料安全保障(Food Security)については、FAO(国際連合食糧農業機関)で、全ての人が、いかなる時にも、活動的で健康的な生活に必要な食生活上のニーズと嗜好を満たすために、十分で安全かつ栄養ある食料を、物理的にも社会的にも経済的にも入手可能であるときに達成されるとされている。また、食料安全保障には以下の四つの要素がある

	とされている。①適切な品質の食料が十分に供給されているか(供給面)、②栄養ある食料を入手するための合法的、政治的、経済的、社会的な権利を持ち得るか(アクセス面)、③安全で栄養価の高い食料を摂取できるか(利用面)、④いつ何時でも適切な食料を入手できる安定性があるか(安定面)
食料国産率	国内に供給される食料に対する国内生産の割合であり、飼料が国産か輸入かにかかわらず、畜産業の活動を反映し、国内生産の状況を評価する指標。輸入した飼料を使って国内で生産した分も国産に算入して計算
食料自給率	我が国の食料全体の供給に対する国内生産の割合を示す指標 ○ 品目別自給率:以下の算定式により、各品目における自給率を重量ベースで算出 食料自給率の算定式 $$品目別自給率 = \frac{国内生産量}{国内消費仕向量} = \frac{国内生産量}{国内生産量 + 輸入量 - 輸出量 \pm 在庫増減}$$ ○ 総合食料自給率:食料全体における自給率を示す指標として、供給熱量(カロリー)ベース、生産額ベースの2通りの方法で算出。畜産物については、輸入した飼料を使って国内で生産した分は、国産には算入していない。 なお、平成30(2018)年度以降の食料自給率は、イン(アウト)バウンドによる食料消費増減分を補正した数値としている。 ・供給熱量(カロリー)ベースの総合食料自給率:分子を1人・1日当たり国産供給熱量、分母を1人・1日当たり供給熱量として計算。供給熱量の算出に当たっては、「日本食品標準成分表2020年版(八訂)」に基づき、品目ごとに重量を供給熱量に換算した上で、各品目の供給熱量を合計 ・生産額ベースの総合食料自給率:分子を食料の国内生産額、分母を食料の国内消費仕向額として計算。金額の算出に当たっては、生産農業所得統計の農家庭先価格等に基づき、重量を金額に換算した上で、各品目の金額を合計 ○ 飼料自給率:畜産物を生産する際に家畜に給与される飼料のうち、国産(輸入原料を利用して生産された分は除く。)でどの程度賄われているかを示す指標。「日本標準飼料成分表(2009年版)」等に基づき、TDN(可消化養分総量)に換算し算出
食料自給力	国内農林水産業生産による食料の潜在生産能力を示す概念。その構成要素は、農産物は農地・農業用水等の農業資源、農業技術、農業就業者、水産物は潜在的生産量と漁業就業者 ○ 食料自給力指標 我が国の農地等の農業資源、農業者、農業技術といった潜在生産能力をフル活用することにより得られる食料の供給熱量を示す指標 生産を以下の2パターンに分け、それぞれの熱量効率が最大化された場合の国内農林水産業生産による1人・1日当たりの供給可能熱量により示す。くわえて、各パターンの生産に必要な労働時間に対する現有労働力の延べ労働時間の充足率(労働充足率)を反映した供給可能熱量も示す。 ① 栄養バランスを考慮しつつ、米・小麦を中心に熱量効率を最大化して作付け ② 栄養バランスを考慮しつつ、いも類を中心に熱量効率を最大化して作付け
水田の汎用化	通常の肥培管理で麦・大豆等の畑作物や野菜を栽培できるよう、水田に排水路や暗渠（あんきょ）を整備して水はけを良くすること

スマート農業	ロボット、AI、IoT等の先端技術を活用する農業のこと。ドローンやロボット農機の活用による作業の省力化・自動化や、データの活用による、農産物の品質や生産性の向上が期待される。
生態系サービス	人々が生態系から得ることのできる便益のことで、食料、水、木材、繊維、燃料等の「供給サービス」、気候の安定や水質の浄化等の「調整サービス」、レクリエーションや精神的な恩恵を与える「文化的サービス」、栄養塩の循環や土壌形成、光合成等の「基盤サービス」等がある。

た

地産地消	国内の地域で生産された農林水産物(食用に供されるものに限る。)を、その生産された地域内において消費する取組。食料自給率の向上に加え、直売所や加工の取組等を通じて、6次産業化にもつながるもの

な

中食	レストラン等へ出掛けて食事をする「外食」と、家庭内で手づくり料理を食べる「内食」の中間にあって、市販の弁当や総菜、家庭外で調理・加工された食品を家庭や職場・学校等で、そのまま(調理加熱することなく)食べること。これら食品(日持ちしない食品)の総称としても用いられる。
認定農業者 (制度)	農業経営基盤強化促進法に基づき、市町村が地域の実情に即して効率的・安定的な農業経営の目標等を内容とする基本構想を策定し、この目標を目指して農業者が作成した農業経営改善計画を認定する制度。認定農業者に対しては、スーパーL資金等の低利融資制度、農地流動化対策、担い手を支援するための基盤整備事業等の各種施策を実施
農業集落	市町村の区域の一部において、農作業や農業用水の利用を中心に、家と家とが地縁的、血縁的に結び付いた社会生活の基礎的な地域単位のこと。農業水利施設の維持管理、農機具等の利用、農産物の共同出荷等の農業生産面ばかりでなく、集落共同施設の利用、冠婚葬祭、その他生活面に及ぶ密接な結び付きの下、様々な慣習が形成されており、自治及び行政の単位としても機能している。
農業水利施設	農地へのかんがい用水の供給を目的とするかんがい施設と、農地における過剰な地表水及び土壌水の排除を目的とする排水施設に大別される。かんがい施設には、ダム等の貯水施設や、取水堰等の取水施設、用水路、揚水機場、分水工、ファームポンド等の送水・配水施設があり、排水施設には、排水路、排水機場等がある。このほか、かんがい施設や排水施設の監視や制御・操作を行う水管理施設がある。
農地の集積・ 集約化	農地の集積とは、農地を所有し、又は借り入れること等により、利用する農地面積を拡大することをいう。農地の集約化とは、農地の利用権を交換すること等により、農地の分散を解消することで農作業を連続的に支障なく行えるようにすることをいう。
農泊	農山漁村地域に宿泊し、滞在中に地域資源を活用した食事や体験等を楽しむ「農山漁村滞在型旅行」のこと。宿泊・食事・体験等農山漁村ならではの地域資源を活用した様々な観光コンテンツを提供し、農山漁村への長時間の滞在と消費を促すことにより、地域が得られる利益を最大化し、農山漁村の活性化と所得向上を図るとともに、農山漁村への移住・定住も見据えた関係人口創出の入口となることが期待される。

は

バイオマス	動植物に由来する有機性資源で、化石資源を除いたものをいう。バイオマスは、地球に降り注ぐ太陽のエネルギーを使って、無機物である水と二酸化炭素から、生物が光合成によって生成した有機物であり、ライフサイクルの中で、生命と太陽エ

	ネルギーがある限り持続的に再生可能な資源である。
フードバンク	食品関連事業者等から未利用食品等の寄附を受けて貧困、災害等により必要な食べ物を十分に入手することができない者にこれを無償で提供するための活動を行う団体
豚熱	CSFウイルスによって引き起こされる豚やイノシシの伝染病であり、発熱、食欲不振、元気消失等の症状を示し、強い伝播力と高い致死率が特徴。アジアを含め世界では本病の発生が依然として認められる。我が国は、平成19(2007)年に清浄化を達成したが、平成30(2018)年9月に26年ぶりに発生した。なお、豚、イノシシの病気であり、ヒトに感染することはない。
や	
遊休農地	以下の①、②のいずれかに該当する農地をいう。 ①　現に耕作の目的に供されておらず、かつ、引き続き耕作の目的に供されないと見込まれる農地 ②　その農業上の利用の程度がその周辺の地域における農地の利用の程度に比し著しく劣っていると認められる農地(①に掲げる農地を除く。)
ら	
6次産業化	農林漁業者等が必要に応じて農林漁業者等以外の者の協力を得て主体的に行う、1次産業としての農林漁業と、2次産業としての製造業、3次産業としての小売業等の事業との総合的かつ一体的な推進を図り、地域資源を活用した新たな付加価値を生み出す取組
わ	
和食	平成25(2013)年12月に、「和食；日本人の伝統的な食文化」がユネスコ無形文化遺産に登録された。この「和食」は、「自然を尊重する」というこころに基づいた日本人の食慣習であり、以下の四つの特徴を持つ。①多様で新鮮な食材とその持ち味の尊重、②健康的な食生活を支える栄養バランス、③自然の美しさや季節のうつろいの表現、④正月等の年中行事との密接な関わり

(2) アルファベット順

E	
EPA/FTA	EPAはEconomic Partnership Agreementの略で、経済連携協定、FTAはFree Trade Agreementの略で、自由貿易協定のこと。物品の関税やサービス貿易の障壁等を削減・撤廃することを目的として特定国・地域の間で締結される協定をFTAという。FTAの内容に加え、投資ルールや知的財産の保護等も盛り込み、より幅広い経済関係の強化を目指す協定をEPAという。「関税及び貿易に関する一般協定」(GATT)等においては、最恵国待遇の例外として、一定の要件((1)「実質上の全ての貿易」について「関税その他の制限的通商規則を廃止」すること、(2)廃止は、妥当な期間内(原則10年以内)に行うこと、(3)域外国に対して関税その他の通商障壁を高めないこと等)の下、特定の国々の間でのみ貿易の自由化を行うことも認められている(「関税及び貿易に関する一般協定」(GATT)第24条ほか)。
ESG	Environment(環境)、Social(社会)、Governance(ガバナンス(企業統治))を考慮した投資活動や経営・事業活動のこと
G	
GAP	Good Agricultural Practices の略で、農業において、食品安全、環境保全、労働安全等の持続可能性を確保するための生産工程管理の取組のこと

GLOBALG.A.P. （グローバルギャップ）	ドイツのFoodPLUS GmbHが策定した第三者認証のGAP。青果物及び水産養殖に関してGFSI承認を受けており、主に欧州で普及
H	
HACCP （ハサップ）	Hazard Analysis and Critical Control Point の略で、危害要因分析及び重要管理点のこと。原料受入れから最終製品までの各工程で、微生物による汚染、金属の混入等の危害の要因を予測（危害要因分析：Hazard Analysis）した上で、危害の防止につながる特に重要な工程（重要管理点：Critical Control Point、例えば加熱・殺菌、金属探知機による異物の検出等の工程）を継続的に監視・記録する工程管理のシステム。令和3(2021)年6月から、「食品衛生法等の一部を改正する法律」に基づき、原則全ての食品等事業者（食品製造、調理、販売等）に対して、HACCPに沿った衛生管理の実施が義務化
I	
ISO	International Organization for Standardizationの略で、スイスのジュネーブに本部を置く非政府機関「国際標準化機構」（こくさいひょうじゅんかきこう）のこと。ISOが制定するISO規格には、製品やサービスに関する規格のほか、組織の活動を管理するための仕組み（マネジメントシステム）に関する規格が存在する。
J	
JAS	Japanese Agricultural Standardsの略で、日本農林規格のこと。JAS制度とは、日本農林規格等に関する法律（JAS法）に基づき、食品・農林水産品の品質やこれらの取扱方法等についての規格（JAS）を国が制定するとともに、第三者機関から認証を取得することでJASを満たすことを証するマーク（JASマーク）を、当該食品・農林水産品や事業者の広告等に表示できる制度
JFS	Japan Food Safetyの略で、一般財団法人食品安全マネジメント協会が策定した第三者認証の食品安全マネジメント規格のこと。規格レベルが3段階から成り、順次ステップアップでき、また、GFSIに承認された国際標準レベルの規格を含めて要求事項が全て日本語を原文としていて中小事業者にも取り組みやすい。さらに、規格に柔軟性があり、日本特有の食文化である生食や発酵食等の食品製造においても導入しやすいといった特徴を有する。
O	
OIE	国際獣疫事務局の発足当時の名称であるOffice International des Epizooties（フランス語）の略。現在の名称はWorld Organisation for Animal Health。大正13(1924)年に発足した動物衛生の向上を目的とした政府間機関。我が国は昭和5(1930)年に加盟。主に、アフリカ豚熱等の動物疾病防疫や薬剤耐性対策等への技術的支援、動物・畜産物貿易、アニマルウェルフェア等に関する国際基準の策定等の活動を行っている。
S	
SDGs（持続可能な開発目標）	Sustainable Development Goalsの略。平成27(2015)年9月の国連サミットにおいて全会一致で採択された、令和12(2030)年を期限とする国際社会全体の開発目標。飢餓や貧困の撲滅、経済成長と雇用、気候変動対策等包括的な17の目標を設定。法的な拘束力はなく、各国の状況に応じた自主的な対応が求められる。我が国では、平成28(2016)年5月に、「持続可能な開発目標(SDGs)推進本部」を設置。SDGs実施のための我が国のビジョンや優先課題等を掲げた「持続可能な開発目標(SDGs)実施指針」や、我が国のSDGsモデルの発信に向けた方向性や主要な取組を盛り込んだ「SDGsアクションプラン」を同本部で決定 17の目標に係るアイコンは以下の通り

T	
TPP	Trans-Pacific Partnershipの略で、環太平洋パートナーシップのこと。TPP協定は、アジア太平洋地域において、モノの関税だけでなく、サービス、投資の自由化を進め、さらには知的財産、金融サービス、電子商取引等、幅広い分野でルールを構築する経済連携協定。TPP協定交渉は、平成27(2015)年に大筋合意に達し、平成28(2016)年に12か国(豪州、ブルネイ、カナダ、チリ、日本、マレーシア、メキシコ、ニュージーランド、ペルー、シンガポール、米国、ベトナム)による協定への署名が行われた。その後、平成29(2017)年の米国の離脱表明を受け、米国を除く11か国により協議が行われた結果、平成30(2018)年に「環太平洋パートナーシップに関する包括的及び先進的な協定」(CPTPP)が発効した。CPTPPはComprehensive and Progressive Agreement for Trans-Pacific Partnershipの略
W	
WCS	WCSはWhole Crop Silageの略で、実と茎葉を一体的に収穫し、乳酸発酵させた飼料のこと。WCS用稲は、WCSとして家畜に給与する目的で栽培する稲のことで、水田の有効活用と飼料自給率の向上に資する。
WTO	World Trade Organizationの略で、世界貿易機関のこと。ウルグアイ・ラウンド合意を受け、「関税及び貿易に関する一般協定」(GATT)の枠組みを発展させるものとして、平成7(1995)年1月に発足した国際機関。本部はスイスのジュネーブにあり、令和5(2023)年1月時点、164の国と地域が加盟。貿易障壁の除去による自由貿易推進を目的とし、多角的貿易交渉の場を提供するとともに、国際貿易紛争を処理する。

○「基本統計用語の定義」については、以下の特設ページを参照

令和4年度 食料・農業・農村白書
URL：https://www.maff.go.jp/j/wpaper/w_maff/r4/index.html

第2部

令和4年度
食料・農業・農村施策

概説

1 施策の重点

新たな「食料・農業・農村基本計画」(令和2(2020)年3月閣議決定)を指針として、食料自給率・食料自給力の維持向上に向けた施策、食料の安定供給の確保に関する施策、農業の持続的な発展に関する施策、農村の振興に関する施策、食料・農業・農村に横断的に関係する施策等を総合的かつ計画的に展開しました。

また、「農林水産業・地域の活力創造プラン」(令和4(2022)年6月改訂)に基づき、これまでの農政全般にわたる改革に加えて、スマート農林水産業の推進、農林水産物・食品の輸出促進及び農林水産業のグリーン化を進め、強い農業・農村を構築し、農業者の所得向上を実現するための施策を展開しました。

さらに、CPTPP、日EU・EPA、日米貿易協定、日英EPA及びRCEP(地域的な包括的経済連携)協定の効果を最大限に活用するため、「総合的なTPP等関連政策大綱」(令和2(2020)年12月改訂)に基づき、強い農林水産業の構築、経営安定・安定供給の備えに資する施策等を推進しました。また、東日本大震災及び東京電力福島第一原子力発電所(以下「東電福島第一原発」という。)事故からの復旧・復興に関係府省庁が連携しながら取り組みました。

くわえて、ウクライナ情勢の緊迫化等に端を発した食料安全保障の強化に向け、令和4(2022)年度の第2次補正予算において、輸入依存からの脱却に向けた構造転換対策を講じましたが、このような対策を継続的に実施するため、食料安定供給・農林水産業基盤強化本部において、令和4(2022)年12月に「食料安全保障強化政策大綱」を決定し、これに基づき、食料安全保障のための重点対策を継続的に実施することとしました。

あわせて、「食料・農業・農村基本法」(平成11年法律第106号)(以下「基本法」という。)は制定から約20年が経過し、生産者の減少・高齢化等国内の農業構造の変化に加え、世界的な食料情勢の変化や気候変動等に伴い、食料安全保障上のリスクが基本法制定時には想定されなかったレベルに達していることから、食料・農業・農村政策審議会に基本法検証部会を設置し、検証・見直しに向けた検討を開始しました。

2 財政措置

(1)令和4(2022)年度農林水産関係予算額は、2兆2,777億円を計上しました。本予算においては、①生産基盤の強化と経営所得安定対策の着実な実施、②令和12(2030)年輸出5兆円目標の実現に向けた農林水産物・食品の輸出力強化、食品産業の強化、③環境負荷低減に資する「みどりの食料システム戦略」(以下「みどり戦略」という。)の実現に向けた政策の推進、④スマート農業、eMAFF等によるデジタルトランスフォーメーション(DX)の推進、⑤食の安全と消費者の信頼確保、⑥農地の最大限の利用と人の確保・育成、農業農村整備、⑦農山漁村の活性化、⑧カーボンニュートラル実現に向けた森林・林業・木材産業によるグリーン成長、⑨水産資源の適切な管理と水産業の成長産業化、⑩防災・減災、国土強靱化と災害復旧等の推進に取り組みました。

原油価格・物価高騰等総合緊急対策に関して、令和4(2022)年度予備費751億円を計上しました。

また、令和4(2022)年度の農林水産関係補正予算額は、第2次補正予算で8,206億円を計上しました。

(2)令和4(2022)年度の農林水産関連の財政投融資計画額は、6,336億円を計上しました。このうち主要なものは、株式会社日本政策金融公庫による借入れ6,270億円となりました。

3 立法措置

第208回国会及び第210回国会において、以下の法律が成立しました。

・「環境と調和のとれた食料システムの確立のための環境負荷低減事業活動の促進等に関する法律」(令和4年法律第37号)

・「植物防疫法の一部を改正する法律」(令和4年法律第36号)

・「農林水産物及び食品の輸出の促進に関する法律等の一部を改正する法律」(令和4年法律第49号)

・「農業経営基盤強化促進法等の一部を改正する法律」(令和4年法律第56号)

・「農山漁村の活性化のための定住等及び地域間交流の促進に関する法律の一部を改正する法律」(令和4年法律第53号)

・「競馬法の一部を改正する法律」(令和4年法律第85号)

また、令和4(2022)年度において、以下の法律が施行されました。

・「土地改良法の一部を改正する法律」(令和4年法律第9号)(令和4(2022)年4月施行)
・「農水産業協同組合貯金保険法の一部を改正する法律」(令和3年法律第55号)(令和4(2022)年4月施行)
・「畜舎等の建築等及び利用の特例に関する法律」(令和3年法律第34号)(令和4(2022)年4月施行)
・「環境と調和のとれた食料システムの確立のための環境負荷低減事業活動の促進等に関する法律」(令和4年法律第37号)(令和4(2022)年7月施行)
・「農林水産物及び食品の輸出の促進に関する法律等の一部を改正する法律」(令和4年法律第49号)(令和4(2022)年10月施行)
・「農山漁村の活性化のための定住等及び地域間交流の促進に関する法律の一部を改正する法律」(令和4年法律第53号)(令和4(2022)年10月施行)

4　税制上の措置
　　以下を始めとする税制措置を講じました。
(1)「農林水産物及び食品の輸出の促進に関する法律」(令和元年法律第57号)(以下「輸出促進法」という。)に基づく認定輸出事業者が、一定の輸出事業用資産の取得等をして、輸出事業の用に供した場合には、5年間30%(建物等については35%)の割増償却ができる措置を創設しました(所得税・法人税)。
(2)「環境と調和のとれた食料システムの確立のための環境負荷低減事業活動の促進等に関する法律」(以下「みどりの食料システム法」という。)に基づく環境負荷低減に係る計画の認定を受けた農林漁業者が、一定の機械・建物等の取得等をして、環境負荷低減に係る活動の用に供した場合には、その取得価格の32%(建物等については16%)の特別償却ができる措置等を創設しました(所得税・法人税)。
(3)山林所得に係る森林計画特別控除の適用期限を2年延長しました(所得税)。

5　金融措置
　　政策と一体となった長期・低利資金等の融通による担い手の育成・確保等の観点から、農業制度金融の充実を図りました。

(1)株式会社日本政策金融公庫の融資
ア　農業の成長産業化に向けて、民間金融機関と連携を強化し、農業者等への円滑な資金供給に取り組みました。
イ　農業経営基盤強化資金(スーパーL資金)については、実質化された「人・農地プラン」の中心経営体として位置付けられた等の認定農業者を対象に貸付当初5年間実質無利子化する措置を講じました。
(2)民間金融機関の融資
ア　民間金融機関の更なる農業融資拡大に向けて株式会社日本政策金融公庫との業務連携・協調融資等の取組を強化しました。
イ　認定農業者が借り入れる農業近代化資金については、貸付利率をスーパーL資金の水準と同一にする金利負担軽減措置を実施しました。また、TPP協定等による経営環境変化に対応して、新たに規模拡大等に取り組む農業者が借り入れる農業近代化資金については、実質化された「人・農地プラン」の中心経営体として位置付けられたなどの認定農業者を対象に貸付当初5年間実質無利子化するなどの措置を講じました。
ウ　農業経営改善促進資金(スーパーS資金)を低利で融通できるよう、都道府県農業信用基金協会が民間金融機関に貸付原資を低利預託するために借り入れた借入金に対し利子補給金を交付しました。
(3)農業法人への出資
　　「農林漁業法人等に対する投資の円滑化に関する特別措置法」(平成14年法律第52号)に基づき、農業法人に対する投資育成事業を行う株式会社又は投資事業有限責任組合の出資原資を株式会社日本政策金融公庫から出資しました。
(4)農業信用保証保険
　　農業信用保証保険制度に基づき、都道府県農業信用基金協会による債務保証及び当該保証に対し独立行政法人農林漁業信用基金が行う保証保険により補完等を行いました。
(5)被災農業者等支援対策
ア　甚大な自然災害等により被害を受けた農業者等が借り入れる災害関連資金について、貸付当初5年間実質無利子化する措置を講じました。
イ　甚大な自然災害等により被害を受けた農業者等の経営の再建に必要となる農業近代化資金の借入れに

ついて、都道府県農業信用基金協会の債務保証に係る保証料を保証当初5年間免除するために必要な補助金を交付しました。

Ⅰ 食料自給率・食料自給力の維持向上に向けた施策

1 食料自給率・食料自給力の維持向上に向けた取組

食料自給率・食料自給力の維持向上に向けて、以下の取組を重点的に推進しました。

（1）食料消費

ア 消費者と食と農とのつながりの深化

食育や国産農産物の消費拡大、地産地消、和食文化の保護・継承、食品ロスの削減を始めとする環境問題への対応等の施策を個々の国民が日常生活で取り組みやすいよう配慮しながら推進しました。また、農業体験、農泊等の取組を通じ、国民が農業・農村を知り、触れる機会を拡大しました。

イ 食品産業との連携

食の外部化・簡便化の進展に合わせ、中食・外食における国産農産物の需要拡大を図りました。

平成25（2013）年にユネスコ無形文化遺産に登録された和食文化については、食育・価値共有、食による地域振興等の多様な価値の創造等を進めるとともに、その国内外への情報発信を強化しました。

食の生産・加工・流通・消費に関わる幅広い関係者が一堂に会し、経営責任者等ハイレベルでの対話を通じて、情報や認識を共有するとともに、具体的行動にコミットするための場として、「持続可能な食料生産・消費のための官民円卓会議」を開催しました。

（2）農業生産

ア 国内外の需要の変化に対応した生産・供給

（ア）優良品種の開発等による高付加価値化や生産コストの削減を進めたほか、更なる輸出拡大を図るため、諸外国・地域の規制やニーズにも対応できる輸出産地づくりを進めました。

（イ）国や地方公共団体、農業団体等の後押しを通じて、生産者と消費者や事業者との交流、連携、協働等の機会を創出しました。

イ 国内農業の生産基盤の強化

（ア）持続可能な農業構造の実現に向けた担い手の育成・確保と農地の集積・集約化の加速化、経営発展

の後押しや円滑な経営継承を進めました。

（イ）農業生産基盤の整備、スマート農業の社会実装の加速化による生産性の向上、各品目ごとの課題の克服、生産・流通体制の改革等を進めました。

（ウ）中山間地域等で耕作放棄も危惧される農地も含め、地域で徹底した話合いを行った上で、放牧等少子高齢化・人口減少に対応した多様な農地利用方策も含め農地の有効活用や適切な維持管理を進めました。

2 主要品目ごとの生産努力目標の実現に向けた施策

（1）米

ア 需要に応じた米の生産・販売の推進

（ア）産地・生産者と実需者が結び付いた事前契約や複数年契約による安定取引の推進、水田活用の直接支払交付金や水田リノベーション事業による支援、都道府県産別、品種別等のきめ細かな需給・価格情報、販売進捗情報、在庫情報の提供、都道府県別・地域別の作付動向（中間的な取組状況）の公表等により需要に応じた生産・販売を推進しました。

（イ）国が策定する需給見通し等を踏まえつつ生産者や集荷業者・団体が主体的に需要に応じた生産・販売を行うため、行政、生産者団体、現場が一体となって取り組みました。

（ウ）米の生産については、農地の集積・集約化による分散錯圃の解消や作付けの団地化、直播等の省力栽培技術やスマート農業技術等の導入・シェアリングの促進、資材費の低減等による生産コストの低減等を推進しました。

イ コメ・コメ加工品の輸出拡大

「農林水産物・食品の輸出拡大実行戦略」（令和4（2022）年12月改訂）（以下「輸出拡大実行戦略」という。）で掲げた輸出額目標の達成に向けて、輸出ターゲット国・地域である香港、米国、中国、シンガポールを中心とする輸出拡大が見込まれる国・地域での海外需要開拓・プロモーションや海外規制に対応する取組に対して支援するとともに、大ロットで輸出用米の生産・供給に取り組む産地の育成等の取組を推進しました。

（2）麦

ア 経営所得安定対策や強い農業づくり総合支援交付金等による支援を行うとともに、作付けの団地化の

推進や営農技術の導入を通じた生産性向上や増産等を推進しました。

イ　実需者ニーズに対応した新品種や栽培技術の導入により、実需者の求める量・品質・価格の安定を支援し、国産麦の需要拡大を推進しました。

ウ　実需と生産のマッチングを推進し、実需の求める品質・量の供給に向けた生産体制の整備を推進しました。

（3）大豆

ア　経営所得安定対策や強い農業づくり総合支援交付金等による支援を行うとともに、作付けの団地化の推進や営農技術の導入を通じた産地の生産体制の強化・生産の効率化等を推進しました。

イ　実需者ニーズに対応した新品種や栽培技術の導入により、実需者の求める量・品質・価格の安定を支援し、国産大豆の需要拡大を推進しました。

ウ　「播種前入札取引」の適切な運用等により、国産大豆の安定取引を推進しました。

エ　実需と生産のマッチングを推進し、実需の求める品質・量の供給に向けた生産体制の整備を推進しました。

（4）そば

ア　需要に応じた生産及び安定供給の体制を確立するため、排水対策等の基本技術の徹底、湿害軽減技術の普及等を推進しました。

イ　高品質なそばの安定供給に向けた生産体制の強化に必要となる農産物処理加工施設の整備等を支援しました。

ウ　国産そばを取り扱う製粉業者と農業者の連携を推進しました。

（5）かんしょ・ばれいしょ

ア　かんしょについては、共同利用施設の整備や省力化のための機械化体系の確立等への取組を支援しました。特にでん粉原料用かんしょについては、多収新品種への転換や生分解性マルチの導入等の取組を支援しました。また、「サツマイモ基腐病」については、土壌消毒、健全な苗の調達等を支援するとともに、研究事業で得られた成果を踏まえつつ、防除技術の確立・普及に向けた取組を推進しました。さらに、輸出の拡大を目指し、安定的な出荷に向けた集出荷貯蔵施設の整備を支援しました。

イ　ばれいしょについては、生産コストの低減、品質の向上、労働力の軽減やジャガイモシストセンチュウ及びジャガイモシロシストセンチュウの発生・まん延の防止を図るための共同利用施設の整備等を推進しました。また、収穫作業の省力化のための倉庫前集中選別への移行やコントラクター等の育成による作業の外部化への取組を支援しました。さらに、ジャガイモシストセンチュウやジャガイモシロシストセンチュウ抵抗性を有する新品種への転換を促進しました。

ウ　種子用ばれいしょ生産については、罹病率の低減や作付面積増加のための取組を支援するとともに、原原種生産・配布において、選別施設や貯蔵施設の近代化、配布品種数の削減による効率的な生産を推進することで、種子用ばれいしょの品質向上と安定供給体制の構築を図りました。

エ　いもでん粉の高品質化に向けた品質管理の高度化等を支援しました。

オ　糖価調整制度に基づく交付金により、国内産いもでん粉の安定供給を推進しました。

（6）なたね

ア　播種前契約の実施による国産なたねを取り扱う搾油事業者と農業者の連携を推進しました。

イ　なたねのダブルロー品種（食用に適さない脂肪酸であるエルシン酸と家畜等に甲状腺障害をもたらすグルコシノレートの含有量が共に低い品種）の普及を推進しました。

（7）野菜

ア　データに基づき栽培技術・経営の最適化を図る「データ駆動型農業」の実践に向けた、産地としての取組体制の構築やデータ収集・分析機器の活用等を支援するとともに、より高度な生産が可能となる低コスト耐候性ハウスや高度環境制御栽培施設等の導入を支援しました。

イ　水田地帯における園芸作物の導入に向けた合意形成や試験栽培、園芸作物の本格生産に向けた機械・施設のリース導入等を支援しました。

ウ　複数の産地と協業して、加工・業務用等の新市場が求めるロット・品質での供給を担う拠点事業者による貯蔵・加工等の拠点インフラの整備や生育予測等を活用した安定生産の取組等を支援しました。

エ　農業者と協業しつつ、①生産安定・効率化機能、②供給調整機能、③実需者ニーズ対応機能の三つの全

ての機能を具備又は強化するモデル性の高い生産事業体の育成を支援しました。

（8）果樹

ア　優良品目・品種への改植・新植及びそれに伴う未収益期間における幼木の管理経費を支援しました。

イ　平坦で作業性の良い水田等への新植や、労働生産性向上が見込まれる省力樹形の導入を推進するとともに、まとまった面積での省力樹形及び機械作業体系の導入等による労働生産性を抜本的に高めたモデル産地の育成を支援しました。

ウ　省力樹形用苗木の安定生産に向けたモデル的な取組を支援しました。

（9）甘味資源作物

ア　てんさいについては、省力化や作業の共同化、労働力の外部化や直播栽培体系の確立・普及等を推進しました。

イ　さとうきびについては、自然災害からの回復に向けた取組を支援するとともに、地域ごとの「さとうきび増産計画」に定めた、地力の増進や新品種の導入、機械化一貫体系を前提とした担い手・作業受託組織の育成・強化等、特に重要な取組を推進しました。また、分蜜糖工場における「働き方改革」への対応に向けて、工場診断や人員配置の改善の検討、施設整備等労働効率を高める取組を支援しました。

ウ　糖価調整制度に基づく交付金により、国内産糖の安定供給を推進しました。

（10）茶

改植等による優良品種等への転換や茶園の若返り、輸出向け栽培体系や有機栽培への転換、てん茶(抹茶の原料)等の栽培に適した棚施設を利用した栽培法への転換や直接被覆栽培への転換、担い手への集積等に伴う茶園整理(茶樹の抜根、酸度矯正)、荒茶加工施設の整備を推進しました。また、海外ニーズに応じた茶の生産・加工技術や低コスト生産・加工技術の導入、スマート農業技術の実証のほか、茶生産において使用される主要な農薬について輸出相手国・地域に対し我が国と同等の基準を新たに設定申請する取組を支援しました。

（11）畜産物

肉用牛については、優良な繁殖雌牛の増頭、繁殖性の向上による分べん間隔の短縮等の取組等を推進しました。酪農については、性判別技術や受精卵技術の活用による乳用後継牛の効率的な確保、経営安定、高品質な生乳の生産等を通じ、多様な消費者ニーズに対応した牛乳・乳製品の供給等を推進しました。

また、温室効果ガス排出削減の取組、労働負担軽減・省力化に資するロボット、AI、IoT等の先端技術の普及・定着、外部支援組織等との連携強化等を図りました。

さらに、子牛や国産畜産物の生産・流通の円滑化に向けた家畜市場や食肉処理施設及び生乳の処理・貯蔵施設の再編等の取組を推進しました。

（12）飼料作物等

草地の基盤整備や不安定な気象に対応したリスク分散の取組等による生産性の高い草地への改良、国産濃厚飼料(子実用とうもろこし等)の増産、飼料生産組織の作業効率化・運営強化、放牧を活用した肉用牛・酪農基盤強化、飼料用米等の利活用の取組等を推進しました。

Ⅱ　食料の安定供給の確保に関する施策

1　新たな価値の創出による需要の開拓

（1）新たな市場創出に向けた取組

ア　地場産農林水産物等を活用した介護食品の開発を支援しました。また、パンフレットや映像等の教育ツールを用いてスマイルケア食の普及を図りました。さらに、スマートミール(病気の予防や健康寿命を延ばすことを目的とした、栄養バランスのとれた食事)の普及等を支援しました。

イ　健康に資する食生活のビッグデータ収集・活用のための基盤整備を推進しました。また、農産物等の免疫機能等への効果に関する科学的エビデンス取得や食生活の適正化に資する研究開発を推進しました。

ウ　実需者や産地が参画したコンソーシアムを構築し、ニーズに対応した新品種の開発等の取組を推進しました。また、従来の育種では困難だった収量性や品質等の形質の改良等を短期間で実現するスマート育種システムの開発を推進しました。

エ　国立研究開発法人、公設試験場、大学等が連携し、輸出先国・地域の規制等にも対応し得る防除等の栽培技術等の開発・実証を推進するとともに、輸出促進に資する品種開発を推進しました。

オ　新たな日本版SBIR制度を活用し、フードテック等の新たな技術・サービスの事業化を目指すスタートアップが行う研究開発等を切れ目なく支援しました。

カ　フードテック官民協議会での議論等を通じて、課題解決や新市場創出に向けた取組を推進するとともに、フードテック等を活用したビジネスモデルを実証する取組を支援しました。

（2）需要に応じた新たなバリューチェーンの創出

都道府県及び市町村段階に、行政、農林漁業、商工、金融機関等の関係機関で構成される農山漁村発イノベーション・地産地消推進協議会を設置し、農山漁村発イノベーション等の取組に関する戦略を策定する取組を支援しました。

また、農山漁村発イノベーション等に取り組む農林漁業者、他分野の事業体等の多様な主体に対するサポート体制を整備するとともに、農林水産物や農林水産業に関わる多様な地域資源を新分野で活用した商品・サービスの開発や加工・販売施設等の整備を支援しました。

（3）食品産業の競争力の強化

ア　食品流通の合理化等

（ア）「食品等の流通の合理化及び取引の適正化に関する法律」（平成3年法律第59号）に基づき、食品等流通合理化計画の認定を行うこと等により、食品等の流通の合理化を図る取組を支援しました。特にトラックドライバーを始めとする食品流通に係る人手不足等の問題に対応するため、農林水産物・食品の物流の標準化やサプライチェーン全体での合理化を推進しました。また、持続可能な物流の実現に向けた検討会（経済産業省・国土交通省・農林水産省）において、中間取りまとめを策定しました。

さらに、「卸売市場法」（昭和46年法律第35号）に基づき、中央卸売市場の認定を行うとともに、施設整備に対する助成や卸売市場に対する指導監督を行いました。また、食品等の取引の適正化のため、取引状況に関する調査を行い、その結果に応じて関係事業者に対する指導・助言を実施しました。

（イ）「食品製造業者・小売業者間における適正取引推進ガイドライン」の関係事業者への普及・啓発を実施しました。

（ウ）「商品先物取引法」（昭和25年法律第239号）に基づき、商品先物市場の監視及び監督を行うとともに、同法を迅速かつ適正に執行しました。

イ　労働力不足への対応

食品製造等の現場におけるロボット、AI、IoT等の先端技術のモデル実証、低コスト化や小型化のための改良及び人とロボットの協働のための安全確保ガイドラインの作成により、食品産業全体の生産性向上に向けたスマート化の取組を支援しました。

また、「農林水産業・食品産業の作業安全のための規範」の普及等により、食品産業の現場における作業安全対策を推進しました。さらに、食品産業の現場で特定技能制度による外国人材を円滑に受け入れるため、試験の実施や外国人が働きやすい環境の整備に取り組むなど、食品産業特定技能協議会等を活用し、地域の労働力不足克服に向けた有用な情報等を発信しました。

ウ　規格・認証の活用

産品の品質や特色、事業者の技術や取組について、訴求力の高いJASの制定・活用等を進めるとともに、JASの国内外への普及、JASと調和のとれた国際規格の制定等を推進しました。

また、輸出促進に資するよう、GFSI（世界食品安全イニシアティブ）の承認を受けたJFS規格（日本発の食品安全管理規格）の国内外での普及を推進しました。

（4）食品ロス等をはじめとする環境問題への対応

ア　食品ロスの削減

「食品ロスの削減の推進に関する法律」（令和元年法律第19号）に基づく「食品ロスの削減の推進に関する基本的な方針」に則して、事業系食品ロスを平成12（2000）年度比で令和12（2030）年度までに半減させる目標の達成に向けて、事業者、消費者、地方公共団体等と連携した取組を進めました。

また、個別企業等では解決が困難な商慣習の見直しに向けたフードチェーン全体の取組、食品産業から発生する未利用食品をフードバンクが適切に管理・提供するためのマッチングシステムを実証・構築する取組や寄附金付未利用食品の販売により利益の一部をフードバンク活動の支援等に活用する新たな仕組み構築のための検討等を推進しました。

さらに、飲食店及び消費者の双方での食べきりや食べきれずに残した料理の自己責任の範囲での持ち

帰りの取組等、食品関連事業者と連携した消費者への働き掛けを推進しました。

くわえて、メタン発酵バイオ液肥等の肥料利用に関する調査・実証等の取組を通じて、メタン発酵バイオ液肥等の地域での有効利用を行うための取組を支援しました。また、下水汚泥資源の肥料としての活用推進に取り組むため、農業者、地方公共団体、国土交通省等の関係者と連携を進めました。

イ　食品産業分野におけるプラスチックごみ問題への対応

「容器包装に係る分別収集及び再商品化の促進等に関する法律」（平成7年法律第112号）に基づく、再商品化義務履行の促進や、容器包装廃棄物の排出抑制のための取組として、食品関連事業者への点検指導や食品小売事業者からの定期報告の提出の促進を実施しました。

また、「プラスチック資源循環戦略」、「プラスチックに係る資源循環の促進等に関する法律」（令和3年法律第60号）等に基づき、食品産業におけるプラスチック資源循環の取組や、PETボトルの新たな回収・リサイクルモデルを構築する取組を推進しました。

ウ　気候変動リスクへの対応

（ア）TCFD提言（気候変動リスク・機会に関する情報開示のフレームワークを取りまとめた最終報告書）に基づく情報開示の手引書を公表し、セミナー等で紹介するなどにより、食品関連事業者による気候関連リスク・機会の情報開示の取組を推進しました。

（イ）食品産業の持続可能な発展に寄与する地球温暖化防止・省エネルギー等の優れた取組を表彰するとともに、低炭素社会実行計画の進捗状況の点検等を実施しました。

2　グローバルマーケットの戦略的な開拓

（1）農林水産物・食品の輸出促進

農林水産物・食品の輸出額を令和7(2025)年までに2兆円、令和12(2030)年までに5兆円とする目標の達成に向けて、輸出拡大実行戦略に基づき、マーケットインの体制整備を行いました。輸出重点品目について、輸出産地の育成・展開や、品目団体の組織化等を支援しました。さらに、以下の取組を行いました。

ア　輸出阻害要因の解消等による輸出環境の整備

（ア）輸出促進法に基づき、令和2(2020)年4月に農林水産省に創設した「農林水産物・食品輸出本部」の下で、輸出阻害要因に対応して輸出拡大を図る体制を強化し、同本部で作成した実行計画に従い、放射性物質に関する輸入規制の撤廃や動植物検疫協議を始めとした食品安全等の規制等に対する輸出先国・地域との協議の加速化、輸出先国・地域の基準や検疫措置の策定プロセスへの戦略的な対応、輸出向けの施設整備と登録認定機関制度を活用した施設認定の迅速化、輸出手続の迅速化、意欲ある輸出事業者の支援、輸出証明書の申請・発行の一元化、輸出相談窓口の利便性向上、輸出先国・地域の衛生基準や残留基準への対応強化等、貿易交渉による関税措置への対応等の速やかに輸出拡大につなげるための環境整備を進めました。

（イ）東電福島第一原発事故を受けて、諸外国・地域において日本産食品に対する輸入規制が行われていることから、関係省庁が協力し、あらゆる機会を捉えて輸入規制の早期撤廃に向けた働き掛けを実施しました。

（ウ）日本産農林水産物・食品等の安全性や魅力に関する情報を諸外国・地域に発信したほか、海外におけるプロモーション活動の実施により、日本産農林水産物・食品等の輸出回復に取り組みました。

（エ）我が国の実情に沿った国際基準の速やかな策定及び策定された国際基準の輸出先国・地域での適切な実施を促進するため、国際機関の活動支援やアジア・太平洋地域の専門家の人材育成等を行いました。

（オ）輸出先となる事業者等から求められるHACCPを含む食品安全マネジメント規格、GAP(農業生産工程管理)等の認証取得を促進しました。また、国際的な取引にも通用する、コーデックス委員会が定めるHACCPをベースとしたJFS規格の国際標準化に向けた取組を支援しました。さらに、JFS規格及びASIAGAPの国内外への普及に向けた取組を推進しました。

（カ）産地が抱える課題に応じた専門家を産地に派遣し、輸出先国・地域の植物防疫条件や残留農薬基準を満たす栽培方法、選果等の技術的指導を行うなど、輸出に取り組もうとする産地を支援しまし

た。

（キ）輸出先の規制等に対応したHACCP等の基準等を満たすため、食品製造事業者等の施設の改修及び新設並びに機器の整備に対して支援しました。

（ク）地域の中小事業者が連携して輸出に取り組む加工食品について必要な施設・設備の整備、海外のニーズに応える新商品の開発等により、輸出拡大を図りました。

（ケ）植物検疫上、輸出先国・地域が要求する種苗等に対する検査手法の開発・改善や、輸出先国・地域が侵入を警戒する病害虫に対する国内における発生実態の調査を進めるとともに、輸出植物解禁協議を迅速化するため、病害虫管理等の説明資料作成や、AIやDNA分析を活用した新たな検疫措置の確立等に向けた科学的データを収集、蓄積する取組を推進しました。

（コ）輸出先国・地域の検疫条件に則した防除体系、栽培方法、選果等の技術を確立するためのサポート体制を整備するとともに、卸売市場や集荷地等での輸出検査を行うことにより、産地等の輸出への取組を支援しました。

（サ）輸出に取り組む事業者等への資金供給を後押しするため、「農林漁業法人等に対する投資の円滑化に関する特別措置法」に基づき、投資主体を承認しました。

（シ）輸出先国・地域の規制にあった食品添加物の代替利用を促進するために、課題となっている着色料の早見表を作成しました。

イ　海外への商流構築、プロモーションの促進

（ア）GFP等を通じた輸出促進

a　農林水産物・食品輸出プロジェクト(GFP)のコミュニティを通じ、農林水産省が中心となり輸出の可能性を診断する輸出診断、そのフォローアップや、輸出に向けた情報の提供、登録者同士の交流イベントの開催等を行いました。また、輸出事業計画の策定、生産・加工体制の構築、事業効果の検証・改善等の取組を支援しました。

b　日本食品海外プロモーションセンター(JFOODO)による、品目団体等と連携した戦略的プロモーション、食文化発信等を通じた新たなマーケット開拓の取組を支援しました。

c　独立行政法人日本貿易振興機構(JETRO)による、

国内外の商談会の開催、海外見本市への出展、サンプル展示ショールームの設置、セミナー開催、専門家による相談対応等をオンラインを含め支援しました。

d　新市場の獲得も含め、輸出拡大が期待される具体的かつ横断的な分野・テーマについて、民間事業者等による海外販路の開拓・拡大を支援しました。

（イ）日本食・食文化の魅力の発信

a　海外に活動拠点を置く日本料理関係者等の「日本食普及の親善大使」への任命や、海外における日本料理の調理技能認定を推進するための取組等への支援、外国人料理人等に対する日本料理講習会・日本料理コンテストの開催を通じ、日本食・食文化の普及活動を担う人材の育成を推進しました。また、海外の日本食・食文化の発信拠点である「日本産食材サポーター店」の認定を推進するための取組への支援や、ポータルサイトを活用した海外向け日本食・食文化の魅力を発信しました。

b　日本食レストランが海外進出するための取組を支援しました。

c　農泊と連携しながら、地域の「食」や農林水産業、景観等の観光資源を活用して訪日外国人旅行者をもてなす取組を「SAVOR JAPAN」として認定し、一体的に海外に発信しました。

d　訪日外国人旅行者の主な観光目的である「食」と滞在中の多様な経験を組み合わせ、「食」の多様な価値を創出するとともに、帰国後もレストランや越境ECサイトでの購入等を通じて我が国の食を再体験できるような機会を提供することで、輸出拡大につなげていくため、「食かけるプロジェクト」の取組を推進しました。

ウ　食産業の海外展開の促進

（ア）海外展開による事業基盤の強化

a　海外展開における阻害要因の解決を図るとともに、グローバル人材の確保や、我が国の規格・認証の普及・浸透に向け、食関連企業及びASEAN各国の大学と連携し、食品加工・流通、分析等に関する教育を行う取組等を推進しました。

b　JETROにおいて、輸出先国・地域における商品トレンドや消費動向等を踏まえた現場目線の情報提供や事業者との相談対応等のサポートを行うと

ともに、現地のバイヤーの発掘や事業者とのマッチング支援等、輸出環境整備に取り組みました。

（イ）生産者等の所得向上につながる海外需要の獲得

食産業の戦略的な海外展開を通じて広く海外需要を獲得し、国内生産者の販路や稼ぎの機会を増やしていくため、輸出拡大実行戦略に基づき、ノウハウの流出防止等に留意しつつ、我が国の農林水産業・食品産業の利益となる海外展開を推進しました。

（2）知的財産等の保護・活用

ア　その地域ならではの自然的、人文的、社会的な要因の中で育まれてきた品質、社会的評価等の特性を有する産品の名称を、地域の知的財産として保護する地理的表示(GI)保護制度について、農林水産物・食品の輸出拡大や所得・地域の活力の向上に更に貢献できるよう、令和4(2022)年11月に審査基準等を見直し、新たに加工品等11産品を登録しました。また、市場におけるGI産品の露出拡大につなげるよう、レストランフェア等による情報発信を支援するとともに、外食、食品産業、観光等他業種と連携した付加価値向上と販路拡大の取組を推進しました。他方、地理的表示の悪質な不正使用に対し措置命令を発するなど地理的表示の保護に向け厳正な取締りを行いました。

イ　農林水産省と特許庁が協力しながら、セミナー等において、出願者に有益な情報や各制度の普及・啓発を行うとともに、独立行政法人工業所有権情報・研修館(INPIT)が各都道府県に設置する知財総合支援窓口において、特許、商標及び営業秘密のほか、地方農政局等と連携してGI及び植物品種の育成者権等の相談に対応しました。

ウ　「種苗法の一部を改正する法律」(令和2年法律第74号)に基づき、新品種の適切な管理による我が国の優良な植物品種の流出防止等育成者権の保護・活用を図りました。あわせて、同法に基づく、新たな品種登録手続や判定制度について、適切な運用を行いました。くわえて、植物新品種の育成者権者に代わって、海外への品種登録や戦略的なライセンスにより品種保護をより実効的に行うとともに、ライセンス収入を品種開発投資に還元するサイクルを実現するため、育成者権管理機関の設立に向けた検討を行いました。また、海外における品種登録(育成者権取得)

や侵害対策を支援するとともに、品種保護に必要となるDNA品種識別法の開発等の技術課題の解決や、東アジアにおける品種保護制度の整備を促進するための協力活動等を推進しました。

エ　「家畜改良増殖法」(昭和25年法律第209号)及び「家畜遺伝資源に係る不正競争の防止に関する法律」(令和2年法律第22号)に基づき、家畜遺伝資源の適正な流通管理の徹底や知的財産としての価値の保護を推進するため、法令遵守の徹底を図ったほか、全国の家畜人工授精所への立入検査を実施するとともに、家畜遺伝資源の利用者の範囲等について制限を付す売買契約の普及や家畜人工授精用精液等の流通を全国的に管理するシステムの運用・機能強化等を推進しました。

オ　国際協定による諸外国・地域とのGIの相互保護を推進するとともに、相互保護を受けた海外での執行の確保を図りました。また、海外における我が国のGIの不正使用状況調査の実施、生産者団体によるGIに対する侵害対策等の支援により、海外における知的財産侵害対策の強化を図りました。

カ　「農林水産省知的財産戦略2025」に基づき、施策を一体的に推進しました。

3　消費者と食・農とのつながりの深化

（1）食育や地産地消の推進と国産農産物の消費拡大

ア　国民運動としての食育

（ア）「第4次食育推進基本計画」等に基づき、関係府省庁が連携しつつ、様々な分野において国民運動として食育を推進しました。

（イ）子供の基本的な生活習慣を育成するための「早寝早起き朝ごはん」国民運動を推進しました。

（ウ）食育活動表彰を実施し受賞者を決定するとともに、新たな取組の募集を行いました。

イ　地域における食育の推進

郷土料理等地域の食文化の継承や農林漁業体験機会の提供、和食給食の普及、共食機会の提供、地域で食育を推進するリーダーの育成等、地域で取り組む食育活動を支援しました。

ウ　学校における食育の推進

家庭や地域との連携を図るとともに、学校給食を活用しつつ、学校における食育の推進を図りました。

エ　国産農産物の消費拡大の促進

（ア）食品関連事業者と生産者団体、国が一体となって、食品関連事業者等における国産農産物の利用促進の取組等を後押しするなど、国産農産物の消費拡大に向けた取組を実施しました。

（イ）消費者と生産者の結び付きを強化し、我が国の「食」と「農林漁業」についてのすばらしい価値を国内外にアピールする取組を支援しました。

（ウ）地域の生産者等と協働し、日本産食材の利用拡大や日本食文化の海外への普及等に貢献した料理人を顕彰する制度である「料理マスターズ」を実施しました。

（エ）生産者と実需者のマッチング支援を通じて、中食・外食向けの米の安定取引の推進を図りました。また、米飯学校給食の推進・定着に加え、業界による主体的取組を応援する運動「やっぱりごはんでしょ！」の実施等、SNSを活用した取組や、「米と健康」やエシカル消費に着目した情報発信等、米消費拡大の取組の充実を図りました。

（オ）砂糖に関する正しい知識の普及・啓発に加え、砂糖の需要拡大に資する業界による主体的取組を応援する運動「ありが糖運動」の充実を図りました。

（カ）地産地消の中核的施設である農産物直売所の運営体制強化のための検討会の開催及び観光需要向けの商品開発や農林水産物の加工・販売のための機械・施設等の整備を支援するとともに、施設給食の食材として地場産農林水産物を安定的に生産・供給する体制の構築に向けた取組やメニュー開発等の取組を支援しました。

（2）和食文化の保護・継承

地域固有の多様な食文化を地域で保護・継承していくため、各地域が選定した伝統的な食品の調査・データベース化、普及等を行いました。また、子どもたちや子育て世代に対して和食文化の普及活動を行う中核的な人材を育成するとともに、子どもたちを対象とした和食文化普及のための取組を通じて和食文化の次世代への継承を引き続き図りました。さらに、官民協働の「Let's！和ごはんプロジェクト」の取組を推進するとともに、文化庁における食の文化的価値の可視化の取組と連携し、和食が持つ文化的価値の発信を進めました。くわえて、中食・外食事業者におけるスマートミールの導入を推進すると

もに、ブランド野菜・畜産物等の地場産食材の活用促進を図りました。

（3）消費者と生産者の関係強化

消費者・食品関連事業者・生産者団体を含めた官民協働による、食と農とのつながりの深化に着目した新たな国民運動「食から日本を考える。ニッポンフードシフト」として、地域の農業・農村の価値や生み出される農林水産物の魅力を伝える交流イベント等、消費者と生産者の関係強化に資する取組を実施しました。

4　国際的な動向等に対応した食品の安全確保と消費者の信頼の確保

（1）科学の進展等を踏まえた食品の安全確保の取組の強化

科学的知見に基づき、国際的な枠組みによるリスク評価、リスク管理及びリスクコミュニケーションを実施しました。

（ア）食品安全に関するリスク管理を一貫した考え方で行うための標準手順書に基づき、農畜水産物や加工食品、飼料中の有害化学物質・有害微生物の調査や安全性向上対策の策定に向けた試験研究を実施しました。

（イ）試験研究や調査結果の科学的解析に基づき、施策・措置を企画・立案し、生産者・食品事業者に普及するとともに、その効果を検証し、必要に応じて見直しました。

（ウ）情報の受け手を意識して、食品安全に関する施策の情報を発信しました。

（エ）食品中に残留する農薬等に関するポジティブリスト制度導入時に残留基準を設定した農薬等や新たに登録等の申請があった農薬等について、農薬等を適正に使用した場合の作物残留試験結果や食品健康影響評価結果等を踏まえた残留基準の設定及び見直しを推進しました。

（オ）食品の安全性等に関する国際基準の策定作業への積極的な参画や、国内における情報提供や意見交換を実施しました。

（カ）関係府省庁の消費者安全情報総括官等による情報の集約及び共有を図るとともに、食品安全に関する緊急事態等における対応体制を点検・強化しました。

（キ）食品関係事業者の自主的な企業行動規範等の策定を促すなど食品関係事業者のコンプライアンス（法令の遵守及び倫理の保持等）確立のための各種取組を促進しました。

ア　生産段階における取組

生産資材（肥料、飼料・飼料添加物、農薬及び動物用医薬品）の適正使用を推進するとともに、科学的な知見に基づく生産資材の使用基準、有害物質等の基準値の設定・見直し、薬剤耐性菌のモニタリングに基づくリスク低減措置等を行い、安全な農畜水産物の安定供給を確保しました。

（ア）肥料については、「肥料の品質の確保等に関する法律」（昭和25年法律第127号）に基づき、肥料事業者等に対する原料管理制度等の周知を進めました。

（イ）農薬については、「農薬取締法」（昭和23年法律第82号）に基づき、農薬の使用者や蜜蜂への影響等の安全性に関する審査を行うとともに、全ての農薬について順次、最新の科学的知見に基づく再評価を進めました。

（ウ）飼料・飼料添加物については、家畜の健康影響や畜産物を摂取した人の健康影響のリスクが高い有害化学物質等の汚染実態データ等を優先的に収集し、有害化学物質等の基準値の設定・見直し等を行い、飼料の安全確保を図りました。飼料関係事業者における飼料のGMP（適正製造規範）の導入推進や技術的支援により、より効果的かつ効率的に飼料の安全確保を図りました。

（エ）動物用医薬品については、薬剤耐性菌のモニタリング結果を活用し、動物用抗菌剤の適正な使用を獣医師等に呼び掛けました。また、動物用抗菌剤の農場単位での使用実態を把握できる仕組みの検討を重ねました。

イ　製造段階における取組

（ア）HACCPに沿った衛生管理を行う事業者が輸出に取り組むことができるよう、HACCPの導入に必要な一般衛生管理の徹底や、輸出先国・地域ごとに求められる食品安全管理に係る個別条件への理解促進、HACCPに係る民間認証の取得等のための研修会の開催、「食品の製造過程の管理の高度化に関する臨時措置法」（平成10年法律第59号）による施設整備に対する金融措置等の支援を実施しました。

（イ）食品等事業者に対する監視指導や事業者自らが実施する衛生管理を推進しました。

（ウ）食品衛生監視員の資質向上や検査施設の充実等を推進しました。

（エ）長い食経験を考慮し使用が認められている既存添加物について、安全性の検討を推進しました。

（オ）いわゆる「健康食品」について、事業者の安全性の確保の取組を推進しました。

（カ）SRM（特定危険部位）の除去・焼却、BSE（牛海綿状脳症）検査の実施等により、食肉の安全を確保しました。

ウ　輸入に関する取組

輸出国政府との二国間協議や在外公館を通じた現地調査等の実施、情報等を入手するための関係府省の連携の推進、監視体制の強化等により、輸入食品の安全性の確保を図りました。

（2）食品表示情報の充実や適切な表示等を通じた食品に対する消費者の信頼の確保

ア　食品表示の適正化等

（ア）「食品表示法」（平成25年法律第70号）を始めとする関係法令等に基づき、関係府省が連携した監視体制の下、適切な表示を推進しました。また、中食・外食における原料原産地表示については、「外食・中食における原料原産地情報提供ガイドライン」に基づく表示の普及を図りました。

（イ）輸入品以外の全ての加工食品に対して義務付けられた新たな原料原産地表示制度については、引き続き消費者への普及・啓発を行い、理解促進を図りました。

（ウ）米穀等については、「米穀等の取引等に係る情報の記録及び産地情報の伝達に関する法律」（平成21年法律第26号）（以下「米トレーサビリティ法」という。）により産地情報伝達の徹底を図りました。

（エ）栄養成分表示について、消費者への普及・啓発を行い、健康づくりに役立つ情報源としての理解促進を図りました。

（オ）保健機能食品（特定保健用食品、栄養機能食品及び機能性表示食品）の制度について、消費者への普及・啓発を行い、理解促進を図りました。

イ　食品トレーサビリティの普及啓発

（ア）食品のトレーサビリティに関し、事業者が自主的に取り組む際のポイントを解説するテキスト等

を策定しました。あわせて、策定したテキスト等を用いて、普及・啓発に取り組みました。

（イ）米穀等については、米トレーサビリティ法に基づき、制度の適正な運用に努めました。

（ウ）国産牛肉については、「牛の個体識別のための情報の管理及び伝達に関する特別措置法」（平成15年法律第72号）による制度の適正な実施が確保されるようDNA分析技術を活用した監視等を実施しました。

ウ　消費者への情報提供等

（ア）フードチェーンの各段階で事業者間のコミュニケーションを円滑に行い、食品関係事業者の取組を消費者まで伝えていくためのツールの普及等を進めました。

（イ）「消費者の部屋」等において、消費者からの相談を受け付けるとともに、展示等を開催し、農林水産行政や食生活に関する情報を幅広く提供しました。

5　食料供給のリスクを見据えた総合的な食料安全保障の確立

（1）不測時に備えた平素からの取組

我が国の食料安全保障上の懸念の高まりを踏まえ、食料の安定供給に影響を与える可能性のある様々な要因（リスク）を洗い出した上で、包括的な検証を行い、「食料の安定供給に関するリスク検証（2022）」として公表しました。

ウクライナ情勢等を踏まえた新たなリスクに対応するため、「緊急事態食料安全保障指針」に関するシミュレーション演習について、これまでも実施してきた食料供給が減少するシナリオに加えて、生産資材（肥料、農薬、種子・種苗）の供給が減少するシナリオに基づき実施し、不測時における具体的な対応やその実施手順等を確認しました。

大規模災害等に備えた家庭備蓄の普及のため、家庭での実践方法をまとめたガイドブックやWebサイト等での情報発信を行いました。

（2）国際的な食料需給の把握、分析

省内外において収集した国際的な食料需給に係る情報を一元的に集約するとともに、我が国独自の短期的な需給変動要因の分析や、中長期の需給見通しを策定し、これらを国民に分かりやすく発信しました。

また、衛星データを活用し、食料輸出国や発展途上国等における気象や主要農作物の作柄のデータの提供を行いました。

（3）輸入穀物等の安定的な確保

ア　輸入穀物の安定供給の確保

（ア）麦の輸入先国との緊密な情報交換等を通じ、安定的な輸入を確保しました。

（イ）政府が輸入する米麦について、残留農薬等の検査を実施しました。

（ウ）輸入依存度の高い小麦について、港湾ストライキ等により輸入が途絶した場合に備え、外国産食糧用小麦需要量の2.3か月分を備蓄し、そのうち政府が1.8か月分の保管料を助成しました。

（エ）輸入依存度の高い飼料穀物について、不測の事態における海外からの供給遅滞・途絶、国内の配合飼料工場の被災に伴う配合飼料の急激な逼迫等に備え、配合飼料メーカー等が事業継続計画（BCP）に基づいて実施する飼料穀物の備蓄、不測の事態により配合飼料の供給が困難となった地域への配合飼料の緊急運搬、災害に強い配合飼料輸送等の検討の取組に対して支援しました。

イ　港湾の機能強化

（ア）ばら積み貨物の安定的かつ安価な輸入を実現するため、大型船に対応した港湾機能の拠点的確保や企業間連携の促進等による効率的な海上輸送網の形成に向けた取組を推進しました。

（イ）国際海上コンテナターミナルや国際物流ターミナルの整備等、港湾の機能強化を推進しました。

ウ　遺伝資源の収集・保存・提供機能の強化

国内外の遺伝資源を収集・保存するとともに、有用特性等のデータベース化に加え、幅広い遺伝変異をカバーした代表的品種群（コアコレクション）の整備を進めることで、植物・微生物・動物遺伝資源の更なる充実と利用者への提供を促進しました。

特に海外植物遺伝資源については、二国間共同研究等を実施する中で、「食料及び農業のための植物遺伝資源に関する国際条約（ITPGR）」を踏まえた相互利用を推進することで、アクセス環境を整備しました。また、国内植物遺伝資源については、公的研究機関等が管理する国内在来品種を含む我が国の遺伝資源をワンストップで検索できる統合データベース

の整備を進めるなど、オールジャパンで多様な遺伝資源を収集・保存・提供する体制の強化を推進しました。

エ　肥料の供給の安定化

　　令和3(2021)年秋以降、肥料原料の国際価格が上昇したことを受け、慣行の施肥体系から肥料コスト低減体系への転換を進める取組に対する支援を拡大したほか、肥料価格高騰による農業経営への影響を緩和するため、化学肥料使用量の低減に向けた取組を行う農業者に対し、肥料費上昇分の7割を支援する新たな対策を講じました。

　　さらに、肥料原料の大部分を海外に依存している中で、調達先国からの供給途絶等により原料の需給が逼迫した場合にも生産現場への肥料の供給を安定的に行うことができるよう、「経済施策を一体的に講ずることによる安全保障の確保の推進に関する法律」（令和4年法律第43号）における特定重要物資として肥料を指定した上で、主要な肥料原料の備蓄を行う仕組みを創設し、肥料原料の備蓄に要する保管経費と保管施設の整備費を支援するための基金を創設しました。また、肥料の国産化に向けて、堆肥や下水等の肥料成分を含有する国内資源の肥料利用を推進するため、畜産農家や下水道事業者、肥料製造業者、耕種農家等が連携した取組や施設整備等を支援しました。

（4）国際協力の推進

ア　世界の食料安全保障に係る国際会議への参画等

　　G7サミット、G20サミット及びその関連会合、APEC(アジア太平洋経済協力)関連会合、ASEAN+3(日中韓)農林大臣会合、FAO(国際連合食糧農業機関)理事会、OECD(経済協力開発機構)農業委員会等の世界の食料安全保障に係る国際会議に積極的に参画し、持続可能な農業生産の増大、生産性の向上及び多様な農業の共存に向けて国際的な議論に貢献しました。

　　また、フードバリューチェーンの構築が農産物の付加価値を高め、農家・農村の所得向上と食品ロス削減に寄与し、食料安全保障を向上させる上で重要であることを発信しました。

イ　飢餓、貧困、栄養不良への対策

（ア）研究開発、栄養改善のためのセミナーの開催や情報発信等を支援しました。また、官民連携の栄養改善事業推進プラットフォームを通じて、開発途上国・新興国の人々の栄養状態の改善に取り組みつつビジネス展開を目指す食品企業等を支援しました。

（イ）飢餓・貧困の削減に向け、米等の生産性向上及び高付加価値化のための研究を支援しました。

ウ　アフリカへの農業協力

　　農業は、アフリカにおいて最大の雇用を擁する産業であり、地域の発展には農業の発展が不可欠となっているため、農業生産性の向上や持続可能な食料システム構築等の様々な支援を通じ、アフリカ農業の発展への貢献を引き続き行いました。また、令和4(2022)年8月にチュニジアで開催されたTICAD8(第8回アフリカ開発会議)において、各国との連携を図りつつ、農業分野の課題解決に取り組みました。

　　くわえて、対象国のニーズを捉え、我が国の食文化の普及や農林水産物・食品輸出に取り組む企業の海外展開を引き続き推進しました。

エ　気候変動や越境性動物疾病等の地球規模の課題への対策

（ア）パリ協定を踏まえた森林減少・劣化抑制、農地土壌における炭素貯留等に関する途上国の能力向上、耐塩性・耐干性イネやGHG(温室効果ガス)排出削減につながる栽培技術の開発等の気候変動対策を推進しました。また、①気候変動緩和に資する研究や、②越境性病害の我が国への侵入防止に資する研究、③アジアにおける口蹄疫、高病原性鳥インフルエンザ、アフリカ豚熱等の越境性動物疾病及び薬剤耐性の対策等を推進しました。

（イ）東アジア地域(ASEAN10か国、日本、中国及び韓国)における食料安全保障の強化と貧困の撲滅を目的とし、大規模災害等の緊急時に備えるため、ASEAN＋3緊急米備蓄(APTERR)の取組を推進しました。

オ　食料支援等の実施

　　農林水産省を始めとする関係省庁では、ウクライナ政府からの要請及びG7臨時農業大臣会合でのウクライナ支援に係る各国間の合意を踏まえ、食料品(パックご飯、魚の缶詰、全粉乳及び缶詰パン)等の物資を支援しました。

（5）動植物防疫措置の強化

ア　世界各国における口蹄疫、高病原性鳥インフルエンザ、アフリカ豚熱等の発生状況、新たな植物の病害虫の発生等を踏まえ、国内における家畜の伝染性疾病や植物の病害虫の発生予防、まん延防止対策等を実施しました。また、国際的な連携を強化し、アジア地域における防疫能力の向上を支援しました。

豚熱や高病原性鳥インフルエンザ等の家畜の伝染性疾病については、早期通報や野生動物の侵入防止等、生産者による飼養衛生管理の徹底がなされるよう、都道府県と連携して指導を行いました。特に豚熱については、野生動物侵入防止柵の設置や飼養衛生管理の徹底に加え、ワクチン接種推奨地域では予防的なワクチン接種を実施し、野生イノシシの対策として、捕獲強化や経口ワクチンの散布を実施しました。

イ　家畜防疫官・植物防疫官や検疫探知犬の適切な配置等による検査体制の整備・強化により、水際対策を適切に講ずるとともに、家畜の伝染性疾病及び植物の病害虫の侵入・まん延防止のための取組を推進しました。

ウ　地域の産業動物獣医師への就業を志す獣医大学の地域枠入学者・獣医学生に対する修学資金の給付や、獣医学生を対象とした産業動物獣医師の業務について理解を深めるための臨床実習、産業動物獣医師を対象とした技術向上のための臨床研修を支援しました。また、産業動物分野における獣医師の中途採用者を確保するための就業支援、女性獣医師等を対象とした職場復帰・再就職に向けたスキルアップのための研修や中高生等を対象とした産業動物獣医師の業務について理解を深めるセミナー等の実施による産業動物獣医師の育成、遠隔診療の適時・適切な活用を推進するため、情報通信機器を活用した産業動物診療の効率化等を支援しました。

エ　気候変動等により病害虫の侵入リスクが増加していること、化学農薬による環境負荷の低減が国際的な課題となっていること等を踏まえ、病害虫の国内への侵入状況等に関する調査事業の実施、防除内容等に係る基準の作成等による緊急防除の迅速化、病害虫の発生予防を含めた防除に関する農業者への勧告、命令等の措置の導入、検疫対象への物品の追加、植物防疫官の権限の拡充等の措置を内容とする「植物防疫法の一部を改正する法律」が令和4(2022)年5月に公布されました。

6　TPP等新たな国際環境への対応、今後の国際交渉への戦略的な対応

「成長戦略フォローアップ」等に基づき、グローバルな経済活動のベースとなる経済連携を進めました。

また、各種経済連携交渉やWTO農業交渉等の農産物貿易交渉において、我が国農産品のセンシティビティに十分配慮しつつ、我が国の農林水産業が今後とも国の基として重要な役割を果たしていけるよう、交渉を行うとともに、我が国農産品の輸出拡大につながる交渉結果の獲得を目指し、取り組みました。

さらに、CPTPP、日EU・EPA、日米貿易協定、日英EPA及びRCEP協定の効果を最大限に活かすために改訂された「総合的なTPP等関連政策大綱」に基づき、体質強化対策や経営安定対策を着実に実施しました。

Ⅲ　農業の持続的な発展に関する施策

1　力強く持続可能な農業構造の実現に向けた担い手の育成・確保

（1）認定農業者制度や法人化等を通じた経営発展の後押し

ア　担い手への重点的な支援の実施

（ア）認定農業者等の担い手が主体性と創意工夫を発揮して経営発展できるよう、担い手に対する農地の集積・集約化の促進や経営所得安定対策、出資や融資、税制等、経営発展の段階や経営の態様に応じた支援を行いました。

（イ）その際、既存経営基盤では現状の農地引受けが困難な担い手も現れていることから、地域の農業生産の維持への貢献という観点から、こうした担い手への支援の在り方について検討しました。

イ　農業経営の法人化の加速と経営基盤の強化

（ア）経営意欲のある農業者が創意工夫を活かした農業経営を展開できるよう、都道府県が整備する経営サポートを行う拠点による経営相談・経営診断、課題を有する農業者の伴走機関による掘り起こしや専門家派遣等の支援等により、農業経営の法人化を促進しました。

（イ）担い手が少ない地域においては、地域における

農業経営の受け皿として、集落営農の組織化を推進するとともに、これを法人化に向けての準備・調整期間と位置付け、法人化を推進しました。また、地域外の経営体や販売面での異業種との連携等を促進しました。さらに、農業法人等が法人幹部や経営者となる人材を育成するために実施する実践研修への支援等を行いました。

（ウ）集落営農について、法人化に向けた取組の加速化や地域外からの人材確保、地域外の経営体との連携や統合・再編等を推進しました。

ウ　青色申告の推進

農業経営の着実な発展を図るためには、自らの経営を客観的に把握し経営管理を行うことが重要であることから、農業者年金の政策支援、農業経営基盤強化準備金制度、収入保険への加入推進等を通じ、農業者による青色申告を推進しました。

（2）経営継承や新規就農、人材の育成・確保等

ア　次世代の担い手への円滑な経営継承

（ア）人と農地に関する情報のデータベース化を進め、移譲希望者と就農希望者のマッチング等第三者への継承を推進したほか、都道府県が整備する就農サポート及び経営サポートを行う拠点による相談対応や、専門家による経営継承計画の策定支援等を実施するとともに、地域の中心となる担い手の後継者による経営継承後の経営発展に向けた取組を支援しました。

（イ）園芸施設・畜産関連施設、樹園地等の経営資源について、第三者機関・組織も活用しつつ、再整備・改修等のための支援により、円滑な継承を促進しました。

イ　農業を支える人材の育成のための農業教育の充実

（ア）農業高校や農業大学校等の農業教育機関において、先進的な農業経営者等による出前授業や現場研修等、就農意欲を喚起するための取組を推進しました。また、スマート農業に関する教育の推進を図るとともに、農業教育の高度化に必要な農業機械・設備等の導入を推進しました。

（イ）農業高校や農業大学校等における教育カリキュラムの強化や教員の指導力向上等、農業教育の高度化を推進しました。

（ウ）国内の農業高校と海外の農業高校の交流を推進するとともに、海外農業研修の実施を支援しました。

（エ）幅広い世代の新規就農希望者に対し、農業教育機関における実践的なリカレント教育の実施を支援しました。

ウ　青年層の新規就農と定着促進

（ア）次世代を担う農業者となることを志向する者に対し、就農前の研修（2年以内）の後押しと就農直後（3年以内）の経営確立に資する資金の交付を行いました。

（イ）初期投資の負担を軽減するための機械・施設等の取得に対する地方と連携した支援、無利子資金の貸付け等を行いました。

（ウ）就農準備段階から経営開始後まで、地方公共団体や農業協同組合、農業者、農地中間管理機構、民間企業等の関係機関が連携し一貫して支援する地域の就農受入体制を充実しました。

（エ）農業法人等における雇用就農の促進のための支援に当たり、労働時間の管理、休日・休憩の確保、更衣室や男女別トイレ等の整備、キャリアパスの提示やコミュニケーションの充実等、誰もがやりがいを持って働きやすい職場環境整備を行う農業法人等を支援することで、農業の「働き方改革」を推進しました。

（オ）職業としての農業の魅力や就農に関する情報について、民間企業等とも連携して、就農情報ポータルサイト「農業をはじめる.JP」やSNS、就農イベント等を通じた情報発信を強化しました。

（カ）自営や法人就農、短期雇用等様々な就農相談等にワンストップで対応できるよう都道府県の就農専属スタッフへの研修を行い、相談体制を強化しました。

（キ）農業者の生涯所得の充実の観点から、農業者年金への加入を推進しました。

エ　女性が能力を発揮できる環境整備

（ア）農業経営における女性の地位・責任を明確化する認定農業者が行う農業経営改善計画の共同申請及び経営体向け補助事業について、女性農業者等による積極的な活用を促進しました。

（イ）地域のリーダーとなり得る女性農業経営者の育成、女性グループの活動、女性が働きやすい環境づくり、女性農業者の活躍事例の普及等の取組を支援しました。

（ウ）「農業委員会等に関する法律」（昭和26年法律第88号）及び「農業協同組合法」（昭和22年法律第132号）における、農業委員や農業協同組合の理事等の年齢及び性別に著しい偏りが生じないように配慮しなければならない旨の規定を踏まえ、委員・理事等の任命・選出に当たり、女性の参画拡大に向けた取組を促進しました。

（エ）女性農業者の知恵と民間企業の技術、ノウハウ、アイデア等を結び付け、新たな商品やサービス開発等を行う「農業女子プロジェクト」における企業や教育機関との連携強化や、地域活動の推進により女性農業者が活動しやすい環境を作るとともに、これらの活動を発信し、若い女性新規就農者の増加に取り組みました。

オ　企業の農業参入

農地中間管理機構を中心としてリース方式による企業の参入を促進しました。

2　農業現場を支える多様な人材や主体の活躍
（1）中小・家族経営など多様な経営体による地域の下支え

農業現場においては、中小・家族経営等多様な経営体が農業生産を支えている現状と、地域において重要な役割を果たしていることに鑑み、現状の規模にかかわらず、生産基盤の強化に取り組むとともに、品目別対策や多面的機能支払制度、中山間地域等直接支払制度等により、産業政策と地域政策の両面から支援しました。

（2）次世代型の農業支援サービスの定着

生産現場における人手不足や生産性向上等の課題に対応し、農業者が営農活動の外部委託等様々な農業支援サービスを活用することで経営の継続や効率化を図ることができるよう、ドローンや自動走行農機等の先端技術を活用した作業代行やシェアリング・リース、食品事業者と連携した収穫作業の代行等の次世代型の農業支援サービスの育成・普及を推進しました。

（3）多様な人材が活躍できる農業の「働き方改革」の推進

ア　労働環境の改善に取り組む農業法人等における雇用就農の促進を支援することにより、農業経営者が、労働時間の管理、休日・休憩の確保、更衣室や男女別トイレ等の整備、キャリアパスの提示やコミュニケーションの充実等、誰もがやりがいがあり、働きやすい環境づくりに向けて計画を作成し、従業員と共有することを推進しました。

イ　農繁期等における産地の短期労働力を確保するため、他産業、大学、他地域との連携等による多様な人材とのマッチングを行う産地の取組や、農業法人等における労働環境の改善を推進する取組を支援し、労働環境整備等の農業の「働き方改革」の先進的な取組事例の発信・普及を図りました。

ウ　特定技能制度による農業現場での外国人材の円滑な受入れに向けて、技能試験を実施するとともに、就労する外国人材が働きやすい環境の整備等を支援しました。

エ　地域人口の急減に直面している地域において、「地域人口の急減に対処するための特定地域づくり事業の推進に関する法律」（令和元年法律第64号）の仕組みを活用し、地域内の様々な事業者をマルチワーク（一つの仕事のみに従事するのではなく、複数の仕事に携わる働き方）により支える人材の確保及びその活躍を推進することにより、地域社会の維持及び地域経済の活性化を図るために、事例の紹介と併せて、本制度の周知を図りました。

3　担い手等への農地集積・集約化と農地の確保
（1）担い手への農地集積・集約化の加速化
ア　「人・農地プラン」の実質化の推進

地域の徹底した話合いにより策定された「人・農地プラン」の実行を通じて、担い手への農地の集積・集約化を加速化しました。

地域の農業者等による話合いを踏まえ、農業の将来の在り方等を定めた地域計画の策定等を内容とする「農業経営基盤強化促進法等の一部を改正する法律」が令和4（2022）年5月に公布されました。

イ　農地中間管理機構のフル稼働

農業の将来の在り方等を定めた地域計画の策定や、地域計画の達成に向けた農地の集約化等の推進等を内容とする「農業経営基盤強化促進法等の一部を改正する法律」が令和4（2022）年5月に公布されました。

ウ　所有者不明農地への対応の強化

農業経営基盤強化促進法等に基づく所有者不明農地に係る制度の利用を促したほか、令和5（2023）年4

月以降順次施行される新たな民事基本法制の仕組み
を踏まえ、関係省庁と連携して所有者不明農地の有
効利用を図りました。

（2）荒廃農地の発生防止・解消、農地転用許可制度等の
適切な運用

ア　多面的機能支払制度及び中山間地域等直接支払制
度による地域・集落の共同活動、農地中間管理事業
による集積・集約化の促進、最適土地利用対策によ
る地域の話合いを通じた荒廃農地の有効活用や低コ
ストな肥培管理による農地利用(粗放的な利用)、基
盤整備の活用等による荒廃農地の発生防止・解消に
努めました。

イ　農地の転用規制及び農業振興地域制度の適正な運
用を通じ、優良農地の確保に努めました。

4　農業経営の安定化に向けた取組の推進

（1）収入保険制度や経営所得安定対策等の着実な推進

ア　収入保険の普及促進・利用拡大

自然災害や価格下落等の様々なリスクに対応し、
農業経営の安定化を図るため、収入保険の普及促進・
利用拡大を図りました。このため、現場ニーズ等を
踏まえた改善等を行うとともに、地域において、農
業共済組合や農業協同組合等の関係団体等が連携し
て推進体制を構築し、加入促進の取組を引き続き進
めました。

イ　経営所得安定対策等の着実な実施

「農業の担い手に対する経営安定のための交付金
の交付に関する法律」(平成18年法律第88号)に基づ
く畑作物の直接支払交付金及び米・畑作物の収入減
少影響緩和交付金、「畜産経営の安定に関する法律」
(昭和36年法律第183号)に基づく肉用牛肥育・肉豚経
営安定交付金(牛・豚マルキン)及び加工原料乳生産
者補給金、「肉用子牛生産安定等特別措置法」(昭和
63年法律第98号)に基づく肉用子牛生産者補給金、
「野菜生産出荷安定法」(昭和41年法律第103号)に基
づく野菜価格安定対策等の措置を安定的に実施しま
した。

（2）総合的かつ効果的なセーフティネット対策の在り
方の検討等

ア　総合的かつ効果的なセーフティネット対策の在り
方の検討

「農業災害補償法の一部を改正する法律」(平成29

年法律第74号)施行後4年を迎えた収入保険について
は、制度の拡充を図る取組方向を決定しました。こ
れを踏まえ、令和6(2024)年加入者からの実施に向け
て検討を進めました。

イ　手続の電子化、申請データの簡素化等の推進

令和4(2022)年度までの検討に基づき、農業保険や
経営所得安定対策等の類似制度について、申請内容
やフローの見直し等の業務改革を実施しつつ、手続
の電子化の推進、申請データの簡素化等を進めると
ともに、利便性向上等を図りました。

5　農業の成長産業化や国土強靱化に資する農業生産基
盤整備

（1）農業の成長産業化に向けた農業生産基盤整備

ア　農地中間管理機構等との連携を図りつつ、農地の
大区画化等を推進しました。

イ　高収益作物に転換するための水田の畑地化・汎用
化及び畑地・樹園地の高機能化を推進しました。

ウ　ICT水管理等の営農の省力化に資する技術の活用
を可能にする農業生産基盤の整備の展開を図るとと
もに、農業農村インフラの管理の省力化・高度化、地
域活性化及びスマート農業の実装促進のための情報
通信環境の整備を推進しました。

（2）農業水利施設の戦略的な保全管理

ア　農業水利施設の点検、機能診断及び監視を通じた
適切なリスク管理の下での計画的かつ効率的な補修、
更新等により、徹底した施設の長寿命化とライフサ
イクルコストの低減を図りました。

イ　農業者の減少・高齢化が進む中、農業水利施設の
機能が安定的に発揮されるよう、施設の更新に合わ
せ、集約、再編、統廃合等によるストックの適正化を
推進しました。

ウ　農業水利施設の保全管理におけるロボット、AI等
の利用に関する研究開発・実証調査を推進しました。

（3）農業・農村の強靱化に向けた防災・減災対策

ア　基幹的な農業水利施設の改修等のハード対策と機
能診断等のソフト対策を組み合わせた防災・減災対
策を実施しました。

イ　「農業用ため池の管理及び保全に関する法律」(平
成31年法律第17号)に基づき、ため池の決壊による周
辺地域への被害の防止に必要な措置を進めました。

ウ　「防災重点農業用ため池に係る防災工事等の推進

に関する特別措置法」(令和2年法律第56号)の規定により都道府県が策定した推進計画に基づき、優先度の高いものから防災工事等に取り組むとともに、防災工事等が実施されるまでの間についても、ハザードマップの作成、監視・管理体制の強化等を行うなど、これらの対策を適切に組み合わせて、ため池の防災・減災対策を推進しました。

エ　大雨により水害が予測されるなどの際、①事前に農業用ダムの水位を下げて雨水を貯留する「事前放流」、②水田に雨水を一時的に貯留する「田んぼダム」、③ため池への雨水の一時的な貯留、④農作物への被害のみならず、市街地や集落の湛水被害も防止・軽減させる排水施設の整備等、流域治水の取組を通じた防災・減災対策の強化に取り組みました。

オ　排水の計画基準に基づき、農業水利施設等の排水対策を推進しました。

カ　津波、高潮、波浪その他海水又は地盤の変動による被害等から農地等を防護するため、海岸保全施設の整備等を実施しました。

(4) 農業・農村の構造の変化等を踏まえた土地改良区の体制強化

土地改良区の組合員の減少、ICT水管理等の新技術及び管理する土地改良施設の老朽化に対応するため、准組合員制度の導入、土地改良区連合の設立、貸借対照表を活用した施設更新に必要な資金の計画的な積立の促進等、「土地改良法の一部を改正する法律」(平成30年法律第43号)の改正事項の定着を図り、土地改良区の運営基盤の強化を推進しました。また、多様な人材の参画を図る取組を加速的に推進しました。

6　需要構造等の変化に対応した生産基盤の強化と流通・加工構造の合理化

(1) 肉用牛・酪農の生産拡大など畜産の競争力強化

ア　生産基盤の強化

(ア) 牛肉、牛乳・乳製品等畜産物の国内需要への対応と輸出拡大に向けて、肉用牛については、肉用繁殖雌牛の増頭、繁殖性の向上による分べん間隔の短縮等の取組等を推進しました。酪農については、性判別技術や受精卵技術の活用による乳用後継牛の効率的な確保、経営安定、高品質な生乳の生産等を通じ、多様な消費者ニーズに対応した牛乳乳

製品の供給を推進しました。なお、生乳については、需給ギャップの解消を通じた適切な価格形成の環境整備により、酪農経営の安定を図るため、脱脂粉乳等の在庫低減の取組や生乳生産の抑制に向けた取組を支援しました。

(イ) 労働負担軽減・省力化に資するロボット、AI、IoT等の先端技術の普及・定着や、生産関連情報等のデータに基づく家畜改良や飼養管理技術の高度化、農業者と外部支援組織等との連携の強化、GAP、アニマルウェルフェアの普及・定着を図りました。

(ウ) 子牛や国産畜産物の生産・流通の円滑化に向けた家畜市場や食肉処理施設及び生乳の処理・貯蔵施設の再編等の取組を推進し、肉用牛・酪農等の生産基盤を強化しました。あわせて、米国・EU等の輸出先国・地域の衛生水準を満たす輸出認定施設の認定取得及び輸出認定施設を中心として関係事業者が連携したコンソーシアムによる輸出促進の取組を推進しました。

(エ) 畜産経営の安定に向けて、以下の施策等を実施しました。

a　畜種ごとの経営安定対策

(a) 酪農関係では、①加工原料乳に対する加工原料乳生産者補給金及び集送乳調整金の交付、②加工原料乳の取引価格が低落した場合の補塡金の交付等の対策

(b) 肉用牛関係では、①肉用子牛対策として、子牛価格が保証基準価格を下回った場合に補給金を交付する肉用子牛生産者補給金制度、②肉用牛肥育対策として、標準的販売価格が標準的生産費を下回った場合に交付金を交付する肉用牛肥育経営安定交付金(牛マルキン)

(c) 養豚関係では、標準的販売価格が標準的生産費を下回った場合に交付金を交付する肉豚経営安定交付金(豚マルキン)

(d) 養鶏関係では、鶏卵の標準取引価格が補塡基準価格を下回った場合に補塡金を交付するなどの鶏卵生産者経営安定対策事業
を安定的に実施しました。

b　飼料価格安定対策

配合飼料価格安定制度を適切に運用するとともに、国産濃厚飼料の増産や地域の飼料化可能な未利用資源を飼料として利用する取組等を推進しま

した。また、生産コスト削減や飼料自給率の向上に取り組む生産者を対象に、配合飼料価格の高止まりに対応するための緊急対策を講じました。

イ　生産基盤強化を支える環境整備

（ア）家畜排せつ物の土づくりや肥料利用を促進するため、家畜排せつ物処理施設の機能強化、堆肥のペレット化等を推進しました。飼料生産については、草地整備・草地改良、放牧、公共牧場の利用、水田を活用した飼料生産、子実用とうもろこし等の国産濃厚飼料の増産や安定確保に向けた指導・研修、飼料用種子の備蓄、エコフィード等の利活用等により、国産飼料の生産・利用を推進しました。

（イ）和牛は、我が国固有の財産であり、家畜遺伝資源の不適正な流通は、我が国の畜産振興に重大な影響を及ぼすおそれがあることから、家畜遺伝資源の流通管理の徹底、知的財産としての価値の保護を推進するため、法令遵守の徹底を図ったほか、全国の家畜人工授精所への立入検査を実施するとともに、家畜遺伝資源の利用者の範囲等について制限を付す売買契約の普及を図りました。また、家畜人工授精用精液等の流通を全国的に管理するシステムの運用・機能強化等を推進するとともに、和牛の血統の信頼を確保するため、遺伝子型の検査によるモニタリング調査を推進する取組を支援しました。

（ウ）令和4(2022)年4月に施行された「畜舎等の建築等及び利用の特例に関する法律」について、都道府県等と連携し、畜舎建築利用計画の認定制度の円滑な運用を行いました。

（2）新たな需要に応える園芸作物等の生産体制の強化

ア　野菜

（ア）既存ハウスのリノベーションや、環境制御・作業管理等の技術習得に必要なデータ収集・分析機器の導入等、データを活用して生産性・収益向上につなげる体制づくり等を支援するとともに、より高度な生産が可能となる低コスト耐候性ハウスや高度環境制御栽培施設等の導入を支援しました。

（イ）水田地帯における園芸作物の導入に向けた合意形成や試験栽培、園芸作物の本格生産に向けた機械・施設のリース導入等を支援しました。

（ウ）複数の産地と協業して、加工・業務用等の新市場が求めるロット・品質での供給を担う拠点事業者による貯蔵・加工等の拠点インフラの整備や生育予測等を活用した安定生産の取組等を支援しました。

（エ）農業者と協業しつつ、①生産安定・効率化機能、②供給調整機能、③実需者ニーズ対応機能の三つの全ての機能を具備し、又は強化するモデル性の高い生産事業体の育成を支援しました。

イ　果樹

（ア）優良品目・品種への改植・新植及びそれに伴う未収益期間における幼木の管理経費を支援しました。

（イ）平坦で作業性の良い水田等への新植や、労働生産性向上が見込まれる省力樹形の導入を推進するとともに、まとまった面積での省力樹形及び機械作業体系の導入等による労働生産性を抜本的に高めたモデル産地の育成を支援しました。

（ウ）省力樹形用苗木の安定生産に向けたモデル的な取組を支援しました。

ウ　花き

（ア）需要構造の変化に対応した生産・流通体制の整備のため、需要の見込まれる品目等への転換、受発注データのデジタル化、生産性向上・低コスト化等産地の体質強化や流通体制の効率化に資する技術導入等の取組を支援しました。

（イ）業務用需要が減少傾向にある中、家庭用等の新たな需要開拓・拡大を促進するため、家庭用等に適した利用スタイルの提案、需要喚起のための全国的な普及活動、新たな販路開拓等の取組を支援しました。

（ウ）令和4(2022)年にオランダで開催されたアルメーレ国際園芸博覧会へ政府出展を行い、日本の優れた花き・花き文化を一体的に展示することで国産花きのPRを行いました。

（エ）令和5(2023)年にカタールのドーハ、令和9(2027)年に横浜市で開催される国際園芸博覧会の円滑な実施に向けて、主催団体や地方公共団体、関係省庁とも連携し、政府出展等の準備を進めました。

エ　茶、甘味資源作物等の地域特産物

（ア）茶

「茶業及びお茶の文化の振興に関する基本方針」に基づき、消費者ニーズへの対応や輸出の促進等に向け、新たな茶商品の生産・加工技術の実証や

機能性成分等の特色を持つ品種の導入、有機栽培への転換、てん茶等の栽培に適した棚施設を利用した栽培法への転換や直接被覆栽培への転換、スマート農業技術の実証、残留農薬分析等を支援しました。

（イ）砂糖及びでん粉

「砂糖及びでん粉の価格調整に関する法律」(昭和40年法律第109号)に基づき、さとうきび・でん粉原料用かんしょ生産者及び国内産糖・国内産いもでん粉の製造事業者に対して、経営安定のための支援を行いました。

（ウ）薬用作物

地域の取組として、産地と実需者(漢方薬メーカー等)が連携した栽培技術の確立のための実証圃の設置を支援しました。また、全国的な取組として、事前相談窓口の設置や技術アドバイザーの派遣等の栽培技術の指導体制の確立、技術拠点農場の設置等に向けた取組を支援しました。

（エ）こんにゃくいも 等

こんにゃくいも等の特産農産物については、付加価値の創出、新規用途開拓、機械化・省力作業体系の導入等を推進するとともに、安定的な生産に向けた体制の整備等を支援しました。

（オ）繭・生糸

養蚕・製糸業と絹織物業者等が提携して取り組む、輸入品と差別化された高品質な純国産絹製品づくり・ブランド化を推進するとともに、生産者、実需者等が一体となって取り組む、安定的な生産に向けた体制の整備等を支援しました。

（カ）葉たばこ

葉たばこについて、種類別・葉分タイプ別価格により、日本たばこ産業株式会社(JT)が買い入れました。

（キ）いぐさ

輸入品との差別化・ブランド化に取り組むいぐさ生産者の経営安定を図るため、国産畳表の価格下落影響緩和対策の実施、実需者や消費者のニーズを踏まえた、産地の課題を解決するための技術実証等の取組を支援しました。

（3）米政策改革の着実な推進と水田における高収益作物等への転換

ア　消費者・実需者の需要に応じた多様な米の安定供給

（ア）需要に応じた米の生産・販売の推進

a　産地・生産者と実需者が結び付いた事前契約や複数年契約による安定取引の推進、水田活用の直接支払交付金や水田リノベーション事業による支援、都道府県産別、品種別等のきめ細かな需給・価格情報、販売進捗情報、在庫情報の提供、都道府県別・地域別の作付動向の公表等により需要に応じた生産・販売を推進しました。

b　国が策定する需給見通し等を踏まえつつ生産者や集荷業者・団体が主体的に需要に応じた生産・販売を行うため、行政や生産者団体、現場が一体となって取り組みました。

c　米の生産については、農地の集積・集約化による分散錯圃の解消や作付けの団地化、直播等の省力栽培技術やスマート農業技術等の導入・シェアリングの促進、資材費の低減等による生産コストの低減等を推進しました。

（イ）戦略作物の生産拡大

水田活用の直接支払交付金により、麦、大豆、飼料用米等、戦略作物の本作化を進めるとともに、地域の特色のある魅力的な産品の産地づくりに向けた取組を支援しました。

（ウ）コメ・コメ加工品の輸出拡大

輸出拡大実行戦略で掲げた、コメ・パックご飯・米粉及び米粉製品の輸出額目標の達成に向けて、輸出ターゲット国・地域である香港や米国、中国、シンガポールを中心とする輸出拡大が見込まれる国・地域での海外需要開拓・プロモーションや海外規制に対応する取組に対して支援するとともに、大ロットで輸出用米の生産・供給に取り組む産地の育成等の取組を推進しました。

（エ）米の消費拡大

業界による主体的取組を応援する運動「やっぱりごはんでしょ！」の実施等SNSを活用した取組や、「米と健康」やエシカル消費に着目した情報発信等、新たな需要の取り込みを進めました。

イ　麦・大豆

国産麦・大豆については、需要に応じた生産に向けて、作付けの団地化の推進や営農技術の導入を通じた産地の生産性向上や増産のほか、実需の求める量・品質・価格の安定に向けた取組を支援しました。

ウ　高収益作物への転換

　　水田農業高収益化推進計画に基づき、国のみならず地方公共団体等の関係部局が連携し、水田における高収益作物への転換、水田の畑地化・汎用化のための基盤整備、栽培技術や機械・施設の導入、販路確保等の取組を計画的かつ一体的に推進しました。

エ　米粉用米・飼料用米

　　生産と実需の複数年契約による長期安定的な取引を推進するとともに、「米穀の新用途への利用の促進に関する法律」（平成21年法律第25号）に基づき、米粉用米、飼料用米の生産・利用拡大や必要な機械・施設の整備等を総合的に支援しました。

（ア）米粉用米

　　米粉製品のコスト低減に資する取組事例や新たな米粉加工品の情報発信等の需要拡大に向けた取組を実施し、生産と実需の複数年契約による長期安定的な取引の推進に資する情報交換会を開催するとともに、ノングルテン米粉の製造工程管理JASの普及を推進しました。

（イ）飼料用米

　　地域に応じた省力・多収栽培技術の確立・普及を通じた生産コストの低減やバラ出荷による流通コストの低減に向けた取組を支援しました。また、飼料用米を活用した豚肉、鶏卵等のブランド化を推進するための付加価値向上等に向けた新たな取組や、生産と実需の複数年契約による長期安定的な取引を推進しました。

オ　米・麦・大豆等の流通

　　「農業競争力強化支援法」（平成29年法律第35号）等に基づき、流通・加工業界の再編に係る取組の支援等を実施しました。また、物流合理化を進めるため、生産者や関係事業者等と協議を行い、課題を特定し、それらの課題解決に取り組みました。特に米については、玄米輸送のフレキシブルコンテナバッグ利用の推進、精米物流の合理化に向けた商慣行の見直し等による「ホワイト物流」推進運動に取り組みました。

（4）農業生産工程管理の推進と効果的な農作業安全対策の展開

ア　農業生産工程管理の推進

　　農産物においては、令和12（2030）年までにほぼ全ての国内の産地における国際水準のGAPの実施を目指し、令和4（2022）年3月に策定した「我が国における国際水準GAPの推進方策」に基づき、国際水準GAPガイドラインを活用した指導や産地単位の取組等を推進しました。

　　畜産物においては、JGAP家畜・畜産物やGLOBALG.A.P.の認証取得の拡大を図りました。

　　また、農業高校や農業大学校等における教育カリキュラムの強化等により、農業教育機関におけるGAPに関する教育の充実を図りました。

イ　農作業等安全対策の展開

（ア）都道府県段階、市町村段階の関係機関が参画した推進体制を整備するとともに、農業機械作業に係る死亡事故が多数を占めていることを踏まえ、以下の取組を強化しました。

　a　農業者を取り巻く地域の人々が、農業者に対して、乗用型トラクター運転時のシートベルト装着を呼び掛ける「声かけ運動」の展開を推進しました。

　b　農業者を対象とした「農作業安全に関する研修」の開催を推進しました。

（イ）大型特殊自動車免許等の取得機会の拡大や、作業機を付けた状態での公道走行に必要な灯火器類の設置等を促進しました。

（ウ）「農作業安全対策の強化に向けて（中間とりまとめ）」に基づき、都道府県、農機メーカーや農機販売店等を通じて収集した事故情報の分析等を踏まえ、安全性検査制度の見直しに向けた検討を行いました。

（エ）GAPの団体認証取得による農作業事故等産地リスクの低減効果の実証を行うとともに、労災保険特別加入団体の設置と農業者の加入促進を図りました。また、熱中症警戒アラートが通知されるMAFFアプリの機能の活用や熱中症対策アイテムの活用を通じて熱中症対策の推進を図りました。

（オ）農林水産業・食品産業の作業安全対策について、「農林水産業・食品産業の作業安全のための規範」も活用し、効果的な作業安全対策の検討・普及や、関係者の意識啓発のための取組を実施しました。

（5）良質かつ低廉な農業資材の供給や農産物の生産・流通・加工の合理化

ア　「農業競争力強化プログラム」及び農業競争力強化支援法に基づき、良質かつ低廉な農業資材の供給

拡大や農産物流通等の合理化に向けた取組を行う事業者の事業再編や事業参入を支援しました。

イ　「農産物検査規格・米穀の取引に関する検討会」において、見直しを行った農産物検査規格について、現場への周知を進めました。また、スマート・オコメ・チェーンコンソーシアムで令和5(2023)年産米からの活用を目標として、各種情報の標準化やJAS規格についての検討を進めました。

ウ　施設園芸においては、計画的に省エネルギー化に取り組む産地を対象に燃油・ガスの価格が高騰した際に補填金を交付する「施設園芸等燃料価格高騰対策」を実施しました。

7　情報通信技術等の活用による農業生産・流通現場のイノベーションの促進

（1）スマート農業の加速化など農業現場でのデジタル技術の利活用の推進

ア　これまでのロボット、AI、IoT等の先端技術を活用したスマート農業実証プロジェクトから得られた成果と課題を踏まえ、生産現場のスマート農業の加速化等に必要な技術の開発から、個々の経営の枠を超えて効率的に利用するための実証、実装に向けた情報発信までを総合的に取り組みました。

イ　農機メーカー、金融、保険等民間企業が参画したプラットフォームにおいて、農機のリース・シェアリングやドローン操作の代行サービス等新たな農業支援サービスの創出が進むよう、業者間の情報共有やマッチング等を進めました。

ウ　現場実装に際して安全上の課題解決が必要なロボット技術の安全性の検証や安全性確保策の検討に取り組みました。

エ　関係府省協力の下、大学や民間企業等と連携して、生産部分だけでなく、加工・流通・消費に至るデータ連携を可能とするスマートフードチェーンの研究開発に取り組みました。また、オープンAPI整備・活用に必要となるルールづくりへの支援や、生育・出荷等の予測モデルの開発・実装によりデータ活用を推進しました。

オ　技術対応力や人材創出を強化する施策について検討を行い、「スマート農業推進総合パッケージ」（令和4(2022)年6月改訂）を踏まえ、関係者協力の下、スマート農業の様々な課題の解決や加速化に必要な施策

を総合的に展開しました。

カ　営農データの分析支援等農業支援サービスを提供する企業が活躍できる環境整備や、農産物のサプライチェーンにおけるデータ・物流のデジタル化、農村地域の多様なビジネス創出等を推進しました。

（2）農業施策の展開におけるデジタル化の推進

ア　農業現場と農林水産省が切れ目なくつながり、行政手続に係る農業者等の負担を大幅に軽減し、経営に集中できるよう、法令や補助金等の手続をオンラインでできる「農林水産省共通申請サービス（eMAFF）」の構築や、これと併せて徹底した行政手続の簡素化の促進を行い、農林水産省が所管する約3,300の手続をオンライン化し、オンライン利用率の向上と利用者の利便性向上に向けた取組を進めました。

イ　農林水産省農林漁業者向けスマートフォン・アプリケーション（MAFFアプリ）のeMAFF等との連動を進め、個々の農業者の属性・関心に応じた営農・政策情報を提供しました。

ウ　eMAFFの利用を進めながら、デジタル地図を活用して、農地台帳、水田台帳等の農地の現場情報を統合し、農地の利用状況の現地確認等の抜本的な効率化・省力化を図るための「農林水産省地理情報共通管理システム（eMAFF地図）」の開発を進めました。

エ　「農業DX構想」に基づき、農業DXの実現に向けて、農業・食関連産業の「現場」、農林水産省の「行政実務」及び現場と農林水産省をつなぐ「基盤」の整備に関する39の多様なプロジェクトを推進しました。

（3）イノベーション創出・技術開発の推進

国主導で実施すべき重要な研究分野について、みどり戦略の実現に向け、雑草抑制技術の開発、減化学肥料・減化学農薬栽培技術の確立、病害虫予報技術の開発、畜産からのGHG削減のための技術開発等を推進しました。さらに、産学官が連携して異分野のアイデア・技術等を農林水産・食品分野に導入し、革新的な技術・商品サービスを生み出す基礎から応用化段階までの研究を支援しました。

ア　研究開発の推進

（ア）研究開発の重点事項や目標を定める「農林水産研究イノベーション戦略2022」を策定するとともに、内閣府の「戦略的イノベーション創造プログラム(SIP)」や「官民研究開発投資拡大プログラム

（PRISM）」等も活用して研究開発を推進しました。

（イ）総合科学技術・イノベーション会議が決定した
ムーンショット目標5「2050年までに、未利用の生
物機能等のフル活用により、地球規模でムリ・ム
ダのない持続的な食料供給産業を創出」を実現す
るため、困難だが実現すれば大きなインパクトが
期待される挑戦的な研究開発（ムーンショット型
研究開発）を推進しました。

（ウ）Society5.0の実現に向け、産学官と農業の生産現
場が一体となって、オープンイノベーションを促
進するとともに、人材・知・資金が循環するよう農
林水産業分野での更なるイノベーション創出を計
画的・戦略的に推進しました。

イ　国際農林水産業研究の推進
国立研究開発法人農業・食品産業技術総合研究機
構及び国立研究開発法人国際農林水産業研究センタ
ーにおける海外研究機関等との積極的な研究協定覚
書（MOU）の締結や拠点整備の取組を支援しました。
また、海外の農業研究機関や国際農業研究機関の優
れた知見や技術を活用し、戦略的に国際共同研究を
実施しました。

ウ　科学に基づく食品安全、動物衛生、植物防疫等の
施策に必要な研究の更なる推進

（ア）「安全な農畜水産物の安定供給のためのレギュ
ラトリーサイエンス研究推進計画」で明確化した
取り組むべき調査研究の内容や課題について、情
勢の変化や新たな科学的知見を踏まえた見直しを
行いました。また、所管法人、大学、民間企業、関
係学会等への情報提供や研究機関との意見交換を
行い、研究者の認識や理解の醸成とレギュラトリ
ーサイエンスに属する研究を推進しました。

（イ）研究開発部局と規制担当部局が連携して食品中
の危害要因の分析及び低減技術の開発、家畜の伝
染性疾病を防除・低減する技術や資材の開発、植
物の病害虫等侵入及びまん延防止のための検査技
術の開発や防除体系の確立等、リスク管理に必要
な調査研究を推進しました。

（ウ）レギュラトリーサイエンスに属する研究事業の
成果を国民に分かりやすい形で公表しました。ま
た、行政施策・措置とその検討・判断に活用された
科学的根拠となる研究成果を紹介する機会を設け、
レギュラトリーサイエンスへの理解の醸成を推進

しました。

エ　戦略的な研究開発を推進するための環境整備

（ア）「農林水産研究における知的財産に関する方針」
（令和4(2022)年12月改訂）を踏まえ、農林水産業・
食品産業に関する研究に取り組む国立研究開発法
人や都道府県の公設試験場等における知的財産マ
ネジメントの強化を図るため、専門家による指導・
助言等を行いました。また、知財教育環境の充実
に資する教育用映像コンテンツの作成、マニュア
ルの整備等を実施しました。

（イ）締約国としてITPGRの運営に必要な資金拠出を
行うとともに、遺伝資源利用に係る国際的な議論
や、各国制度等の動向の調査、遺伝資源の保全の
促進、遺伝資源の取得・利用に関する手続・実績の
確立とその活用に向けた周知活動等を実施しまし
た。また、二国間共同研究による海外植物遺伝資
源の特性情報の解明等を推進することにより、海
外植物遺伝資源へのアクセス環境を整備しました。

（ウ）最先端技術の研究開発及び実用化に向けて、国
民への分かりやすい情報発信、意見交換を行い、
国民に受け入れられる環境づくりを進めました。
特にゲノム編集技術等の育種利用については、よ
り理解が深まるような方策を取り入れながらサイ
エンスコミュニケーション等の取組を強化しまし
た。

オ　開発技術の迅速な普及・定着

（ア）「橋渡し」機能の強化

a　異分野のアイデア・技術等を農林水産・食品分
野に導入し、イノベーションにつながる革新的な
技術の実用化に向けて、基礎から実用化段階まで
の研究開発を切れ目なく推進しました。
また、創出された成果について海外で展開する
際の市場調査や現地における開発、実証試験を支
援しました。

b　大学、民間企業等の地域の関係者による技術開
発から改良、開発実証試験までの取組を切れ目な
く支援しました。

c　農林水産・食品分野において、サービス事業体
の創出やフードテック等の新たな技術の事業化を
目指すスタートアップが行う研究開発等を切れ目
なく支援しました。

d　「「知」の集積と活用の場 産学官連携協議会」に

おいて、ポスターセッション、セミナー、ワークショップ等を開催し、技術シーズ・ニーズに関する情報交換、マッチングを行うとともに、研究成果の海外展開を支援しました。

e　研究成果の展示会、相談会・商談会等を開催し、研究機関、生産者、民間企業等による技術交流や、イノベーション創出を推進しました。

f　全国に配置された農林水産・食品分野の高度な専門的知見を有するコーディネーターが、技術開発ニーズ等を収集するとともに、マッチング支援や商品化・事業化に向けた支援等を行い、研究の企画段階から産学が密接に連携し、早期に成果を生み出すことができるよう支援しました。

g　農業技術に関する近年の研究成果のうち、生産現場への導入が期待されるものを「最新農業技術・品種2022」として紹介しました。

h　みどり戦略で掲げた各目標の達成に貢献し、現場への普及が期待される技術を「「みどりの食料システム戦略」技術カタログ」として紹介しました。

（イ）効果的・効率的な技術・知識の普及指導

　　国と都道府県が協同して、高度な技術・知識を持つ普及指導員を設置し、普及指導員が試験研究機関や民間企業等と連携して直接農業者に接して行う技術・経営指導等を推進しました。具体的には、普及指導員による新技術や新品種の導入等に係る地域の合意形成、新規就農者の支援、地球温暖化及び自然災害への対応等、公的機関が担うべき分野についての取組を強化しました。また、計画的に研修等を実施し、普及指導員の資質向上を推進しました。

8　気候変動への対応等環境政策の推進

　　みどり戦略の実現に向けた基本理念等を定めるとともに、環境負荷の低減に取り組む者の事業計画を認定する制度を創設するための法律である「みどりの食料システム法」が令和4(2022)年7月に施行されました。みどりの食料システム法に基づき、環境負荷低減に係る計画の認定を受けた農林漁業者に対して、税制特例や融資制度等の支援措置を講ずるとともに、みどりの食料システム戦略推進総合対策等により、みどり戦略の実現に資する研究開発や、地域ぐるみでの環境負荷低減の取組を促進しました。

さらに、「みどりの食料システム戦略に関する関係府省庁連絡会議」を設置し、今後も関係府省庁連携の上で取組を進めることを確認するとともに、関係府省庁連携の取組の進捗状況を公表しました。

（1）気候変動に対する緩和・適応策の推進

ア　「農林水産省地球温暖化対策計画」に基づき、農林水産分野における地球温暖化対策技術の開発、マニュアル等を活用した省エネ型の生産管理の普及・啓発や省エネ設備の導入等による施設園芸の省エネルギー対策、施肥の適正化、J-クレジットの利活用等を推進しました。また、令和5(2023)年3月に「水稲栽培による中干し期間の延長」がJ-クレジット制度における新たな方法論として承認されました。

イ　農地からのGHGの排出・吸収量の国連への報告に必要な農地土壌中の炭素量等のデータを収集する調査を行いました。また、家畜由来のGHG排出量の国連への報告の算出に必要な消化管由来のメタン量等のデータを収集する調査を行いました。

ウ　環境保全型農業直接支払制度により、堆肥の施用やカバークロップ等、地球温暖化防止等に効果の高い営農活動に対して支援しました。また、バイオ炭の農地施用に伴う影響評価、炭素貯留効果と土壌改良効果を併せ持つバイオ炭資材の開発等に取り組みました。

エ　バイオマスの変換・利用施設等の整備等を支援し、農山漁村地域におけるバイオマス等の再生可能エネルギーの利用を推進しました。

オ　廃棄物系バイオマスの利活用については、「廃棄物処理施設整備計画」に基づく施設整備を推進するとともに、市町村等における生ごみのメタン化等の活用方策の導入検討を支援しました。

カ　国際連携の下、各国の水田におけるGHG排出削減を実現する総合的栽培管理技術及び農産廃棄物を有効活用したGHG排出削減に関する影響評価手法の開発を推進しました。

キ　温室効果ガスの削減効果を把握するための簡易算定ツールの品目拡大、消費者に分かりやすい等級ラベル表示による伝達手法の実証等を実施し、フードサプライチェーンにおける脱炭素化の実践とその「見える化」を推進しました。

ク　「農林水産省気候変動適応計画」に基づき、農林水産分野における気候変動の影響への適応に関する取

組を推進するため、以下の取組を実施しました。

（ア）中長期的な視点に立った我が国の農林水産業に与える気候変動の影響評価や適応技術の開発を行うとともに、各国の研究機関等との連携により気候変動適応技術の開発を推進しました。

（イ）農業者等自らが行う気候変動に対するリスクマネジメントを推進するため、リスクの軽減に向けた適応策等の情報発信を行うとともに、都道府県普及指導員等を通じて、リスクマネジメントの普及啓発に努めました。

（ウ）地域における気候変動による影響や、適応策に関する科学的な知見について情報提供しました。

ケ　科学的なエビデンスに基づいた緩和策の導入・拡大に向けて、研究者、農業者、地方公共団体等の連携による技術の開発・最適化を推進するとともに、農業者等の地球温暖化適応行動・温室効果ガス削減行動を促進するための政策措置に関する研究を実施しました。

コ　国連気候変動枠組条約等の地球環境問題に係る国際会議に参画し、農林水産分野における国際的な地球環境問題に対する取組を推進しました。

（2）生物多様性の保全及び利用

ア　「農林水産省生物多様性戦略」に基づき、田園地域や里地・里山の保全・管理を推進しました。

イ　国連生物多様性条約第15回締約国会議(COP15)において、新たな世界目標である「昆明・モントリオール生物多様性枠組」の採択の議論に参画しました。

ウ　みどり戦略や昆明・モントリオール生物多様性枠組を踏まえ、令和5(2023)年3月に「農林水産省生物多様性戦略」を改定しました。

エ　農林水産分野における生物多様性保全の事例や、関連施策等の資料により、農林水産分野における生物多様性保全活動を推進しました。

オ　環境保全型農業直接支払制度により、有機農業や冬期湛水管理等、生物多様性保全等に効果の高い営農活動に対して支援しました。

カ　遺伝子組換え農作物に関する取組として、「遺伝子組換え生物等の使用等の規制による生物の多様性の確保に関する法律」（平成15年法律第97号）に基づき、生物多様性に及ぼす影響についての科学的な評価、生態系への影響の監視等を継続し、栽培用種苗を対象に輸入時のモニタリング検査を行うとともに、特定の生産地及び植物種について、輸入者に対し輸入に先立つ届出や検査を義務付ける「生物検査」を実施しました。

キ　締約国としてITPGRの運営に必要な資金拠出を行いました。また、海外遺伝資源の取得や利用の円滑化に向けて、遺伝資源利用に係る国際的な議論や、各国制度等の動向を調査するとともに、入手した最新情報等について、我が国の遺伝資源利用者に対し周知活動等を実施しました。

（3）有機農業の更なる推進

ア　有機農業指導員の育成や新たに有機農業に取り組む農業者の技術習得等による人材育成や、オーガニック産地育成等による有機農産物の安定供給体制の構築を推進しました。

イ　流通・加工・小売事業者等と連携した需要喚起の取組を支援し、バリューチェーンの構築を進めました。

ウ　遊休農地等を活用した農地の確保とともに、有機農業を活かして地域振興につなげている市町村等のネットワークづくりを進めました。

エ　有機農業の生産から消費まで一貫して推進する取組や体制づくりを支援し、有機農業推進のモデル的先進地区の創出を進めました。

オ　有機JAS認証の取得を支援するとともに、諸外国・地域との有機同等性の交渉を推進しました。また、有機JASについて、消費者がより合理的な選択ができるよう、有機加工食品JASの対象に有機酒類を追加する見直しを行いました。

（4）土づくりの推進

ア　都道府県の土壌調査結果の共有を進めるとともに、堆肥等の活用を促進しました。また、収量向上効果を含めた土壌診断データベースの構築に向けて、土壌専門家を活用しつつ、農業生産現場における土壌診断の取組と診断結果のデータベース化の取組を推進するとともに、衛星画像を用いた簡便かつ広域的な診断手法や土壌診断の新たな評価軸としての生物性評価手法の検証・評価を推進しました。

イ　好気性強制発酵による畜産業由来の堆肥の高品質化やペレット化による広域流通のための取組を推進しました。

（5）農業分野におけるプラスチックごみ問題への対応
　　施設園芸及び畜産における廃プラスチック対策や、

325

生分解性マルチ導入、プラスチックを使用した被覆肥料に関する調査、生産現場における被膜殻の流出防止等の取組を推進しました。

（6）農業の自然循環機能の維持増進とコミュニケーション

ア 有機農業や有機農産物について消費者に分かりやすく伝える取組を推進しました。

イ 官民協働のプラットフォームである「あふの環2030プロジェクト〜食と農林水産業のサステナビリティを考える〜」における勉強会・交流会、情報発信や表彰等の活動を通じて、持続可能な生産消費を促進しました。

Ⅳ 農村の振興に関する施策

1 地域資源を活用した所得と雇用機会の確保

（1）中山間地域等の特性を活かした複合経営等の多様な農業経営の推進

ア 中山間地域等直接支払制度により生産条件の不利を補正しつつ、中山間地農業ルネッサンス事業等により、多様で豊かな農業と美しく活力ある農山村の実現や、地域コミュニティによる農地等の地域資源の維持・継承に向けた取組を総合的に支援しました。

イ 米、野菜、果樹等の作物の栽培や畜産、林業も含めた多様な経営の組合せにより所得を確保する複合経営を推進するため、地域の取組を支援しました。

ウ 地域のニーズに応じて、農業生産を支える水路、圃場等の総合的な基盤整備と生産・販売施設等との一体的な整備を推進しました。

（2）地域資源の発掘・磨き上げと他分野との組合せ等を通じた所得と雇用機会の確保

ア 農村発イノベーションをはじめとした地域資源の高付加価値化の推進

（ア）農林水産物や農林水産業に関わる多様な地域資源を新分野で活用した商品・サービスの開発や加工・販売施設等の整備等の取組を支援しました。

（イ）農林水産業・農山漁村に豊富に存在する資源を活用した革新的な産業の創出に向け、農林漁業者等と異業種の事業者との連携による新技術等の研究開発成果の利用を促進するための導入実証や試作品の製造・評価等の取組を支援しました。

（ウ）農林漁業者と中小企業者が有機的に連携して行う新商品・新サービスの開発や販路開拓等に係る取組を支援しました。

（エ）活用可能な農山漁村の地域資源を発掘し、磨き上げた上で、これまでにない他分野と組み合わせる取組等、農山漁村の地域資源を最大限活用し、新たな事業や雇用を創出する取組である「農山漁村発イノベーション」が進むよう、農山漁村で活動する起業者等が情報交換を通じてビジネスプランの磨き上げが行えるプラットフォームの運営等、多様な人材が農山漁村の地域資源を活用して新たな事業に取り組みやすい環境を整備し、現場の創意工夫を促しました。また、現場発の新たな取組を抽出し、全国で応用できるよう積極的に情報提供しました。

（オ）地域の伝統的農林水産業の継承、地域経済の活性化等につながる世界農業遺産及び日本農業遺産の認知度向上、維持・保全及び新規認定に向けた取組を推進しました。また、歴史的・技術的・社会的価値を有する世界かんがい施設遺産の認知度向上及びその活用による地域の活性化に向けた取組を推進しました。

イ 農泊の推進

（ア）農泊をビジネスとして実施するための体制整備や、地域資源を魅力あるテーマ性・希少性を活かした観光コンテンツとして磨き上げるための専門家派遣等の取組、農家民宿や古民家等を活用した滞在施設等の整備の一体的な支援を行うとともに、日本政府観光局（JNTO）等と連携して国内外へのプロモーションを行いました。

（イ）地域の関係者が連携し、地域の幅広い資源を活用し地域の魅力を高めることにより、国内外の観光客が2泊3日以上の滞在交流型観光を行うことができる「観光圏」の整備を促進しました。

（ウ）関係府省が連携し、子供の農山漁村宿泊体験等を推進するとともに、農山漁村を都市部の住民との交流の場等として活用する取組を支援しました。

ウ ジビエ利活用の拡大

（ア）ジビエ未利用地域への処理加工施設や移動式解体処理車等の整備等の支援、安定供給体制構築に向けたジビエ事業者や関係者の連携強化、ジビエ利用に適した捕獲・搬入技術を習得した捕獲者及び処理加工現場における人材の育成、ペットフー

ド等の多様な用途での利用、ジビエの全国的な需要拡大のためのプロモーション等の取組を推進しました。

(イ)「野生鳥獣肉の衛生管理に関する指針(ガイドライン)」の遵守による野生鳥獣肉の安全性確保、国産ジビエ認証制度等の普及及び加工・流通・販売段階の衛生管理の高度化の取組を推進しました。

エ　農福連携の推進

「農福連携等推進ビジョン」に基づき、農福連携の一層の推進に向け、障害者等の農林水産業に関する技術習得、農業分野への就業を希望する障害者等に対し農業体験を提供するユニバーサル農園の開設、障害者等が作業に携わる生産・加工・販売施設の整備、全国的な展開に向けた普及啓発、都道府県による専門人材育成の取組等を支援しました。また、障害者の農業分野での定着を支援する専門人材である「農福連携技術支援者」の育成のための研修を実施しました。

オ　農村への農業関連産業の導入等

(ア)「農村地域への産業の導入の促進等に関する法律」(昭和46年法律第112号)及び「地域経済牽引事業の促進による地域の成長発展の基盤強化に関する法律」(平成19年法律第40号)を活用した農村への産業の立地・導入を促進するため、これらの法律による基本計画等の策定や税制等の支援施策の積極的な活用を推進しました。

(イ)農村で活動する起業者等が情報交換を通じてビジネスプランを磨き上げることができるプラットフォームの運営等、多様な人材が農村の地域資源を活用して新たな事業に取り組みやすい環境の整備等により、現場の創意工夫を促進しました。

(ウ)健康、観光等の多様な分野で森林空間を活用して、新たな雇用と収入機会を確保する「森林サービス産業」の創出・推進に向けた活動を支援しました。

(3) 地域経済循環の拡大

ア　バイオマス・再生可能エネルギーの導入、地域内活用

(ア)バイオマスを基軸とする新たな産業の振興

a　令和4(2022)年9月に閣議決定された新たな「バイオマス活用推進基本計画」に基づき、素材、熱、電気、燃料等への変換技術を活用し、より経済的

な価値の高い製品等を生み出す高度利用等の取組を推進しました。また、関係府省の連携の下、地域のバイオマスを活用した産業化を推進し、地域循環型の再生可能エネルギーの強化と環境に優しく災害に強いまち・むらづくりを目指すバイオマス産業都市の構築に向けた取組を支援しました。

b　バイオマスの効率的な利用システムの構築を進めることとし、以下の取組を実施しました。

(a)「農林漁業有機物資源のバイオ燃料の原材料としての利用の促進に関する法律」(平成20年法律第45号)に基づく事業計画の認定を行い支援しました。

(b)家畜排せつ物等の地域のバイオマスを活用し、エネルギーの地産地消を推進するため、バイオガスプラントの導入を支援しました。

(c)バイオマスである下水汚泥資源等の利活用を図り、下水汚泥資源等のエネルギー利用、りん回収・利用等を推進しました。

(d)バイオマス由来の新素材開発を推進しました。

(イ)農村における地域が主体となった再生可能エネルギーの生産・利用

a　「農林漁業の健全な発展と調和のとれた再生可能エネルギー電気の発電の促進に関する法律」(平成25年法律第81号)を積極的に活用し、農林地等の利用調整を適切に行いつつ、再生可能エネルギーの導入と併せて、地域の農林漁業の健全な発展に資する取組や農山漁村における再生可能エネルギーの地産地消の取組を促進しました。

b　農山漁村における再生可能エネルギーの導入に向けた現場のニーズに応じた専門家派遣等の相談対応、地域における営農型太陽光発電のモデル的取組及び小水力等発電施設の調査設計、施設整備等の取組を支援しました。

イ　農畜産物や加工品の地域内消費

施設給食の食材として地場産農林水産物を安定的に生産・供給する体制の構築やメニュー開発等の取組を支援するとともに、農産物直売所の運営体制強化のための検討会の開催及び観光需要向けの商品開発や農林水産物の加工・販売のための機械・施設等の整備を支援しました。

ウ　農村におけるSDGsの達成に向けた取組の推進

(ア)農山漁村の豊富な資源をバイオマス発電や小水

力発電等の再生可能エネルギーとして活用し、農林漁業経営の改善や地域への利益還元を進め、農山漁村の活性化に資する取組を推進しました。

（イ）市町村が中心となって、地域産業、地域住民が参画し、担い手確保から発電・熱利用に至るまで、低コスト化や森林関係者への利益還元を図る「地域内エコシステム」の構築に向け、技術者の現地派遣や相談対応等の技術的サポートを行う体制の確立、関係者による協議会の運営、小規模な技術開発等に対する支援を行いました。

（4）多様な機能を有する都市農業の推進

都市住民の理解の促進を図りつつ、都市農業の振興に向けた取組を推進しました。

また、都市農地の貸借の円滑化に関する制度が現場で円滑かつ適切に活用されるよう、農地所有者と都市農業者、新規就農者等の多様な主体とのマッチング体制の構築を促進しました。

さらに、計画的な都市農地の保全を図る生産緑地、田園住居地域等の積極的な活用を促進しました。

2　中山間地域等をはじめとする農村に人が住み続けるための条件整備

（1）地域コミュニティ機能の維持や強化

ア　世代を超えた人々による地域のビジョンづくり

中山間地域等直接支払制度の活用により農用地や集落の将来像の明確化を支援したほか、農村が持つ豊かな自然や食を活用した地域の活動計画づくり等を支援しました。

人口の減少、高齢化が進む農山漁村において、農用地の保全等により荒廃防止を図りつつ、活性化の取組を推進するため「農山漁村の活性化のための定住等及び地域間交流の促進に関する法律の一部を改正する法律」が令和4(2022)年10月に施行されました。

イ　「小さな拠点」の形成の推進

（ア）生活サービス機能等を基幹集落へ集約した「小さな拠点」の形成に資する地域の活動計画づくりや実証活動を支援しました。また、農産物販売施設、廃校施設等、特定の機能を果たすため生活インフラに設置された施設を多様化（地域づくり、農業振興、観光、文化、福祉、防犯等）するとともに、生活サービスが受けられる環境の整備を関係府省と連携して推進しました。

（イ）地域の実情を踏まえつつ、小学校区等複数の集落が集まる地域において、生活サービス機能等を集約・確保し、周辺集落との間をネットワークで結ぶ「小さな拠点」の形成に向けた取組を推進しました。

ウ　地域コミュニティ機能の形成のための場づくり

地域住民の身近な学習拠点である公民館における、NPO法人や企業、農業協同組合等の多様な主体と連携した地域の人材の育成・活用や地域活性化を図るための取組を推進しました。

（2）多面的機能の発揮の促進

日本型直接支払制度(多面的機能支払制度、中山間地域等直接支払制度及び環境保全型農業直接支払制度)や、森林・山村多面的機能発揮対策を推進しました。

ア　多面的機能支払制度

（ア）地域共同で行う、農業・農村の有する多面的機能を支える活動や、地域資源(農地、水路、農道等)の質的向上を図る活動を支援しました。

（イ）農村地域の高齢化等に伴い集落機能が一層低下する中、広域化や土地改良区との連携による活動組織の体制強化と事務の簡素化・効率化を進めました。

イ　中山間地域等直接支払制度

（ア）条件不利地域において、中山間地域等直接支払制度に基づく直接支払を実施しました。

（イ）棚田地域における振興活動や集落の地域運営機能の強化等、将来に向けた活動を支援しました。

ウ　環境保全型農業直接支払制度

化学肥料・化学合成農薬の使用を原則5割以上低減する取組と併せて行う地球温暖化防止や生物多様性保全等に効果の高い営農活動に対して支援しました。

エ　森林・山村多面的機能発揮対策

地域住民等が集落周辺の里山林において行う、中山間地域における農地等の維持保全にも資する森林の保全管理活動等を推進しました。

（3）生活インフラ等の確保

ア　住居、情報基盤、交通等の生活インフラ等の確保

（ア）住居等の生活環境の整備

a　住居・宅地等の整備

（a）高齢化や人口減少が進行する農村において、農業・生活関連施設の再編・整備を推進しまし

た。
（ｂ）農山漁村における定住や都市と農山漁村の二地域居住を促進する観点から、関係府省が連携しつつ、計画的な生活環境の整備を推進しました。

（ｃ）優良田園住宅による良質な住宅・宅地供給を促進し、質の高い居住環境整備を推進しました。

（ｄ）地方定住促進に資する地域優良賃貸住宅の供給を促進しました。

（ｅ）「地域再生法」（平成17年法律第24号）に基づき、「農地付き空き家」に関する情報提供や取得の円滑化を推進しました。

（ｆ）都市計画区域の定めのない町村において、スポーツ、文化、地域交流活動の拠点となり、生活環境の改善を図る特定地区公園の整備を推進しました。

ｂ　汚水処理施設の整備

（ａ）地方創生等の取組を支援する観点から、地方公共団体が策定する「地域再生計画」に基づき、関係府省が連携して道路及び汚水処理施設の整備を効率的・効果的に推進しました。

（ｂ）下水道、農業集落排水施設、浄化槽等について、未整備地域の整備とともに、より一層の効率的な汚水処理施設整備のために、社会情勢の変化を踏まえた都道府県構想の見直しの取組について、関係府省が密接に連携して支援しました。

（ｃ）下水道及び農業集落排水施設においては、既存施設について、維持管理の効率化や長寿命化・老朽化対策を進めるため、地方公共団体による機能診断等の取組や更新整備等を支援しました。

（ｄ）農業集落排水施設と下水道との連携等による施設の再編や、農業集落排水施設と浄化槽との一体的な整備を推進しました。

（ｅ）農村地域における適切な資源循環を確保するため、農業集落排水施設から発生する汚泥と処理水の循環利用を推進しました。

（ｆ）下水道を含む汚水処理の広域化・共同化に係る計画策定から施設整備まで総合的に支援する下水道広域化推進総合事業や従来の技術基準にとらわれず地域の実情に応じた低コスト、早期かつ機動的な整備が可能な新たな整備手法の導

入を図る「下水道クイックプロジェクト」等により、効率的な汚水処理施設の整備を推進しました。

（ｇ）地方部において、より効率的な汚水処理施設である浄化槽の整備を推進しました。特に循環型社会・低炭素社会・自然共生社会の同時実現を図るとともに、環境配慮型の浄化槽（省エネルギータイプに更なる環境性能を追加した浄化槽）整備や、公的施設に設置されている単独処理浄化槽の集中的な転換を推進しました。

（イ）情報通信環境の整備

高度情報通信ネットワーク社会の実現に向けて、河川、道路及び下水道において公共施設管理の高度化を図るため、光ファイバ及びその収容空間を整備するとともに、施設管理に支障のない範囲で国の管理する河川・道路管理用光ファイバやその収容空間の開放を推進しました。

（ウ）交通の整備

ａ　交通事故の防止や、交通の円滑化を確保するため、歩道の整備や交差点改良等を推進しました。

ｂ　生活の利便性向上や地域交流に必要な道路や、都市まで安全かつ快適な移動を確保するための道路の整備を推進しました。

ｃ　日常生活の基盤としての市町村道から国土構造の骨格を形成する高規格幹線道路に至る道路ネットワークの強化を推進しました。

ｄ　多様な関係者の連携により、地方バス路線、離島航路・航空路等の生活交通の確保・維持を図るとともに、バリアフリー化や地域鉄道の安全性向上に資する設備の整備等、快適で安全な公共交通の構築に向けた取組を支援しました。

ｅ　地域住民の日常生活に不可欠な交通サービスの維持・活性化、輸送の安定性の確保等のため、島しょ部等における港湾整備を推進しました。

ｆ　農産物の海上輸送の効率化を図るため、船舶の大型化等に対応した複合一貫輸送ターミナルの整備を推進しました。

ｇ　「道の駅」の整備により、休憩施設と地域振興施設を一体的に整備し、地域の情報発信と連携・交流の拠点形成を支援しました。

ｈ　食料品の購入や飲食に不便や苦労を感じる「食品アクセス問題」について、全国の地方公共団体

を対象としたアンケート調査や食品アクセスの確保に向けたモデル実証の支援のほか、取組の優良事例や関係省庁の各種施策をワンストップで閲覧可能なポータルサイトを通じた情報発信を行いました。

（エ）教育活動の充実

地域コミュニティの核としての学校の役割を重視しつつ、地方公共団体における学校規模の適正化や小規模校の活性化等に関する更なる検討を促すとともに、各市町村における検討に資する「公立小学校・中学校の適正規模・適正配置等に関する手引」の更なる周知、優れた先行事例の普及等による取組モデルの横展開等、活力ある学校づくりに向けたきめ細やかな取組を推進しました。

（オ）医療・福祉等のサービスの充実

a　「第7次医療計画」に基づき、へき地診療所等による住民への医療提供等農村を含めたへき地における医療の確保を推進しました。

b　介護・福祉サービスについて、地域密着型サービス拠点等の整備等を推進しました。

（カ）安全な生活の確保

a　山腹崩壊、土石流等の山地災害を防止するための治山施設の整備や、流木被害の軽減・防止を図るための流木捕捉式治山ダムの設置、農地等を飛砂害や風害、潮害から守るなど重要な役割を果たす海岸防災林の整備等を通じて地域住民の生命・財産及び生活環境の保全を図りました。これらの施策の実施に当たっては、流域治水の取組との連携を図りました。

b　治山施設の設置等のハード対策と併せて、地域における避難体制の整備等の取組と連携して、山地災害危険地区を地図情報として住民に提供するなどのソフト対策を推進しました。

c　高齢者や障害者等の自力避難の困難な者が入居する要配慮者利用施設に隣接する山地災害危険地区等において治山事業を計画的に実施しました。

d　激甚な水害の発生や床上浸水の頻発により、国民生活に大きな支障が生じた地域等において、被害の防止・軽減を目的として、治水事業を実施しました。

e　市町村役場、重要交通網、ライフライン施設等が存在する土砂災害の発生のおそれのある箇所において、砂防堰堤等の土砂災害防止施設の整備や警戒避難体制の充実・強化等、ハード・ソフト一体となった総合的な土砂災害対策を推進しました。また、近年、死者を出すなど甚大な土砂災害が発生した地域の再度災害防止対策を推進しました。

f　南海トラフ地震や首都直下地震等による被害の発生及び拡大、経済活動への甚大な影響の発生等に備え、防災拠点、重要交通網、避難路等に影響を及ぼすほか、孤立集落発生の要因となり得る土砂災害の発生のおそれのある箇所において、土砂災害防止施設の整備を戦略的に推進しました。

g　「土砂災害警戒区域等における土砂災害防止対策の推進に関する法律」（平成12年法律第57号）に基づき、土砂災害警戒区域等の指定を促進し、土砂災害のおそれのある区域についての危険の周知、警戒避難体制の整備及び特定開発行為の制限を実施しました。

h　農村地域における災害を防止するため、農業水利施設の改修等のハード対策に加え、防災情報を関係者が共有するシステムの整備、減災のための指針づくり等のソフト対策を推進し、地域住民の安全な生活の確保を図りました。

i　橋梁の耐震対策、道路斜面や盛土等の防災対策、災害のおそれのある区間を回避する道路整備を推進しました。また、冬期の道路ネットワークを確保するため、道路の除雪や、防雪、凍雪害防止を推進しました。

イ　定住条件整備のための総合的な支援

（ア）定住条件が不十分な地域（中山間、離島等）の医療、交通、買い物等の生活サービスを強化するためのICT利活用等、定住条件の整備のための取組を支援しました。

（イ）中山間地域等において、必要な地域に対して、農業生産基盤の総合的な整備と農村振興に資する施設の整備を一体的に推進し、定住条件を整備しました。

（ウ）水路等への転落を防止する安全施設の整備等、農業水利施設の安全対策を推進しました。

（4）鳥獣被害対策等の推進

ア　「鳥獣による農林水産業等に係る被害の防止のための特別措置に関する法律」（平成19年法律第134号）に基づき、市町村による被害防止計画の作成及び鳥

獣被害対策実施隊の設置・体制強化を推進しました。
イ 関係府省庁が連携・協力し、個体数等の削減に向けて、被害防止対策を推進しました。特にシカ・イノシシについては、令和5(2023)年度までに平成23(2011)年度比で生息頭数を半減させる目標の達成に向けて、関係府省庁等と連携しながら、捕獲の強化を推進しました。
ウ 市町村が作成する被害防止計画に基づく、鳥獣の捕獲体制の整備、捕獲機材の導入、侵入防止柵の設置、鳥獣の捕獲・追払いや、緩衝帯の整備を推進しました。
エ 都道府県における広域捕獲等を推進しました。
オ 東日本大震災や東電福島第一原発事故に伴う捕獲活動の低下による鳥獣被害の拡大を抑制するための侵入防止柵の設置等を推進しました。
カ 鳥獣被害対策のアドバイザーを登録・紹介する取組を推進するとともに、地域における技術指導者の育成を図るため研修を実施しました。
キ ICT等を活用した被害対策技術の開発・普及を推進しました。

3 農村を支える新たな動きや活力の創出
（1）地域を支える体制及び人材づくり
ア 地域運営組織の形成等を通じた地域を持続的に支える体制づくり
（ア）農村型地域運営組織形成推進事業を活用し、複数の集落機能を補完する「農村型地域運営組織(農村RMO)」の形成について、関係府省と連携し、県域レベルの伴走支援体制も構築しつつ、地域の取組を支援しました。
（イ）中山間地域等直接支払制度における集落戦略の推進や加算措置等により、集落協定の広域化や地域づくり団体の設立に資する取組等を支援しました。
イ 地域内の人材の育成及び確保
（ア）地域への愛着と共感を持ち、地域住民の思いをくみ取りながら、地域の将来像やそこで暮らす人々の希望の実現に向けてサポートする人材(農村プロデューサー)を養成する取組を推進しました。
（イ）「社会教育士」について、地域の人材や資源等をつなぐ人材としての専門性が適切に評価され、行

政やNPO等の各所で活躍するよう、本制度の周知を図りました。
（ウ）地域人口の急減に直面している地域において、「地域人口の急減に対処するための特定地域づくり事業の推進に関する法律」の仕組みを活用し、地域内の様々な事業者をマルチワークにより支える人材の確保及びその活躍を推進することにより、地域社会の維持及び地域経済の活性化を図るために、事例の紹介と併せて、本制度の周知を図りました。
ウ 関係人口の創出・拡大や関係の深化を通じた地域の支えとなる人材の裾野の拡大
（ア）就職氷河期世代を含む多様な人材が農林水産業や農山漁村における様々な活動を通じて、農山漁村への理解を深めることにより、農山漁村に関心を持ち、多様な形で地域と関わる関係人口を創出する取組を支援しました。
（イ）関係人口の創出・拡大等に取り組む市町村について、新たに地方交付税措置を行いました。
（ウ）子供の農山漁村での宿泊による農林漁業体験等を行うための受入環境の整備を行いました。
（エ）居住・就農を含む就労・生活支援等の総合的な情報をワンストップで提供する相談窓口の整備を推進しました。
エ 多様な人材の活躍による地域課題の解決
「農泊」をビジネスとして実施する体制を整備するため、地域外の人材の活用に対して支援しました。また、民間事業者と連携し、技術を有する企業や志ある若者等の斬新な発想を取り入れた取組、特色ある農業者や地域課題の把握、対策の検討等を支援する取組等を推進しました。
（2）農村の魅力の発信
ア 副業・兼業などの多様なライフスタイルの提示
農村で副業・兼業等の多様なライフスタイルを実現するための支援の在り方について検討しました。また、地方での「お試し勤務」の受入れを通じて、都市部の企業等のサテライトオフィスの誘致に取り組む地方公共団体を支援しました。
イ 棚田地域の振興と魅力の発信
「棚田地域振興法」(令和元年法律第42号)に基づき、関係府省で連携して棚田の保全と棚田地域の振興を図る地域の取組を総合的に支援しました。

ウ　様々な特色ある地域の魅力の発信

（ア）「「子どもの水辺」再発見プロジェクト」の推進、水辺整備等により、河川における交流活動の活性化を支援しました。

（イ）「歴史的砂防施設の保存活用ガイドライン」に基づき、歴史的砂防施設及びその周辺環境一帯において、環境整備を行うなどの取組を推進しました。

（ウ）「エコツーリズム推進法」（平成19年法律第105号）に基づき、エコツーリズム推進全体構想の認定・周知、技術的助言、情報の収集、普及・啓発、広報活動等を総合的に実施しました。

（エ）エコツーリズム推進全体構想の作成、魅力あるプログラムの開発、ガイド等の人材育成等、地域における活動の支援を行いました。

（オ）農用地、水路等の適切な保全管理により、良好な景観形成と生態系保全を推進しました。

（カ）河川においては、湿地の保全・再生や礫河原の再生等、自然再生事業を推進しました。

（キ）河川等に接続する水路との段差解消により水域の連続性の確保や、生物の生息・生育環境を整備・改善する魚のすみやすい川づくりを推進しました。

（ク）「景観法」（平成16年法律第110号）に基づく景観農業振興地域整備計画や、「地域における歴史的風致の維持及び向上に関する法律」（平成20年法律第40号）に基づく歴史的風致維持向上計画の認定制度の活用を通じ、特色ある地域の魅力の発信を推進しました。

（ケ）「文化財保護法」（昭和25年法律第214号）に基づき、農村に継承されてきた民俗文化財に関して、特に重要なものを重要有形民俗文化財や重要無形民俗文化財に指定するとともに、その修理や伝承事業等を支援しました。

（コ）保存及び活用が特に必要とされる民俗文化財について登録有形民俗文化財や登録無形民俗文化財に登録するとともに、保存箱等の修理・新調や解説書等の冊子整備を支援しました。

（サ）棚田や里山等の文化的景観や歴史的集落等の伝統的建造物群のうち、特に重要なものをそれぞれ重要文化的景観、重要伝統的建造物群保存地区として選定し、修理・防災等の保存及び活用に対して支援しました。

（シ）地域の歴史的魅力や特色を通じて我が国の文化・伝統を語るストーリーを「日本遺産」として認定し、魅力向上に向けて必要な支援を行いました。

（3）多面的機能に関する国民の理解の促進等

地域の伝統的農林水産業の継承、地域経済の活性化等につながる世界農業遺産及び日本農業遺産の認知度向上や、維持・保全及び新規認定に向けた取組を推進しました。また、歴史的・技術的・社会的価値を有する世界かんがい施設遺産の認知度向上及び新規認定に向けた取組を推進しました。さらに、農山漁村が潜在的に有する地域資源を引き出して地域の活性化や所得向上に取り組む優良事例を選定し、全国へ発信する「ディスカバー農山漁村の宝」を通じて、国民への理解の促進、普及等を図るとともに、農業の多面的機能の評価に関する調査、研究等を進めました。

4　Ⅳ1～3に沿った施策を継続的に進めるための関係府省で連携した仕組みづくり

農村の実態や要望について、直接把握し、関係府省とも連携して課題の解決を図る「農山漁村地域づくりホットライン」を運用し、都道府県や市町村、民間事業者等からの相談に対し、課題の解決を図る取組を推進しました。

Ⅴ　東日本大震災からの復旧・復興と大規模自然災害への対応に関する施策

1　東日本大震災からの復旧・復興

「「第2期復興・創生期間」以降における東日本大震災からの復興の基本方針」等に沿って、以下の取組を推進しました。

（1）地震・津波災害からの復旧・復興

ア　農地等の生産基盤の復旧・整備

被災した農地、農業用施設等の着実な復旧を推進しました。

イ　経営の継続・再建

東日本大震災により被災した農業者等に対して、速やかな復旧・復興のために必要となる資金が円滑に融通されるよう利子助成金等を交付しました。

ウ　農山漁村対策

福島イノベーション・コースト構想に基づき、ICTやロボット技術等を活用して農林水産分野の先端技

術の開発を行うとともに、状況変化等に起因して新たに現場が直面している課題の解消に資する現地実証や社会実装に向けた取組を推進しました。

エ　東日本大震災復興交付金

被災市町村が農業用施設・機械を整備し、被災農業者に貸与等することにより、被災農業者の農業経営の再開を支援しました。

（2）原子力災害からの復旧・復興

ア　食品中の放射性物質の検査体制及び食品の出荷制限

（ア）食品中の放射性物質の基準値を踏まえ、検査結果に基づき、都道府県に対して食品の出荷制限・摂取制限の設定・解除を行いました。

（イ）都道府県等に食品中の放射性物質の検査を要請しました。また、都道府県の検査計画策定の支援、都道府県等からの依頼に応じた民間検査機関での検査の実施、検査機器の貸与・導入等を行いました。さらに、都道府県等が行った検査の結果を集約し、公表しました。

（ウ）独立行政法人国民生活センターと共同して、希望する地方公共団体に放射性物質検査機器を貸与し、消費サイドで食品の放射性物質を検査する体制の整備を支援しました。

イ　稲の作付再開に向けた支援

令和4(2022)年産稲の農地保全・試験栽培区域における稲の試験栽培、作付再開準備区域における実証栽培等の取組を支援しました。

ウ　放射性物質の吸収抑制対策

放射性物質の農作物への吸収抑制を目的とした資材の施用、品種・品目転換等の取組を支援しました。

エ　農業系副産物循環利用体制の再生・確立

放射性物質の影響から、利用可能であるにもかかわらず循環利用が寸断されている農業系副産物の循環利用体制の再生・確立を支援しました。

オ　避難区域等の営農再開支援

（ア）避難区域等において、除染完了後から営農が再開されるまでの間の農地等の保全管理、鳥獣被害防止緊急対策、放れ畜対策、営農再開に向けた作付・飼養実証、避難先からすぐに帰還できない農家の農地の管理耕作、収穫後の汚染防止対策、水稲の作付再開、新たな農業への転換及び農業用機械・施設、家畜等の導入を支援しました。

（イ）福島相双復興官民合同チームの営農再開グループが、農業者を個別に訪問して、要望調査や支援策の説明を行いました。

（ウ）原子力被災12市町村に対し、福島県や農業協同組合と連携して人的支援を行い、営農再開を加速化しました。

（エ）原子力被災12市町村において、営農再開の加速化に向けて、「福島復興再生特別措置法」（平成24年法律第25号）による特例措置等を活用した農地の利用集積、生産と加工等が一体となった高付加価値生産を展開する産地の創出を支援しました。

カ　農産物等輸出回復

東電福島第一原発事故を受けて、諸外国・地域において日本産食品に対する輸入規制が行われていることから、関係省庁が協力し、あらゆる機会を捉えて輸入規制の早期撤廃に向けた働き掛けを実施しました。

キ　福島県産農産物等の風評の払拭

福島県の農業の再生に向けて、生産から流通・販売に至るまで、風評の払拭を総合的に支援しました。

ク　農産物等消費拡大推進

被災地及び周辺地域で生産された農林水産物並びにそれらを活用した食品の消費の拡大を促すため、生産者や被災地の復興を応援する取組を情報発信するとともに、被災地産食品の販売促進等、官民の連携による取組を推進しました。

ケ　農地土壌等の放射性物質の分布状況等の推移に関する調査

今後の営農に向けた取組を進めるため、農地土壌等の放射性核種の濃度を測定し、農地土壌の放射性物質濃度の推移を把握しました。

コ　放射性物質対策技術の開発

被災地の営農再開のため、農地の省力的管理及び生産力回復を図る技術開発を行いました。また、農地の放射性セシウムの移行低減技術を開発し、農作物の安全性を確保する技術開発を行いました。

サ　ため池等の放射性物質のモニタリング調査、ため池等の放射性物質対策

放射性物質のモニタリング調査等を行いました。また、市町村等がため池の放射性物質対策を効果的・効率的に実施できるよう技術的助言等を行いました。

シ　東電福島第一原発事故で被害を受けた農林漁業者

への賠償等

　東電福島第一原発事故により農林漁業者等が受けた被害については、東京電力ホールディングス株式会社から適切かつ速やかな賠償が行われるよう、関係省庁、関係都道府県、関係団体、東京電力ホールディングス株式会社等との連絡を密にし、必要な情報提供や働き掛けを実施しました。

ス　食品と放射能に関するリスクコミュニケーション
　　関係府省、各地方公共団体、消費者団体等が連携した意見交換会等のリスクコミュニケーションの取組を促進しました。

セ　福島再生加速化交付金
（ア）農地・農業用施設の整備、農業水利施設の保全管理、ため池の放射性物質対策等を支援しました。
（イ）生産施設等の整備を支援しました。
（ウ）地域の実情に応じ、農地の畦畔(けいはん)除去による区画拡大、暗渠(あんきょ)排水整備等の簡易な基盤整備を支援しました。
（エ）被災市町村が農業用施設・機械を整備し、被災農業者に貸与等することにより、被災農業者の農業経営の再開を支援しました。
（オ）木質バイオマス関連施設、木造公共建築物等の整備を支援しました。

2　大規模自然災害への備え
（1）災害に備える農業経営の取組の全国展開等
ア　自然災害等の農業経営へのリスクに備えるため、農業用ハウスの保守管理の徹底や補強、低コスト耐候性ハウスの導入、農業保険等の普及促進・利用拡大、農業版BCPの普及等、災害に備える農業経営に向けた取組を引き続き全国展開しました。
イ　地域において、農業共済組合や農業協同組合等の関係団体等による推進体制を構築し、作物ごとの災害対策に係る農業者向けの研修やリスクマネジメントの取組事例の普及、農業高校、農業大学校等における就農前の啓発の取組等を引き続き推進しました。
ウ　卸売市場における防災・減災のための施設整備等を推進しました。
（2）異常気象などのリスクを軽減する技術の確立・普及
　　地球温暖化に対応する品種・技術を活用し、「強み」のある産地形成に向け、生産者・実需者等が一体となって先進的・モデル的な実証や事業者のマッチング等に取り組む産地を支援しました。

（3）農業・農村の強靱化に向けた防災・減災対策
ア　基幹的な農業水利施設の改修等のハード対策と機能診断等のソフト対策を組み合わせた防災・減災対策を実施しました。
イ　農業用ため池の管理及び保全に関する法律に基づき、ため池の決壊による周辺地域への被害の防止に必要な措置を進めました。
ウ　防災重点農業用ため池に係る防災工事等の推進に関する特別措置法の規定により都道府県が策定した推進計画に基づき、優先度の高いものから防災工事等に取り組むとともに、防災工事等が実施されるまでの間についても、ハザードマップの作成、監視・管理体制の強化等を行うなど、ハード対策とソフト対策を適切に組み合わせて、ため池の防災・減災対策を推進しました。
エ　大雨により水害が予測されるなどの際、①事前に農業用ダムの水位を下げて雨水を貯留する「事前放流」、②水田に雨水を一時的に貯留する「田んぼダム」、③ため池への雨水の一時的な貯留、④農作物への被害のみならず、市街地や集落の湛水被害も防止・軽減させる排水施設の整備等、流域治水の取組を通じた防災・減災対策の強化に取り組みました。
オ　排水の計画基準に基づき、農業水利施設等の排水対策を推進しました。
カ　津波、高潮、波浪その他海水又は地盤の変動による被害等から農地等を防護するため、海岸保全施設の整備等を実施しました。
（4）初動対応をはじめとした災害対応体制の強化
ア　地方農政局等と農林水産省本省との連携体制の構築を促進するとともに、地方農政局等の体制を強化しました。
イ　国からの派遣人員(MAFF-SAT)の充実等、国の応援体制の充実を図りました。
ウ　被災者支援のフォローアップの充実を図りました。
（5）不測時における食料安定供給のための備えの強化
ア　食品産業事業者によるBCPの策定や事業者、地方公共団体等の連携・協力体制を構築しました。また、卸売市場における防災・減災のための施設整備等を促進しました。
イ　米の備蓄運営について、米の供給が不足する事態に備え、100万t程度(令和4(2022)年6月末時点)の備

蓄保有を行いました。

ウ　輸入依存度の高い小麦について、外国産食糧用小麦需要量の2.3か月分を備蓄し、そのうち政府が1.8か月分の保管料を助成しました。

エ　輸入依存度の高い飼料穀物について、不測の事態における海外からの供給遅滞・途絶、国内の配合飼料工場の被災に伴う配合飼料の急激な逼迫等に備え、配合飼料メーカー等がBCPに基づいて実施する飼料穀物の備蓄や、災害に強い配合飼料輸送等の検討の取組に対して支援しました。

オ　食品の家庭備蓄の定着に向けて、企業、地方公共団体や教育機関等と連携しつつ、ローリングストック等による日頃からの家庭備蓄の重要性や、乳幼児、高齢者、食物アレルギー等への配慮の必要性に関する普及啓発を行いました。また、特に災害への備えを見落としがちなひとり暮らしの方のために、家庭備蓄を分かりやすくまとめたWebサイト「災害時にそなえる食品ストックガイド～単身者向け」を公開しました。

（6）その他の施策

　　地方農政局等を通じ、台風等の暴風雨、高温、大雪等による農作物等の被害防止に向けた農業者等への適切な技術指導が行われるための通知の発出や、MAFFアプリ、SNS等を活用し農林漁業者等に向けて予防減災に必要な情報を発信しました。

3　大規模自然災害からの復旧

　　令和4(2022)年度は、令和4年8月3日からの大雨、令和4年台風第14号等により、農作物、農業用機械、農業用ハウス、農林水産関係施設等に大きな被害が発生したことから、以下の施策を講じました。

（1）災害復旧事業の早期実施

ア　被災した地方公共団体等へMAFF-SATを派遣し、迅速な被害の把握や被災地の早期復旧を支援しました。

イ　地震、豪雨等の自然災害により被災した農林漁業者の早期の営農・経営再開等を図るため、図面の簡素化等、災害査定の効率化を進めるとともに、査定前着工制度の活用を促進し、被災した農林漁業関係施設等の早期復旧を支援しました。

（2）激甚災害指定

　　被害が特に大きかった「令和4年7月14日から同月

20日までの間の豪雨による災害」、「令和4年8月1日から同月22日までの間の豪雨及び暴風雨による災害」及び「令和4年9月17日から同月24日までの間の暴風雨及び豪雨による災害」については、激甚災害に指定し、災害復旧事業費に対する地方公共団体等の負担の軽減を図りました。

（3）被災農林漁業者等の資金需要への対応

　　被災農林漁業者等に対する資金の円滑な融通、既貸付金の償還猶予等が図られるよう、関係機関に対して依頼通知を発出しました。

（4）共済金の迅速かつ確実な支払

　　迅速かつ適切な損害評価の実施や、共済金の早期支払体制の確立、収入保険に係るつなぎ融資の実施等が図られるよう、都道府県及び農業共済団体に通知しました。

（5）特別対策の実施

ア　令和4年福島県沖を震源とする地震による被災農林漁業者への支援

　　政府として、「令和4年福島県沖を震源とする地震」に対し緊急に対応すべき施策を実施しました。

　　具体的には、

（ア）被災に伴い必要となる生産資材の確保、追加防除・施肥、収穫・調製作業、施設の仮復旧等に対する支援

（イ）共同利用施設等の再建・修繕に対する支援

（ウ）農業用ハウスや農業用機械等の再建・修繕に対する支援

（エ）畜舎・畜産用機械の修繕等に対する支援

（オ）特用林産振興施設等の復旧・整備・撤去や、きのこ生産資材の導入に対する支援

（カ）水産業共同利用施設等の再建・修繕や再建の前提となる損壊した施設の撤去等に対する支援

（キ）農業共済の早期支払や収入保険に係るつなぎ融資の実施、災害関連資金の貸付け等の資金繰りに対する支援

（ク）災害復旧事業の促進

　　等の支援を行いました。

イ　令和4年8月3日からの大雨による被災農林漁業者への支援

　　「令和4年8月3日からの大雨」により、農作物、農林水産関係施設等に大きな被害が発生したことから、農林水産省では支援策を実施しました。

具体的には、

（ア）災害復旧事業の促進

（イ）災害関連資金の特例措置

（ウ）農業共済・収入保険による補塡

（エ）果樹被害への支援

等の支援を行いました。

Ⅵ　団体に関する施策

ア　農業協同組合系統組織

農業協同組合法及びその関連通知に基づき、農業者の所得向上に向けた自己改革を実践していくサイクルの構築を促進しました。

また、農水産業協同組合貯金保険法の一部を改正する法律に基づき、金融システムの安定に係る国際的な基準への対応を促進しました。

イ　農業委員会系統組織

農地利用の最適化活動を行う農業委員・農地利用最適化推進委員の具体的な目標の設定、最適化活動の記録・評価等の取組を推進しました。

ウ　農業共済団体

農業保険について、行政機関、農業協同組合等の関係団体、農外の専門家等と連携した推進体制を構築しました。また、農業保険を普及する職員の能力強化、全国における1県1組合化の実現、農業被害の防止に係る情報・サービスの農業者への提供及び広域被害等の発生時における円滑な保険事務等の実施体制の構築を推進しました。

エ　土地改良区

土地改良区の運営基盤の強化を図るため、広域的な合併や土地改良区連合の設立に対する支援や、准組合員制度等の導入に向けた取組を推進しました。施策の推進に当たっては、国、都道府県、土地改良事業団体連合会等で構成される協議会を各都道府県に設置し、土地改良区が直面する課題や組織・運営体制の差異に応じたきめ細かい対応策を検討・実施しました。

Ⅶ　食と農に関する国民運動の展開等を通じた国民的合意の形成に関する施策

食と環境を支える農業・農村への国民の理解の醸成を図るため、消費者・食品関連事業者・生産者団体を含めた官民協働による、食と農とのつながりの深化に着目した新たな国民運動「食から日本を考える。ニッポンフードシフト」のために必要な措置を講じました。

具体的には、農林漁業者による地域の様々な取組や地域の食と農業の魅力の発信を行うとともに、地域の農業・農村の価値や生み出される農林水産物の魅力を伝える交流イベント等を実施しました。

Ⅷ　新型コロナウイルス感染症をはじめとする新たな感染症への対応

国民への食料の安定供給を最優先に、新型コロナウイルス感染症の影響を受けた農林漁業者・食品事業者が生産を継続していくための施策を、新型コロナウイルス感染症の状況の推移を見つつ、機動的に実施するとともに、新型コロナウイルス感染症による食料供給の状況について、消費者に分かりやすく情報を提供しました。

（1）新型コロナウイルス感染症の感染拡大により、インバウンドや外食需要の減少等の影響を受けている国産農林水産物等の新たな販路の開拓に資する取組を支援しました。

（2）外出の自粛等により甚大な影響を受けている飲食業や食材を供給する農林漁業者を支援するため、登録飲食店で使えるプレミアム付食事券を発行する「Go To Eatキャンペーン」の実施期限を延長し、飲食店の需要喚起を図りました。

（3）高水準にある脱脂粉乳在庫を低減する取組を支援しました。

（4）入国制限の緩和による外国人材の入国状況を注視しつつ、労働力の確保や農業生産を支える人材の育成・確保に向けた取組を支援しました。

（5）農林漁業者の資金繰りに支障が生じないよう、農林漁業セーフティネット資金等の実質無利子・無担保化等の措置、また、食品関連事業者の債務保証に必要な資金の支援を実施しました。

（6）家庭食の輸出増加や新規・有望市場シェア獲得等、輸出の維持・促進を図るため、製造設備等の整備・導入等について支援しました。また、引き続き新型コロナウイルス感染症の収束時期が不透明である中においても輸出に取り組む事業者と海外バイヤーのマッ

チングを推進するため、現地に渡航しなくても対応可能なオンライン商談会の実施や、出品者の現地への渡航を前提としないリアルとオンラインを併用した見本市への出展等、JETROによる取組を支援しました。

（7）産地や実需者が連携し、輸入農畜産物から国産に切り替え、継続的・安定的な供給を図るための体制整備を支援しました。

（8）農林漁業者や食品関連事業者、農泊関連事業者等に対し、新型コロナウイルス感染症に関する支援策や業種別ガイドライン等の内容を周知するとともに、国民に対し、食料品の供給状況等の情報を農林水産省Webサイトで提供しました。

IX　食料、農業及び農村に関する施策を総合的かつ計画的に推進するために必要な事項

1　国民視点や地域の実態に即した施策の展開

（1）幅広い国民の参画を得て施策を推進するため、国民との意見交換等を実施しました。

（2）農林水産省Webサイト等の媒体による意見募集を実施しました。

（3）農林水産省本省の意図・考え方等を地方機関に浸透させるとともに、地方機関が把握している現場の状況を適時に本省に吸い上げ施策立案等に反映させるため、地方農政局長等会議を開催しました。

2　EBPMと施策の進捗管理及び評価の推進

（1）施策の企画・立案に当たっては、達成すべき政策目的を明らかにした上で、合理的根拠に基づく施策の立案（EBPM）を推進しました。

（2）「行政機関が行う政策の評価に関する法律」（平成13年法律第86号）に基づき、主要な施策について達成すべき目標を設定し、定期的に実績を測定すること等により評価を行い、結果を施策の改善等に反映しました。行政事業レビューの取組により、事業等について実態把握及び点検を実施し、結果を予算要求等に反映しました。また、政策評価書やレビューシート等については、農林水産省Webサイトで公表しました。

政策評価
URL：https://www.maff.go.jp/j/assess/

（3）施策の企画・立案段階から決定に至るまでの検討過程において、施策を科学的・客観的に分析し、その必要性や有効性を明らかにしました。

（4）農政の推進に不可欠な情報インフラを整備し、的確に統計データを提供しました。

ア　農林水産施策の企画・立案に必要となる統計調査を実施しました。

イ　統計調査の基礎となる筆ポリゴンを活用し各種農林水産統計調査を効率的に実施するとともに、オープンデータとして提供している筆ポリゴンについて、利用者の利便性向上に向けた取組を実施しました。

ウ　地域施策の検討等に資するため、「市町村別農業産出額（推計）」を公表しました。

エ　専門調査員の活用等調査の外部化を推進し、質の高い信頼性のある統計データの提供体制を確保しました。

3　効果的かつ効率的な施策の推進体制

（1）地方農政局等の地域拠点を通じて、地方公共団体や関係団体等と連携強化を図り、各地域の課題やニーズを捉えた的確な農林水産施策の推進を実施しました。

（2）SNS等のデジタル媒体を始めとする複数の広報媒体を効果的に組み合わせた広報活動を推進しました。

4　行政のデジタルトランスフォーメーションの推進
　　以下の取組を通じて、農業政策や行政手続等の事務についてもデジタルトランスフォーメーション（DX）を推進しました。

（1）eMAFFの構築と併せた法令に基づく手続や補助金・交付金の手続における添付書類の削減、デジタル技術の活用を前提とした業務の抜本見直し等を促進しました。

（2）データサイエンスを推進する職員の養成・確保等職

員の能力向上を図るとともに、得られたデータを活用したEBPMや政策評価を積極的に実施しました。

5　幅広い関係者の参画と関係府省の連携による施策の推進

　食料自給率の向上に向けた取組を始め、政府一体となって実効性のある施策を推進しました。

6　SDGsに貢献する環境に配慮した施策の展開

　みどり戦略の実現に向けた基本理念等を定めるとともに、環境負荷の低減に取り組む者の事業計画を認定する制度を創設するための法律である「みどりの食料システム法」が令和4(2022)年7月に施行されました。みどりの食料システム法に基づき、環境負荷低減に係る計画の認定を受けた農林漁業者に対して、税制特例や融資制度等の支援措置を講ずるとともに、みどりの食料システム戦略推進総合対策等により、みどり戦略の実現に資する研究開発や、地域ぐるみでの環境負荷低減の取組を促進しました。

　さらに、「みどりの食料システム戦略に関する関係府省庁連絡会議」を設置し、今後も関係府省庁連携の上で取組を進めることを確認するとともに、関係府省庁連携の取組の進捗状況を公表しました。

7　財政措置の効率的かつ重点的な運用

　厳しい財政事情の下で予算を最大限有効に活用する観点から、既存の予算を見直した上で「農林水産業・地域の活力創造プラン」に基づき、新たな農業・農村政策を着実に実行するための予算に重点化を行い、財政措置を効率的に運用しました。

令和5年度
食料・農業・農村施策

第211回国会（常会）提出

目次

概説

1 施策の重点

新たな「食料・農業・農村基本計画」(令和2(2020)年3月閣議決定)を指針として、食料自給率・食料自給力の維持向上に向けた施策、食料の安定供給の確保に関する施策、農業の持続的な発展に関する施策、農村の振興に関する施策、食料・農業・農村に横断的に関係する施策等を総合的かつ計画的に展開します。

また、「食料安全保障強化政策大綱」(令和4(2022)年12月決定)に基づき、食料安全保障の強化に向け、過度な輸入依存からの脱却に向けた構造転換対策の継続的な実施に加え、スマート農林水産業等による成長産業化、農林水産物・食品の輸出促進及び農林水産業のグリーン化を進めます。あわせて、「農林水産業・地域の活力創造プラン」(令和4(2022)年6月改訂)に基づく施策を展開します。

さらに、CPTPP、日EU・EPA、日米貿易協定、日英EPA及びRCEP(地域的な包括的経済連携)協定の効果を最大限に活用するため、「総合的なTPP等関連政策大綱」(令和2(2020)年12月改訂)に基づき、強い農林水産業の構築、経営安定・安定供給の備えに資する施策等を推進します。また、東日本大震災及び東京電力福島第一原子力発電所(以下「東電福島第一原発」という。)事故からの復旧・復興に関係府省庁が連携しながら取り組みます。

くわえて、「食料・農業・農村基本法」(平成11年法律第106号)の検証・見直しに向けた検討については、関係各界各層からの意見を広く伺い、国民的コンセンサスを形成しながら、議論を進めていきます。

2 財政措置

(1) 令和5(2023)年度農林水産関係予算額は、2兆2,683億円を計上しています。本予算においては、①食料安全保障の強化に向けた構造転換対策、②生産基盤の強化と経営所得安定対策の着実な実施、需要拡大の推進、③令和12(2030)年輸出5兆円目標の実現に向けた農林水産物・食品の輸出力強化、食品産業の強化、④環境負荷低減に資する「みどりの食料システム戦略」(以下「みどり戦略」という。)の実現に向けた政策の推進、⑤スマート農林水産業、eMAFF等による

デジタルトランスフォーメーション(DX)の推進、⑥食の安全と消費者の信頼確保、⑦農地の効率的な利用と人の確保・育成、農業農村整備、⑧農山漁村の活性化、⑨カーボンニュートラル実現に向けた森林・林業・木材産業によるグリーン成長、⑩水産資源の適切な管理と水産業の成長産業化、⑪防災・減災、国土強靱化と災害復旧等の推進に取り組みます。

(2) 令和5(2023)年度の農林水産関連の財政投融資計画額は、7,727億円を計上しています。このうち主要なものは、株式会社日本政策金融公庫による借入れ7,660億円となっています。

3 税制上の措置

以下を始めとする税制措置を講じます。

(1) 農業経営基盤強化準備金制度について、対象となる農業用機械等から取得価額が30万円未満の資産を除外した上、2年延長します(所得税・法人税)。

(2) 農業競争力強化支援法(平成29年法律第35号)に基づく事業再編計画の認定を受けた場合の事業再編促進機械等の割増償却について、割増償却率の見直し、1社単独で取り組む事業再編に係る機械等を対象から除外した上、2年延長します(所得税・法人税)。

(3) 農林漁業用A重油に対する石油石炭税(地球温暖化対策のための課税の特例による上乗せ分を含む。)の免税・還付措置を5年延長します(石油石炭税)。

(4) 農用地利用集積等促進計画により農用地等を取得した場合の所有権の移転登記の税率の軽減措置を3年延長します(登録免許税)。

4 金融措置

政策と一体となった長期・低利資金等の融通による担い手の育成・確保等の観点から、農業制度金融の充実を図ります。

(1) 株式会社日本政策金融公庫の融資

ア 農業の成長産業化に向けて、民間金融機関と連携を強化し、農業者等への円滑な資金供給に取り組みます。

イ 農業経営基盤強化資金(スーパーL資金)については、農業経営基盤強化促進法(昭和55年法律第65号)に規定する地域計画のうち目標地図に位置付けられた等の認定農業者を対象に貸付当初5年間実質無利子化する措置を講じます。

（2）民間金融機関の融資

ア　民間金融機関の更なる農業融資拡大に向けて株式会社日本政策金融公庫との業務連携・協調融資等の取組を強化します。

イ　認定農業者が借り入れる農業近代化資金については、貸付利率をスーパーL資金の水準と同一にする金利負担軽減措置を実施します。また、TPP協定等による経営環境変化に対応して、新たに規模拡大等に取り組む農業者が借り入れる農業近代化資金については、農業経営基盤強化促進法に規定する地域計画のうち目標地図に位置付けられたなどの認定農業者を対象に貸付当初5年間実質無利子化するなどの措置を講じます。

ウ　農業経営改善促進資金(スーパーS資金)を低利で融通できるよう、都道府県農業信用基金協会が民間金融機関に貸付原資を低利預託するために借り入れた借入金に対し利子補給金を交付します。

（3）農業法人への出資

「農林漁業法人等に対する投資の円滑化に関する特別措置法」（平成14年法律第52号）に基づき、農業法人に対する投資育成事業を行う株式会社又は投資事業有限責任組合の出資原資を株式会社日本政策金融公庫から出資します。

（4）農業信用保証保険

農業信用保証保険制度に基づき、都道府県農業信用基金協会による債務保証及び当該保証に対し独立行政法人農林漁業信用基金が行う保証保険により補完等を行います。

（5）被災農業者等支援対策

ア　甚大な自然災害等により被害を受けた農業者等が借り入れる災害関連資金について、貸付当初5年間実質無利子化する措置を講じます。

イ　甚大な自然災害等により被害を受けた農業者等の経営の再建に必要となる農業近代化資金の借入れについて、都道府県農業信用基金協会の債務保証に係る保証料を保証当初5年間免除するために必要な補助金を交付します。

I 食料自給率・食料自給力の維持向上に向けた施策

1　食料自給率・食料自給力の維持向上に向けた取組

食料自給率・食料自給力の維持向上に向けて、以下の取組を重点的に推進します。

（1）食料消費

ア　消費者と食と農とのつながりの深化

食育や国産農産物の消費拡大、地産地消、和食文化の保護・継承、食品ロスの削減を始めとする環境問題への対応等の施策を個々の国民が日常生活で取り組みやすいよう配慮しながら推進します。また、農業体験、農泊等の取組を通じ、国民が農業・農村を知り、触れる機会を拡大します。

イ　食品産業との連携

食の外部化・簡便化の進展に合わせ、中食・外食における国産農産物の需要拡大を図ります。

平成25(2013)年にユネスコ無形文化遺産に登録された和食文化については、食育・価値共有、食による地域振興等の多様な価値の創造等を進めるとともに、その国内外への情報発信を強化します。

食の生産・加工・流通・消費に関わる幅広い関係者が一堂に会し、経営責任者等ハイレベルでの対話を通じて、情報や認識を共有するとともに、具体的行動にコミットするための場として、「持続可能な食料生産・消費のための官民円卓会議」を開催します。

（2）農業生産

ア　国内外の需要の変化に対応した生産・供給

（ア）優良品種の開発等による高付加価値化や生産コストの削減を進めるほか、更なる輸出拡大を図るため、諸外国・地域の規制やニーズにも対応できる輸出産地づくりを進めます。

（イ）国や地方公共団体、農業団体等の後押しを通じて、生産者と消費者や事業者との交流、連携、協働等の機会を創出します。

イ　国内農業の生産基盤の強化

（ア）持続可能な農業構造の実現に向けた担い手の育成・確保と農地の集積・集約化の加速化、経営発展の後押しや円滑な経営継承を進めます。

（イ）農業生産基盤の整備、スマート農業の社会実装の加速化による生産性の向上、各品目ごとの課題の克服、生産・流通体制の改革等を進めます。

（ウ）中山間地域等で耕作放棄も危惧される農地も含め、地域で徹底した話合いを行った上で、放牧等少子高齢化・人口減少に対応した多様な農地利用方策も含め農地の有効活用や適切な維持管理を進めます。

2　主要品目ごとの生産努力目標の実現に向けた施策

（1）米

ア　需要に応じた米の生産・販売の推進

（ア）産地・生産者と実需者が結び付いた事前契約や複数年契約による安定取引の推進、水田活用の直接支払交付金等による作付転換への支援、都道府県産別、品種別等のきめ細かな需給・価格情報、販売進捗情報、在庫情報の提供、都道府県別・地域別の作付動向(中間的な取組状況)の公表等により需要に応じた生産・販売を推進します。

（イ）国が策定する需給見通し等を踏まえつつ生産者や集荷業者・団体が主体的に需要に応じた生産・販売を行うため、行政、生産者団体、現場が一体となって取り組みます。

（ウ）米の生産については、農地の集積・集約化による分散錯圃(さくほ)の解消や作付けの団地化、直播(ちょくはん)等の省力栽培技術やスマート農業技術等の導入・シェアリングの促進、資材費の低減等による生産コストの低減等を推進します。

イ　コメ・コメ加工品の輸出拡大

「農林水産物・食品の輸出拡大実行戦略」(令和4(2022)年12月改訂)(以下「輸出拡大実行戦略」という。)で掲げた輸出額目標の達成に向けて、輸出ターゲット国・地域である香港、米国、中国、シンガポールを中心とする輸出拡大が見込まれる国・地域での海外需要開拓・プロモーションや海外規制に対応する取組に対して支援するとともに、大ロットで輸出用米の生産・供給に取り組む産地の育成等の取組を推進します。

（2）麦

ア　経営所得安定対策や強い農業づくり総合支援交付金等による支援を行うとともに、作付けの団地化の推進や営農技術の導入を通じた生産性向上や増産等を推進します。

イ　実需者ニーズに対応した新品種や栽培技術の導入により、実需者の求める量・品質・価格の安定を支援し、国産麦の需要拡大を推進します。

ウ　実需と生産のマッチングを推進し、実需の求める品質・量の供給に向けた生産体制の整備を推進します。

（3）大豆

ア　経営所得安定対策や強い農業づくり総合支援交付金等による支援を行うとともに、作付けの団地化の推進や営農技術の導入を通じた生産性向上や増産等を推進します。

イ　実需者ニーズに対応した新品種や栽培技術の導入により、実需者の求める量・品質・価格の安定を支援し、国産大豆の需要拡大を推進します。

ウ　「播種(はしゅ)前入札取引」の適切な運用等により、国産大豆の安定取引を推進します。

エ　実需と生産のマッチングを推進し、実需の求める品質・量の供給に向けた生産体制の整備を推進します。

（4）そば

ア　需要に応じた生産及び安定供給の体制を確立するため、排水対策等の基本技術の徹底、湿害軽減技術の普及等を推進します。

イ　高品質なそばの安定供給に向けた生産体制の強化に必要となる施設の整備等を支援します。

ウ　国産そばを取り扱う製粉業者と農業者の連携を推進します。

（5）かんしょ・ばれいしょ

ア　かんしょについては、共同利用施設の整備や省力化のための機械化体系の確立等への取組を支援します。特にでん粉原料用かんしょについては、多収新品種への転換や生分解性マルチの導入等の取組を支援します。また、「サツマイモ基腐病(もとぐされびょう)」については、土壌消毒、健全な苗の調達等を支援するとともに、研究事業で得られた成果を踏まえつつ、防除技術の確立・普及に向けた取組を推進します。さらに、輸出の拡大を目指し、安定的な出荷に向けた施設の整備等を支援します。

イ　ばれいしょについては、生産コストの低減、品質の向上、労働力の軽減やジャガイモシストセンチュウ及びジャガイモシロシストセンチュウの発生・まん延の防止を図るための共同利用施設の整備等を推進します。また、収穫作業の省力化のための倉庫前集中選別への移行やコントラクター等の育成による作業の外部化への取組を支援します。さらに、ジャガイモシストセンチュウやジャガイモシロシストセンチュウ抵抗性を有する新品種への転換を促進します。

ウ　種子用ばれいしょ生産については、罹病率（りびょう）の低減や作付面積増加のための取組を支援するとともに、原原種生産・配布において、選別施設や貯蔵施設の近代化や、配布品種数の削減による効率的な生産を推進することで、種子用ばれいしょの品質向上と安定供給体制の構築を図ります。

エ　いもでん粉の高品質化に向けた品質管理の高度化等を支援します。

オ　糖価調整制度に基づく交付金により、国内産いもでん粉の安定供給を推進します。

（6）なたね

ア　播種前契約の実施による国産なたねを取り扱う搾油事業者と農業者の連携を推進します。

イ　需要に応じたなたねの生産拡大に伴い必要となる施設の整備等を支援します。

ウ　なたねのダブルロー品種（食用に適さない脂肪酸であるエルシン酸と家畜等に甲状腺障害をもたらすグルコシノレートの含有量が共に低い品種）の普及を推進します。

（7）野菜

ア　データに基づき栽培技術・経営の最適化を図る「データ駆動型農業」の実践に向けた、産地としての取組体制の構築やデータ収集・分析機器の活用等を支援するとともに、より高度な生産が可能となる低コスト耐候性ハウスや高度環境制御栽培施設等の導入を支援します。

イ　実需者からの国産野菜の安定調達ニーズに対応するため、加工・業務用向けの契約栽培に必要な新たな生産・流通体系の構築、作柄安定技術の導入等を支援します。

ウ　園芸産地が抱える課題に緊急に対応するとともに、輸入野菜の国産への置換え等、我が国の食料安全保障にもつながる産地強化のための取組を支援します。

エ　複数の産地と協業して、加工・業務用等の新市場が求めるロット・品質での供給を担う拠点事業者による貯蔵・加工等の拠点インフラの整備や生育予測等を活用した安定生産の取組等を支援します。

オ　農業者と協業しつつ、①生産安定・効率化機能、②供給調整機能、③実需者ニーズ対応機能の三つの全ての機能を具備又は強化するモデル性の高い生産事業体の育成を支援します。

（8）果樹

ア　優良品目・品種への改植・新植及びそれに伴う未収益期間における幼木の管理経費を支援します。

イ　担い手の就農・定着のための産地の取組と併せて行う、小規模園地整備や部分改植等の産地の新規参入者受入体制の整備を一体的に支援します。

ウ　平坦（へいたん）で作業性の良い水田等への新植や、労働生産性向上が見込まれる省力樹形の導入を推進するとともに、まとまった面積での省力樹形及び機械作業体系の導入等による労働生産性を抜本的に高めたモデル産地の育成を支援します。

エ　省力樹形用苗木の安定生産に向けたモデル的な取組を支援します。

（9）甘味資源作物

ア　てんさいについては、省力化や作業の共同化、労働力の外部化や直播栽培体系の確立・普及等を推進します。

イ　さとうきびについては、自然災害からの回復に向けた取組を支援するとともに、地域ごとの「さとうきび増産計画」に定めた、地力の増進や新品種の導入、機械化一貫体系を前提とした担い手・作業受託組織の育成・強化等、特に重要な取組を推進します。また、分蜜糖工場における「働き方改革」への対応に向けて、工場診断や人員配置の改善の検討、施設整備等労働効率を高める取組を支援します。

ウ　糖価調整制度に基づく交付金により、国内産糖の安定供給を推進します。

（10）茶

改植等による優良品種等への転換や茶園の若返り、輸出向け栽培体系や有機栽培への転換、てん茶（抹茶の原料）等の栽培に適した棚施設を利用した栽培法への転換や直接被覆栽培への転換、担い手への集積等に伴う茶園整理（茶樹の抜根、酸度矯正）、荒茶加工施設の整備を推進します。また、海外ニーズに応じた茶の生産・加工技術や低コスト生産・加工技術の導入、スマート農業技術の実証や、茶生産において使用される主要な農薬について輸出相手国・地域に対し我が国と同等の基準を新たに設定申請する取組を支援します。

（11）畜産物

肉用牛については、優良な繁殖雌牛の増頭、繁殖性の向上による分べん間隔の短縮等の取組等を推進

します。酪農については、受精卵技術の活用による乳用後継牛の効率的な確保、経営安定、高品質な生乳の生産等を通じ、多様な消費者ニーズに対応した牛乳・乳製品の供給等を推進します。

また、温室効果ガス排出削減の取組、労働力負担軽減・省力化に資するロボット、AI、IoT等の先端技術の普及・定着、外部支援組織等との連携強化等を図ります。

さらに、子牛や国産畜産物の生産・流通の円滑化に向けた家畜市場や食肉処理施設及び生乳の処理・貯蔵施設の再編等の取組を推進します。

(12) 飼料作物等

草地の基盤整備や不安定な気象に対応したリスク分散の取組等による生産性の高い草地への改良、国産濃厚飼料(子実用とうもろこし等)の増産、飼料生産組織の作業効率化・運営強化、放牧を活用した肉用牛・酪農基盤強化、飼料用米等の利活用の取組等を推進します。

Ⅱ 食料の安定供給の確保に関する施策

1 新たな価値の創出による需要の開拓

(1) 新たな市場創出に向けた取組

ア 地場産農林水産物等を活用した介護食品の開発を支援します。また、パンフレットや映像等の教育ツールを用いてスマイルケア食の普及を図ります。さらに、スマートミール(病気の予防や健康寿命を延ばすことを目的とした、栄養バランスのとれた食事)の普及等を支援します。

イ 健康に資する食生活のビッグデータ収集・活用のための基盤整備を推進します。また、農産物等の免疫機能等への効果に関する科学的エビデンス取得や食生活の適正化に資する研究開発を推進します。

ウ 実需者や産地が参画したコンソーシアムを構築し、ニーズに対応した新品種の開発等の取組を推進します。また、従来の育種では困難だった収量性や品質等の形質の改良等を短期間・低コストで実現するスマート育種基盤の構築を推進します。

エ 国立研究開発法人、公設試験場、大学等が連携し、輸出先国・地域の規制等にも対応し得る防除等の栽培技術等の開発・実証を推進するとともに、輸出促進に資する品種開発を推進します。

オ 新たな日本版SBIR制度を活用し、フードテック等の新たな技術・サービスの事業化を目指すスタートアップが行う研究開発等を切れ目なく支援します。

カ フードテック官民協議会での議論等を通じて、課題解決や新市場創出に向けた取組を推進するとともに、フードテック等を活用したビジネスモデルを実証する取組を支援します。

(2) 需要に応じた新たなバリューチェーンの創出

都道府県及び市町村段階に、行政、農林漁業、商工、金融機関等の関係機関で構成される農山漁村発イノベーション・地産地消推進協議会を設置し、農山漁村発イノベーション等の取組に関する戦略を策定する取組を支援します。

また、農山漁村発イノベーション等に取り組む農林漁業者、他分野の事業体等の多様な主体に対するサポート体制を整備するとともに、農林水産物や農林水産業に関わる多様な地域資源を新分野で活用した商品・サービスの開発や加工・販売施設等の整備を支援します。

(3) 食品産業の競争力の強化

ア 食品流通の合理化等

(ア)「食品等の流通の合理化及び取引の適正化に関する法律」(平成3年法律第59号)に基づき、食品等流通合理化計画の認定を行うこと等により、食品等の流通の合理化を図る取組を支援します。特にトラックドライバーを始めとする食品流通に係る人手不足等の問題に対応するため、農林水産物・食品の物流標準化やサプライチェーン全体での合理化を推進します。また、持続可能な物流の実現に向けた検討会(経済産業省・国土交通省・農林水産省)において、荷主や消費者も含めた実効性のある措置を検討します。

さらに、「卸売市場法」(昭和46年法律第35号)に基づき、中央卸売市場の認定を行うとともに、施設整備に対する助成や卸売市場に対する指導監督を行います。

また、食品等の取引の適正化のため、取引状況に関する調査を行い、その結果に応じて関係事業者に対する指導・助言を実施します。

(イ)「食品製造業者・小売業者間における適正取引推進ガイドライン」の関係事業者への普及・啓発を実施します。

（ウ）「商品先物取引法」（昭和25年法律第239号）に基づき、商品先物市場の監視及び監督を行うとともに、同法を迅速かつ適正に執行します。

イ　労働力不足への対応

食品製造等の現場におけるロボット、AI、IoT等の先端技術のモデル実証、低コスト化や小型化のための改良及び人とロボットの協働のための安全確保ガイドラインの作成により、食品産業全体の生産性向上に向けたスマート化の取組を支援します。

さらに、食品産業の現場で特定技能制度による外国人材を円滑に受け入れるため、試験の実施や外国人が働きやすい環境の整備に取り組むなど、食品産業特定技能協議会等を活用し、地域の労働力不足克服に向けた有用な情報等を発信します。

ウ　規格・認証の活用

産品の品質や特色、事業者の技術や取組について、訴求力の高いJASの制定・活用等を進めるとともに、JASの国内外への普及、JASと調和のとれた国際規格の制定等を推進します。

また、輸出促進に資するよう、GFSI（世界食品安全イニシアティブ）の承認を受けたJFS規格（日本発の食品安全管理規格）の国内外での普及を推進します。

（4）食品ロス等をはじめとする環境問題への対応

ア　食品ロスの削減

「食品ロスの削減の推進に関する法律」（令和元年法律第19号）に基づく「食品ロスの削減の推進に関する基本的な方針」に則して、事業系食品ロスを平成12（2000）年度比で令和12（2030）年度までに半減させる目標の達成に向けて、事業者、消費者、地方公共団体等と連携した取組を進めます。

個別企業等では解決が困難な商慣習の見直しに向けたフードチェーン全体の取組を含め、民間事業者等が行う食品ロス削減等に係る新規課題等の解決に必要な経費を支援します。また、フードバンクの活動強化に向けた食品供給元の確保等の課題解決に資する専門家派遣、マッチング・ネットワーク強化を支援します。さらに、飲食店及び消費者の双方での食べきりや食べきれずに残した料理の自己責任の範囲での持ち帰りの取組等、食品関連事業者と連携した消費者への働き掛けを推進します。

くわえて、メタン発酵バイオ液肥等の肥料利用に関する調査・実証等の取組を通じて、メタン発酵バイオ液肥等の地域での有効利用を行うための取組を支援します。また、下水汚泥資源の肥料としての活用推進に取り組むため、農業者、地方公共団体、国土交通省等の関係者と連携を進めます。

イ　食品産業分野におけるプラスチックごみ問題への対応

「容器包装に係る分別収集及び再商品化の促進等に関する法律」（平成7年法律第112号）に基づく、再商品化義務履行の促進や、容器包装廃棄物の排出抑制のための取組として、食品関連事業者への点検指導や、食品小売事業者からの定期報告の提出の促進を実施します。

また、「プラスチック資源循環戦略」、「プラスチックに係る資源循環の促進等に関する法律」（令和3年法律第60号）等に基づき、食品産業におけるプラスチック資源循環の取組を推進します。

ウ　気候変動リスクへの対応

（ア）食品産業の持続可能な発展に寄与する地球温暖化防止・省エネルギー等の優れた取組を表彰するとともに、低炭素社会実行計画の進捗状況の点検等を実施します。

（イ）食品産業の持続性向上に向けて、輸入原材料の国産切替え、環境や人権に配慮した原材料調達等を支援します。

2　グローバルマーケットの戦略的な開拓

（1）農林水産物・食品の輸出促進

農林水産物・食品の輸出額を令和7（2025）年までに2兆円、令和12（2030）年までに5兆円とする目標の達成に向けて、輸出拡大実行戦略に基づき、マーケットインの体制整備を行います。輸出重点品目について、輸出産地の育成・展開や、「農林水産物及び食品の輸出の促進に関する法律」（令和元年法律第57号）（以下「輸出促進法」という。）に基づき認定された農林水産物・食品輸出促進団体（いわゆる品目団体）の組織化等を支援します。さらに、以下の取組を行います。

ア　輸出阻害要因の解消等による輸出環境の整備

（ア）輸出促進法に基づき、農林水産省に創設した「農林水産物・食品輸出本部」の下で、輸出阻害要因に対応して輸出拡大を図る体制を強化し、同本部で作成した実行計画に従い、放射性物質に関する輸

入規制の撤廃や動植物検疫協議を始めとした食品安全等の規制等に対する輸出先国・地域との協議の加速化、輸出先国・地域の基準や検疫措置の策定プロセスへの戦略的な対応、輸出向けの施設整備と登録認定機関制度を活用した施設認定の迅速化、輸出手続の迅速化、意欲ある輸出事業者の支援、輸出証明書の申請・発行の一元化、輸出相談窓口の利便性向上、輸出先国・地域の衛生基準や残留基準への対応強化等、貿易交渉による関税撤廃・削減を速やかに輸出拡大につなげるための環境整備を進めます。

（イ）東電福島第一原発事故を受けて、諸外国・地域において日本産食品に対する輸入規制が行われていることから、関係省庁が協力し、あらゆる機会を捉えて輸入規制の早期撤廃に向けた働き掛けを実施します。

（ウ）日本産農林水産物・食品等の安全性や魅力に関する情報を諸外国・地域に発信するほか、海外におけるプロモーション活動の実施により、日本産農林水産物・食品等の輸出回復に取り組みます。

（エ）我が国の実情に沿った国際基準の速やかな策定及び策定された国際基準の輸出先国・地域での適切な実施を促進するため、国際機関の活動支援やアジア・太平洋地域の専門家の人材育成等を行います。

（オ）輸出先となる事業者等から求められるHACCPを含む食品安全マネジメント規格、GAP（農業生産工程管理）等の認証の新規取得を促進します。また、国際的な取引にも通用する、コーデックス委員会が定めるHACCPをベースとしたJFS規格の国際標準化に向けた取組を支援します。さらに、JFS規格及びASIAGAPの国内外への普及に向けた取組を推進します。

（カ）産地が抱える課題に応じた専門家を産地に派遣し、輸出先国・地域の植物防疫条件や残留農薬基準を満たす栽培方法、選果等の技術的指導を行うなど、輸出に取り組もうとする産地を支援します。

（キ）輸出先の規制等に対応したHACCP等の基準等を満たすため、食品製造事業者等の施設の改修及び新設並びに機器の整備に対して支援します。

（ク）地域の中小事業者が連携して輸出に取り組む加工食品について必要な施設・設備の整備、海外の

ニーズに応える新商品の開発等により、輸出拡大を図ります。

（ケ）植物検疫上、輸出先国・地域が要求する種苗等に対する検査手法の開発・改善や、輸出先国・地域が侵入を警戒する病害虫に対する国内における発生実態の調査を進めるとともに、輸出植物解禁協議を迅速化するため、我が国における病害虫管理等の情報を相手国・地域に視覚的に説明する資料の作成や、産地等のニーズに対応した新たな検疫措置の確立等に向けた科学的データを収集、蓄積する取組を推進します。

（コ）輸出先国・地域の検疫条件に則した防除体系、栽培方法、選果等の技術を確立するためのサポート体制を整備するとともに、卸売市場や集荷地等での輸出検査を行うことにより、産地等の輸出への取組を支援します。

（サ）農林漁業法人等に対する投資の円滑化に関する特別措置法に基づき、輸出に取り組む事業者等への資金供給を後押しします。

（シ）輸出先国・地域の規制にあった食品添加物の代替利用を促進するために、課題となっている複数の食品添加物の早見表を作成します。

（ス）食料供給のグローバル化に対応し、我が国の農林水産物及び加工食品の輸出促進と、国内で販売される輸入食品も含めた食料消費の合理的な選択の双方に資するため、現行の食品表示制度を国際基準（コーデックス規格）との整合性の観点も踏まえ見直します。

イ　海外への商流構築、プロモーションの促進
（ア）GFP等を通じた輸出促進

a　農林水産物・食品輸出プロジェクト（GFP）のコミュニティを通じ、農林水産省が中心となり輸出の可能性を診断する輸出診断、そのフォローアップや、輸出に向けた情報の提供、登録者同士の交流イベントの開催、輸出のスタートアップの掘り起こしやその伴走支援等を行います。また、輸出事業計画の策定、生産・加工体制の構築、事業効果の検証・改善等の取組を支援します。さらに、都道府県版GFPを組織化するとともに、輸出支援プラットフォームとの連携の下、輸出重点品目の生産を大ロット化し、旗艦的な輸出産地モデルの形成を支援します。

b　日本食品海外プロモーションセンター（JFOODO）による、品目団体等と連携したプロモーション、複数品目を組み合わせた品目横断的な取組、食文化の発信体制の強化等を含めた戦略的プロモーションを支援します。

c　独立行政法人日本貿易振興機構（JETRO）による、国内外の商談会の開催、海外見本市への出展、サンプル展示ショールームの設置、セミナー開催、専門家による相談対応等をオンラインを含め支援します。

d　新市場の獲得も含め、輸出拡大が期待される新規性や先進性を重視した分野・テーマについて、民間事業者等による海外販路の開拓・拡大を支援します。

e　品目団体等が行う業界全体の輸出力強化に向けた取組を支援します。

（イ）日本食・食文化の魅力の発信

a　海外に活動拠点を置く日本料理関係者等の「日本食普及の親善大使」への任命や、海外における日本料理の調理技能認定を推進するための取組等への支援、外国人料理人等に対する日本料理講習会・日本料理コンテストの開催を通じ、日本食・食文化の普及活動を担う人材の育成を推進します。また、海外の日本食・食文化の発信拠点である「日本産食材サポーター店」の認定を推進するための取組への支援や、認定飲食店・小売店と連携した海外向けプロモーションへの支援を通じて日本食・食文化の魅力を発信します。

b　農泊と連携しながら、地域の「食」や農林水産業、景観等の観光資源を活用して訪日外国人旅行者をもてなす取組を「SAVOR JAPAN」として認定し、一体的に海外に発信します。

c　訪日外国人旅行者の主な観光目的である「食」と滞在中の多様な経験を組み合わせ、「食」の多様な価値を創出するとともに、帰国後もレストランや越境ECサイトでの購入等を通じて我が国の食を再体験できるような機会を提供することで、輸出拡大につなげていくため、「食かけるプロジェクト」の取組を推進します。

ウ　食産業の海外展開の促進

（ア）海外展開による事業基盤の強化

a　海外展開における阻害要因の解決を図るととも

に、グローバル人材の確保や、我が国の規格・認証の普及・浸透に向け、食関連企業及びASEAN各国の大学と連携し、食品加工・流通、分析等に関する教育を行う取組等を推進します。

b　JETROにおいて、輸出先国・地域における商品トレンドや消費動向等を踏まえた現場目線の情報提供や事業者との相談対応等のサポートを行うとともに、現地のバイヤーの発掘や事業者とのマッチング支援等、輸出環境整備に取り組みます。

（イ）生産者等の所得向上につながる海外需要の獲得

食産業の戦略的な海外展開を通じて広く海外需要を獲得し、国内生産者の販路や稼ぎの機会を増やしていくため、輸出拡大実行戦略に基づき、ノウハウの流出防止等に留意しつつ、我が国の農林水産業・食品産業の利益となる海外展開を推進します。

（2）知的財産等の保護・活用

ア　その地域ならではの自然的、人文的、社会的な要因の中で育まれてきた品質、社会的評価等の特性を有する産品の名称を、地域の知的財産として保護する地理的表示（GI）保護制度について、農林水産物・食品の輸出拡大や所得・地域の活力の向上に更に貢献できるよう、令和4（2022）年11月に行った審査基準等の見直しを踏まえ、制度の周知と円滑な運用を図り、GI登録を推進します。また、市場におけるGI産品の露出拡大につなげるよう、レストランフェア等による情報発信を支援するとともに、外食、食品産業、観光等他業種と連携した付加価値向上と販路拡大の取組を推進します。他方、地理的表示の保護に向け、厳正な取締りを行います。

イ　農林水産省と特許庁が協力しながら、セミナー等において、出願者に有益な情報や各制度の普及・啓発を行うとともに、独立行政法人工業所有権情報・研修館（INPIT）が各都道府県に設置する知財総合支援窓口において、特許、商標及び営業秘密のほか、地方農政局等と連携してGI及び植物品種の育成者権等の相談に対応します。

ウ　新品種の適切な管理による我が国の優良な植物品種の流出防止等育成者権の保護・活用を図ります。あわせて、植物新品種の育成者権者に代わって、海外への品種登録や戦略的なライセンスにより品種保護をより実効的に行うとともに、ライセンス収入を

品種開発投資に還元するサイクルを実現するため、育成者権管理機関の取組を推進します。また、海外における品種登録(育成者権取得)や侵害対策を支援するとともに、品種保護に必要となるDNA品種識別法の開発等の技術課題の解決や、東アジアにおける品種保護制度の整備を促進するための協力活動等を推進します。

エ 「家畜改良増殖法」(昭和25年法律第209号)及び「家畜遺伝資源に係る不正競争の防止に関する法律」(令和2年法律第22号)に基づき、家畜遺伝資源の適正な流通管理の徹底や知的財産としての価値の保護を推進するため、法令遵守の徹底を図るほか、全国の家畜人工授精所への立入検査を実施するとともに、家畜遺伝資源の利用者の範囲等について制限を付す売買契約の普及や家畜人工授精用精液等の流通を全国的に管理するシステムの運用・機能強化等を推進します。

オ 国際協定による諸外国・地域とのGIの相互保護を推進するとともに、相互保護を受けた海外での執行の確保を図ります。また、海外における我が国のGIの不正使用状況調査の実施、生産者団体によるGIに対する侵害対策等の支援により、海外における知的財産侵害対策の強化を図ります。

カ 「農林水産省知的財産戦略2025」に基づき、農林水産・食品分野における知的財産の戦略的な保護と活用に向け、総合的な知的財産マネジメントを推進するなど、施策を一体的に進めます。

3 消費者と食・農とのつながりの深化
(1) 食育や地産地消の推進と国産農産物の消費拡大
ア 国民運動としての食育の推進
(ア) 「第4次食育推進基本計画」等に基づき、関係府省庁が連携しつつ、様々な分野において国民運動として食育を推進します。
(イ) 子供の基本的な生活習慣を育成するための「早寝早起き朝ごはん」国民運動を推進します。
(ウ) 食育活動表彰を実施し受賞者を決定するとともに、新たな取組の募集を行います。
イ 地域における食育の推進
郷土料理等地域の食文化の継承や農林漁業体験機会の提供、和食給食の普及、共食機会の提供、地域で食育を推進するリーダーの育成等、地域で取り組む食育活動を支援します。

ウ 学校における食育の推進
家庭や地域との連携を図るとともに、学校給食を活用しつつ、学校における食育の推進を図ります。

エ 国産農産物の消費拡大の促進
(ア) 食品関連事業者と生産者団体、国が一体となって、食品関連事業者等における国産農産物の利用促進の取組等を後押しするなど、国産農産物の消費拡大に向けた取組を実施します。
(イ) 消費者と生産者の結び付きを強化し、我が国の「食」と「農林漁業」についてのすばらしい価値を国内外にアピールする取組を支援します。
(ウ) 地域の生産者等と協働し、日本産食材の利用拡大や日本食文化の海外への普及等に貢献した料理人を顕彰する制度である「料理マスターズ」を実施します。
(エ) 生産者と実需者のマッチング支援を通じて、中食・外食向けの米の安定取引の推進を図ります。また、米飯学校給食の推進・定着に加え、業界による主体的取組を応援する運動「やっぱりごはんでしょ!」の実施等SNSを活用した取組や、「米と健康」に着目した情報発信等、米消費拡大の取組の充実を図ります。
(オ) 砂糖に関する正しい知識の普及・啓発に加え、砂糖の需要拡大に資する業界による主体的取組を応援する運動「ありが糖運動」の充実を図ります。
(カ) 地産地消の中核的施設である農産物直売所の運営体制強化のための検討会の開催及び観光需要向けの商品開発や農林水産物の加工・販売のための機械・施設等の整備を支援するとともに、施設給食の食材として地場産農林水産物を安定的に生産・供給する体制の構築に向けた取組やメニュー開発等の取組を支援します。

(2) 和食文化の保護・継承
地域固有の多様な食文化を地域で保護・継承していくため、各地域が選定した伝統的な食品の調査・データベース化や普及等を行います。また、子どもたちや子育て世代に対して和食文化の普及活動を行う中核的な人材を育成するとともに、子どもたちを対象とした和食文化普及のための取組を通じて和食文化の次世代への継承を引き続き図ります。さらに、官民協働の「Let's!和ごはんプロジェクト」の取組

を推進するとともに、文化庁における食の文化的価値の可視化の取組と連携し、和食が持つ文化的価値の発信を進めます。くわえて、中食・外食事業者におけるスマートミールの導入を推進するともに、ブランド野菜・畜産物等の地場産食材の活用促進を図ります。

（3）消費者と生産者の関係強化

　　消費者・食品関連事業者・生産者団体を含めた官民協働による、食と農とのつながりの深化に着目した新たな国民運動「食から日本を考える。ニッポンフードシフト」として、地域の農業・農村の価値や生み出される農林水産物の魅力を伝える交流イベント等、消費者と生産者の関係強化に資する取組を実施します。

4　国際的な動向等に対応した食品の安全確保と消費者の信頼の確保

（1）科学の進展等を踏まえた食品の安全確保の取組の強化

　　科学的知見に基づき、国際的な枠組みによるリスク評価、リスク管理及びリスクコミュニケーションを実施します。

（ア）食品安全に関するリスク管理を一貫した考え方で行うための標準手順書に基づき、農畜水産物や加工食品、飼料中の有害化学物質・有害微生物の調査や安全性向上対策の策定に向けた試験研究を実施します。

（イ）試験研究や調査結果の科学的解析に基づき、施策・措置を企画・立案し、生産者・食品事業者に普及するとともに、その効果を検証し、必要に応じて見直します。

（ウ）情報の受け手を意識して、食品安全に関する施策の情報を発信します。

（エ）食品中に残留する農薬等に関するポジティブリスト制度導入時に残留基準を設定した農薬等や新たに登録等の申請があった農薬等について、農薬等を適正に使用した場合の作物残留試験結果や食品健康影響評価結果等を踏まえた残留基準の設定及び見直しを推進します。

（オ）食品の安全性等に関する国際基準の策定作業への積極的な参画や、国内における情報提供や意見交換を実施します。

（カ）関係府省庁の消費者安全情報総括官等による情報の集約及び共有を図るとともに、食品安全に関する緊急事態等における対応体制を点検・強化します。

（キ）食品関係事業者の自主的な企業行動規範等の策定を促すなど食品関係事業者のコンプライアンス（法令の遵守及び倫理の保持等）確立のための各種取組を促進します。

ア　生産段階における取組

　　生産資材（肥料、飼料・飼料添加物、農薬及び動物用医薬品）の適正使用を推進するとともに、科学的な知見に基づく生産資材の使用基準、有害物質等の基準値の設定・見直し、薬剤耐性菌のモニタリングに基づくリスク低減措置等を行い、安全な農畜水産物の安定供給を確保します。

（ア）肥料については、「肥料の品質の確保等に関する法律」（昭和25年法律第127号）に基づき、引き続き、肥料事業者等に対する原料管理制度等の周知を進めます。

（イ）農薬については、「農薬取締法」（昭和23年法律第82号）に基づき、農薬の使用者や蜜蜂への影響等の安全性に関する審査を行うとともに、全ての農薬について順次、最新の科学的知見に基づく再評価を進めます。

（ウ）飼料・飼料添加物については、家畜の健康影響や畜産物を摂取した人の健康影響のリスクが高い有害化学物質等の汚染実態データ等を優先的に収集し、有害化学物質等の基準値の設定・見直し等を行い、飼料の安全確保を図ります。飼料関係事業者における飼料のGMP（適正製造規範）の導入推進や技術的支援により、より効果的かつ効率的に飼料の安全確保を図ります。

（エ）動物用医薬品については、薬剤耐性菌のモニタリングがより統合的なものとなるよう見直し等を行います。また、モニタリング結果を関係者に共有し、意見交換を行い、畜種別の課題に応じた薬剤耐性対策を検討します。さらに、動物用抗菌剤の農場単位での使用実態を把握できる仕組みの検討を進めます。

イ　製造段階における取組

（ア）HACCPに沿った衛生管理を行う事業者が輸出に取り組むことができるよう、HACCPの導入に

必要な一般衛生管理の徹底や、輸出先国・地域ごとに求められる食品安全管理に係る個別条件への理解促進、HACCPに係る民間認証の取得等のための研修会の開催等の支援を実施します。

（イ）食品等事業者に対する監視指導や事業者自らが実施する衛生管理を推進します。

（ウ）食品衛生監視員の資質向上や検査施設の充実等を推進します。

（エ）長い食経験を考慮し使用が認められている既存添加物について、安全性の検討を推進します。

（オ）いわゆる「健康食品」について、事業者の安全性の確保の取組を推進します。

（カ）SRM（特定危険部位）の除去・焼却、BSE（牛海綿状脳症）検査の実施等により、食肉の安全を確保します。

ウ　輸入に関する取組
　輸出国政府との二国間協議や在外公館を通じた現地調査等の実施、情報等を入手するための関係府省の連携の推進、監視体制の強化等により、輸入食品の安全性の確保を図ります。

（2）食品表示情報の充実や適切な表示等を通じた食品に対する消費者の信頼の確保

ア　食品表示の適正化等

（ア）「食品表示法」（平成25年法律第70号）を始めとする関係法令等に基づき、関係府省が連携した監視体制の下、適切な表示を推進します。また、中食・外食における原料原産地表示については、「外食・中食における原料原産地情報提供ガイドライン」に基づく表示の普及を図ります。

（イ）輸入品以外の全ての加工食品に対して義務付けられた原料原産地表示制度については、引き続き消費者への普及・啓発を行い、理解促進を図ります。

（ウ）米穀等については、「米穀等の取引等に係る情報の記録及び産地情報の伝達に関する法律」（平成21年法律第26号）（以下「米トレーサビリティ法」という。）により産地情報伝達の徹底を図ります。

（エ）栄養成分表示について、消費者への普及・啓発を行い、健康づくりに役立つ情報源としての理解促進を図ります。

（オ）保健機能食品（特定保健用食品、栄養機能食品及び機能性表示食品）の制度について、消費者への

普及・啓発を行い、理解促進を図ります。

イ　食品トレーサビリティの普及啓発

（ア）食品のトレーサビリティに関し、事業者が自主的に取り組む際のポイントを解説するテキスト等を策定します。あわせて、策定したテキスト等を用いて、普及・啓発に取り組みます。

（イ）米穀等については、米トレーサビリティ法に基づき、制度の適正な運用に努めます。

（ウ）国産牛肉については、「牛の個体識別のための情報の管理及び伝達に関する特別措置法」（平成15年法律第72号）による制度の適正な実施が確保されるようDNA分析技術を活用した監視等を実施します。

ウ　消費者への情報提供等

（ア）フードチェーンの各段階で事業者間のコミュニケーションを円滑に行い、食品関係事業者の取組を消費者まで伝えていくためのツールの普及等を進めます。

（イ）「消費者の部屋」等において、消費者からの相談を受け付けるとともに、展示等を開催し、農林水産行政や食生活に関する情報を幅広く提供します。

5　食料供給のリスクを見据えた総合的な食料安全保障の確立

（1）食料安全保障の強化に向けた構造転換対策
　食料安全保障強化政策大綱に基づき、食料安全保障の強化に向けた構造転換対策として、以下の取組を推進します。

・水田を畑地化し、高収益作物やその他の畑作物の定着等を図る取組等を支援します。

・麦・大豆の増産を目指す産地に対し、水田・畑地を問わず、作付けの団地化、ブロックローテーション、営農技術の導入等を支援します。

・担い手への農地集積や農業の高付加価値化を図るため、農地中間管理機構との連携等により、水田の畑地化・汎用化や農地の大区画化等の基盤整備を推進します。

・米粉の利用拡大に向け、製粉業者及び食品製造事業者による米粉・米粉製品の製造、施設整備及び製造設備の増設や米粉の利用拡大が期待されるパン・麺用の米粉専用品種の増産に向け、必要な種子生産のための施設整備を支援します。

11

・食品産業を持続可能なものとするため、国産原材料切替えによる新商品開発や輸入原材料の使用量節減、環境負荷低減等に配慮した取組等を支援します。

・実需者ニーズに対応した、園芸作物の生産・供給を拡大するため、加工・業務用向け野菜の大規模契約栽培に取り組む産地の育成等を支援します。

・肥料原料のほとんどを海外に依存している中で、輸入が途絶した場合にも生産現場への肥料の供給を安定的に行うことができるよう、肥料原料の備蓄及びこれに要する保管施設の整備を支援します。

・飼料の安定生産のための草地改良や飼料生産組織の運営強化、放牧及び未利用資源の活用等の国産飼料の一層の増産・利用のための体制整備、公共牧場等が有する広大な草地等のフル活用による国産飼料の生産・供給等の取組を支援し、飼料生産基盤に立脚した畜産経営の推進を図ります。

・みどり戦略の実現に向け、化学肥料等の使用量削減と高い生産性を両立する革新的な新品種を迅速に開発するため、スマート育種技術を低コスト化・高精度化するとともに、多品目に利用できるスマート育種基盤を構築します。

・農業の持続的な発展と農業の有する多面的機能の発揮を図るとともに、みどり戦略の実現に向けて、農業生産に由来する環境負荷を低減する取組と合わせて行う地球温暖化防止や生物多様性保全等に効果の高い農業生産活動を支援します。

・化学肥料・化学農薬の低減、有機農業の拡大、ゼロエミッション化等の推進に向けて、みどり戦略推進に必要な施設の整備等を支援します。

（2）不測時に備えた平素からの取組

「緊急事態食料安全保障指針」に関するシミュレーション演習を実施します。

食料の安定供給に影響を与える国内・国外のリスクについて、その影響度合い等について分析・評価を行います。

大規模災害等に備えた家庭備蓄の普及のため、家庭での実践方法をまとめたガイドブックやWebサイト等での情報発信を行います。

（3）国際的な食料需給の把握、分析

省内外において収集した国際的な食料需給に係る情報を一元的に集約するとともに、我が国独自の短期的な需給変動要因の分析や、中長期の需給見通しを策定し、これらを国民に分かりやすく発信します。

また、衛星データを活用し、食料輸出国や発展途上国等における気象や主要農作物の作柄のデータの提供を行います。

（4）輸入穀物等の安定的な確保

ア　輸入穀物の安定供給の確保

（ア）麦の輸入先国との緊密な情報交換等を通じ、安定的な輸入を確保します。

（イ）政府が輸入する米麦について、残留農薬等の検査を実施します。

（ウ）輸入依存度の高い小麦について、港湾ストライキ等により輸入が途絶した場合に備え、外国産食糧用小麦需要量の2.3か月分を備蓄し、そのうち政府が1.8か月分の保管料を助成します。

（エ）輸入依存度の高い飼料穀物について、不測の事態における海外からの供給遅滞・途絶、国内の配合飼料工場の被災に伴う配合飼料の急激な逼迫（ひっぱく）等に備え、配合飼料メーカー等が事業継続計画（BCP）に基づいて実施する飼料穀物の備蓄、不測の事態により配合飼料の供給が困難となった地域への配合飼料の緊急運搬、関係者の連携体制の強化、飼料流通の効率化の実証等の災害に強い配合飼料輸送等の検討の取組に対して支援します。

イ　港湾の機能強化

（ア）ばら積み貨物の安定的かつ安価な輸入を実現するため、大型船に対応した港湾機能の拠点的確保や企業間連携の促進等による効率的な海上輸送網の形成に向けた取組を推進します。

（イ）国際海上コンテナターミナル及び国際物流ターミナルの整備等、港湾の機能強化を推進します。

ウ　遺伝資源の収集・保存・提供機能の強化

国内外の遺伝資源を収集・保存するとともに、有用特性等のデータベース化に加え、幅広い遺伝変異をカバーした代表的品種群（コアコレクション）の整備を進めることで、植物・微生物・動物遺伝資源の更なる充実と利用者への提供を促進します。

特に海外植物遺伝資源については、二国間共同研究等を実施する中で、「食料及び農業のための植物遺伝資源に関する国際条約（ITPGR）」を踏まえた相互利用を推進することで、アクセス環境を整備します。

また、国内植物遺伝資源については、公的研究機関等が管理する国内在来品種を含む我が国の遺伝資源をワンストップで検索できる統合データベースの整備を進めるなど、オールジャパンで多様な遺伝資源を収集・保存・提供する体制の強化を推進します。

エ　肥料の供給の安定化

化学肥料は、粗原料である天然資源が特定の地域に偏在していることから、我が国はその多くを海外からの輸入に依存しているため、肥料原料の海外からの安定調達を進めつつ、土壌診断による適正な肥料の施用、堆肥や下水汚泥資源の利用拡大等、過度に輸入に依存する構造の転換を進めます。

また、肥料原料の備蓄及びそれに必要な保管施設の整備を支援します。

（5）国際協力の推進

ア　世界の食料安全保障に係る国際会議への参画等

令和5(2023)年4月にG7宮崎農業大臣会合を開催し、議長国として、世界の食料安全保障の強化に向けて議論をリードします。G7広島サミット、G20サミット及びその関連会合、APEC(アジア太平洋経済協力)食料安全保障担当大臣会合、ASEAN+3(日中韓)農林大臣会合、FAO(国際連合食糧農業機関)総会、OECD(経済協力開発機構)農業委員会等の世界の食料安全保障に係る国際会議に積極的に参画し、持続可能な農業生産の増大、生産性の向上及び多様な農業の共存に向けて国際的な議論に貢献します。

また、AIM for Climate(気候のための農業イノベーション・ミッション)等に参画し、国際的な農業研究の議論に貢献します。

さらに、フードバリューチェーンの構築が農産物の付加価値を高め、農家・農村の所得向上と食品ロス削減に寄与し、食料安全保障を向上させる上で重要であることを発信します。

イ　飢餓、貧困、栄養不良への対策

（ア）研究開発等に関するセミナーの開催や情報発信等を支援します。また、官民連携の栄養改善事業推進プラットフォームを通じて、開発途上国・新興国の人々の栄養状態の改善に取り組みつつビジネス展開を目指す食品企業等を支援します。

（イ）飢餓・貧困、気候変動等の地球規模課題に対応するため、途上国に対する農業生産等に関する研究開発を支援します。

ウ　アフリカへの農業協力

農業は、アフリカにおいて最大の雇用を擁する産業であり、地域の発展には農業の発展が不可欠となっているため、農業生産性の向上や持続可能な食料システム構築等の様々な支援を通じ、アフリカ農業の発展への貢献を引き続き行います。

また、対象国のニーズを捉え、我が国の食文化の普及や農林水産物・食品輸出に取り組む企業の海外展開を引き続き推進します。

エ　気候変動や越境性動物疾病等の地球規模の課題への対策

（ア）パリ協定を踏まえた森林減少・劣化抑制、農地土壌における炭素貯留等に関する途上国の能力向上、耐塩性・耐干性イネやGHG(温室効果ガス)排出削減につながる栽培技術の開発等の気候変動対策を推進します。また、①気候変動緩和に資する研究や、②越境性病害の我が国への侵入防止に資する研究、③アジアにおける口蹄疫、高病原性鳥インフルエンザ、アフリカ豚熱等の越境性動物疾病及び薬剤耐性の対策等を推進します。また、アジアモンスーン地域で共有できる技術情報の収集・分析・発信、アジアモンスーン各地での気候変動緩和等に資する技術の応用のための共同研究を推進します。くわえて、気候変動対策として、アジア開発銀行と連携し、農業分野の二国間クレジット制度(JCM)の案件創出の取組を開始します。

（イ）東アジア地域(ASEAN10か国、日本、中国及び韓国)における食料安全保障の強化と貧困の撲滅を目的とし、大規模災害等の緊急時に備えるため、ASEAN＋3緊急米備蓄(APTERR)の取組を推進します。

（6）動植物防疫措置の強化

ア　世界各国における口蹄疫、高病原性鳥インフルエンザ、アフリカ豚熱等の発生状況、新たな植物の病害虫の発生等を踏まえ、国内における家畜の伝染性疾病や植物の病害虫の発生予防、まん延防止対策、発生時の危機管理体制の整備等を実施します。また、国際的な連携を強化し、アジア地域における防疫能力の向上を支援します。

豚熱や高病原性鳥インフルエンザ等の家畜の伝染性疾病については、早期通報や野生動物の侵入防止等、生産者による飼養衛生管理の徹底がなされるよ

う、都道府県と連携して指導を行います。特に豚熱については、野生動物侵入防止柵の設置や飼養衛生管理の徹底に加え、ワクチン接種推奨地域では予防的なワクチン接種を実施し、野生イノシシの対策として、捕獲強化や経口ワクチンの散布を実施します。

イ　化学農薬のみに依存せず、予防・予察に重点を置いた総合防除を推進するため、産地に適した技術の検証、栽培マニュアルの策定等の取組を支援します。また、AI等を活用した精度の高い発生予察を行い、迅速に情報を発出するための取組を支援します。病害虫の薬剤抵抗性の発達等により、防除が困難となっている作物に対する緊急的な防除体系の確立を支援します。

ウ　家畜防疫官・植物防疫官や検疫探知犬の適切な配置等による検査体制の整備・強化により、水際対策を適切に講ずるとともに、家畜の伝染性疾病及び植物の病害虫の侵入・まん延防止のための取組を推進します。

エ　ジャガイモシロシストセンチュウ等の重要病害虫の定着・まん延防止を図るため、「植物防疫法」(昭和25年法律第151号)に基づく緊急防除を実施します。また、緊急防除の対象となり得る病害虫の侵入が確認された場合に、発生範囲の特定や薬剤散布等の初動防除を実施します。

オ　遠隔診療の適時・適切な活用を推進するための情報通信機器を活用した産業動物診療の効率化、産業動物分野における獣医師の中途採用者を確保するための就業支援、女性獣医師等を対象とした職場復帰・再就職に向けたスキルアップのための研修や中高生等を対象とした産業動物獣医師の業務について理解を深めるセミナー等の実施による産業動物獣医師の育成等を支援します。

また、地域の産業動物獣医師への就業を志す獣医大学の地域枠入学者・獣医学生に対する修学資金の給付や、獣医学生を対象とした産業動物獣医師の業務について理解を深めるための臨床実習、産業動物獣医師を対象とした技術向上のための臨床研修を支援します。

6　TPP等新たな国際環境への対応、今後の国際交渉への戦略的な対応

「新しい資本主義のグランドデザイン及び実行計画」(令和4(2022)年6月閣議決定)等に基づき、グローバルな経済活動のベースとなる経済連携を進めます。

また、各種経済連携交渉やWTO農業交渉等の農産物貿易交渉において、我が国農産品のセンシティビティに十分配慮しつつ、我が国の農林水産業が今後とも国の基として重要な役割を果たしていけるよう、交渉を行うとともに、我が国農産品の輸出拡大につながる交渉結果の獲得を目指します。

さらに、CPTPP、日EU・EPA、日米貿易協定、日英EPA及びRCEP協定の効果を最大限に活かすために改訂された「総合的なTPP等関連政策大綱」に基づき、体質強化対策や経営安定対策を着実に実施します。

Ⅲ　農業の持続的な発展に関する施策

1　力強く持続可能な農業構造の実現に向けた担い手の育成・確保

（1）認定農業者制度や法人化等を通じた経営発展の後押し

ア　担い手への重点的な支援の実施

（ア）認定農業者等の担い手が主体性と創意工夫を発揮して経営発展できるよう、担い手に対する農地の集積・集約化の促進や経営所得安定対策、出資や融資、税制等、経営発展の段階や経営の態様に応じた支援を行います。

（イ）その際、既存経営基盤では現状の農地引受けが困難な担い手も現れていることから、地域の農業生産の維持への貢献という観点から、こうした担い手への支援の在り方について検討します。

イ　農業経営の法人化の加速と経営基盤の強化

（ア）経営意欲のある農業者が創意工夫を活かした農業経営を展開できるよう、都道府県が整備する農業経営・就農支援センターによる経営相談・経営診断、課題を有する農業者の掘り起こしや専門家派遣の支援により、農業経営の法人化を促進します。

（イ）担い手が少ない地域においては、地域における農業経営の受け皿として、集落営農の組織化を推進するとともに、これを法人化に向けての準備・調整期間と位置付け、法人化を推進します。また、地域外の経営体や販売面での異業種との連携等を促進します。さらに、農業法人等が法人幹部や経

営者となる人材を育成するために実施する実践研修への支援等を行います。

（ウ）集落営農について、法人化に向けた取組の加速化や地域外からの人材確保、地域外の経営体との連携や統合・再編等を推進します。

ウ　青色申告の推進

農業経営の着実な発展を図るためには、自らの経営を客観的に把握し経営管理を行うことが重要であることから、農業者年金の政策支援、農業経営基盤強化準備金制度、収入保険への加入支援等を通じ、農業者による青色申告を推進します。

（2）経営継承や新規就農、人材の育成・確保等

ア　次世代の担い手への円滑な経営継承

（ア）地域計画の策定の推進、人と農地に関する情報のデータベースの活用により、移譲希望者と就農希望者のマッチング等第三者への継承を推進するほか、都道府県が整備する農業経営・就農支援センターによる相談対応や専門家による経営継承計画の策定支援等を行うとともに、地域の中心となる担い手の後継者による経営継承後の経営発展に向けた取組を支援します。

（イ）園芸施設・畜産関連施設、樹園地等の経営資源について、第三者機関・組織も活用しつつ、再整備・改修等のための支援により、円滑な継承を促進します。

イ　農業を支える人材の育成のための農業教育の充実

（ア）農業高校や農業大学校等の農業教育機関において、先進的な農業経営者等による出前授業や現場研修等、就農意欲を喚起するための取組を推進します。また、スマート農業に関する教育の推進を図るとともに、農業教育の高度化に必要な農業機械・設備等の導入を推進します。

（イ）農業高校や農業大学校等における教育カリキュラムの強化や教員の指導力向上等、農業教育の高度化を推進します。

（ウ）国内の農業高校と海外の農業高校の交流を推進するとともに、海外農業研修の実施を支援します。

（エ）幅広い世代の新規就農希望者に対し、農業教育機関における実践的なリカレント教育の実施を支援します。

ウ　青年層の新規就農と定着促進

（ア）次世代を担う農業者となることを志向する者に対し、就農前の研修(2年以内)の後押しと就農直後(3年以内)の経営確立に資する資金の交付を行います。

（イ）初期投資の負担を軽減するための機械・施設等の取得に対する地方と連携した支援、無利子資金の貸付け等を行います。

（ウ）就農準備段階から経営開始後まで、地方公共団体や農業協同組合、農業者、農地中間管理機構、民間企業等の関係機関が連携し一貫して支援する地域の就農受入体制を充実します。

（エ）農業法人等における雇用就農の促進のための支援に当たり、労働時間の管理、休日・休憩の確保、更衣室や男女別トイレ等の整備、キャリアパスの提示やコミュニケーションの充実等、誰もがやりがいを持って働きやすい職場環境整備を行う農業法人等を支援することで、農業の「働き方改革」を推進します。

（オ）職業としての農業の魅力や就農に関する情報について、民間企業等とも連携して、就農情報ポータルサイト「農業をはじめる.JP」やSNS、就農イベント等を通じた情報発信を強化します。

（カ）自営や法人就農、短期雇用等様々な就農相談等にワンストップで対応できるよう都道府県の就農専属スタッフへの研修を行い、相談体制を強化します。

（キ）農業者の生涯所得の充実の観点から、農業者年金への加入を推進します。

エ　女性が能力を発揮できる環境整備

（ア）農業経営における女性の地位・責任を明確化する認定農業者が行う農業経営改善計画の共同申請及び経営体向け補助事業について、女性農業者等による積極的な活用を引き続き促進します。

（イ）地域のリーダーとなり得る女性農業経営者の育成、女性グループの活動、女性が働きやすい環境づくり、女性農業者の活躍事例の普及等の取組を支援します。

（ウ）「農業委員会等に関する法律」(昭和26年法律第88号)及び「農業協同組合法」(昭和22年法律第132号)における、農業委員や農業協同組合の理事等の年齢及び性別に著しい偏りが生じないように配慮しなければならない旨の規定を踏まえ、委員・理事等の任命・選出に当たり、女性の参画拡大に向

けた取組を促進します。

　（エ）女性農業者の知恵と民間企業の技術、ノウハウ、アイデア等を結び付け、新たな商品やサービス開発等を行う「農業女子プロジェクト」における企業や教育機関との連携強化や、地域活動の推進により女性農業者が活動しやすい環境を作るとともに、これらの活動を発信し、若い女性新規就農者の増加に取り組みます。

　オ　企業の農業参入

　　　農地中間管理機構を中心としてリース方式による企業の参入を促進します。

2　農業現場を支える多様な人材や主体の活躍

（1）中小・家族経営など多様な経営体による地域の下支え

　　　農業現場においては、中小・家族経営等多様な経営体が農業生産を支えている現状と、地域において重要な役割を果たしていることに鑑み、現状の規模にかかわらず、生産基盤の強化に取り組むとともに、品目別対策や多面的機能支払制度、中山間地域等直接支払制度等により、産業政策と地域政策の両面から支援します。

（2）次世代型の農業支援サービスの定着

　　　生産現場における人手不足や生産性向上等の課題に対応し、農業者が営農活動の外部委託等様々な農業支援サービスを活用することで経営の継続や効率化を図ることができるよう、ドローンや自動走行農機等の先端技術を活用した作業代行やシェアリング・リース、食品事業者と連携した収穫作業の代行等の次世代型の農業支援サービスの育成・普及を推進します。

（3）多様な人材が活躍できる農業の「働き方改革」の推進

　ア　労働環境の改善に取り組む農業法人等における雇用就農の促進を支援することにより、農業経営者が、労働時間の管理、休日・休憩の確保、更衣室や男女別トイレ等の整備、キャリアパスの提示やコミュニケーションの充実等、誰もがやりがいがあり、働きやすい環境づくりに向けて計画を作成し、従業員と共有することを推進します。

　イ　農繁期等における産地の短期労働力を確保するため、他産業、大学、他地域との連携等による多様な人材とのマッチングを行う産地の取組や、農業法人等における労働環境の改善を推進する取組を支援し、労働環境整備等の農業の「働き方改革」の先進的な取組事例の発信・普及を図ります。

　ウ　特定技能制度による農業現場での外国人材の円滑な受入れに向けて、技能試験を実施するとともに、就労する外国人材が働きやすい環境の整備等を支援します。

　エ　地域人口の急減に直面している地域において、「地域人口の急減に対処するための特定地域づくり事業の推進に関する法律」（令和元年法律第64号）の仕組みを活用し、地域内の様々な事業者をマルチワーク（一つの仕事のみに従事するのではなく、複数の仕事に携わる働き方）により支える人材の確保及びその活躍を推進することにより、地域社会の維持及び地域経済の活性化を図るために、モデルを示しつつ、本制度の周知を図ります。

3　担い手等への農地集積・集約化と農地の確保

（1）担い手への農地集積・集約化の加速化

　　　「農業経営基盤強化促進法等の一部を改正する法律」（令和4年法律第56号）に基づき、「人・農地プラン」を土台に目指すべき将来の農地利用の姿を明確化する地域計画の策定及び実行を推進します。

　　　また、農地中間管理機構のフル稼働については、同法に基づく新たな推進体制の下で、農地中間管理機構を経由した転貸等を集中的に実施するとともに、遊休農地も含め、幅広く引き受けるよう運用の見直しに取り組みます。

　　　くわえて、所有者不明農地に係る制度の利用を促すほか、令和5（2023）年4月以降順次施行される新たな民事基本法制の仕組みを踏まえ、関係省庁と連携して所有者不明農地の有効利用を図ります。

（2）荒廃農地の発生防止・解消、農地転用許可制度等の適切な運用

　ア　多面的機能支払制度及び中山間地域等直接支払制度による地域・集落の共同活動、農地中間管理事業による集積・集約化の促進、「農山漁村の活性化のための定住等及び地域間交流の促進に関する法律」（平成19年法律第48号）に基づく活性化計画や最適土地利用総合対策による地域の話合いを通じた荒廃農地の有効活用や低コストな肥培管理による農地利用

（粗放的な利用）、基盤整備の活用等による荒廃農地の発生防止・解消に努めます。

イ　農地の転用規制及び農業振興地域制度の適正な運用を通じ、優良農地の確保に努めます。

4　農業経営の安定化に向けた取組の推進

（1）収入保険制度や経営所得安定対策等の着実な推進

ア　収入保険の普及促進・利用拡大

自然災害や価格下落等の様々なリスクに対応し、農業経営の安定化を図るため、収入保険の普及を図ります。このため、現場ニーズ等を踏まえた改善等を行うとともに、地域において、農業共済組合や農業協同組合等の関係団体等が連携して普及体制を構築し、普及活動や加入支援の取組を引き続き進めます。

イ　経営所得安定対策等の着実な実施

「農業の担い手に対する経営安定のための交付金の交付に関する法律」（平成18年法律第88号）に基づく畑作物の直接支払交付金及び米・畑作物の収入減少影響緩和交付金、「畜産経営の安定に関する法律」（昭和36年法律第183号）に基づく肉用牛肥育・肉豚経営安定交付金（牛・豚マルキン）及び加工原料乳生産者補給金、「肉用子牛生産安定等特別措置法」（昭和63年法律第98号）に基づく肉用子牛生産者補給金、「野菜生産出荷安定法」（昭和41年法律第103号）に基づく野菜価格安定対策等の措置を安定的に実施します。

（2）総合的かつ効果的なセーフティネット対策の在り方の検討等

収入保険については、令和4（2022）年度に決定した制度の拡充を図る取組方向を踏まえ、令和6（2024）年加入者からの実施に向けて引き続き検討を進めます。

5　農業の成長産業化や国土強靱化に資する農業生産基盤整備

（1）農業の成長産業化に向けた農業生産基盤整備

ア　農地中間管理機構等との連携を図りつつ、農地の大区画化等を推進します。

イ　高収益作物に転換するための水田の畑地化・汎用化及び畑地・樹園地の高機能化を推進します。

ウ　麦・大豆等の海外依存度の高い品目の生産拡大を促進するため、排水改良等による水田の畑地化・汎用化、畑地かんがい施設の整備等による畑地の高機能化、草地整備等を推進します。

エ　ICT水管理等の営農の省力化に資する技術の活用を可能にする農業生産基盤の整備を推進します。

オ　農業農村インフラの管理の省力化・高度化やスマート農業の実装を図るとともに、地域活性化を促進するための情報通信環境の整備を推進します。

（2）農業水利施設の戦略的な保全管理

ア　農業水利施設の点検、機能診断及び監視を通じた適切なリスク管理の下での計画的かつ効率的な補修、更新等により、徹底した施設の長寿命化とライフサイクルコストの低減を図ります。

イ　農業者の減少・高齢化が進む中、農業水利施設の機能が安定的に発揮されるよう、施設の更新に合わせ、集約、再編、統廃合等によるストックの適正化を推進します。

ウ　農業水利施設の保全管理におけるロボット、AI等の利用に関する研究開発・実証調査を推進します。

（3）農業・農村の強靱化に向けた防災・減災対策

ア　基幹的な農業水利施設の改修等のハード対策と機能診断等のソフト対策を組み合わせた防災・減災対策を実施します。

イ　「農業用ため池の管理及び保全に関する法律」（平成31年法律第17号）に基づき、ため池の決壊による周辺地域への被害の防止に必要な措置を進めます。

ウ　「防災重点農業用ため池に係る防災工事等の推進に関する特別措置法」（令和2年法律第56号）の規定により都道府県が策定した推進計画に基づき、優先度の高いものから防災工事等に取り組むとともに、防災工事等が実施されるまでの間についても、ハザードマップの作成、監視・管理体制の強化等を行うなど、これらの対策を適切に組み合わせて、ため池の防災・減災対策を推進します。

エ　大雨により水害が予測されるなどの際、①事前に農業用ダムの水位を下げて雨水を貯留する「事前放流」、②水田に雨水を一時的に貯留する「田んぼダム」、③ため池への雨水の一時的な貯留、④農作物への被害のみならず、市街地や集落の湛水被害も防止・軽減させる排水施設の整備等、流域治水の取組を通じた防災・減災対策の強化に取り組みます。

オ　排水の計画基準に基づき、農業水利施設等の排水対策を推進します。

カ 津波、高潮、波浪その他海水又は地盤の変動による被害等から農地等を防護するため、海岸保全施設の整備等を実施します。

（4）農業・農村の構造の変化等を踏まえた土地改良区の体制強化

土地改良区の組合員の減少、ICT水管理等の新技術及び管理する土地改良施設の老朽化に対応するため、准組合員制度及び施設管理准組合員制度の導入・活用等により、土地改良区の運営基盤の強化を推進します。また、土地改良事業団体連合会等による支援を強化するほか、多様な人材の参画を図る取組を加速的に推進します。

6 需要構造等の変化に対応した生産基盤の強化と流通・加工構造の合理化

（1）肉用牛・酪農の生産拡大など畜産の競争力強化

ア 生産基盤の強化

（ア）牛肉、牛乳・乳製品等の畜産物の国内需要への対応と輸出拡大に向けて、肉用牛については、肉用繁殖雌牛の増頭、繁殖性の向上による分べん間隔の短縮等の取組等を推進します。酪農については、受精卵技術の活用による乳用後継牛の効率的な確保、経営安定、高品質な生乳の生産等を通じ、多様な消費者ニーズに対応した牛乳・乳製品の供給を推進します。なお、生乳については、需給ギャップの解消を通じた適正な価格形成の環境整備により、酪農経営の安定を図るため、脱脂粉乳等の在庫低減の取組や生乳生産の抑制に向けた取組を支援します。

（イ）労働負担軽減・省力化に資するロボット、AI、IoT等の先端技術の普及・定着や、牛の個体識別番号と当該牛に関連する生産情報等を併せて集約し、活用する体制の整備、GAP、アニマルウェルフェアの普及・定着を図ります。

（ウ）子牛や国産畜産物の生産・流通の円滑化に向けた家畜市場や食肉処理施設及び生乳の処理・貯蔵施設の再編等の取組を推進し、肉用牛等の生産基盤を強化します。あわせて、米国・EU等の輸出先国・地域の衛生水準を満たす輸出認定施設の認定取得及び輸出認定施設を中心として関係事業者が連携したコンソーシアムによる輸出促進の取組を推進します。

（エ）畜産経営の安定に向けて、以下の施策等を実施します。

a 畜種ごとの経営安定対策

（a）酪農関係では、①加工原料乳に対する加工原料乳生産者補給金及び集送乳調整金の交付、②加工原料乳の取引価格が低落した場合の補填金の交付等の対策

（b）肉用牛関係では、①肉用子牛対策として、子牛価格が保証基準価格を下回った場合に補給金を交付する肉用子牛生産者補給金制度、②肉用牛肥育対策として、標準的販売価格が標準的生産費を下回った場合に交付金を交付する肉用牛肥育経営安定交付金(牛マルキン)

（c）養豚関係では、標準的販売価格が標準的生産費を下回った場合に交付金を交付する肉豚経営安定交付金(豚マルキン)

（d）養鶏関係では、鶏卵の標準取引価格が補填基準価格を下回った場合に補填金を交付するなどの鶏卵生産者経営安定対策事業
を安定的に実施します。

b 飼料価格安定対策

配合飼料価格安定制度を適切に運用するとともに、国産濃厚飼料の増産や地域の飼料化可能な未利用資源を飼料として利用する取組等を推進します。

イ 生産基盤強化を支える環境整備

（ア）家畜排せつ物の土づくりや肥料利用を促進するため、家畜排せつ物処理施設の機能強化、堆肥のペレット化等を推進します。飼料の安定生産については、草地整備・草地改良や飼料生産組織の運営強化、放牧及び未利用資源の活用等の体制整備、公共牧場等が有する広大な草地等のフル活用、飼料用とうもろこし等の生産拡大、子実用とうもろこし等の国産濃厚飼料の増産や安定確保に向けた指導・研修、飼料用種子の備蓄、エコフィード等の利活用等により、国産飼料の生産・利用を推進します。

（イ）和牛は、我が国固有の財産であり、家畜遺伝資源の不適正な流通は、我が国の畜産振興に重大な影響を及ぼすおそれがあることから、家畜遺伝資源の流通管理の徹底、知的財産としての価値の保護を推進するため、法令順守の徹底を図るほか、全

国の家畜人工授精所への立入検査を実施するとともに、家畜遺伝資源の利用者の範囲等について制限を付す売買契約の普及を図ります。また、家畜人工授精用精液等の流通を全国的に管理するシステムの運用・機能強化等を推進するとともに、和牛の血統の信頼を確保するため、遺伝子型の検査によるモニタリング調査を推進する取組を支援します。

（ウ）「畜舎等の建築等及び利用の特例に関する法律」（令和3年法律第34号）に基づき、都道府県等と連携し、畜舎建築利用計画の認定制度の円滑な運用を行います。

（2）新たな需要に応える園芸作物等の生産体制の強化

ア 野菜

（ア）既存ハウスのリノベーションや、環境制御・作業管理等の技術習得に必要なデータ収集・分析機器の導入等、データを活用して生産性・収益向上につなげる体制づくり等を支援するとともに、より高度な生産が可能となる低コスト耐候性ハウスや高度環境制御栽培施設等の導入を支援します。

（イ）実需者からの国産野菜の安定調達ニーズに対応するため、加工・業務用向けの契約栽培に必要な新たな生産・流通体系の構築、作柄安定技術の導入等を支援します。

（ウ）園芸産地が抱える課題に緊急に対応するとともに、輸入野菜の国産への置換え等、我が国の食料安全保障にもつながる産地強化のための取組を支援します。

（エ）複数の産地と協業して、加工・業務用等の新市場が求めるロット・品質での供給を担う拠点事業者による貯蔵・加工等の拠点インフラの整備や生育予測等を活用した安定生産の取組等を支援します。

（オ）農業者と協業しつつ、①生産安定・効率化機能、②供給調整機能、③実需者ニーズ対応機能の三つの全ての機能を具備し、又は強化するモデル性の高い生産事業体の育成を支援します。

イ 果樹

（ア）優良品目・品種への改植・新植及びそれに伴う未収益期間における幼木の管理経費を支援します。

（イ）担い手の就農・定着のための産地の取組と併せて行う、小規模園地整備や部分改植等の産地の新規参入者受入体制の整備を一体的に支援します。

（ウ）平坦で作業性の良い水田等への新植や、労働生産性向上が見込まれる省力樹形の導入を推進するとともに、まとまった面積での省力樹形及び機械作業体系の導入等による労働生産性を抜本的に高めたモデル産地の育成を支援します。

（エ）省力樹形用苗木の安定生産に向けたモデル的な取組を支援します。

ウ 花き

（ア）「物流の2024年問題」に対応するため、受発注データのデジタル化、流通の効率化・高度化に資する検討や技術実証を支援するとともに、生産性の向上・低コスト化等花き産地の課題解決に資する検討や実証等の取組を支援します。

（イ）減少傾向にある花き需要の回復に向けて、需要拡大が見込まれる品目等への転換や新たな需要開拓、花きの利用拡大に向けたPR活動等の取組を支援します。

（ウ）令和5(2023)年にカタールのドーハ、令和9(2027)年に横浜市で開催される国際園芸博覧会の円滑な実施に向けて、主催団体や地方公共団体、関係省庁とも連携し、政府出展等の準備を進めます。

エ 茶、甘味資源作物等の地域特産物

（ア）茶

「茶業及びお茶の文化の振興に関する基本方針」に基づき、消費者ニーズへの対応や輸出の促進等に向け、新たな茶商品の生産・加工技術の実証や機能性成分等の特色を持つ品種の導入、有機栽培への転換、てん茶等の栽培に適した棚施設を利用した栽培法への転換や直接被覆栽培への転換、スマート農業技術の実証、残留農薬分析等を支援します。

（イ）砂糖及びでん粉

「砂糖及びでん粉の価格調整に関する法律」（昭和40年法律第109号）に基づき、さとうきび・でん粉原料用かんしょ生産者及び国内産糖・国内産いもでん粉の製造事業者に対して、経営安定のための支援を行います。

（ウ）薬用作物

地域の取組として、産地と実需者(漢方薬メーカー等)が連携した栽培技術の確立のための実証圃の設置、省力化のための農業機械の改良等を支援します。また、全国的な取組として、事前相談窓

口の設置や技術アドバイザーの派遣等の栽培技術の指導体制の確立、技術拠点農業の設置に向けた取組を支援します。

（エ）こんにゃくいも等

こんにゃくいも等の特産農産物については、付加価値の創出、新規用途開拓、機械化・省力作業体系の導入等を推進するとともに、安定的な生産に向けた体制の整備等を支援します。

（オ）繭・生糸

養蚕・製糸業と絹織物業者等が提携して取り組む、輸入品と差別化された高品質な純国産絹製品づくり・ブランド化を推進するとともに、生産者、実需者等が一体となって取り組む、安定的な生産に向けた体制の整備等を支援します。

（カ）葉たばこ

葉たばこについて、種類別・葉分タイプ別価格により、日本たばこ産業株式会社（JT）が買い入れます。

（キ）いぐさ

輸入品との差別化・ブランド化に取り組むいぐさ生産者の経営安定を図るため、国産畳表の価格下落影響緩和対策の実施、実需者や消費者のニーズを踏まえた、産地の課題を解決するための技術実証等の取組を支援します。

（3）米政策改革の着実な推進と水田における高収益作物等への転換

ア　消費者・実需者の需要に応じた多様な米の安定供給

（ア）需要に応じた米の生産・販売の推進

a　産地・生産者と実需者が結び付いた事前契約や複数年契約による安定取引の推進、水田活用の直接支払交付金等による作付転換への支援、都道府県産別、品種別等のきめ細かな需給・価格情報、販売進捗情報、在庫情報の提供、都道府県別・地域別の作付動向（中間的な取組状況）の公表等により需要に応じた生産・販売を推進します。

b　国が策定する需給見通し等を踏まえつつ生産者や集荷業者・団体が主体的に需要に応じた生産・販売を行うため、行政や生産者団体、現場が一体となって取り組みます。

c　米の生産については、農地の集積・集約化による分散錯圃の解消や作付けの団地化、直播等の省

力栽培技術やスマート農業技術等の導入・シェアリングの促進、資材費の低減等による生産コストの低減等を推進します。

（イ）戦略作物の生産拡大

水田活用の直接支払交付金等により、麦、大豆、米粉用米等、戦略作物の本作化を進めるとともに、地域の特色のある魅力的な産品の産地づくりや水田を畑地化して畑作物の定着を図る取組を支援します。

（ウ）コメ・コメ加工品の輸出拡大

輸出拡大実行戦略で掲げた、コメ・パックご飯・米粉及び米粉製品の輸出額目標の達成に向けて、輸出ターゲット国・地域である香港や米国、中国、シンガポールを中心とする輸出拡大が見込まれる国・地域での海外需要開拓・プロモーションや海外規制に対応する取組に対して支援するとともに、大ロットで輸出用米の生産・供給に取り組む産地の育成等の取組を推進します。

（エ）米の消費拡大

業界による主体的取組を応援する運動「やっぱりごはんでしょ！」の実施等SNSを活用した取組や、「米と健康」に着目した情報発信等、新たな需要の取り込みを進めます。

イ　麦・大豆

国産麦・大豆については、需要に応じた生産に向けて、作付けの団地化の推進やブロックローテーション、営農技術の導入等の支援を通じた産地の生産体制の強化や、生産の効率化のほか、実需の求める量・品質・価格の安定に向けた取組を支援します。

ウ　高収益作物への転換

水田農業高収益化推進計画に基づき、国のみならず地方公共団体等の関係部局が連携し、水田における高収益作物への転換、水田の畑地化・汎用化のための基盤整備、栽培技術や機械・施設の導入、販路確保等の取組を計画的かつ一体的に推進します。

エ　米粉用米・飼料用米

生産と実需の複数年契約による長期安定的な取引を推進するとともに、「米穀の新用途への利用の促進に関する法律」（平成21年法律第25号）に基づき、米粉用米、飼料用米の生産・利用拡大や必要な機械・施設の整備等を総合的に支援します。

（ア）米粉用米

　　米粉製品のコスト低減に資する取組事例や新た
な米粉加工品の情報発信等の需要拡大に向けた取
組を実施し、生産と実需の複数年契約による長期
安定的な取引の推進に資する情報交換会を開催す
るとともに、ノングルテン米粉の製造工程管理
JASの普及を推進します。また、米粉を原料とした
商品の開発・普及や製粉企業等の施設整備、米粉
専用品種の種子増産に必要な機械・施設の導入等
を支援します。

（イ）飼料用米

　　地域に応じた省力・多収栽培技術の確立・普及
を通じた生産コストの低減やバラ出荷による流通
コストの低減に向けた取組を支援します。また、
飼料用米を活用した豚肉、鶏卵等のブランド化を
推進するための付加価値向上等に向けた新たな取
組や、生産と実需の複数年契約による長期安定的
な取引を推進します。

オ　米・麦・大豆等の流通

　　農業競争力強化支援法等に基づき、流通・加工業
界の再編に係る取組の支援等を実施します。また、
物流合理化を進めるため、生産者や関係事業者等と
協議を行い、課題を特定し、それらの課題解決に取
り組みます。特に米については、玄米輸送のフレキ
シブルコンテナバッグ利用の推進、精米物流の合理
化に向けた商慣行の見直し等による「ホワイト物流」
推進運動に取り組みます。

（4）農業生産工程管理の推進と効果的な農作業安全対
策の展開

ア　農業生産工程管理の推進

　　農産物においては、令和12(2030)年までにほぼ全
ての国内の産地における国際水準のGAPの実施を
目指し、令和4(2022)年3月に策定した「我が国にお
ける国際水準GAPの推進方策」に基づき、国際水準
GAPガイドラインを活用した指導や産地単位の取
組等を推進します。

　　畜産物においては、JGAP家畜・畜産物や
GLOBALG.A.P.の認証取得の拡大を図ります。

　　また、農業高校や農業大学校等における教育カリ
キュラムの強化等により、農業教育機関における
GAPに関する教育の充実を図ります。

イ　農作業等安全対策の展開

（ア）都道府県段階、市町村段階の関係機関が参画し
た推進体制を整備するとともに、農業機械作業に
係る死亡事故が多数を占めていることを踏まえ、
以下の取組を強化します。

　a　農業者を取り巻く地域の人々が、農業者に対し
て、農業機械の転落・転倒対策を呼び掛ける「声
かけ運動」の展開を推進します。

　b　農業者を対象とした「農作業安全に関する研修」
の開催を推進します。

（イ）大型特殊自動車免許等の取得機会の拡大や、作
業機を付けた状態での公道走行に必要な灯火器類
の設置等を促進します。

（ウ）「農作業安全対策の強化に向けて（中間とりまと
め）」に基づき、都道府県、農機メーカーや農機販
売店等を通じて収集した事故情報の分析等を踏ま
え、引き続き安全性検査制度の見直しに向けた検
討を行います。

（エ）GAPの団体認証取得による農作業事故等産地リ
スクの低減効果の検証を行うとともに、労災保険
特別加入団体の設置と農業者の加入促進を図りま
す。また、熱中症対策の強化を図ります。

（オ）農林水産業・食品産業の作業安全対策について、
「農林水産業・食品産業の作業安全のための規範」
やオンライン作業安全学習教材も活用し、効果的
な作業安全対策の検討・普及や、関係者の意識啓
発のための取組を実施します。

（5）良質かつ低廉な農業資材の供給や農産物の生産・流
通・加工の合理化

ア　「農業競争力強化プログラム」及び農業競争力強
化支援法に基づき、良質かつ低廉な農業資材の供給
や農産物流通等の合理化に向けた取組を行う事業者
の事業再編や事業参入を進めます。

イ　「農産物検査規格・米穀の取引に関する検討会」に
おいて見直しを行った農産物検査規格について、現
場への周知を進めます。また、スマート・オコメ・チ
ェーンコンソーシアムで令和5(2023)年産米からの
活用を目標として、各種情報の標準化やJAS規格の検
討を進めていきます。

ウ　施設園芸及び茶においては、計画的に省エネルギ
ー化等に取り組む産地を対象に価格が高騰した際に
補填金を交付する「施設園芸等燃料価格高騰対策」

により、燃料価格高騰に備えるセーフティネット対策を講じます。

7　情報通信技術等の活用による農業生産・流通現場のイノベーションの促進

（1）スマート農業の加速化など農業現場でのデジタル技術の利活用の推進

ア　これまでのロボット、AI、IoT等の先端技術を活用したスマート農業実証プロジェクトから得られた成果と課題を踏まえ、海外に依拠するところの大きい我が国の食料供給の安定化を図るために必要な技術の開発・改良から実証、実装に向けた情報発信までを総合的に取り組みます。

イ　農機メーカー、金融、保険等民間企業が参画したプラットフォームにおいて、農機のリース・シェアリングやドローン操作の代行サービス等新たな農業支援サービスの創出が進むよう、業者間の情報共有やマッチング等を進めます。

ウ　現場実装に際して安全上の課題解決が必要なロボット技術の安全性の検証や安全性確保策の検討に取り組みます。

エ　生産部分だけでなく、加工・流通・消費に至るデータ連携を可能とするスマートフードチェーンプラットフォームを構築し、今後は、ユースケースの創出を支援します。また、オープンAPI整備・活用に必要となるルールづくりや異なる種類・メーカーの機器から取得されるデータの連携実証への支援、生育・出荷等の予測モデルの開発・実装によりデータ活用を推進します。

オ　スマート農業の加速化に向けた施策の方向性を示した「スマート農業推進総合パッケージ」（令和4(2022)年6月改訂)を踏まえ、スマート農業技術の実証・分析、農業支援サービス事業体の育成・普及、更なる技術の開発・改良、技術対応力・人材創出の強化、実践環境の整備、スマート農業技術の海外展開等の施策を推進します。

カ　営農データの分析支援等農業支援サービスを提供する企業が活躍できる環境整備や、農産物のサプライチェーンにおけるデータ・物流のデジタル化、農村地域の多様なビジネス創出等を推進します。

（2）　農業施策の展開におけるデジタル化の推進

ア　農業現場と農林水産省が切れ目なくつながり、行政手続に係る農業者等の負担を大幅に軽減し、経営に集中できるよう、徹底した行政手続の簡素化の促進を行うとともに、農林水産省が所管する法令や補助金等の行政手続をオンラインで申請することができる「農林水産省共通申請サービス（eMAFF）」のオンライン利用率の向上と利用者の利便性向上に向けた取組を進めます。

イ　農林水産省農林漁業者向けスマートフォン・アプリケーション（MAFFアプリ）のeMAFF等との連動を進め、個々の農業者の属性・関心に応じた営農・政策情報を提供します。

ウ　eMAFFの利用を進めながら、デジタル地図を活用して、農地台帳、水田台帳等の現場の農地情報を統合し、農地の利用状況の現地確認等の抜本的な効率化・省力化を図るための「農林水産省地理情報共通管理システム（eMAFF地図）」の開発を進めます。

エ　「農業DX構想」に基づき、農業DXの実現に向けて、農業・食関連産業の「現場」、農林水産省の「行政実務」及び現場と農林水産省をつなぐ「基盤」の整備に関する多様なプロジェクトを推進します。

（3）イノベーション創出・技術開発の推進

みどり戦略の実現に向け、化学肥料等の使用量削減と高い生産性を両立する革新的な新品種の早期開発を推進し、スマート育種基盤を低コスト化・高精度化するとともに、多品目に利用できるスマート育種基盤を構築します。農林漁業者等のニーズに対応する研究開発として、子実用とうもろこしを導入した高収益・低投入型大規模ブロックローテーション体系の構築、有機栽培に対応した病害虫対策技術の構築等を推進します。さらに、産学官が連携して異分野のアイデア・技術等を農林水産・食品分野に導入し、国の重要施策の推進や現場課題の解決に資する革新的な技術・商品サービスを生み出す研究を支援します。

ア　研究開発の推進

（ア）研究開発の重点事項や目標を定める「農林水産研究イノベーション戦略」を策定するとともに、内閣府の「戦略的イノベーション創造プログラム（SIP）」や「研究開発とSociety5.0との橋渡しプログラム（BRIDGE）」等も活用して研究開発を推進します。令和5(2023)年度から、SIPにおいて新課題「豊かな食が提供される持続可能なフードチェー

ンの構築」を立ち上げ、食料安全保障や農業の環境負荷低減をミッションとした研究開発に取り組みます。

（イ）総合科学技術・イノベーション会議が決定したムーンショット目標5「2050年までに、未利用の生物機能等のフル活用により、地球規模でムリ・ムダのない持続的な食料供給産業を創出」を実現するため、困難だが実現すれば大きなインパクトが期待される挑戦的な研究開発（ムーンショット型研究開発）を推進します。

（ウ）Society5.0の実現に向け、産学官と農業の生産現場が一体となって、オープンイノベーションを促進するとともに、人材・知・資金が循環するよう農林水産業分野での更なるイノベーション創出を計画的・戦略的に推進します。

イ　国際農林水産業研究の推進

国立研究開発法人農業・食品産業技術総合研究機構及び国立研究開発法人国際農林水産業研究センターにおける海外研究機関等との積極的な研究協定覚書(MOU)の締結や拠点整備の取組を支援します。また、海外の農業研究機関や国際農業研究機関の優れた知見や技術を活用し、戦略的に国際共同研究を推進します。

ウ　科学に基づく食品安全、動物衛生、植物防疫等の施策に必要な研究の更なる推進

（ア）「安全な農畜水産物の安定供給のためのレギュラトリーサイエンス研究推進計画」で明確化した取り組むべき調査研究の内容や課題について、情勢の変化や新たな科学的知見を踏まえた見直しを行います。また、所管法人、大学、民間企業、関係学会等への情報提供や研究機関との意見交換を行い、研究者の認識や理解の醸成とレギュラトリーサイエンスに属する研究を推進します。

（イ）研究開発部局と規制担当部局が連携して食品中の危害要因の分析及び低減技術の開発、家畜の伝染性疾病を防除・低減する技術や資材の開発、植物の病害虫等侵入及びまん延防止のための検査技術の開発や防除体系の確立等、リスク管理に必要な調査研究を推進します。

（ウ）レギュラトリーサイエンスに属する研究事業の成果を国民に分かりやすい形で公表します。また、行政施策・措置とその検討・判断に活用された科学的根拠となる研究成果を紹介する機会を設け、レギュラトリーサイエンスへの理解の醸成を推進します。

（エ）行政施策・措置の検討・判断に当たり、その科学的根拠となる優れた研究成果を挙げた研究者を表彰します。

エ　戦略的な研究開発を推進するための環境整備

（ア）「農林水産研究における知的財産に関する方針」（令和4(2022)年12月改訂）を踏まえ、農林水産業・食品産業に関する研究に取り組む国立研究開発法人や都道府県の公設試験場等における知的財産マネジメントの強化を図るため、専門家による指導・助言等を行います。また、知財戦略や侵害対応マニュアルを策定する等の知財マネジメントの実践に取り組もうとする公的研究機関等を対象に重点的に支援します。

（イ）締約国としてITPGRの運営に必要な資金拠出を行うとともに、海外遺伝資源の取得や利用の円滑化に向けて、遺伝資源利用に係る国際的な議論や、各国制度等の動向を調査し、入手した最新情報等について、我が国の遺伝資源利用者に対し周知活動等を実施します。

（ウ）最先端技術の研究開発及び実用化に向けて、国民への分かりやすい情報発信、意見交換を行い、国民に受け入れられる環境づくりを進めます。特にゲノム編集技術等の育種利用については、より理解が深まるような方策を取り入れながらサイエンスコミュニケーション等の取組を強化します。

オ　開発技術の迅速な普及・定着

（ア）「橋渡し」機能の強化

a　異分野のアイデア・技術等を農林水産・食品分野に導入し、イノベーションにつながる革新的な技術の実用化に向けて、基礎から実用化段階までの研究開発を切れ目なく推進します。

また、創出された成果について海外で展開する際の市場調査や現地における開発、実証試験を支援します。

b　大学、民間企業等の地域の関係者による技術開発から改良、開発実証試験までの取組を切れ目なく支援します。

c　農林水産・食品分野において、サービス事業体の創出やフードテック等の新たな技術の事業化を

目指すスタートアップが行う研究開発等を切れ目なく支援します。

d 「「知」の集積と活用の場 産学官連携協議会」において、ポスターセッション、セミナー、ワークショップ等を開催し、技術シーズ・ニーズに関する情報交換、意見交換を行うとともに、研究成果の海外展開を支援します。

e 研究成果の展示会、相談会・商談会等により、研究機関、生産者、社会実装の担い手等が行うイノベーション創出に向けて、技術交流を推進します。

f 全国に配置されたコーディネーターが、技術開発ニーズ等を収集するとともに、マッチング支援や商品化・事業化に向けた支援等を行い、研究の企画段階から産学が密接に連携し、早期に成果を実現できるよう支援します。

g みどり戦略で掲げた各目標の達成に貢献し、現場への普及が期待される技術を「「みどりの食料システム戦略」技術カタログ」として紹介します。

（イ）効果的・効率的な技術・知識の普及指導

国と都道府県が協同して、高度な技術・知識を持つ普及指導員を設置し、普及指導員が試験研究機関や民間企業等と連携して直接農業者に接して行う技術・経営指導等を推進します。具体的には、普及指導員による新技術や新品種の導入等に係る地域の合意形成、新規就農者の支援、地球温暖化及び自然災害への対応等、公的機関が担うべき分野についての取組を強化します。また、計画的に研修等を実施し、普及指導員の資質向上を推進します。

8 みどりの食料システム戦略の推進

（1）みどりの食料システム戦略の実現に向けた施策の展開

みどり戦略の実現に向けて「環境と調和のとれた食料システムの確立のための環境負荷低減事業活動の促進等に関する法律」（令和4年法律第37号）（以下「みどりの食料システム法」という。）に基づき、化学肥料や化学農薬の低減等の環境負荷低減に係る計画の認定を受けた事業者に対して、税制特例や融資制度等の支援措置を講じます。また、みどりの食料システム戦略推進総合対策等により、みどり戦略の実現に資する研究開発、必要な施設の整備等、環境負荷低減と持続的発展に向けた地域ぐるみのモデル地区を創出するとともに、関係者の行動変容と相互連携を促す環境づくりを支援します。

（2）イノベーション創出・技術開発の推進

みどり戦略の実現に向け、化学肥料等の使用量削減と高い生産性を両立する革新的な新品種の早期開発を推進し、スマート育種基盤を低コスト化・高精度化するとともに、多品目に利用できるスマート育種基盤を構築します。農林漁業者等のニーズに対応する研究開発として、子実用とうもろこしを導入した高収益・低投入型大規模ブロックローテーション体系の構築、有機栽培に対応した病害虫対策技術の構築等を推進します。さらに、産学官が連携して異分野のアイデア・技術等を農林水産・食品分野に導入し、国の重要施策の推進や現場課題の解決に資する革新的な技術・商品サービスを生み出す研究を支援します。

（3）有機農業の更なる推進

ア 有機農業指導員の育成や新たに有機農業に取り組む農業者の技術習得等による人材育成や、オーガニック産地育成等による有機農産物の安定供給体制の構築を推進します。

イ 流通・加工・小売事業者等と連携した需要喚起の取組を支援し、バリューチェーンの構築を進めます。

ウ 遊休農地等を活用した農地の確保とともに、有機農業を活かして地域振興につなげている市町村等のネットワークづくりを進めます。

エ 有機農業の生産から消費まで一貫して推進する取組や体制づくりを支援し、有機農業推進のモデル的先進地区の創出を進めます。

オ 有機JAS認証の取得を支援するとともに、諸外国・地域との有機同等性の交渉を推進します。また、有機JASについて、消費者がより合理的な選択ができるよう必要な見直しを行います。

（4）農業の自然循環機能の維持増進とコミュニケーション

ア 有機農業や有機農産物について消費者に分かりやすく伝える取組を推進します。

イ 官民協働のプラットフォームである「あふの環2030プロジェクト～食と農林水産業のサステナビリティを考える～」における勉強会・交流会、情報発信

や表彰等の活動を通じて、持続可能な生産消費を促進します。

（5）農村におけるSDGsの達成に向けた取組の推進

　　農山漁村の豊富な資源をバイオマス発電や小水力発電等の再生可能エネルギーとして活用し、農林漁業経営の改善や地域への利益還元を進め、農山漁村の活性化に資する取組を推進します。

9　気候変動への対応等環境政策の推進

（1）気候変動や越境性動物疾病等の地球規模の課題への対策

　　パリ協定を踏まえた森林減少・劣化抑制、農地土壌における炭素貯留等に関する途上国の能力向上、耐塩性・耐干性イネやGHG排出削減につながる栽培技術の開発等の気候変動対策を推進します。また、①気候変動緩和に資する研究や、②越境性病害の我が国への侵入防止に資する研究、③アジアにおける口蹄疫、高病原性鳥インフルエンザ、アフリカ豚熱等の越境性動物疾病及び薬剤耐性の対策等を推進します。また、アジアモンスーン地域で共有できる技術情報の収集・分析・発信、アジアモンスーン各地での気候変動緩和等に資する技術の応用のための共同研究を推進します。くわえて、気候変動対策として、アジア開発銀行と連携し、農業分野の二国間クレジット制度(JCM)の案件創出の取組を開始します。

（2）気候変動に対する緩和・適応策の推進

ア　「農林水産省地球温暖化対策計画」に基づき、農林水産分野における地球温暖化対策技術の開発、マニュアル等を活用した省エネ型の生産管理の普及・啓発や省エネ設備の導入等による施設園芸の省エネルギー対策、施肥の適正化、J-クレジットの利活用等を推進します。

イ　農地からのGHGの排出・吸収量の国連への報告に必要な農地土壌中の炭素量等のデータを収集する調査を行います。また、家畜由来のGHG排出量の国連への報告の算出に必要な消化管由来のメタン量等のデータを収集する調査を行います。

ウ　環境保全型農業直接支払制度により、堆肥の施用やカバークロップ等、地球温暖化防止等に効果の高い営農活動に対して支援します。また、バイオ炭の農地施用に伴う影響評価、炭素貯留効果と土壌改良効果を併せ持つバイオ炭資材の開発等に取り組みます。

エ　バイオマスの変換・利用施設等の整備等を支援し、農山漁村地域におけるバイオマス等の再生可能エネルギーの利用を推進します。

オ　廃棄物系バイオマスの利活用については、「廃棄物の処理及び清掃に関する法律」（昭和45年法律第137号）に基づき5年ごとに策定する「廃棄物処理施設整備計画」を踏まえ施設整備を推進するとともに、市町村等における生ごみのメタン化等の活用方策の導入検討を支援します。

カ　温室効果ガスの排出を削減し、東南アジアの農家が実践可能で直接的なメリットが得られる、イネ栽培管理技術及び家畜ふん尿処理技術の開発を推進します。

キ　温室効果ガスの削減効果を把握するための簡易算定ツールの品目拡大、消費者に分かりやすい等級ラベル表示による伝達手法の実証等を実施し、フードサプライチェーンにおける脱炭素化の実践とその「見える化」を推進します。

ク　「農林水産省気候変動適応計画」に基づき、農林水産分野における気候変動の影響への適応に関する取組を推進するため、以下の取組を実施します。

（ア）中長期的な視点に立った我が国の農林水産業に与える気候変動の影響評価や適応技術の開発を行うとともに、国際機関への拠出を通じた国際協力により、生産性・持続性・頑強性向上技術の開発等を推進します。

（イ）農業者等自らが行う気候変動に対するリスクマネジメントを推進するため、リスクの軽減に向けた適応策等の情報発信を行うとともに、都道府県普及指導員等を通じて、リスクマネジメントの普及啓発に努めます。

（ウ）地域における気候変動による影響や、適応策に関する科学的な知見について情報提供します。

ケ　科学的なエビデンスに基づいた緩和策の導入・拡大に向けて、研究者、農業者、地方公共団体等の連携による技術の開発・最適化を推進するとともに、農業者等の地球温暖化適応行動・温室効果ガス削減行動を促進するための政策措置に関する研究を実施します。

コ　国連気候変動枠組条約等の地球環境問題に係る国際会議に参画し、農林水産分野における国際的な地

球環境問題に対する取組を推進します。

（3）生物多様性の保全及び利用

ア　「農林水産省生物多様性戦略」(令和5(2023)年3月改定)に基づき、農村漁村が育む自然の恵みを活かし、環境と経済がともに循環・向上する社会の実現に向けた各種の施策を推進します。

イ　生物多様性保全効果の見える化に向けた検討を実施します。

ウ　環境保全型農業直接支払制度により、有機農業や冬期湛水管理等、生物多様性保全等に効果の高い営農活動に対して支援します。

エ　遺伝子組換え農作物に関する取組として、「遺伝子組換え生物等の使用等の規制による生物の多様性の確保に関する法律」(平成15年法律第97号)に基づき、生物多様性に及ぼす影響についての科学的な評価、生態系への影響の監視等を継続し、栽培用種苗を対象に輸入時のモニタリング検査を行うとともに、特定の生産地及び植物種について、輸入者に対し輸入に先立つ届出や検査を義務付ける「生物検査」を実施します。

オ　締約国としてITPGRの運営に必要な資金拠出を行うとともに、海外遺伝資源の取得や利用の円滑化に向けて、遺伝資源利用に係る国際的な議論や、各国制度等の動向を調査し、入手した最新情報等について、我が国の遺伝資源利用者に対し周知活動等を実施します。

（4）土づくりの推進

ア　都道府県の土壌調査結果の共有を進めるとともに、堆肥等の活用を促進します。また、土壌診断における簡便な処方箋サービスの創出を目指し、AIを活用した土壌診断技術の開発を推進します。

イ　好気性強制発酵による堆肥の高品質化やペレット化による広域流通等の取組を推進します。

（5）農業分野におけるプラスチックごみ問題への対応
農畜産業における廃プラスチックの排出抑制や循環利用の推進に向けた先進的事例調査、生分解性マルチ導入、プラスチックを使用した被覆肥料に関する調査、生産現場における被膜殻の流出防止等の取組を推進します。

Ⅳ　農村の振興に関する施策

1　地域資源を活用した所得と雇用機会の確保

（1）中山間地域等の特性を活かした複合経営等の多様な農業経営の推進

ア　中山間地域等直接支払制度により生産条件の不利を補正しつつ、中山間地農業ルネッサンス事業等により、多様で豊かな農業と美しく活力ある農山村の実現や、地域コミュニティによる農地等の地域資源の維持・継承に向けた取組を総合的に支援します。

イ　米、野菜、果樹等の作物の栽培や畜産、林業も含めた多様な経営の組合せにより所得を確保する複合経営を推進するため、地域の取組を支援します。

ウ　地域のニーズに応じて、農業生産を支える水路、圃場等の総合的な基盤整備と生産・販売施設等との一体的な整備を推進します。

（2）地域資源の発掘・磨き上げと他分野との組合せ等を通じた所得と雇用機会の確保

ア　農村発イノベーションをはじめとした地域資源の高付加価値化の推進

（ア）農林水産物や農林水産業に関わる多様な地域資源を新分野で活用した商品・サービスの開発や加工・販売施設等の整備等の取組を支援します。

（イ）農林水産業・農山漁村に豊富に存在する資源を活用した革新的な産業の創出に向け、農林漁業者等と異業種の事業者との連携による新技術等の研究開発成果の利用を促進するための導入実証や試作品の製造・評価等の取組を支援します。

（ウ）農林漁業者と中小企業者が有機的に連携して行う新商品・新サービスの開発や販路開拓等に係る取組を支援します。

（エ）活用可能な農山漁村の地域資源を発掘し、磨き上げた上で、これまでにない他分野と組み合わせる取組等、農山漁村の地域資源を最大限活用し、新たな事業や雇用を創出する取組である「農山漁村発イノベーション」が進むよう、農山漁村で活動する起業者等が情報交換を通じてビジネスプランの磨き上げが行えるプラットフォームの運営等、多様な人材が農山漁村の地域資源を活用して新たな事業に取り組みやすい環境を整備し、現場の創意工夫を促します。また、現場発の新たな取組を

抽出し、全国で応用できるよう積極的に情報提供します。

（オ）地域の伝統的農林水産業の継承、地域経済の活性化等につながる世界農業遺産及び日本農業遺産の認知度向上、維持・保全及び新規認定に向けた取組を推進します。また、歴史的・技術的・社会的価値を有する世界かんがい施設遺産の認知度向上及びその活用による地域の活性化に向けた取組を推進します。

イ　農泊の推進

（ア）農山漁村の活性化と所得向上を図るため、地域における実施体制の整備、食や景観を活用した観光コンテンツの磨き上げ、ワーケーション対応等の利便性向上、国内外へのプロモーション等を支援するとともに、古民家等を活用した滞在施設、体験施設の整備等を一体的に支援します。

（イ）地域の関係者が連携し、地域の幅広い資源を活用し地域の魅力を高めることにより、国内外の観光客が2泊3日以上の滞在交流型観光を行うことができる「観光圏」の整備を促進します。

（ウ）関係府省が連携し、子供の農山漁村宿泊体験等を推進するとともに、農山漁村を都市部の住民との交流の場等として活用する取組を支援します。

ウ　ジビエ利活用の拡大

（ア）ジビエ未利用地域への処理加工施設や移動式解体処理車等の整備等の支援、安定供給体制構築に向けたジビエ事業者や関係者の連携強化、ジビエ利用に適した捕獲・搬入技術を習得した捕獲者及び処理加工現場における人材の育成、ペットフード等の多様な用途での利用、ジビエの全国的な需要拡大のためのプロモーション等の取組を推進します。

（イ）「野生鳥獣肉の衛生管理に関する指針（ガイドライン）」の遵守による野生鳥獣肉の安全性確保、国産ジビエ認証制度等の普及及び加工・流通・販売段階の衛生管理の高度化の取組を推進します。

エ　農福連携の推進

「農福連携等推進ビジョン」に基づき、農福連携の一層の推進に向け、障害者等の農林水産業に関する技術習得、農業分野への就業を希望する障害者等に対し農業体験を提供するユニバーサル農園の開設、障害者等が作業に携わる生産・加工・販売施設の整備、全国的な展開に向けた普及啓発、都道府県による専門人材育成の取組等を支援します。また、障害者の農業分野での定着を支援する専門人材である「農福連携技術支援者」の育成のための研修を実施します。

オ　農村への農業関連産業の導入等

（ア）「農村地域への産業の導入の促進等に関する法律」（昭和46年法律第112号）及び「地域経済牽引事業の促進による地域の成長発展の基盤強化に関する法律」（平成19年法律第40号）を活用した農村への産業の立地・導入を促進するため、これらの法律による基本計画等の策定や税制等の支援施策の積極的な活用を推進します。

（イ）農村で活動する起業者等が情報交換を通じてビジネスプランを磨き上げることができるプラットフォームの運営等、多様な人材が農村の地域資源を活用して新たな事業に取り組みやすい環境の整備等により、現場の創意工夫を促進します。

（ウ）地域が、森林資源を活用した多様なコンテンツの複合化・上質化に向けて取り組めるよう、健康づくり、人材育成、生産性向上等に取り組みたい企業等に対するニーズ調査及びマッチング機会の創出を実施します。

（3）地域経済循環の拡大

ア　バイオマス・再生可能エネルギーの導入、地域内活用

（ア）バイオマスを基軸とする新たな産業の振興

a　令和4(2022)年9月に閣議決定された新たな「バイオマス活用推進基本計画」に基づき、素材、熱、電気、燃料等への変換技術を活用し、より経済的な価値の高い製品等を生み出す高度利用等の取組を推進します。また、関係府省の連携の下、地域のバイオマスを活用した産業化を推進し、地域循環型の再生可能エネルギーの強化と環境に優しく災害に強いまち・むらづくりを目指すバイオマス産業都市の構築に向けた取組を支援します。

b　バイオマスの効率的な利用システムの構築を進めることとし、以下の取組を実施します。

（a）「農林漁業有機物資源のバイオ燃料の原材料としての利用の促進に関する法律」（平成20年法律第45号）に基づく事業計画の認定を行い支援します。

（b）家畜排せつ物等の地域のバイオマスを活用し、エネルギーの地産地消を推進するため、バイオガスプラントの導入を支援します。

（c）バイオマスである下水汚泥資源等の利活用を図り、下水汚泥資源等のエネルギー利用、りん回収・利用等を推進します。

（d）バイオマス由来の新素材開発を推進します。

（イ）農村における地域が主体となった再生可能エネルギーの生産・利用

a　「農林漁業の健全な発展と調和のとれた再生可能エネルギー電気の発電の促進に関する法律」（平成25年法律第81号）を積極的に活用し、農林地等の利用調整を適切に行いつつ、再生可能エネルギーの導入と併せて、地域の農林漁業の健全な発展に資する取組や農山漁村における再生可能エネルギーの地産地消の取組を促進します。

b　農山漁村における再生可能エネルギーの導入に向けて、現場のニーズに応じた専門家による相談対応や、様々な課題解決に向けた取組事例について情報収集し、再エネ設備導入の普及を支援するほか、地域における営農型太陽光発電のモデル的取組及び小水力等発電施設の調査設計、施設整備等の取組を支援します。

イ　農畜産物や加工品の地域内消費

施設給食の食材として地場産農林水産物を安定的に生産・供給する体制の構築やメニュー開発等の取組を支援するとともに、農産物直売所の運営体制強化のための検討会の開催及び観光需要向けの商品開発や農林水産物の加工・販売のための機械・施設等の整備を支援します。

ウ　農村におけるSDGsの達成に向けた取組の推進

（ア）農山漁村の豊富な資源をバイオマス発電や小水力発電等の再生可能エネルギーとして活用し、農林漁業経営の改善や地域への利益還元を進め、農山漁村の活性化に資する取組を推進します。

（イ）森林資源をエネルギーとして地域内で持続的に活用するため、行政、事業者、住民等の地域の関係者の連携の下、エネルギー変換効率の高い熱利用・熱電併給に取り組む「地域内エコシステム」の構築・普及に向け、関係者による協議会の運営や小規模な技術開発に加え、先行事例の情報提供や多様な関係者の交流促進、計画作成支援等のための

プラットフォーム（リビングラボ）の構築等を支援します。

（4）多様な機能を有する都市農業の推進

都市住民の理解の促進を図りつつ、都市農業の振興に向けた取組を推進します。

また、都市農地の貸借の円滑化に関する制度が現場で円滑かつ適切に活用されるよう、農地所有者と都市農業者、新規就農者等の多様な主体とのマッチング体制の構築を促進します。

さらに、計画的な都市農地の保全を図る生産緑地、田園住居地域等の積極的な活用を促進します。

2　中山間地域等をはじめとする農村に人が住み続けるための条件整備

（1）地域コミュニティ機能の維持や強化

ア　世代を超えた人々による地域のビジョンづくり

中山間地域等直接支払制度の活用により農用地や集落の将来像の明確化を支援するほか、農村が持つ豊かな自然や食を活用した地域の活動計画づくり等を支援します。

人口の減少、高齢化が進む農山漁村において、農用地の保全等により荒廃防止を図りつつ、活性化の取組を推進します。

イ　「小さな拠点」の形成の推進

（ア）生活サービス機能等を基幹集落へ集約した「小さな拠点」の形成に資する地域の活動計画づくりや実証活動を支援します。また、農産物販売施設、廃校施設等、特定の機能を果たすため生活インフラに設置された施設を多様化（地域づくり、農業振興、観光、文化、福祉、防犯等）するとともに、生活サービスが受けられる環境の整備を関係府省と連携して推進します。

（イ）地域の実情を踏まえつつ、小学校区等複数の集落が集まる地域において、生活サービス機能等を集約・確保し、周辺集落との間をネットワークで結ぶ「小さな拠点」の形成に向けた取組を推進します。

ウ　地域コミュニティ機能の形成のための場づくり

地域住民の身近な学習拠点である公民館における、NPO法人や企業、農業協同組合等の多様な主体と連携した地域の人材の育成・活用や地域活性化を図るための取組を推進します。

（2）多面的機能の発揮の促進
　　　日本型直接支払制度(多面的機能支払制度、中山間地域等直接支払制度及び環境保全型農業直接支払制度)や、森林・山村多面的機能発揮対策を推進します。
ア　多面的機能支払制度
（ア）地域共同で行う、農業・農村の有する多面的機能を支える活動や、地域資源(農地、水路、農道等)の質的向上を図る活動を支援します。
（イ）農村地域の高齢化等に伴い集落機能が一層低下する中、広域化や土地改良区との連携による活動組織の体制強化と事務の簡素化・効率化を進めます。
イ　中山間地域等直接支払制度
（ア）条件不利地域において、中山間地域等直接支払制度に基づく直接支払を実施します。
（イ）棚田地域における振興活動や集落の地域運営機能の強化等、将来に向けた活動を支援します。
ウ　環境保全型農業直接支払制度
　　　化学肥料・化学合成農薬の使用を原則5割以上低減する取組と併せて行う地球温暖化防止や生物多様性保全等に効果の高い営農活動に対して支援します。
エ　森林・山村多面的機能発揮対策
　　　地域住民等が集落周辺の里山林において行う、中山間地域における農地等の維持保全にも資する森林の保全管理活動等を推進します。
（3）生活インフラ等の確保
ア　住居、情報基盤、交通等の生活インフラ等の確保
（ア）住居等の生活環境の整備
　　a　住居・宅地等の整備
　（a）高齢化や人口減少が進行する農村において、農業・生活関連施設の再編・整備を推進します。
　（b）農山漁村における定住や都市と農山漁村の二地域居住を促進する観点から、関係府省が連携しつつ、計画的な生活環境の整備を推進します。
　（c）優良田園住宅による良質な住宅・宅地供給を促進し、質の高い居住環境整備を推進します。
　（d）地方定住促進に資する地域優良賃貸住宅の供給を促進します。
　（e）都市計画区域の定めのない町村において、スポーツ、文化、地域交流活動の拠点となり、生活環境の改善を図る特定地区公園の整備を推進します。

b　汚水処理施設の整備
（a）地方創生等の取組を支援する観点から、地方公共団体が策定する「地域再生計画」に基づき、関係府省が連携して道路及び汚水処理施設の整備を効率的・効果的に推進します。
（b）下水道、農業集落排水施設、浄化槽等について、未整備地域の整備とともに、より一層の効率的な汚水処理施設整備のために、社会情勢の変化を踏まえた都道府県構想の見直しの取組について、関係府省が密接に連携して支援します。
（c）下水道及び農業集落排水施設においては、既存施設について、維持管理の効率化や長寿命化・老朽化対策を進めるため、地方公共団体による機能診断等の取組や更新整備等を支援します。
（d）農業集落排水施設と下水道との連携等による施設の再編や、農業集落排水施設と浄化槽との一体的な整備を更に推進します。
（e）農村地域における適切な資源循環を確保するため、農業集落排水施設から発生する汚泥と処理水の循環利用を推進します。
（f）下水道を含む汚水処理の広域化・共同化に係る計画策定から施設整備まで総合的に支援する下水道広域化推進総合事業や従来の技術基準にとらわれず地域の実情に応じた低コスト、早期かつ機動的な整備が可能な新たな整備手法の導入を図る「下水道クイックプロジェクト」等により、効率的な汚水処理施設の整備を推進します。
（g）地方部において、より効率的な汚水処理施設である浄化槽の整備を推進します。特に循環型社会・低炭素社会・自然共生社会の同時実現を図るとともに、環境配慮型の浄化槽(省エネルギータイプに更なる環境性能を追加した浄化槽)整備や、公的施設に設置されている単独処理浄化槽の集中的な転換を推進します。
（イ）情報通信環境の整備
　　　高度情報通信ネットワーク社会の実現に向けて、河川、道路及び下水道において公共施設管理の高度化を図るため、光ファイバ及びその収容空間を整備するとともに、施設管理に支障のない範囲で国の管理する河川・道路管理用光ファイバやその収容空間の開放を推進します。

（ウ）交通の整備

a　交通事故の防止や、交通の円滑化を確保するため、歩道の整備や交差点改良等を推進します。

b　生活の利便性向上や地域交流に必要な道路や、都市まで安全かつ快適な移動を確保するための道路の整備を推進します。

c　日常生活の基盤としての市町村道から国土構造の骨格を形成する高規格幹線道路に至る道路ネットワークの強化を推進します。

d　多様な関係者の連携により、地方バス路線、離島航路・航空路等の生活交通の確保・維持を図るとともに、バリアフリー化や地域鉄道の安全性向上に資する設備の整備等、快適で安全な公共交通の構築に向けた取組を支援します。

e　地域住民の日常生活に不可欠な交通サービスの維持・活性化、輸送の安定性の確保等のため、島しょ部等における港湾整備を推進します。

f　農産物の海上輸送の効率化を図るため、船舶の大型化等に対応した複合一貫輸送ターミナルの整備を推進します。

g　「道の駅」の整備により、休憩施設と地域振興施設を一体的に整備し、地域の情報発信と連携・交流の拠点形成を支援します。

h　食料品の購入や飲食に不便や苦労を感じる「食品アクセス問題」について、全国の地方公共団体を対象としたアンケート調査や食品アクセスの確保に向けたモデル実証の支援のほか、取組の優良事例や関係省庁の各種施策をワンストップで閲覧可能なポータルサイトを通じた情報発信を行います。

（エ）教育活動の充実

地域コミュニティの核としての学校の役割を重視しつつ、地方公共団体における学校規模の適正化や小規模校の活性化等に関する更なる検討を促すとともに、各市町村における検討に資する「公立小学校・中学校の適正規模・適正配置等に関する手引」の更なる周知、優れた先行事例の普及等による取組モデルの横展開等、活力ある学校づくりに向けたきめ細やかな取組を推進します。

（オ）医療・福祉等のサービスの充実

a　「第7次医療計画」に基づき、へき地診療所等による住民への医療提供等農村を含めたへき地における医療の確保を推進します。

b　介護・福祉サービスについて、地域密着型サービス拠点等の整備等を推進します。

（カ）安全な生活の確保

a　山腹崩壊、土石流等の山地災害を防止するための治山施設の整備や、流木被害の軽減・防止を図るための流木捕捉式治山ダムの設置、農地等を飛砂害や風害、潮害から守るなど重要な役割を果たす海岸防災林の整備等を通じて地域住民の生命・財産及び生活環境の保全を図ります。これらの施策の実施に当たっては、流域治水の取組との連携を図ります。

b　治山施設の設置等のハード対策と併せて、地域における避難体制の整備等の取組と連携して、山地災害危険地区を地図情報として住民に提供するなどのソフト対策を推進します。

c　高齢者や障害者等の自力避難の困難な者が入居する要配慮者利用施設に隣接する山地災害危険地区等において治山事業を計画的に実施します。

d　激甚な水害の発生や床上浸水の頻発により、国民生活に大きな支障が生じた地域等において、被害の防止・軽減を目的として、治水事業を実施します。

e　市町村役場、重要交通網、ライフライン施設等が存在する土砂災害の発生のおそれのある箇所において、砂防堰堤等の土砂災害防止施設の整備や警戒避難体制の充実・強化等、ハード・ソフト一体となった総合的な土砂災害対策を推進します。また、近年、死者を出すなど甚大な土砂災害が発生した地域の再度災害防止対策を推進します。

f　南海トラフ地震や首都直下地震等による被害の発生及び拡大、経済活動への甚大な影響の発生等に備え、防災拠点、重要交通網、避難路等に影響を及ぼすほか、孤立集落発生の要因となり得る土砂災害の発生のおそれのある箇所において、土砂災害防止施設の整備を戦略的に推進します。

g　「土砂災害警戒区域等における土砂災害防止対策の推進に関する法律」（平成12年法律第57号)に基づき、土砂災害警戒区域等の指定を促進し、土砂災害のおそれのある区域についての危険の周知、警戒避難体制の整備及び特定開発行為の制限を実施します。

h 農村地域における災害を防止するため、農業水利施設の改修等のハード対策に加え、防災情報を関係者が共有するシステムの整備、減災のための指針づくり等のソフト対策を推進し、地域住民の安全な生活の確保を図ります。

i 橋梁の耐震対策、道路斜面や盛土等の防災対策、災害のおそれのある区間を回避する道路整備を推進します。また、冬期の道路ネットワークを確保するため、道路の除雪や、防雪、凍雪害防止を推進します。

イ 定住条件整備のための総合的な支援

（ア）定住条件が不十分な地域(中山間、離島等)の医療、交通、買い物等の生活サービスを強化するためのICT利活用等、定住条件の整備のための取組を支援します。

（イ）中山間地域等において、必要な地域に対して、農業生産基盤の総合的な整備と農村振興に資する施設の整備を一体的に推進し、定住条件を整備します。

（ウ）水路等への転落を防止する安全施設の整備等、農業水利施設の安全対策を推進します。

（4）鳥獣被害対策等の推進

ア 「鳥獣による農林水産業等に係る被害の防止のための特別措置に関する法律」(平成19年法律第134号)に基づき、市町村による被害防止計画の作成及び鳥獣被害対策実施隊の設置・体制強化を推進します。

イ 関係府省庁が連携・協力し、個体数等の削減に向けて、被害防止対策を推進します。特にシカ・イノシシについては、令和5(2023)年度までに平成23(2011)年度比で生息頭数を半減させる目標の達成に向けて、関係府省庁等と連携しながら、捕獲の強化を推進します。

ウ 市町村が作成する被害防止計画に基づく、鳥獣の捕獲体制の整備、捕獲機材の導入、侵入防止柵の設置、鳥獣の捕獲・追払いや、緩衝帯の整備を推進します。

エ 都道府県における広域捕獲等を推進します。

オ 東日本大震災や東電福島第一原発事故に伴う捕獲活動の低下による鳥獣被害の拡大を抑制するための侵入防止柵の設置等を推進します。

カ 鳥獣被害対策のアドバイザーを登録・紹介する取組を推進するとともに、地域における技術指導者の育成を図るため研修を実施します。

キ ICT等を活用した被害対策技術の開発・普及を推進します。

3 農村を支える新たな動きや活力の創出

（1）地域を支える体制及び人材づくり

ア 地域運営組織の形成等を通じた地域を持続的に支える体制づくり

（ア）農村型地域運営組織形成推進事業を活用し、複数の集落機能を補完する「農村型地域運営組織(農村RMO)」の形成について、関係府省と連携し、県域レベルの伴走支援体制も構築しつつ、地域の取組を支援します。

（イ）中山間地域等直接支払制度における集落戦略の推進や加算措置等により、集落協定の広域化や地域づくり団体の設立に資する取組等を支援します。

イ 地域内の人材の育成及び確保

（ア）地域への愛着と共感を持ち、地域住民の思いをくみ取りながら、地域の将来像やそこで暮らす人々の希望の実現に向けてサポートする人材(農村プロデューサー)を養成する取組を推進します。

（イ）「社会教育士」について、地域の人材や資源等をつなぐ人材としての専門性が適切に評価され、行政やNPO等の各所で活躍するよう、本制度の周知を図ります。

（ウ）地域人口の急減に直面している地域において、「地域人口の急減に対処するための特定地域づくり事業の推進に関する法律」の仕組みを活用し、地域内の様々な事業者をマルチワークにより支える人材の確保及びその活躍を推進することにより、地域社会の維持及び地域経済の活性化を図るために、モデルを示しつつ、本制度の周知を図ります。

ウ 関係人口の創出・拡大や関係の深化を通じた地域の支えとなる人材の裾野の拡大

（ア）就職氷河期世代を含む多様な人材が農林水産業や農山漁村における様々な活動を通じて、農山漁村への理解を深めることにより、農山漁村に関心を持ち、多様な形で地域と関わる関係人口を創出する取組を支援します。

（イ）関係人口の創出・拡大等に取り組む市町村について、新たに地方交付税措置を行います。

（ウ）子供の農山漁村での宿泊による農林漁業体験等

を行うための受入環境の整備を行います。

(エ) 居住・就農を含む就労・生活支援等の総合的な情報をワンストップで提供する相談窓口の整備を推進します。

エ　多様な人材の活躍による地域課題の解決

「農泊」をビジネスとして実施する体制を整備するため、地域外の人材の活用に対して支援します。また、民間事業者と連携し、技術を有する企業や志ある若者等の斬新な発想を取り入れた取組、特色ある農業者や地域課題の把握、対策の検討等を支援する取組等を推進します。

(2) 農村の魅力の発信

ア　副業・兼業などの多様なライフスタイルの提示

農村で副業・兼業等の多様なライフスタイルを実現するための支援の在り方について検討します。また、地方での「お試し勤務」の受入れを通じて、都市部の企業等のサテライトオフィスの誘致に取り組む地方公共団体を支援します。

イ　棚田地域の振興と魅力の発信

「棚田地域振興法」(令和元年法律第42号)に基づき、関係府省で連携して棚田の保全と棚田地域の振興を図る地域の取組を総合的に支援します。

ウ　様々な特色ある地域の魅力の発信

(ア)「「子どもの水辺」再発見プロジェクト」の推進、水辺整備等により、河川における交流活動の活性化を支援します。

(イ)「歴史的砂防施設の保存活用ガイドライン」に基づき、歴史的砂防施設及びその周辺環境一帯において、環境整備を行うなどの取組を推進します。

(ウ)「エコツーリズム推進法」(平成19年法律第105号)に基づき、エコツーリズム推進全体構想の認定・周知、技術的助言、情報の収集、普及・啓発、広報活動等を総合的に実施します。

(エ) エコツーリズム推進全体構想の作成、魅力あるプログラムの開発、ガイド等の人材育成等、地域における活動の支援を行います。

(オ) 農用地、水路等の適切な保全管理により、良好な景観形成と生態系保全を推進します。

(カ) 河川においては、湿地の保全・再生や礫河原の再生等、自然再生事業を推進します。

(キ) 河川等に接続する水路との段差解消により水域の連続性の確保や、生物の生息・生育環境を整備・改善する魚のすみやすい川づくりを推進します。

(ク)「景観法」(平成16年法律第110号)に基づく景観農業振興地域整備計画や、「地域における歴史的風致の維持及び向上に関する法律」(平成20年法律第40号)に基づく歴史的風致維持向上計画の認定制度の活用を通じ、特色ある地域の魅力の発信を推進します。

(ケ)「文化財保護法」(昭和25年法律第214号)に基づき、農村に継承されてきた民俗文化財に関して、特に重要なものを重要有形民俗文化財や重要無形民俗文化財に指定するとともに、その修理や伝承事業等を支援します。

(コ) 保存及び活用が特に必要とされる民俗文化財について登録有形民俗文化財や登録無形民俗文化財に登録するとともに、保存箱等の修理・新調や解説書等の冊子整備を支援します。

(サ) 棚田や里山等の文化的景観や歴史的集落等の伝統的建造物群のうち、特に重要なものをそれぞれ重要文化的景観、重要伝統的建造物群保存地区として選定し、修理・防災等の保存及び活用に対して支援します。

(シ) 地域の歴史的魅力や特色を通じて我が国の文化・伝統を語るストーリーを「日本遺産」として認定し、魅力向上に向けて必要な支援を行います。

(3) 多面的機能に関する国民の理解の促進等

地域の伝統的農林水産業の継承、地域経済の活性化等につながる世界農業遺産及び日本農業遺産の認知度向上や、維持・保全及び新規認定に向けた取組を推進します。また、歴史的・技術的・社会的価値を有する世界かんがい施設遺産の認知度向上及び新規認定に向けた取組を推進します。さらに、農山漁村が潜在的に有する地域資源を引き出して地域の活性化や所得向上に取り組む優良事例を選定し、全国へ発信する「ディスカバー農山漁村の宝」を通じて、国民への理解の促進、普及等を図るとともに、農業の多面的機能の評価に関する調査、研究等を進めます。

4　IV1〜3に沿った施策を継続的に進めるための関係府省で連携した仕組みづくり

農村の実態や要望について、直接把握し、関係府省とも連携して課題の解決を図る「農山漁村地域づくりホットライン」を運用し、都道府県や市町村、民間事業

者等からの相談に対し、課題の解決を図る取組を推進します。また、中山間地域等において、地域の基幹産業である農林水産業を軸として、地域資源やデジタル技術の活用により、課題解決に向けて取組を積み重ねることで活性化を図る地域を「デジ活」中山間地域として登録し、関係府省が連携しつつ、その取組を後押しします。

Ⅴ 東日本大震災からの復旧・復興と大規模自然災害への対応に関する施策

1 東日本大震災からの復旧・復興

「「第2期復興・創生期間」以降における東日本大震災からの復興の基本方針」等に沿って、以下の取組を推進します。

（1）地震・津波災害からの復旧・復興

ア 農地等の生産基盤の復旧・整備

被災した農地、農業用施設等の着実な復旧を推進します。

イ 経営の継続・再建

東日本大震災により被災した農業者等に対して、速やかな復旧・復興のために必要となる資金が円滑に融通されるよう利子助成金等を交付します。

ウ 農山漁村対策

（ア）福島を始め東北の復興を実現するため、労働力不足や環境負荷低減等の課題解決に向け、スマート農業技術を活用した超省力生産システムの確立、再生可能エネルギーを活用した地産地消型エネルギーシステムの構築、農林水産資源を用いた新素材・製品の産業化に向けた技術開発等を進め、若者から高齢者まで誰もが取り組みやすい超省力・高付加価値で持続可能な先進農業の実現に向けた取組を推進します。

（イ）福島イノベーション・コースト構想に基づき、ICTやロボット技術等を活用して農林水産分野の先端技術の開発を行うとともに、状況変化等に起因して新たに現場が直面している課題の解消に資する現地実証や社会実装に向けた取組を推進します。

エ 東日本大震災復興交付金

被災市町村が農業用施設・機械を整備し、被災農業者に貸与等することにより、被災農業者の農業経営の再開を支援します。

（2）原子力災害からの復旧・復興

ア 食品中の放射性物質の検査体制及び食品の出荷制限

（ア）食品中の放射性物質の基準値を踏まえ、検査結果に基づき、都道府県に対して食品の出荷制限・摂取制限の設定・解除を行います。

（イ）都道府県等に食品中の放射性物質の検査を要請します。また、都道府県の検査計画策定の支援、都道府県等からの依頼に応じた民間検査機関での検査の実施、検査機器の貸与・導入等を行います。さらに、都道府県等が行った検査の結果を集約し、公表します。

（ウ）独立行政法人国民生活センターと共同して、希望する地方公共団体に放射性物質検査機器を貸与し、消費サイドで食品の放射性物質を検査する体制の整備を支援します。

イ 稲の作付再開に向けた支援

令和5(2023)年産稲の農地保全・試験栽培区域における稲の試験栽培、作付再開準備区域における実証栽培等の取組を支援します。

ウ 放射性物質の吸収抑制対策

放射性物質の農作物への吸収抑制を目的とした資材の施用、品種・品目転換等の取組を支援します。

エ 農業系副産物循環利用体制の再生・確立

放射性物質の影響から、利用可能であるにもかかわらず循環利用が寸断されている農業系副産物の循環利用体制の再生・確立を支援します。

オ 避難区域等の営農再開支援

（ア）避難区域等において、除染完了後から営農が再開されるまでの間の農地等の保全管理、鳥獣被害防止緊急対策、放れ畜対策、営農再開に向けた作付・飼養実証、避難先からすぐに帰還できない農家の農地の管理耕作、収穫後の汚染防止対策、水稲の作付再開、新たな農業への転換及び農業用機械・施設、家畜等の導入を支援します。

（イ）福島相双復興官民合同チームの営農再開グループが、農業者を個別に訪問して、要望調査や支援策の説明を行います。

（ウ）原子力被災12市町村に対し、福島県や農業協同組合と連携して人的支援を行い、営農再開を加速化します。

（エ）原子力被災12市町村において、営農再開の加速
　　化に向けて、「福島復興再生特別措置法」（平成24
　　年法律第25号）による特例措置等を活用した農地
　　の利用集積、生産と加工等が一体となった高付加
　　価値生産を展開する産地の創出を支援します。

カ　農産物等輸出回復

　　東電福島第一原発事故を受けて、諸外国・地域に
　おいて日本産食品に対する輸入規制が行われている
　ことから、関係省庁が協力し、あらゆる機会を捉え
　て輸入規制の早期撤廃に向けた働き掛けを実施しま
　す。

キ　福島県産農産物等の風評の払拭

　　福島県の農業の再生に向けて、生産から流通・販
　売に至るまで、風評の払拭を総合的に支援します。

ク　農産物等消費拡大推進

　　被災地及び周辺地域で生産された農林水産物並び
　にそれらを活用した食品の消費の拡大を促すため、
　生産者や被災地の復興を応援する取組を情報発信す
　るとともに、被災地産食品の販売促進等、官民の連
　携による取組を推進します。

ケ　農地土壌等の放射性物質の分布状況等の推移に関
　する調査

　　今後の営農に向けた取組を進めるため、農地土壌
　等の放射性核種の濃度を測定し、農地土壌の放射性
　物質濃度の推移を把握します。

コ　放射性物質対策技術の開発

　　被災地の営農再開のため、農地の省力的管理及び
　生産力回復を図る技術開発を行います。また、農地
　の放射性セシウムの移行低減技術を開発し、農作物
　の安全性を確保する技術開発を行います。

サ　ため池等の放射性物質のモニタリング調査、ため
　池等の放射性物質対策

　　放射性物質のモニタリング調査等を行います。ま
　た、市町村等がため池の放射性物質対策を効果的・
　効率的に実施できるよう技術的助言等を行います。

シ　東電福島第一原発事故で被害を受けた農林漁業者
　への賠償等

　　東電福島第一原発事故により農林漁業者等が受け
　た被害については、東京電力ホールディングス株式
　会社から適切かつ速やかな賠償が行われるよう、関
　係省庁、関係都道府県、関係団体、東京電力ホール
　ディングス株式会社等との連絡を密にし、必要な情

報提供や働き掛けを実施します。

ス　食品と放射能に関するリスクコミュニケーション
　　関係府省、各地方公共団体、消費者団体等が連携
　した意見交換会等のリスクコミュニケーションの取
　組を促進します。

セ　福島再生加速化交付金

（ア）農地・農業用施設の整備、農業水利施設の保全管
　　理、ため池の放射性物質対策等を支援します。

（イ）生産施設等の整備を支援します。

（ウ）地域の実情に応じ、農地の畦畔除去による区画
　　拡大、暗渠排水整備等の簡易な基盤整備を支援し
　　ます。

（エ）被災市町村が農業用施設・機械を整備し、被災農
　　業者に貸与等することにより、被災農業者の農業
　　経営の再開を支援します。

（オ）木質バイオマス関連施設、木造公共建築物等の
　　整備を支援します。

2　大規模自然災害への備え

（1）災害に備える農業経営の取組の全国展開等

ア　自然災害等の農業経営へのリスクに備えるため、
　農業用ハウスの保守管理の徹底や補強、低コスト耐
　候性ハウスの導入、農業保険等の普及促進・利用拡
　大、農業版BCPの普及等、災害に備える農業経営に
　向けた取組を引き続き全国展開します。

イ　地域において、農業共済組合や農業協同組合等の
　関係団体等による推進体制を構築し、作物ごとの災
　害対策に係る農業者向けの研修やリスクマネジメン
　トの取組事例の普及、農業高校、農業大学校等にお
　ける就農前の啓発の取組等を引き続き推進します。

ウ　卸売市場における防災・減災のための施設整備等
　を推進します。

（2）異常気象などのリスクを軽減する技術の確立・普及
　　地球温暖化に対応する品種・技術を活用し、「強み」
　のある産地形成に向け、生産者・実需者等が一体と
　なって先進的・モデル的な実証や事業者のマッチン
　グ等に取り組む産地を支援します。

（3）農業・農村の強靱化に向けた防災・減災対策

ア　基幹的な農業水利施設の改修等のハード対策と機
　能診断等のソフト対策を組み合わせた防災・減災対
　策を実施します。

イ　農業用ため池の管理及び保全に関する法律に基づ

き、ため池の決壊による周辺地域への被害の防止に必要な措置を進めます。

ウ　防災重点農業用ため池に係る防災工事等の推進に関する特別措置法の規定により都道府県が策定した推進計画に基づき、優先度の高いものから防災工事等に取り組むとともに、防災工事等が実施されるまでの間についても、ハザードマップの作成、監視・管理体制の強化等を行うなど、ハード対策とソフト対策を適切に組み合わせて、ため池の防災・減災対策を推進します。

エ　大雨により水害が予測されるなどの際、①事前に農業用ダムの水位を下げて雨水を貯留する「事前放流」、②水田に雨水を一時的に貯留する「田んぼダム」、③ため池への雨水の一時的な貯留、④農作物への被害のみならず、市街地や集落の湛水被害も防止・軽減させる排水施設の整備等、流域治水の取組を通じた防災・減災対策の強化に取り組みます。

オ　排水の計画基準に基づき、農業水利施設等の排水対策を推進します。

カ　津波、高潮、波浪その他海水又は地盤の変動による被害等から農地等を防護するため、海岸保全施設の整備等を実施します。

（4）初動対応をはじめとした災害対応体制の強化

ア　地方農政局等と農林水産省本省との連携体制の構築を促進するとともに、地方農政局等の体制を強化します。

イ　国からの派遣人員(MAFF-SAT)の充実等、国の応援体制の充実を図ります。

ウ　被災者支援のフォローアップの充実を図ります。

（5）不測時における食料安定供給のための備えの強化

ア　食品産業事業者によるBCPの策定や事業者、地方公共団体等の連携・協力体制を構築します。また、卸売市場における防災・減災のための施設整備等を促進します。

イ　米の備蓄運営について、米の供給が不足する事態に備え、100万t程度(令和5(2023)年6月末時点)の備蓄保有を行います。

ウ　輸入依存度の高い小麦について、外国産食糧用小麦需要量の2.3か月分を備蓄し、そのうち政府が1.8か月分の保管料を助成します。

エ　輸入依存度の高い飼料穀物について、不測の事態における海外からの供給遅滞・途絶、国内の配合飼料工場の被災に伴う配合飼料の急激な逼迫等に備え、配合飼料メーカー等がBCPに基づいて実施する飼料穀物の備蓄や、災害に強い配合飼料輸送等の検討の取組に対して支援します。

オ　食品の家庭備蓄の定着に向けて、企業、地方公共団体や教育機関等と連携しつつ、ローリングストック等による日頃からの家庭備蓄の重要性や、乳幼児、高齢者、食物アレルギー等への配慮の必要性に関する普及啓発を行います。

3　大規模自然災害からの復旧

（1）被災した地方公共団体等へMAFF-SATを派遣し、迅速な被害の把握や被災地の早期復旧を支援します。

（2）地震、豪雨等の自然災害により被災した農業者の早期の営農・経営再開を図るため、図面の簡素化等、災害査定の効率化を進めるとともに、査定前着工制度の活用を促進し、被災した農林漁業関係施設等の早期復旧を支援します。

Ⅵ　団体に関する施策

ア　農業協同組合系統組織

農業協同組合法及びその関連通知に基づき、農業者の所得向上に向けた自己改革を実践していくサイクルの構築を促進します。

また、「農水産業協同組合貯金保険法の一部を改正する法律」(令和3年法律第55号)に基づき、金融システムの安定に係る国際的な基準への対応を促進します。

イ　農業委員会系統組織

農地利用の最適化活動を行う農業委員・農地利用最適化推進委員の具体的な目標の設定、最適化活動の記録・評価等の取組を推進します。

ウ　農業共済団体

農業保険について、行政機関、農業協同組合等の関係団体、農外の専門家等と連携した推進体制を構築します。また、農業保険を普及する職員の能力強化、全国における1県1組合化の実現、農業被害の防止に係る情報・サービスの農業者への提供及び広域被害等の発生時における円滑な保険事務等の実施体制の構築を推進します。

エ　土地改良区

　　土地改良区の運営基盤の強化を図るため、広域的な合併や土地改良区連合の設立に対する支援や、准組合員制度の導入・活用等に向けた取組を推進します。施策の推進に当たっては、国、都道府県、土地改良事業団体連合会等で構成される協議会を各都道府県に設置し、土地改良区が直面する課題や組織・運営体制の差異に応じたきめ細かい対応策を検討・実施します。

Ⅶ　食と農に関する国民運動の展開等を通じた国民的合意の形成に関する施策

　　食と環境を支える農業・農村への国民の理解の醸成を図るため、消費者・食品関連事業者・生産者団体を含めた官民協働による、食と農とのつながりの深化に着目した新たな国民運動「食から日本を考える。ニッポンフードシフト」のために必要な措置を講じていきます。

　　具体的には、農林漁業者による地域の様々な取組や地域の食と農業の魅力の発信を行うとともに、地域の農業・農村の価値や生み出される農林水産物の魅力を伝える交流イベント等を実施します。

Ⅷ　新型コロナウイルス感染症をはじめとする新たな感染症への対応

　　国内で新たな感染症が発生し、国内の食料安全保障に重大な支障を来すおそれが生じた場合には、発生の段階や状況の変化を踏まえて食料安定供給の確保に係る対策を実施するとともに、食料供給の状況について消費者に分かりやすく情報を提供します。

　　また、新型コロナウイルス感染症について、引き続き農林漁業者の資金繰りに支障が生じないよう、農林漁業セーフティネット資金等の実質無利子・無担保化等の措置を実施するとともに、「感染症の予防及び感染症の患者に対する医療に関する法律」(平成10年法律第114号)上の位置付け変更後も、自主的な感染対策について必要となる情報提供を行うなど、農林漁業者や食品関連事業者、農泊関連事業者等の取組を支援します。

Ⅸ　食料、農業及び農村に関する施策を総合的かつ計画的に推進するために必要な事項

1　国民視点や地域の実態に即した施策の展開

(1) 幅広い国民の参画を得て施策を推進するため、国民との意見交換等を実施します。

(2) 農林水産省Webサイト等の媒体による意見募集を実施します。

(3) 農林水産省本省の意図・考え方等を地方機関に浸透させるとともに、地方機関が把握している現場の状況を適時に本省に吸い上げ施策立案等に反映させるため、必要に応じて地方農政局長等会議を開催します。

2　EBPMと施策の進捗管理及び評価の推進

(1) 施策の企画・立案に当たっては、達成すべき政策目的を明らかにした上で、合理的根拠に基づく施策の立案(EBPM)を推進します。

(2) 「行政機関が行う政策の評価に関する法律」(平成13年法律第86号)に基づき、主要な施策について達成すべき目標を設定し、定期的に実績を測定すること等により評価を行い、結果を施策の改善等に反映します。行政事業レビューの取組により、事業等について実態把握及び点検を実施し、結果を予算要求等に反映します。また、政策評価書やレビューシート等については、農林水産省Webサイトで公表します。

(3) 施策の企画・立案段階から決定に至るまでの検討過程において、施策を科学的・客観的に分析し、その必要性や有効性を明らかにします。

(4) 農政の推進に不可欠な情報インフラを整備し、的確に統計データを提供します。

ア　農林水産施策の企画・立案に必要となる統計調査を実施します。

イ　統計調査の基礎となる筆ポリゴンを活用し各種農林水産統計調査を効率的に実施するとともに、オープンデータとして提供している筆ポリゴンについて、利用者の利便性向上に向けた取組を実施します。

ウ　地域施策の検討等に資するため、「市町村別農業産出額(推計)」を公表します。

エ　専門調査員の活用等調査の外部化を推進し、質の高い信頼性のある統計データの提供体制を確保しま

す。

3　効果的かつ効率的な施策の推進体制
（1）地方農政局等の地域拠点を通じて、地方公共団体や
　　関係団体等と連携強化を図り、各地域の課題やニー
　　ズを捉えた的確な農林水産施策の推進を実施します。
（2）SNS等のデジタル媒体を始めとする複数の広報媒
　　体を効果的に組み合わせた広報活動を推進します。

4　行政のデジタルトランスフォーメーションの推進
　　　以下の取組を通じて、農業政策や行政手続等の事務
　　についてもデジタルトランスフォーメーション（DX）
　　を推進します。
（1）eMAFFの構築と併せた法令に基づく手続や補助
　　金・交付金の手続における添付書類の削減、デジタル
　　技術の活用を前提とした業務の抜本見直し等を促進
　　します。
（2）データサイエンスを推進する職員の養成・確保等職
　　員の能力向上を図るとともに、得られたデータを活
　　用したEBPMや政策評価を積極的に実施します。

5　幅広い関係者の参画と関係府省の連携による施策の
　推進
　　　食料自給率の向上に向けた取組を始め、政府一体と
　　なって実効性のある施策を推進します。

6　SDGsに貢献する環境に配慮した施策の展開
　　　みどり戦略の実現に向けて「みどりの食料システム
　　法」に基づき、化学肥料や化学農薬の低減等の環境負
　　荷低減に係る計画の認定を受けた事業者に対して、税
　　制特例や融資制度等の支援措置を講じます。また、み
　　どりの食料システム戦略推進総合対策等により、みど
　　り戦略の実現に資する研究開発や、必要な施設の整備
　　等、環境負荷低減と持続的発展に向けた地域ぐるみの
　　モデル地区を創出するとともに、関係者の行動変容と
　　相互連携を促す環境づくりを支援します。

7　財政措置の効率的かつ重点的な運用
　　　厳しい財政事情の下で予算を最大限有効に活用する
　　観点から、既存の予算を見直した上で「農林水産業・地
　　域の活力創造プラン」に基づき、新たな農業・農村政策
　　を着実に実行するための予算に重点化を行い、財政措

置を効率的に運用します。

「食料・農業・農村白書」についてのご質問等は、下記までお願いします。

農林水産省大臣官房広報評価課情報分析室
　電　話：03-3501-3883
　Ｈ　　Ｐ：https://www.maff.go.jp/j/wpaper/w_maff/r4/index.html

令和5年版　食料・農業・農村白書

2023年6月23日　発行　　　　　　　　　　　定価は表紙に表示してあります。

編　集　　**農 林 水 産 省**
〒100-8950
東京都千代田区霞が関1-2-1
電　話　　（03）3502-8111（代表）
URL　https://www.maff.go.jp/

発　行　　**日経印刷株式会社**
〒102-0072
東京都千代田区飯田橋2-15-5
電　話　　（03）6758-1011

発　売　　**全国官報販売協同組合**
〒105-0001
東京都千代田区霞が関1-4-1
日土地ビル1F
電　話　　（03）5512-7400

※落丁・乱丁はお取り替え致します。

ISBN978-4-86579-371-0